“十四五”普通高等教育本科部委级规划教材

男装结构设计实例

杨雅莉　王　静　闫　琳　左洪芬　郭　强　董　辉　编著

中国纺织出版社有限公司

内 容 提 要

本书详细讲解了男装中的西装、外套、夹克、衬衫、背心、裤子6大品类的基础理论知识、结构设计原理、工业样板及工艺单的设计，以及每一品类变化款的结构设计实例。书中设有理论讲解和综合实践，并列出各品类男装工业样板实例，便于读者理解。

本书既可以作为服装类院校师生的教学用书，也可以作为服装企业设计、技术以及产品开发人员的参考用书。

图书在版编目（CIP）数据

男装结构设计实例 / 杨雅莉等编著. --北京：中国纺织出版社有限公司，2025.1
“十四五”普通高等教育本科部委级规划教材
ISBN 978-7-5229-1826-6

Ⅰ. ①男… Ⅱ. ①杨… Ⅲ. ①男服—服装设计—高等学校—教材 Ⅳ. ①TS941.718

中国国家版本馆CIP数据核字（2024）第111976号

责任编辑：范雨昕 陈怡晓 特约编辑：贺 蓉
责任校对：高 涵 责任印制：王艳丽

中国纺织出版社有限公司出版发行
地址：北京市朝阳区百子湾东里A407号楼 邮政编码：100124
销售电话：010—67004422 传真：010—87155801
http://www.c-textilep.com
中国纺织出版社天猫旗舰店
官方微博 http://weibo.com/2119887771
三河市宏盛印务有限公司印刷 各地新华书店经销
2025年1月第1版第1次印刷
开本：787×1092 1/16 印张：19.75
字数：368千字 定价：58.00元

前言

本书是为了契合企业中男装结构设计方法，培养满足企业需求的应用型技术技能人才，不断促进服装教育事业的发展而编写。

本书既注重理论的阐述，又重视实践案例的分析，内容密切联系企业的先进技术和生产实践。本书共分为七章，第一章系统介绍了男装结构设计的基础知识。第二至第七章按照男装品类的细分特点进行章节划分，分别为西装、外套、夹克、衬衫、背心、裤子。每章按照概述、结构设计详解、工业样板、工艺要求、结构设计实例的顺序讲解各品类男装。基础概念中讲解各品类男装的分类、面辅料、造型变化、规格制定；结构详解中介绍各品类男装的基础款原型制图原理和比例制图原理；工业样板中介绍各品类男装的工业样板的制作和工业排板；工艺说明中讲解各品类男装的面式结构、里式结构、衬结构、面辅料用料等；结构设计案例中每个品类的男装详解约10款变化款男装，以提升学生对男装结构设计的变化能力。

本书编写分工为：第一、第二、第四章由杨雅莉负责；第三章由王静负责；第五章由闫琳负责；第六章由左洪芬负责；第七章由郭强负责。此外，本书中各品类的结构设计实例的款式图由张伟萌和张春霞负责绘制，效果图由张媛媛、王洁负责绘制。本书的撰写受到山东南山智尚科技股份有限公司赵亮经理、王胜部长、董辉师傅、蓝伟平师傅的技术指导和帮助。全书内容由杨雅莉最终统筹完成。

由于编写时间仓促、作者水平有限，书中难免存在疏漏和不足之处，欢迎各位专家和读者批评指正。

编著者

2023年4月

教学内容及课时安排

章/课时	章名	节	课程内容
第一章 （4 课时）	男装结构设计基础 理论概述	一	男装结构设计特点
		二	男子的体型
		三	男装号型标准
		四	男装设计方法
第二章 （16 课时）	男西装结构设计 理论讲解与综合实践	一	男西装概述
		二	基础男西装结构设计详解
		三	基础男西装工业样板
		四	基础男西装工艺要求
		五	男西装结构设计实例
第三章 （16 课时）	男外套结构设计 理论讲解与综合实践	一	男外套概述
		二	基础男外套结构设计详解
		三	基础男外套工业样板
		四	基础男外套工艺要求
		五	男外套结构设计实例
第四章 （16 课时）	男夹克结构设计 理论讲解与综合实践	一	男夹克概述
		二	基础男夹克结构设计详解
		三	基础男夹克工业样板
		四	基础男夹克工艺说明
		五	男夹克结构设计实例
第五章 （12 课时）	男衬衫结构设计 理论讲解与综合实践	一	男衬衫概述
		二	基础男衬衫结构设计详解
		三	基础男衬衫工业样板
		四	基础男衬衫工艺要求
		五	男衬衫结构设计实例
第六章 （12 课时）	男背心结构设计 理论讲解与综合实践	一	男背心概述
		二	基础男背心结构设计详解
		三	基础男背心工业样板
		四	基础男背心工艺要求
		五	男背心结构设计实例
第七章 （8 课时）	男裤子结构设计 理论讲解与综合实践	一	男裤子概述
		二	基础男裤子结构设计详解
		三	基础男裤子工业样板
		四	基础男裤子工艺要求
		五	男裤子结构设计实例

注 各院校可根据自身教学特点和教学计划对课时数进行调整。

目录

第一章　男装结构设计基础

第一节　男装结构设计特点

一、男装的礼仪性特点

男女的社会分工不同决定了男装和女装的社会功能不同，男性以理性职业居多，女性以感性职业居多，因此决定了男装的规定性。规定性的存在赋予了其礼仪性的特点，形成了统一的格式语言对男士着装进行约束。日本在 1963 年首先提出男装着装的 TPO 原则。TPO（time，place，occasion）原则规定了什么时间、什么地点和场合，出于什么目的，应该穿着何种服装，为男士的着装打扮提供了系统的指导。在 TPO 原则的框架下进行着装被认为是符合礼仪规范的。随着时间的推移，这种礼仪也发生了一定的变化。礼服被认为是礼仪规范最强的服装之一。如第一礼服——燕尾服和晨礼服，穿着时间方面，燕尾服为晚上 6 点之后穿着，晨礼服为白天穿着；穿着场合方面，燕尾服在正式宴会、观剧、舞会、高级别的典礼上穿着，晨礼服在高级别的就职典礼、授勋仪式等场合穿着；着装规范方面，其主服、配服、配饰等方面均有不同。

随着男性通过服装自我规范性的弱化，其礼仪的苛责性也逐渐减弱，但参加高级别的观礼时，男性穿着正式西装的情况不在少数。

二、男装的务实性特点

从马斯洛的五大需求理论（生理需求、安全需求、社交需求、尊重需求和自我实现需求）来看，男装的设计建立在生理需求和安全需求的基础上，体现着浓厚的功能性和务实性。从男西装的设计来看，西装源于欧洲，起初是渔民的工作服，因为渔民常年受风吹日晒，穿敞领、纽扣少的上衣较为方便。领带的起源更具有戏剧性，相传古代英国的男士不太注意个人卫生，餐后习惯用袖子擦嘴。于是，英国妇女为了解决男士袖口上的油污问题，想出了在衣领下挂条围兜的主意，让男士专用于擦嘴，后来演变成现在装饰用的领带或领结。除男西装外，男士风衣的细节设计更加体现其务实性。男士风衣是由男士军装大衣演变而来的，因此男士风衣中保留了传统军装大衣中的功能性设计。例如，男士风衣右侧有前挡，后身有后挡，前挡和后挡均为双层面料。这种设计起到了很好的防风防雨效果。另外，袖口的袖带也具有同样的功能。由此可知，务实性是男装设计中不可或缺的性质。

三、男装的技术性特点

男装与女装在工艺技术方面存在着本质的不同，这种不同于男装的礼仪性存在着密切的关系。对于女装来说，因为女性对美的追求，在结构处理和工艺处理方面更加注重造型的精美。而男装从礼仪性和务实性出发，在工艺上强调技术的内在美。例如，传统西装工艺流程比较烦琐，全里的西装穿起来厚重，无法适应当下人们寻求轻便、自然、合体、舒爽的着装观念。因此，近年来流行轻量化男西装。从这种轻量化男西装中随处可见样板师的精湛技术。其中包边技术是最重要的技术之一。例如，后开衩的半里包边技术，因为没有里料的包裹，西装毛边部位均需要通过包边的方法处理，以达到外观精美的效果。在处理后开衩的包边时，采用包边条，通过精确的计算和裁剪，与后开衩完全服帖，并能保证不漏任何毛边，如图 1-1 所示。为保证男西装肩部的合体性，采用独特的搂肩技术，如图 1-2 所示。此外西装的敷胸衬技术、纳驳头技术等无不体现男装在结构设计和工艺处理方面对技术美的苛求。

图 1-1　无里西装开衩包边

图 1-2　搂肩技术

四、男装的保守性特点

受男性性格和工作性质的影响，男装从结构设计、色彩图案、品牌选择等方面无不体现其保守性。

1. 结构设计方面　男性身体起伏跟女性相比较小，在断缝的处理、省的变化和褶裥的运用方面较为固定，因此其结构设计的变化性较小。此外，男装重视服装结构设计的局部精湛，当技术一旦确定，在很长的时间内难以突破和改变，因此形成了结构设计及工艺处理的固定模式。

2. 色彩图案方面　男装在用色上较为传统，一般选择黑色、灰色、藏蓝色、驼色等庄重的颜色，图案选择规律性较强，跳跃感弱的花型，这种保守的用色与工作环境密切相关。

3. 品牌选择方面　男性的品牌忠诚度较高，因此品牌方在进行产品设计时需遵从固定消费群体的偏好，根据男性的这种心理特点，在创新的基础上，保留其传统性和保守性。

第二节　男子的体型

一、男子的体型特征

人体体型有对称性、复杂性、立体性三个特点，其中人体正面、侧面、背面三个方位的体型是服装造型及其理论的基础，它的意义和作用非常重要。一般通从整体和局部两个方面对体型进行表达。在整体上，正面和侧面形态是体型表达的主要部分；在局部上，肩部是上体部分影响服装造型与舒适性的主要方面。男子的体型特征主要表现为肩宽、胸廓大、躯干长、呈倒梯形，体线线条平整、起伏小。

男体正面和背面形态借鉴男西装基本廓型，分为收腰型、直筒型、倒梯型，把男体正面形态分为 X 型、H 型和 T 型三种体型。它们的特征为：X 型是肩宽与臀宽近似相同，有明显的腰线；H 型是肩宽、腰宽与臀宽近似，差别不明显；T 型是肩宽明显大于臀宽，腰宽与臀宽近似，差别不明显。基于以上特征，以肩宽、腰宽和臀宽之间的比例关系来区分横向的体型，以肩宽、腰宽和臀宽之间垂直距离的比例区分纵向体型。

男体侧面形态主要包括胸腹部、背部、下腹部、臀部四个部分。胸腹部和背部是相对应的，即弓背体型的胸腹部不是平坦的，而男性多为弓背体。背部是服装背面造型的主要部位，而胸腹部可以由肩部和腹部的造型来保证。腹部和臀部的关系与胸腹部和背部的关系相同，臀部是区分人体下半身重要的部位。

二、男子的形体分析

人体的立体形态极为复杂，下面主要从男体的体表特征介绍男子的形体特征，如图 1-3 所示。

1. 肩斜角　男体肩部形态的表征指标有肩宽和肩斜角两种，相比较肩宽会在人体正面形态中的宽度尺寸被表现出来。肩斜角更能表征人体肩部的四凸变化，这也是制板中西装造型的重要因素。以侧颈点为顶点，侧颈点和肩端点的连线与水平线的夹角称为肩斜角，男体肩斜角的平均范围为 20°～26°，平均肩斜角为 22°，肩斜角度决定了服装肩部的倾斜程度。男子肩斜角度小于 20°为平肩体，大于 26°为溜肩体。

2. 背入角　颈侧点所在的水平截面与人体后中相交于一点，该点与背凸点的连线与垂直线的夹角称为背入角。男体背入角的平均范围为 14°～23°，平均背入角为 16. 8°。男子背入角度小于 14°为直背体，大于 23°为弓背体。

3. 胸凸角　男子的胸部呈整体隆起的形态，其胸部隆起与前中线形成 20°的坡面夹角。

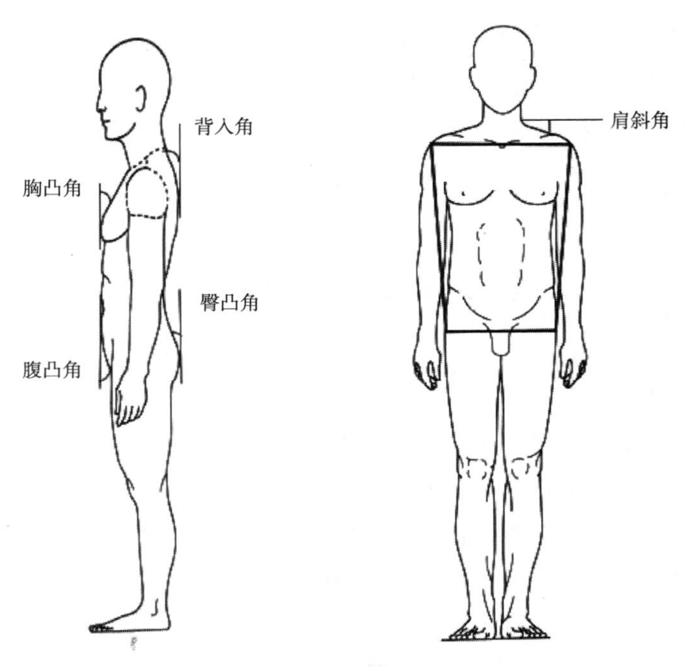

图 1-3　男子的形体特征

4. 腹凸角　以腹凸点为顶点，与侧部腰围线的投影线左端点相连接为边，该线与垂直线之间的夹角为腹凸角，男体腹凸角正常为小于 13°，腹凸角范围在 13°~22°为微凸腹，腹凸角范围在 22°~29°为较凸腹，腹凸角大于 29°为凸腹。

5. 臀凸角　在体侧部作腹凸点的水平线，与后侧部相交于一点，此点与臀凸点之间的连线为边，该线与垂直线之间的夹角为臀凸角。男体臀凸角的正常范围为 13°~20°，平均值为 18. 6°，臀凸角小于 13°为平臀，臀凸角在 20°~29°为较凸臀，臀凸角大于 29°为凸臀。

第三节　男装号型标准

服装号型是国家制定的人体各部位数据的尺寸标准。从 1974 年开始，我国着手制定《服装号型系列》标准的工作。经过我国人体测量调查、数据计算分析、制定标准技术内容等几个工作阶段，自 1981 年，国家统一服装的号型标准，1982 年 1 月 1 日起正式实施。1991 年 7 月 17 日，国家发布《中华人民共和国国家标准服装号型》，其中男装使用 GB 1335. 1—1991 服装号型，女装使用 GB 1335. 2—1991 服装号型，儿童使用 GB/T 1335. 3—1991。1997 年 11 月 13 日发布了服装号型国家标准修订版，1998 年 6 月 1 日起实施，其中男装使用 GB/T 1335. 1—1997 服装号型，女装使用 GB/T 1335. 2—1997 服装号型，儿童使用 GB/T 1335. 3—1997。2008 年 12 月 31 日国家再次修订服装号型标准，2009 年 8 月 1 日起正式实施，其中男装使用 GB/T 13351. 1—2008 服装号型，女装使用 GB/T 13351. 2—2008 服装号型，儿童号型标准则在 2009 年 3 月 19 日修订，于 2021 年 1 月 1 日正式实施为 GB/T 1335. 3—2009。直至今日，我国企业大部分使用的是最新一版2009年实施的服装号型标准。

（一）服装号型的定义

服装的号指人体的身高，是选购和设计时服装长度的主要参考依据，以cm为测量单位；服装的型指人体的净胸围或净腰围，在选购和设计上装时，以人体的上体净胸围为参考标准，在选购和设计下装时，以人体的下体净腰围为参考标准。服装号型是国家根据我国人体的特点，按照统计学的方法所提供的任何服装选购和设计的参考依据。

（二）人体体型的分类

人体的体型按照其胸围和腰围的差值分为四种体型，分别为Y体（偏瘦型）、A体（标准型）、B体（偏胖型）、C体（肥胖型）。男子四大体型的划分依据，见表1-1。如果某男子的胸围和腰围的差值在17~22cm的范围内，说明该男子体型为Y体，体型为偏瘦型。

表1-1 男子四大体型的划分依据 单位：cm

体型分类	Y	A	B	C
胸围与腰围差值	17~22	12~16	7~11	2~6

（三）号型系列

号型的表示方法为在号和型中间用斜杠分开，后面增加体型的代码。例如，男子中间号型为170/88A，170代表男子的身高为170cm，88代表男子的胸围为88cm，A代表男子的胸腰差为12~16cm，为标准体型。

号型系列指以人体的中间体为中心，按照一定的档差依次向两边有规律的递增或递减。人体的身高系列以5cm进行分档，男子中间号为170cm，以170cm为中心分别以5cm为档差向两端递增和递减，所得到的身高系列为155cm、160cm、165cm、170cm、175cm、180cm、185cm。胸围系列以4cm进行分档，男子胸围中间号为88cm，以88cm为中心分别以4cm为档差向两端递增和递减，所得到的胸围系列为76cm、80cm、84cm、88cm、92cm、96cm、100cm。腰围系列以4cm或2cm进行分档，男子腰围中间号为76cm，以76cm为中心分别以4cm为档差向两端递增和递减，所得到的腰围系列为64cm、68m、72cm、76cm、80cm、84cm、90cm；以76cm为中心分别以2m为档差向两端递增和递减，所得到的腰围系列为70cm、72m、74cm、76cm、78cm、80cm、82cm。身高与胸围组合形成5·4号型系列，身高与腰围组合形成5·2或5·4号型系列，见表1-2~表1-5。

表1-2 5·4Y、5·2Y号型系列 单位：cm

胸围	身高													
	155		160		165		170		175		180		185	
	腰围													
76			56	58	56	58	56	58						
80	60	62	60	62	60	62	60	62	60	62				

续表

胸围	身高													
	155		160		165		170		175		180		185	
	腰围													
84	64	66	64	66	64	66	64	66	64	66	64	66		
88	68	70	68	70	68	70	68	70	68	70	68	70	68	70
92			72	74	72	74	72	74	72	74	72	74	72	74
96					76	78	76	78	76	78	76	78	76	78
100							80	82	80	82	80	82	80	82

表 1-3　5·4A、5·2A 号型系列　　单位：cm

胸围	身高																				
	155			160			165			170			175			180			185		
	腰围																				
72				56	58	60	56	58	60												
76	60	62	64	60	62	64	60	62	64	60	62	64									
80	64	66	68	64	66	68	64	66	68	64	66	68	64	66	68						
84	68	70	72	68	70	72	68	70	72	68	70	72	68	70	72	68	70	72			
88	72	74	76	72	74	76	72	74	76	72	74	76	72	74	76	72	74	76	72	74	76
92				76	78	80	76	78	80	76	78	80	76	78	80	76	78	80	76	78	80
96							80	82	84	80	82	84	80	82	84	80	82	84	80	82	84
100										84	86	88	84	86	88	84	86	88	84	86	88

表 1-4　5·4B、5·2B 号型系列　　单位：cm

胸围	身高															
	150		155		160		165		170		175		180		185	
	腰围															
72	62	64	62	64	62	64										
76	66	68	66	68	66	68	66	68								
80	70	72	70	72	70	72	70	72	70	72						
84	74	76	74	76	74	76	74	76	74	76	74	76				
88			78	80	78	80	78	80	78	80	78	80	78	80		
92			82	84	82	84	82	84	82	84	82	84	82	84	82	84
96					86	88	86	88	86	88	86	88	86	88	86	88
100							90	92	90	92	90	92	90	92	90	92
104									94	96	94	96	94	96	94	96
108											98	100	98	100	98	100

表 1-5　5 · 4C、5 · 2C 号型系列　　单位：cm

胸围	身高															
	150		155		160		165		170		175		180		185	
	腰围															
76			70	72	70	72	70	72								
80	74	76	74	76	74	76	74	76	74	76						
84	78	80	78	80	78	80	78	80	78	80	78	80				
88	82	84	82	84	82	84	82	84	82	84	82	84	78	80		
92			86	88	86	88	86	88	86	88	86	88	86	88	86	88
96			90	92	90	92	90	92	90	92	90	92	90	92	90	92
100					94	96	94	96	94	96	94	96	94	96	94	96
104							98	100	98	100	98	100	98	100	98	100
108									102	104	102	104	102	104	102	104
112											106	108	106	108	106	108

（四）控制部位参数

我国制定的标准服装号型中，除规定号型系列的标准，也有各控制部位的号型数字。控制部位是指人体主要部位的净体尺寸，是设计服装纸样各部位数值的参考依据，见表 1-6~表 1-9。

表 1-6　5 · 4、5 · 2Y 号型系列控制部位参数　　单位：cm

部位	数值													
身高	155		160		165		170		175		180		185	
颈椎点高	133. 0		137. 0		141. 0		145. 0		149. 0		153. 0		157. 0	
坐姿颈椎点高	60. 5		62. 5		64. 5		66. 5		68. 5		70. 5		72. 5	
全臂长	51. 0		52. 5		54		55. 5		57		58. 5		60. 0	
腰围高	94. 0		97. 0		100		103. 0		106. 0		109. 0		112. 0	
胸围	76		80		84		88		92		96		100	
颈围	33. 4		34. 4		35. 4		36. 4		37. 4		38. 4		39. 4	
总肩宽	40. 4		41. 6		42. 8		44		45. 2		46. 4		47. 6	
腰围	56	58	60	62	64	66	68	70	72	74	76	78	80	82
臀围	78. 8	80. 4	82. 0	83. 6	85. 2	86. 8	88. 4	90. 0	91. 6	93. 2	94. 8	96. 4	98. 0	99. 6

表 1-7　5·4、5·2A 号型系列控制部位参数　　单位：cm

部位	数值						
身高	155	160	165	170	175	180	185
颈椎点高	133.0	137.0	141.0	145.0	149.0	153.0	157.0
坐姿颈椎点高	60.5	62.5	64.5	66.5	68.5	70.5	72.5
全臂长	51.0	52.5	54	55.5	57	58.5	60.0
腰围高	93.5	96.5	99.5	102.5	105.5	108.5	111.5

部位	数值							
胸围	72	76	80	84	88	92	96	100
颈围	32.8	33.8	34.8	35.8	36.8	37.8	38.8	39.8
总肩宽	38.8	40.0	41.2	42.4	43.6	44.8	46.0	47.2

部位	数值																							
腰围	56	58	60	60	62	64	64	66	68	68	70	72	72	74	76	76	78	80	80	82	84	84	86	88
臀围	75.6	77.2	78.8	78.8	80.4	82.0	82.0	83.6	85.2	85.2	86.8	88.4	88.4	90.0	91.6	91.6	93.2	94.8	94.8	96.4	98.0	98.0	99.6	101.2

表 1-8　5·4、5·2B 号型系列控制部位参数　　单位：cm

部位	数值						
身高	155	160	165	170	175	180	185
颈椎点高	133.5	137.5	141.5	145.5	149.5	153.5	157.5
坐姿颈椎点高	61.0	63.0	65.0	67.0	69.0	71.0	73.0
全臂长	51.0	52.5	54	55.5	57	58.5	60.0
腰围高	93.0	96.0	99.0	102.0	105.0	108.0	111.0

部位	数值									
胸围	72	76	80	84	88	92	96	100	104	108
颈围	33.2	34.2	35.2	36.2	37.2	38.2	39.2	40.2	41.2	42.2
总肩宽	38.4	39.6	40.8	42.0	43.2	44.4	45.6	46.8	48.0	49.2

部位	数值																			
腰围	62	64	66	68	70	72	74	76	78	80	82	84	86	88	90	92	94	96	98	100
臀围	79.6	81.0	82.4	83.8	85.2	86.6	88.0	89.4	90.8	92.2	93.6	95.0	96.4	97.8	99.2	100.6	102.0	103.4	104.8	106.2

表 1-9　5·4、5·2C 号型系列控制部位参数　　单位：cm

部位	数值						
身高	155	160	165	170	175	180	185
颈椎点高	134.0	13.80	142.0	146.0	150.0	154.0	158.0

续表

部位	数值						
坐姿颈椎点高	61.5	63.5	65.5	67.5	69.5	71.5	73.5
全臂长	51.0	52.5	54	55.5	57	58.5	60.0
腰围高	93.0	96.0	99.0	102.0	105.0	108.0	111.0

部位	数值									
胸围	76	80	84	88	92	96	100	104	108	112
颈围	34.6	35.6	36.6	37.6	38.6	39.6	40.6	41.6	42.6	43.6
总肩宽	39.2	40.4	41.6	42.8	44.0	45.2	46.4	47.6	48.8	50.0

部位	数值																			
腰围	70	72	74	76	78	80	82	84	86	88	90	92	94	96	98	100	102	104	106	108
臀围	81.6	83.0	84.4	85.8	87.2	88.6	90.0	91.4	92.8	94.2	95.6	97.0	98.4	99.8	101.2	102.6	104.0	105.4	106.8	108.2

第四节　男装设计方法

一、男装结构设计方法

服装结构设计方法是实现服装由效果图到成衣的重要手段。根据实现的方式不同，服装结构设计方法分为立体构成方法和平面构成方法。

（一）立体构成方法

立体构成方法又称立体裁剪方法，是将布料裁剪成合适的尺寸，包裹在人体或人台上，通过收省、聚拢、折叠、抽褶、分割等方式完成与效果图相符的造型，并将其从人台上取下，沓至平面纸样中，最终完成缝制的方法。立体裁剪具有操作简单、方法容易掌握、方便快捷等特点，适合于塑造立体性较强、款式复杂的创意类服装和高定服装。但因其操作过程用时较长，工作效率低，不适合于大批量的工业化生产。

（二）平面构成方法

平面构成方法是根据人体的特征、主要控制部位尺寸、人体运动的生理需求，运用线性回归方程推导出细部尺寸，在纸和面料上绘制平面纸样，并完成放缝、对位、标注等技术工作，最后裁剪成裁片。平面纸样的规范性较强，适合于标准化的生产。

平面构成方法分为间接构成方法和直接构成方法。间接构成方法包含原型制图法和基型制图法。直接构成方法包含比例制图法和实寸法。

1. 间接构成方法

（1）原型制图法。以人体的身高和胸围的净尺寸为控制部位尺寸，加入人体生理所需的基本放松量，通过比例关系式计算出其他部位的数值，绘制出人体原型纸样，再运用放量、收量、剪切、折叠等方法变化出与款式相符的纸样。

（2）基型制图法。常用于企业中，此方法是从企业的样板库当中挑选出一款与款式相符的纸样，并以此为基型通过调整局部造型，得出与款式相符的纸样。

2. 直接构成方法

（1）比例制图法。又称比例分配制图法，根据人体关键部位的成品尺寸（胸围、腰围、臀围、领围、肩宽、衣长、袖长、袖口围等关键尺寸）按照比例公式计算出其他部位尺寸，并直接进行纸样绘制的方法。根据比例公式的形式分为十分法、四分法、三分法等形式。

（2）实寸法。以特定服装作为参照，通过测量该服装的细部尺寸，作为服装纸样制图的参考尺寸。常用于企业中称为剥样。

二、男装标准纸样设计方法

我国的男装标准纸样是在日本男装文化原型和英国男装原型的基础上进行修正。以东华大学修订的男装标准纸样为例，其历经了三代标准纸样的变化升级。以第三代男装标准纸样为例进行设计说明。

（一）男装标准纸样尺寸规格设定

男装标准纸样以男子中间号型 170/88A 作为设计标准。

胸围（B）= 88cm，胸围加放量 20cm。背长（BWL）= 42.5cm，袖长（SL）= 61cm。

（二）男装衣身标准纸样

男装衣身标准纸样绘制分为 9 个步骤，如图 1-4 所示。

（1）画基础上平线①，垂线②长度为背长 42.5cm，基础下平线③长度为 $B/2+10$，画矩形框前中垂线。

（2）从①向垂直下取 $B/6+9.5$cm，画袖窿深线④，从取④的中点向下作垂线至③线确定侧缝线⑤。

（3）确定背宽 $B/6+4$ 画⑥线，确定胸宽 $B/6+4$ 画线⑦。

（4）画后领宽 $B/12+0.5$ 标记为○，后领深为○/3，画后领弧线⑧。

（5）后落肩量为○/2-0.5，冲肩量为 2cm，画内凹的肩斜线⑨。

（6）取袖窿深的二分之一点，并向左画水平线⑩，水平线延长出背宽线以外 0.7cm。

（7）取胸宽的二分之一并向右 0.5cm，向上画垂线⑪交于上平线，前中向下量取○值，在⑪线上量取○/2 画⑫，画顺前领弧线。

（8）取前落肩○/3，量取前肩斜线长度为后肩斜线长度减 0.7cm，画外凸型前肩斜线⑬。

（9）过图中确定的辅助点画顺前后袖窿弧线。

（三）男装袖身标准纸样

男装袖身标准纸样绘制分为 6 个步骤，如图 1-5 所示。

（1）后肩点沿着袖窿弧线量取 3~4cm，画基础上平线①。延长胸宽线确定基础袖长垂线②。从后中线上取袖窿深◎的二分之一，向左画基础水平线③。

（2）胸宽线与袖窿深线的交点向上量取◎/8 为前符合点，◎/8 命名为□，以前符合点

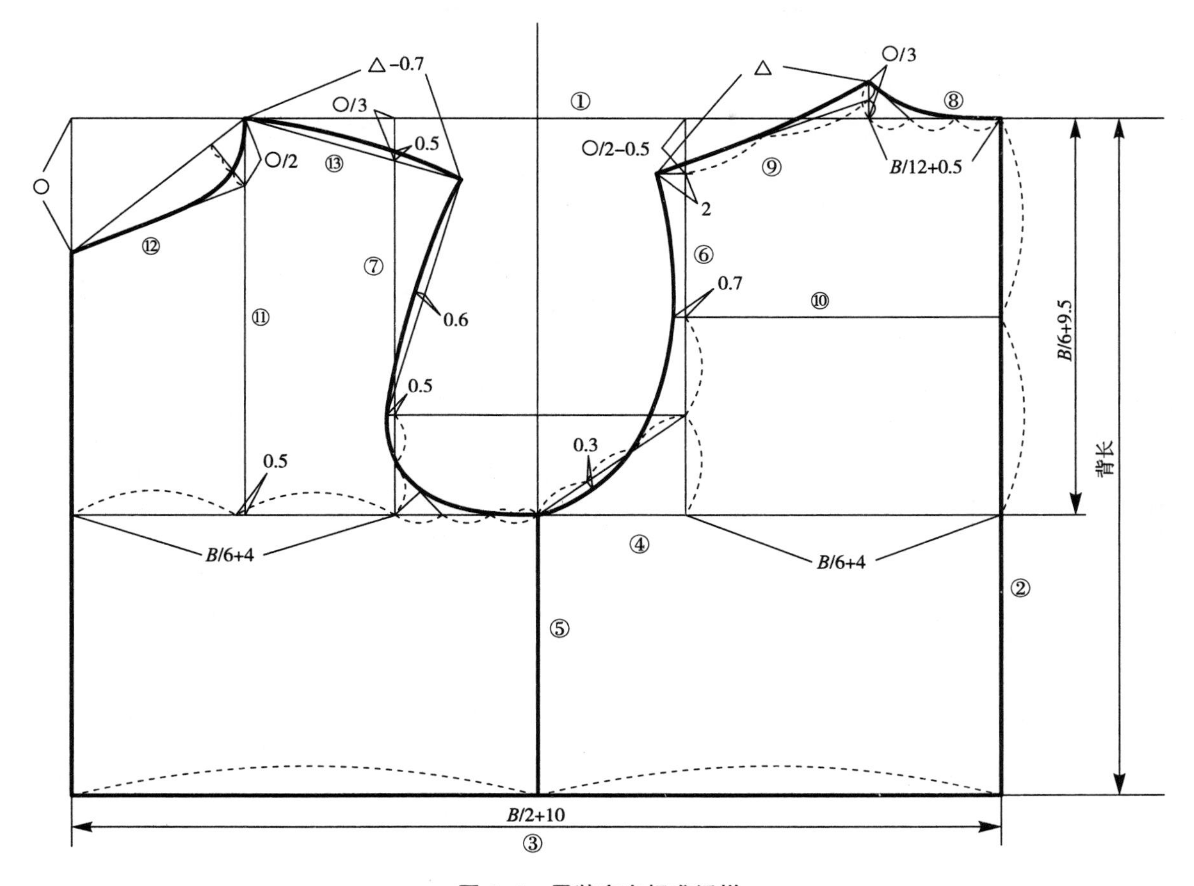

图 1-4　男装衣身标准纸样

为起点向③上量取 $AH/2-$（3~4），画④线，确定袖肥 BC 为■，画袖肥垂线⑤。

（3）取袖肥■的中点，向右量 2□/3，以此点向垂线②截取 SL+1. 5cm，确定袖长线⑥和袖口止点。过袖口止点作⑥线的垂线，垂线为袖口宽线⑦，袖口宽长度为 2■/3，此为袖口宽。此点与③④线的交点链接，画袖子的基础外斜线。

（4）取◎/8 的前符合点到袖口止点之间的二等分点，并向上量取 1. 5cm，过 1. 5cm 的点画水平线确定袖肘线⑨。

（5）大小袖的互借量为□，在袖窿深线、袖肘线⑨线、袖口端点左右量取□，画大袖的袖山曲线、大袖内缝线、大袖外缝线。

（6）袖窿深线上的侧缝点向左 1cm，③线的袖肥端点向左□，将左 1cm 的点与□点相连接，画小袖内弯曲线的辅助线⑩，画小袖袖山曲线、小袖内缝线、小袖外缝线。

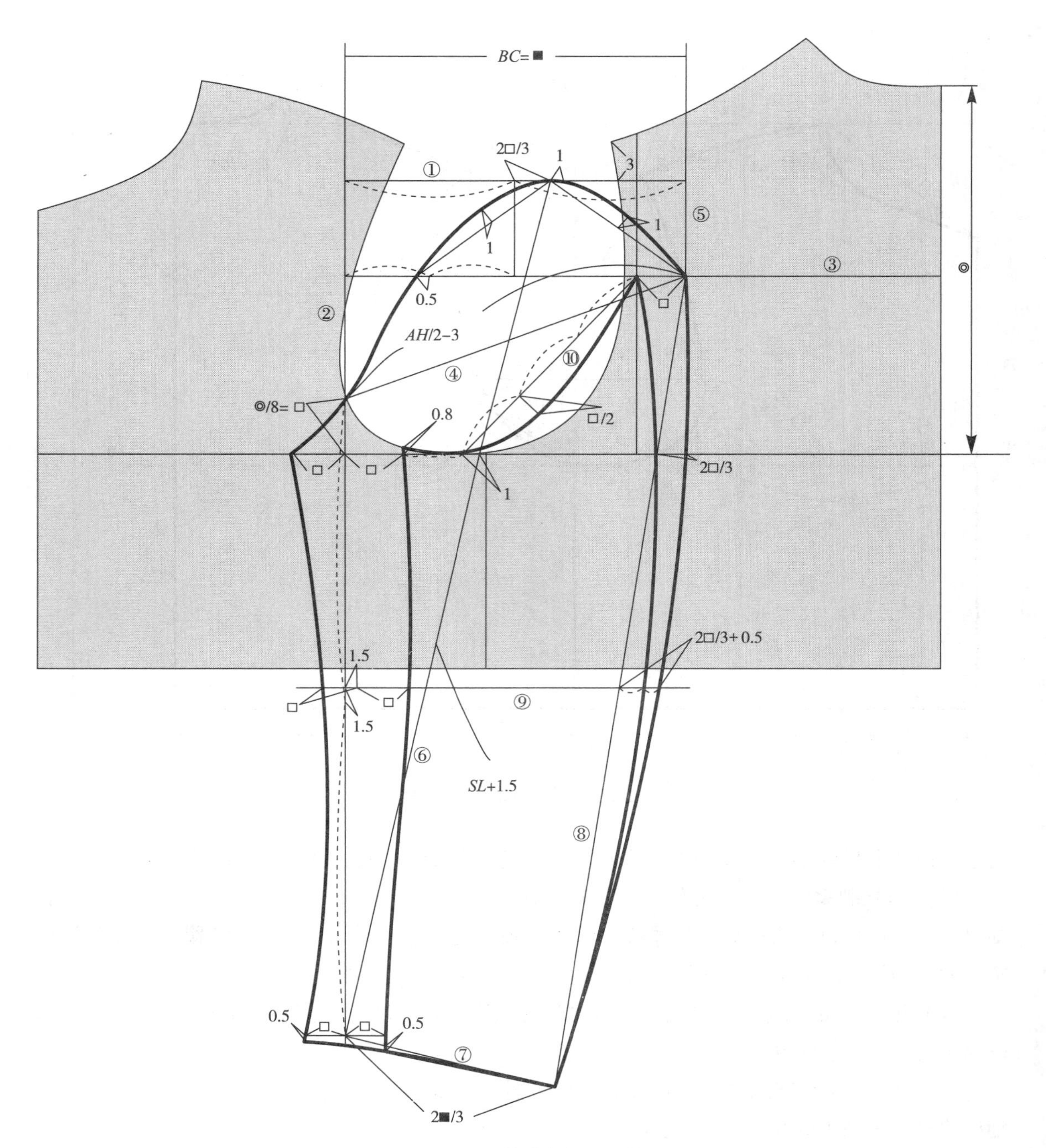

图 1-5　男装袖身标准纸样

第二章 男西装结构设计

第一节 男西装概述

一、男西装的分类

（一）按男西装的着装场合分类

1. 西服套装　西服套装是男士出席各种会议、日常交际等常见的着装形式。西服套装分为两件套、三件套和四件套。两件套由上衣和裤子组成。三件套由上衣、裤子和背心组成。四件套由上衣、裤子、背心、衬衫组成。各服装有其标准的构成形式。

（1）上衣。采用单排两粒扣，领型为平驳领，左胸为手巾袋，侧袋为双嵌线带圆角袋盖的口袋，圆弧形底摆衣角，后中位置有开衩，袖子为合体两片袖，后有袖开衩，开衩位置三粒扣。

（2）裤子。合体西装裤，翻脚裤口或非翻脚裤口皆可，左右两侧斜插袋，后身臀部左右各有一个双嵌线口袋，左侧口袋设有一粒扣子。

（3）背心。V 型无领结构，前中五粒扣或六粒扣，前身四个对称口袋，后身有腰带。

（4）衬衫。立、翻领领型，前中明门襟，六粒扣，圆下摆，后中有褶裥，宽松袖型，袖口带宝剑头袖开衩，有袖克夫。

2. 运动西装　又称为布雷泽（Blazer），是观看比赛、休闲娱乐等穿着的服装。运动西装的构成形式包括上衣和裤子。

（1）上衣。三粒单排扣，领型为平驳领或戗驳领，左胸贴袋，侧袋为大贴袋，合体两片袖，袖口两粒扣开衩。

（2）裤子。苏格兰小格裤，裤角为非翻角或翻角形式，左右两侧斜插袋，后身臀部左右各有一个双嵌线口袋。

运动西装还具有其他突出的特点，例如，运动西装的上衣常采用藏蓝色的法兰绒，扣子选用金属扣子，在其左胸贴袋、肩膀、手上臂等部位贴有徽章，以彰显其社团属性。

3. 休闲西装　休闲西装是日常郊游、运动等穿着的轻便西装。其结构式样、面料、色彩等均无固定形态。造型比较丰富，在西服套装或运动西装的基础上进行领子、口袋、底摆等部位的变化。在面料选用方面，春、夏季面料可选择轻薄的羊毛精纺面料、棉麻面料等，秋、冬季采用毛绒面料和羊毛面料。颜色除常规黑色、藏蓝色外，可混搭其他如橙色、天蓝色等丰富的颜色。

（二）按男西装的开身结构分类

1. 三开身　三开身指后中连裁，在后侧缝处断开，这种设计适合于宽松休闲款式西装。

2. 四开身　四开身指后中分裁，在后侧缝处断开，这种设计适合于较宽松或较合体男西装。

3. 六开身　六开身指后中分裁，分别在后侧缝和前侧缝处断开，这种设计适合于合体男西装。

（三）按男西装的外部廓型分类

男西装的外部廓型是由肩部、腰部、臀部以及下摆这四个部位的变化来实现。一般而言，外部廓型多呈 H 型、V 型、X 型三种廓型（图 2-1），具体特征如下。

1. H 型　H 型是指一般的廓型，是男装中最为常见的。它的各部位围度和宽度放松适中，自然肩型，正常腰位，略收腰，不放摆，整体呈直身造型，形态自然、简洁、优美、庄重。

2. V 型　V 型是指强调肩部、胸部而收紧臀部和衣摆的廓型，肩部较大，呈上宽下窄状，腰线降低，衣摆收紧，袖肥适中。整体形态为大方的、成熟、宽厚的男性化风格。

3. X 型　X 型表示有腰身的合体型系列，一般为翘肩型，收腰、宽臀、胸部放松适当，腰线上提，腰线以上合体，腰线以下放量。后开衩长。衣身较修长。整体形态为潇洒、干练、典雅。

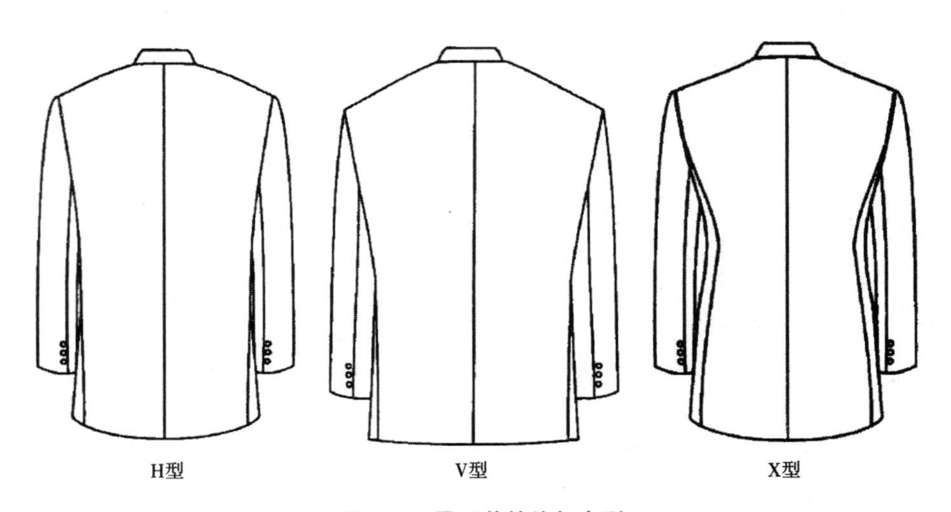

图 2-1　男西装的外部廓型

（四）按男西装的扣位分类

男西装按照扣位分为单排扣和双排扣。单排扣分为一粒扣、两粒扣、三粒扣、四粒扣。根据扣子个数的不同，西装驳口止点的位置也不同。一粒扣西装驳口止点位于腰围线以下半个扣位（男西装一个扣位的间距为 11cm 左右）；两粒扣西装驳口止点位于腰围线上；三粒扣西装驳口止点位于腰围线以上一个半扣位；四粒扣西装驳口止点位于腰围线以上一个半扣位。双排扣分为四粒双排扣和六粒双排扣。其排列的形式如图 2-2 和图 2-3 所示。

（五）按男西装的开衩形式分类

根据男西装是否开衩分为无开衩和有开衩。有开衩又分为后开衩或侧开衩，如图 2-4 所示。无开衩指男西装无任何开衩设置。后开衩为在后中线底摆往上进行开衩，开衩长度为 20cm 左右。侧开衩指开衩设置在左右侧缝位置。根据开衩的外观效果分为明开衩和暗开衩。

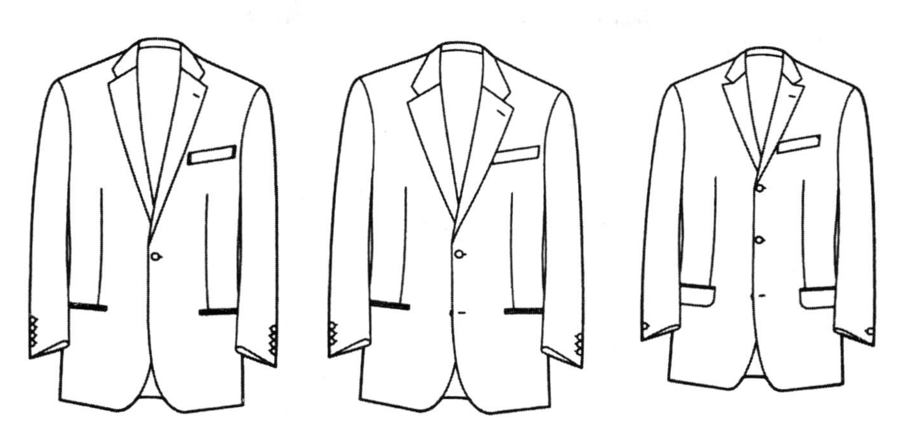

图 2-2 男西装单排扣排列的形式

图 2-3 男西装双排扣排列的形式

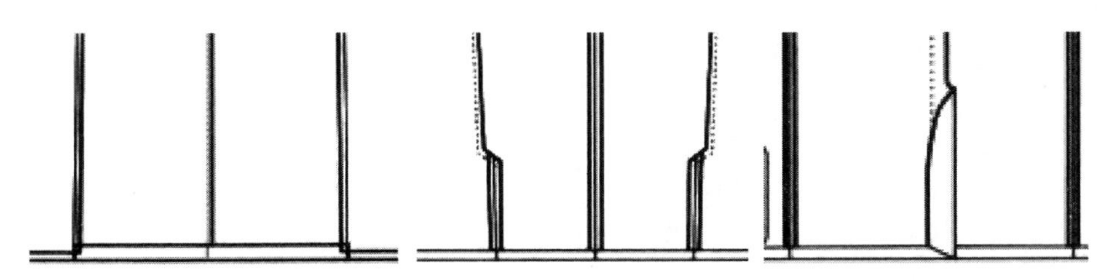

图 2-4 男西装开衩式样

(六)按男西装的里料类型分类

按男西装里料的类型分为全里男西装、半里男西装、无里男西装，如图 2-5 所示。全里男西装为传统男西装里料的附着形式，指里料完全与面料一致。半里男西装指里料只覆盖了面料的一部分。半里男西装又分为一片弧线式半里、一片直线式半里、两片相交弧线式半里、两片相离式半里。无里男西装是指整个西装无里料，依靠精湛的包边工艺所制作的服装。

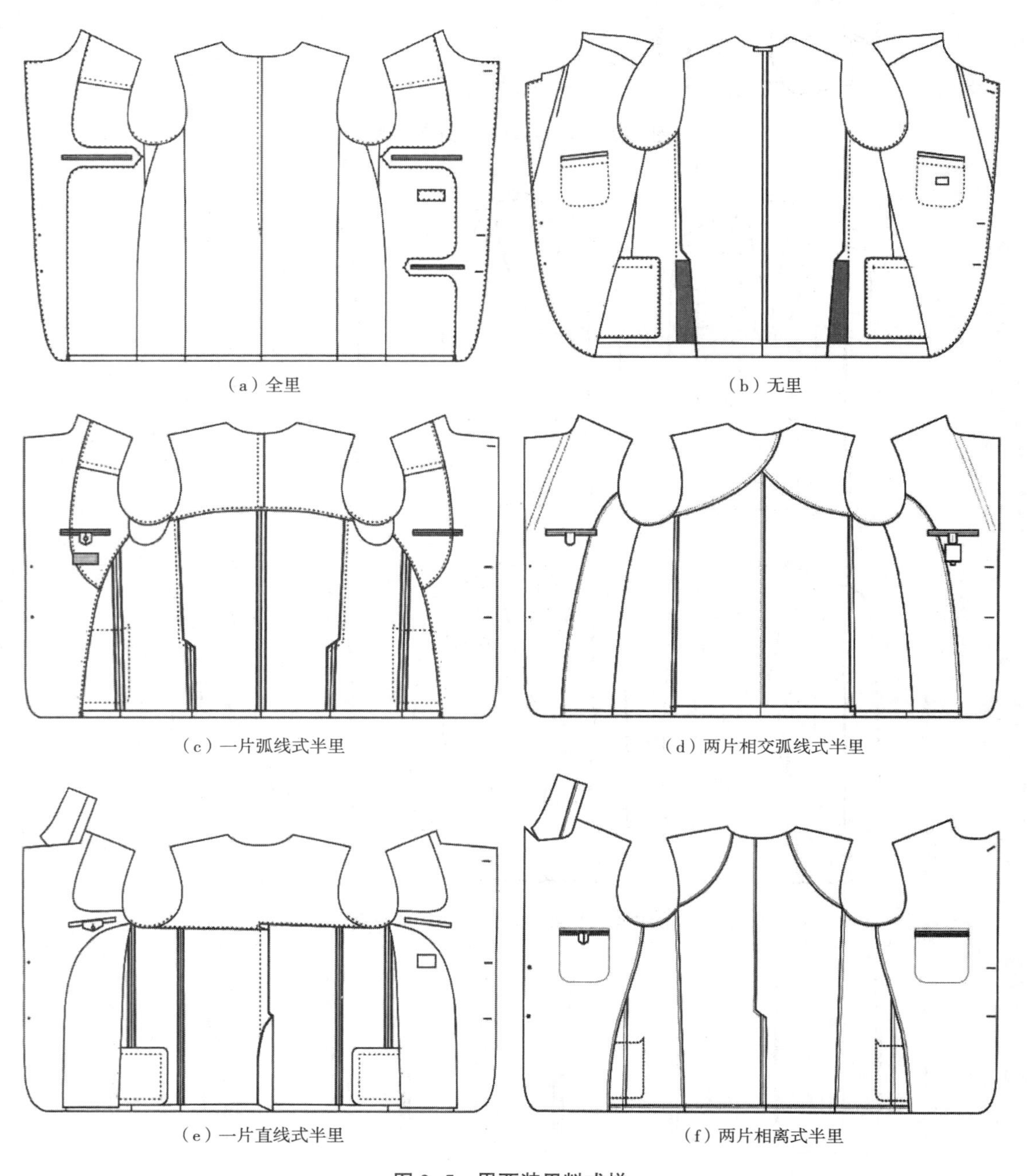

(a)全里　(b)无里　(c)一片弧线式半里　(d)两片相交弧线式半里　(e)一片直线式半里　(f)两片相离式半里

图 2-5　男西装里料式样

二、男西装的面辅料

（一）男西装面料

男西装面料主要包含毛织物、棉织物、麻织物、人造纤维仿毛面料以及其他新型面料等。

1. 毛织物 男西装中所采用的毛织物分为羊毛精纺织物、羊绒、羊毛混纺织物。

（1）羊毛精纺织物。羊毛面料是用羊毛通过多次梳理、并合、牵伸、纺纱、织造、染整而制成的高档服装面料。它具有动物毛所特有的良好的弹性、柔软性、独特的缩绒性及抗皱性，当吸收湿气或汗液后还具保暖性。精纺毛织物做的成衣，坚牢耐穿，长时间内不变形，因无极光而格外显得庄重，质地滑爽，外观高雅、挺括，触感丰满，风格经典，光泽自然柔和等特点。美利奴羊毛是精纺羊毛中品质最好的羊毛，其比普通的羊毛纤维更细长，弹性更好，每根纤维的直径都在 19.5μm 以下，质量好的美丽奴羊毛直径甚至能够达到 11.7μm 以下，是各种类羊毛品种中最细的羊毛品种。常用于高档男西装。

（2）羊绒。羊绒面料来源于高寒草原上山羊的底层细绒毛，我国内蒙古的羊绒品质最佳，其纤维柔软纤细，手感滑糯，质地较羊毛精纺面料轻，但挺括性较差，因此常用于高档男装的上装。

（3）羊毛混纺织物。羊毛可与多种纤维进行混纺，例如，羊毛与涤纶、黏胶、Supercool 纤维、Coolmax 纤维混纺。混纺纱线中的各组分纤维的转移和径向分布对混纺纱线的性能和最终成品的服用性能有着重要的影响。羊毛与涤纶混纺指用羊毛和涤纶混纺纱线制成的织物，是当前混纺毛料织物中最普遍的一种。毛涤混纺常用比例是 45∶55，既可保持羊毛的优点，又能发挥涤纶的长处。几乎所有的粗、精纺毛织物都有相应的毛涤混纺品种。其中精纺毛涤薄型花呢又称凉爽呢，俗称毛的确良，是最能反映毛涤混纺特点的织物之一。有经纬全用双股线的，也有经用双股线、纬用单纱和经纬全用单纱的。通常用 14.28~20tex（50~70 公支）双股线，较薄的织物用 8.33~10tex（100~120 公支）双股线。织物重 170~190g/m^2。毛涤薄型花呢与全毛花呢相比，质地轻薄，折皱回复性好，坚牢耐磨，易洗、快干，褶裥持久，尺寸稳定，但手感不及全毛的柔滑。例如，用有光涤纶作原料，呢面有丝样光泽。若在混纺原料中使用羊绒或驼绒等特种动物毛，则手感较滑糯。

通过与 Supercool 吸湿速干纤维混纺，可开发出导湿速干、轻量舒适的面料。与吸湿速干 Coolmax 纤维进行混纺生产的面料，优异的吸湿排汗功能使其可作为轻量化西装可选择的面料之一。

2. 棉织物 棉织物具有良好的吸湿性和透气性，穿着舒适；手感柔软，光泽柔和、质朴；染色性好，色泽鲜艳，色谱齐全；耐光性较好，但长时间曝晒会引起棉织物的褪色，容易起皱和缩水。全棉织物如灯芯绒、平绒等多用于普通休闲男西装。

3. 麻织物 麻织物是天然纤维中韧性较强的一种。麻织物的强力和耐磨性高于棉布，吸湿性良好，抗水性能优越，出汗不黏身，不容易受水侵蚀而发霉腐烂，对热的传导快，穿着具有凉爽感。但手感粗糙，易起皱，悬垂性差，价格较贵，可作为夏天高档男西装的面料。

4. 人造纤维仿毛面料　人造纤维分为再生纤维和化学纤维两种，其中再生纤维是用木材、草类的纤维经化学加工制成的黏胶纤维；化学纤维是利用石油、天然气、煤和农副产品作原料制成的合成纤维。人造纤维可分为人造丝、人造棉和人造毛三种。主要品种有黏胶纤维、醋酸纤维、铜氨纤维等。再生纤维可分为再生纤维素纤维、纤维素酯纤维、蛋白质纤维和其他天然高分子物纤维。

人造纤维织物基本上是指黏胶纤维长丝和短纤维织物，即人们所熟知的人造棉、人造丝等。此外，也包含部分富纤织物和介于长丝与短纤维间的中长纤维织物。因此，人造纤维织物的性能主要由黏胶纤维特性决定。人造棉、人造丝织物具有手感柔软、穿着透气舒适、染色鲜艳等特点。人造纤维织物具有很好的吸湿性能，其吸湿性在化纤中最佳。但其湿强很低，仅为干强的50%左右，且织物缩水率较大，因此在裁剪前应预先缩水为好。普通黏胶织物具有悬垂性好，刚度、回弹性及抗皱性差的特点，因此其服装保形性差，容易产生折皱。

5. 其他新型面料

（1）石墨烯混纺西装面料。石墨烯面料具有极强的拉伸度和强力，弹性较好，有良好的抑菌性，抗静电性。但是石墨烯价格昂贵，因此常用于一些特殊工种的职业装或高档西装。

（2）抗菌性西装面料。抗菌面料是指具有抑制表面细菌增殖功能的面料，主要采用内置银离子，把抗菌剂直接加入面料中，或通过后定性工艺加入抗菌剂。抗菌面料最早用于婴儿用品中，西装企业陆续研发了自己的抗菌西装面料，如安奈儿、如意毛纺、南山智尚等知名服装企业已在该方面有所成就，并投入生产。

（3）防水性西装面料。西装防水面料一般是三层的复合面料，最上层为涂层，中间层为纯化纤仿毛面料，最下层为基布。基布由涤纶、锦纶、锦棉混纺。其具有防水、透气、耐久性特点，面料光泽性好、挺括、有弹性。

（二）男西装的辅料

男西装的辅料又称辅助材料，是西装面料之外的所有的辅助性材料，包含衬料、里料、垫料、缝线、纽扣、拉链等材料。

1. 衬料　衬料又称衬布或衬头，是一种稍硬而又挺括的材料，衬垫在西装面料下面，起到使面料平挺、圆顺、饱满的作用，所以有人称衬料是西装成品的骨骼。衬料具体的品种很多，常用的有浆布衬、黑炭衬、马尾衬、树脂衬和黏合衬等。其中热熔黏合衬是一种新兴的西装衬料，具有软、薄、轻、挺等多种特点，有着非常广阔的应用前景。衬料的分类方法很多，常用以下方法进行分类。

（1）按厚薄与质量分类。轻薄型衬$<80g/m^2$、中型衬$80\sim160g/m^2$、重型衬$>160g/m^2$。

（2）按基布的种类及加工方式分类。棉衬、麻衬、毛衬、树脂衬、黏合衬等。

①棉衬、麻衬。这是较原始的衬布，是未经整理加工或仅上浆硬挺整理的棉布或麻布。棉布衬中的市布、粗布和细布衬可用做一般质料服装的衬布，而其中的牵条布则主要用于上

口、袖窿、底边等部位，具有拉紧或定型作用，它对服装的结构和造型有稳定加固作用。而麻布衬则由于其使用原料为麻纤维而具有一定的弹性和韧性，广泛用于各类毛料制服、西装和大衣等服装中。

②毛衬。毛衬包括黑炭衬布和马尾衬布。黑炭衬布是指用动物性纤维（山羊毛、牦牛毛、人发等）或毛混纺纱为纬纱、棉或棉混纺纱为经纱加工成基布，再经特殊整理加工而成；马尾衬布则是用马尾作纬纱，棉或涤棉混纺纱为经纱加工成基布，再经定型和树脂加工而成。由于黑炭衬布和马尾衬布的基布均以动物纤维为主体，故它们具有优良的弹性、较好的尺寸稳定性及各向异性（经向贴身悬垂、纬向挺括可伸缩）的特性，应用于服装中能产生挺括丰满的造型效果，通常黑炭衬布主要用于西服、大衣、制服、上衣等服装的前身、肩、袖等部位，马尾衬布则主要用于肩、胸等部位。

③树脂衬。树脂衬是以棉、化纤及混纺的机织物或针织物为底布，经过漂白或染色等其他整理，并经过树脂整理加工制成的衬布。树脂衬布主要包括纯棉树脂衬布、涤棉混纺树脂衬布、纯涤纶树脂衬布；其中纯棉树脂衬布因其缩水率小、尺寸稳定、舒适等特性而应用于服装中的衣领、前身等部位，此外还用于生产腰带、裤腰等；涤棉混纺树脂衬布因其弹性较好等特性而广泛应用于各类服装中的衣领、前身、驳头、口袋、袖口等部位，此外还大量用于生产各种腰衬、嵌条衬等；纯涤纶树脂衬布因其弹性极好和手感滑爽而广泛应用于各类服装中，它是一种品质较高的树脂衬布。

④黏合衬。黏合衬即热熔黏合衬，它是将热熔胶涂于底布上制成的衬。在使用时需在一定的温度、压力和时间条件下，使黏合衬与面料（或里料）黏合，达到服装挺括美观并富有弹性的效果。因黏合衬在使用过程中不需反复地缝制加工，极适用于工业化生产，又符合当今服装薄、挺、爽的潮流需求，所以被广泛采用，成为现代服装生产的主要衬料。

2. 里料　里料俗称夹里，用于大衣、夹衣以及各类有填充材料的冬衣。夹里的材料要求轻盈、柔软、光滑。常用的夹里材料有羽纱、美丽绸、棉线绫以及软缎和尼龙绸等。材料主要有涤纶塔夫绸、尼龙绸，绒布，各类棉布与涤棉布等。经常使用的里子绸类材料有 170T、190T、21OT、230T 涤纶塔夫绸、尼龙塔夫绸与人棉绸。绒布有单面绒、双面绒、经编绒等，一般以克重计量，常见的绒类材料克重为 120~260g/m^2。170T、190T、210T 是非常常规的涤纶或尼龙面料，一般叫涤塔夫或尼龙涤塔夫。其中 T 是英制表示方法，为经纬密度，在 1 平方英寸[1]范围内，经向条数和纬向条数的总和。

3. 垫料　垫料是垫在面料与里料中间，以保证西装整体的定型和挺括。垫料包含垫肩、弹袖棉等。

（1）垫肩。又称肩垫，是衬在服装肩部呈半圆形或椭圆形的衬垫物，是塑造肩部造型的重要辅料。垫肩的作用是使人的肩部保持水平状态，衬在上衣肩部的三角形衬垫物，使衣服穿起来美观。大多数的人肩是有斜度的，因此服装加入垫肩能使肩部浑厚、饱满，提高或延长肩线线条，使穿着者的肩部平整、挺括和美观。

---

[1] 1 平方英寸≈6.45cm^2。

（2）弹袖棉。又称袖山条、袖窿条等，是西装中用来支撑肩袖区域轮廓的服装部件。袖棉条利用其形状结构让袖子内侧向前微微隆起，前袖窿部位的袖衬可零距离支撑袖身。传统男西装的弹袖棉由弹袖衬前大前小、后大后小、过桥衬五层组成。弹袖棉选用针刺棉或是复合面料。一般针刺棉克数在80~500g，厚度1~8mm，克数越大，质感越厚实。复合面料分为两种，一是将针刺棉和海绵进行复合，海绵增加弹性，针刺棉增加厚度，共同作用达到挺括的效果；二是日本网格棉复合面料，此面料正面有一层网纱织在棉里，可以使棉不易变形。

4. 缝线　缝线即缝纫用线的总称，具体可分为手针缝纫线和缝纫机用缝纫线两大类。按照所缝衣料的厚薄不同，可分为10×3tex（60英支/3）、8×3tex（75英支/3）等多种规格。缝线有丝光线、涤纶线、锦纶线、丝线等。按包装的形式还可分成纸芯线、宝塔线等。缝线是西装构成不可缺少的连接材料。

5. 纽扣　纽扣是指交互而成的扣结，现指钉缝在西装开襟部位，连接左右开襟衣片的辅料。它除了在开襟部位起扣合连接作用外，还起着画龙点睛的装饰作用，故常被称为西装上的“眼睛”或“明珠”。纽扣按材料的质地可分为罗甸扣、电玉扣、金属扣、木扣、塑料扣等。此外，还有用衣料制作的编结纽扣，即俗称盘花扣，它是我国特有的纽扣形式之一，富有民族特色，大多应用于旗袍、短袄等中式西装。

6. 拉链　拉链又名拉锁，是连接在两衣片或衣缝开口部位上作开闭之用的辅料之一，使用方便，可起到与纽扣相同的作用。拉链的种类很多，有标准拉链、拉开式拉链和隐性拉链等。按材质分，有尼龙拉链、金属拉链和塑料拉链等；从齿形上分，有粗齿拉链和细齿拉链等。

三、男西装的造型变化

（一）领子造型

男西装主要有三种基础领型，分别为平驳领（八字领）、戗驳领、青果领，以及其他变化领型，如图2-6所示。三种基础领型的格式不是固定不变的，其中串口线的高低不同、串口线的斜线角度不同、翻领角宽与驳领角宽的比例不同、领嘴的角度大小不同、驳领外口线的弧度不同、驳口止点的高低不同等均可影响基础领型的外观造型。

（二）袖子造型

男西装的袖子一般为合体两片袖，袖子的整体结构造型变化不大，袖子的袖口位置可以设置无开衩和开衩两种形式。开衩袖口可设置一粒袖扣、两粒袖扣、三粒袖扣、四粒袖扣，如图2-7所示。

（三）口袋造型

口袋有装饰作用和实用功能，其造型变化较为丰富。男西装口袋分为手巾袋、侧袋、里子内口袋等，如图2-8所示。手巾袋的常规造型为直线的平行四边形，但随着男性审美的提高，手巾袋朝着曲线化变化，于是出现了船型手巾袋。男性装侧袋主要有双嵌线口袋、单嵌线口袋、双嵌线袋盖口袋、贴袋等形式，根据男性装的类别不同口袋的选择也不同，从礼仪性原则来看，双嵌线口袋的礼仪性最强，常用于正式西装，贴袋的礼仪性较差，常用于休闲或运动西装。

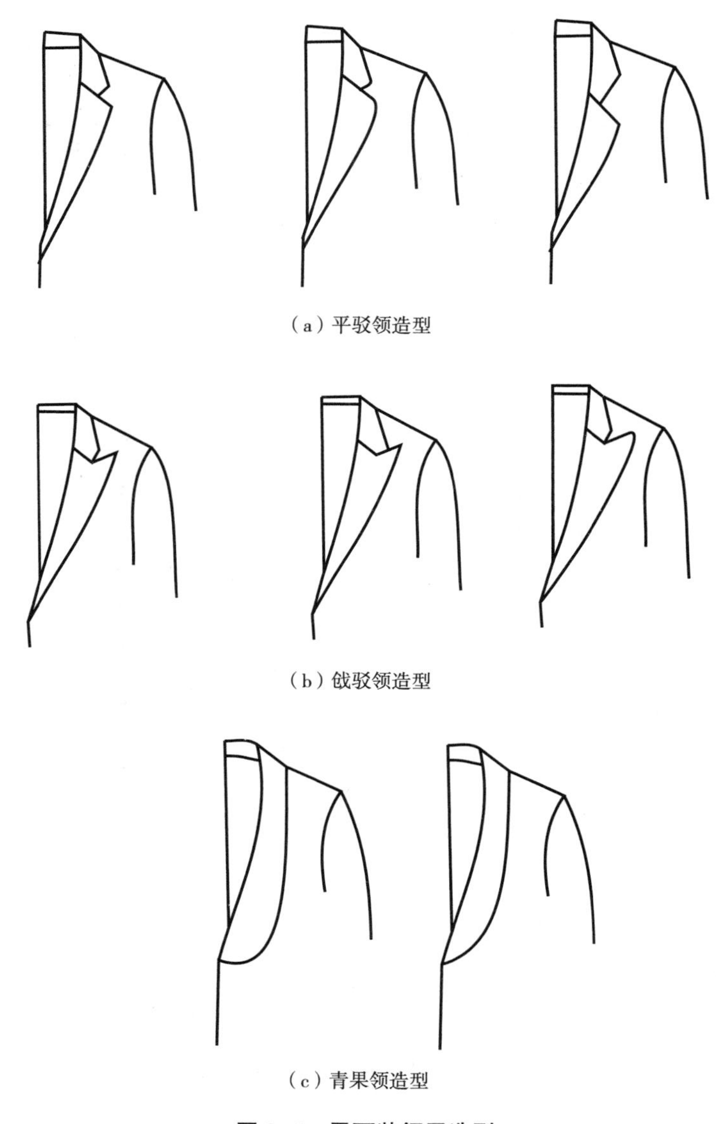

（a）平驳领造型

（b）戗驳领造型

（c）青果领造型

图 2–6　男西装领子造型

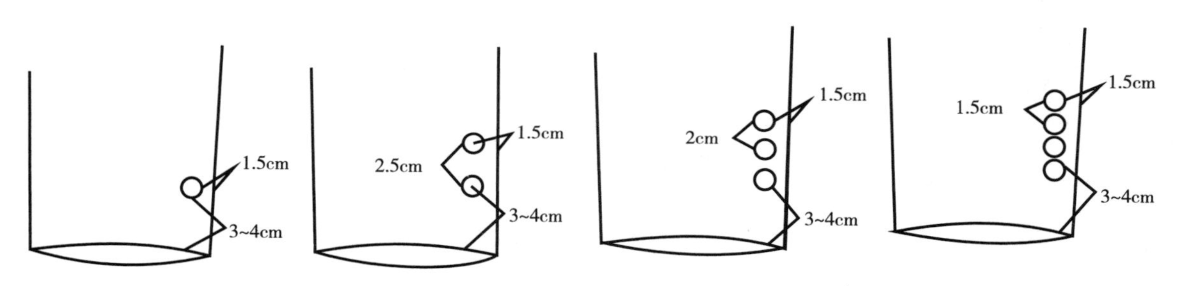

图 2–7　男西装开衩袖口袖扣

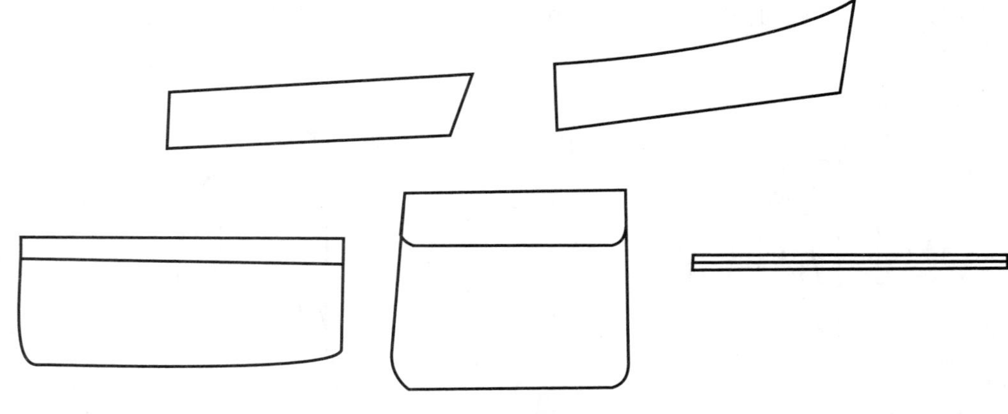

图 2-8　男西装口袋样式

四、男西装的规格制定

男西装的规格制定依据男子的身高 h、净胸围 B^*、净臀围 H^*，按照线性回归关系公式，并加入适当的放松量和内衬服装的厚度，进行计算获得。以男子的中间号型 170/88A 为例。

（一）长度方向控制部位尺寸

1. 衣长 L　衣长 L 与人体身高 h 相关，根据成衣长短，加放 6~8cm。

计算公式：$L=0.4h+(6\sim8)$ cm=74~76cm。

2. 背长 WL　背长 WL 随着衣长 L 的增加和缩短可适当调整。

计算公式：$L=0.25h+(1\sim2)$ cm=42.5~44.5cm。

3. 袖长 SL　袖长 SL 除与人体身高 h 有关，计算时需考虑垫肩厚度。

计算公式：SL $=0.3h+(7\sim8)$ cm+垫肩厚度=59.2~60.2cm。

（二）围度方向控制部位尺寸

1. 胸围 B　服装的造型不同，其围度方向加放松量则不同。

计算公式：$B=B^*$+内衣厚度+放松量，其中西装内衣厚度约为 2cm。

贴体型服装：$B=B^*$+内衣厚度+(0~12) cm=90~102cm。

较贴体型服装：$B=B^*$+内衣厚度+(12~18) cm=102~108cm。

较宽松型服装：$B=B^*$+内衣厚度+(18~25) cm=108~115cm。

宽松型服装：$B=B^*$+内衣厚度+(大于 25) cm=大于 115cm。

2. 胸腰差 $B-W$　根据腰部的收紧程度分为卡腰型和宽松腰型。

卡腰型：$B-W=6\sim12$cm。

宽松腰型：$B-W=0\sim6$cm。

3. 臀围 H

计算公式：$H=H^*+(8\sim12)$ cm。

按照西装整体外廓型，成品臀围 H 与胸围 B 存在以下的关系。

T 型廓型的西装臀围 $H=B-$（≥4）

H 型廓型的西装臀围 $H=B\pm$（2）

A 型廓型的西装臀围 $H=B+$（≥2）

4. 袖口 CW　西装袖口尺寸与内衣厚度与胸围 B 存在以下关系。内衣厚度约为 2cm。

计算公式：$CW=0.1$（B^*+内衣厚度）+（4~6）cm 放松量=13~15cm。

5. 领围 N　另外可根据领子造型的加宽和挖深量适当调整。

计算公式：$N=0.25$（B^*+内衣厚度）+（15~20）cm=37.5~42.5cm。

6. 肩宽 S　肩宽 S 的计算方法有多种。可根据人体的净胸围 B^*、成品胸围 B 或总肩宽进行计算。

根据 B^* 计算公式为：$S=0.3B^*+17.6+$（2~4）cm。

根据 B 计算公式为：$S=0.3B+$（12~14）cm。

根据总肩宽计算公式为：$S=$总肩宽+（1~2）cm。

（三）成衣尺寸规格表

男西装成衣尺寸规格表见表 2-1。

表 2-1　男西装成衣尺寸规格表　　单位：cm

控制部位	165/84A	170/88A	175/92A	档差
衣长 L	72	74	76	2
背长 WL	41.5	42.5	43.5	1
胸围 B	102	106	110	4
肩宽 S	43.8	45	46.2	1.2
领围 N	38	39	40	1
袖长 SL	59.5	61	62.5	1.5
袖口 CW	14	14.5	15	0.5

第二节　基础男西装结构设计详解

一、基础男西装的款式及尺寸规格

（一）款式图及效果图

基础男西装款式图及效果图如图 2-9 所示。

（二）款式描述

本款为 X 型合体型，六开身，领子为平驳领，左胸手巾袋，腰部左右两侧各有一个双嵌线带袋盖的侧口袋，圆底摆，后中有开衩，袖子为合体两片袖。

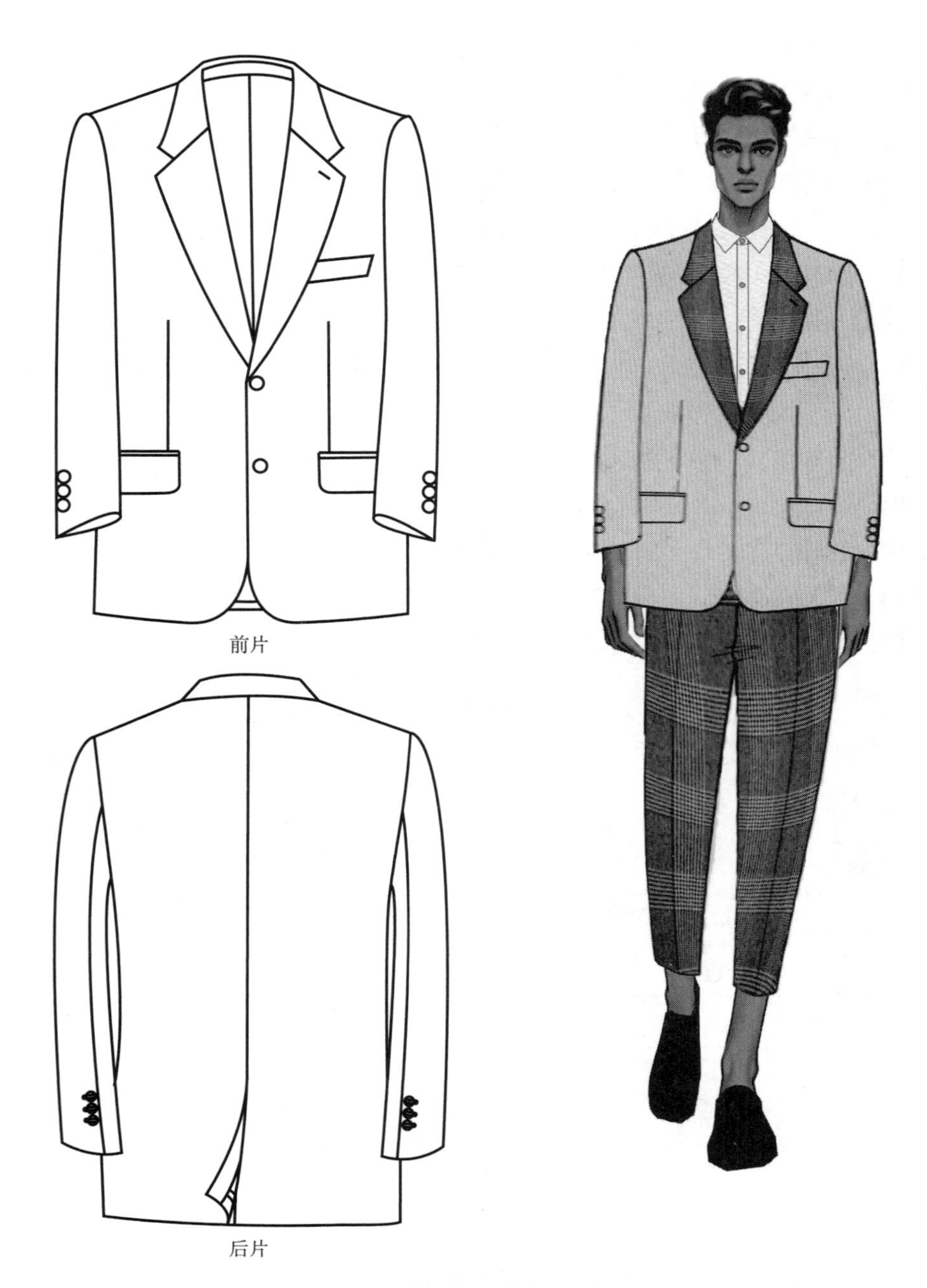

图 2-9 基础男西装款式图及效果图

(三) 尺寸规格

尺寸规格表见表 2-2。

表 2-2 尺寸规格表 单位：cm

号型	后衣长（L）	胸围（B）	肩宽（S）	领围（N）	袖长（SL）	袖口（CW）
170/88A	75	106	45	40	60	15

二、基础男西装结构设计——原型法

（一）男西装原型法结构设计原理

男装标准纸样是男西装的基本型，因此基础男西装的原型制图在男装标准纸样的基础上无须进行围度的收缩和放量。但需要遵循以下的设计原则：

（1）男西装整体呈前紧后松的形态，因此后中需追加1cm的放松量。

（2）关于胸腰省量的分配，按照男装A体和Y体，胸腰差量为15~20cm。省量分配的位置为后中缝、后侧缝、前侧缝、胸腰省。各部位的省量分别为后中缝（4~5cm）>后侧缝（3~4cm）>前侧缝（1.5~2.5cm）>胸腰省（1~1.5cm）。

（3）后背缝的收臀量大于收腰量约1cm。

（4）手巾袋位于胸宽线向前3~3.5cm的位置。

（5）侧袋位于腰围线向下取袖窿深的三分之一的水平线上。

（二）男西装原型法结构设计步骤

基础男西装衣身原型法制图如图2-10所示，制图步骤如下。

1. 画后背缝　沓印男装标准纸样，将后中线向外放量1cm，从后颈点向下量取后衣长75cm。腰围内收2.5cm，底摆内收3.5cm，从袖窿深的二分之一点连接到腰围内收点再连接到底摆内收点，画顺整个后背缝。在后背缝画斜边开衩，开衩的内长为20cm，外长为17cm，开衩宽为3cm。

2. 画后侧缝　取背宽横向与袖窿深线在背宽线上的二等分点，并向前延长至袖窿弧线，交点向下画垂线为后侧缝中线，后侧缝收腰量4cm，底摆交叉外延并上抬1cm，画左右两侧后侧缝。

3. 画底摆　腰围线向前延长2cm门襟宽，前中线向下延长2.5cm，连至后侧缝底摆端点，画前片底摆斜线。

4. 画前片内部结构　前片内部的作图顺序为先确定手巾袋，再确定胸腰省，再确定侧袋，最后画前侧缝。手巾袋位于胸宽线向前3.5cm的位置，手巾袋长10cm，宽2.5cm，胸腰省中线在手巾袋下边线中点向下的垂线。延长胸宽线至腰围以下三分之一的袖窿深（或者取定值8cm），画水平线，此线向前中延长至胸腰省中线以外1.5cm，以此点下落1cm，从1cm的点向水平线上量取15cm（或15.5cm）的侧袋长度，在侧袋上画袋盖。确定前侧缝线，前侧缝线在腰围上的收省量靠前1cm，靠后0.5cm。画肚省，肚省向下的打开量为1cm，向前的内收量为0.8cm，胸腰省的下省量为0.8cm，画子弹型胸腰省。

5. 画平驳领　前肩斜线向外延长2cm，与驳口止点相连确定翻折线，过颈侧点画翻折线的平行线长度为后领弧长，以颈侧点为圆心后领弧长为半径向后倒伏2.5cm，垂直于倒伏线画领后中为2.5cm的领座宽，3.5cm的领面宽，延长领基础斜线为串口线，从串口线与翻折线的交点延串口线量取12cm，此点与驳口止点相连为驳领外口线，驳领角宽为4cm，翻领角宽为3.5cm，两者之间90°，画内弯刀式的翻领外口线。

6. 定扣位　第一粒扣位于驳口止点，第二粒扣距离第一粒扣 10cm，领子上的假扣眼距离串口线 4cm，距离驳领外口线 1.5cm 的交叉位置。

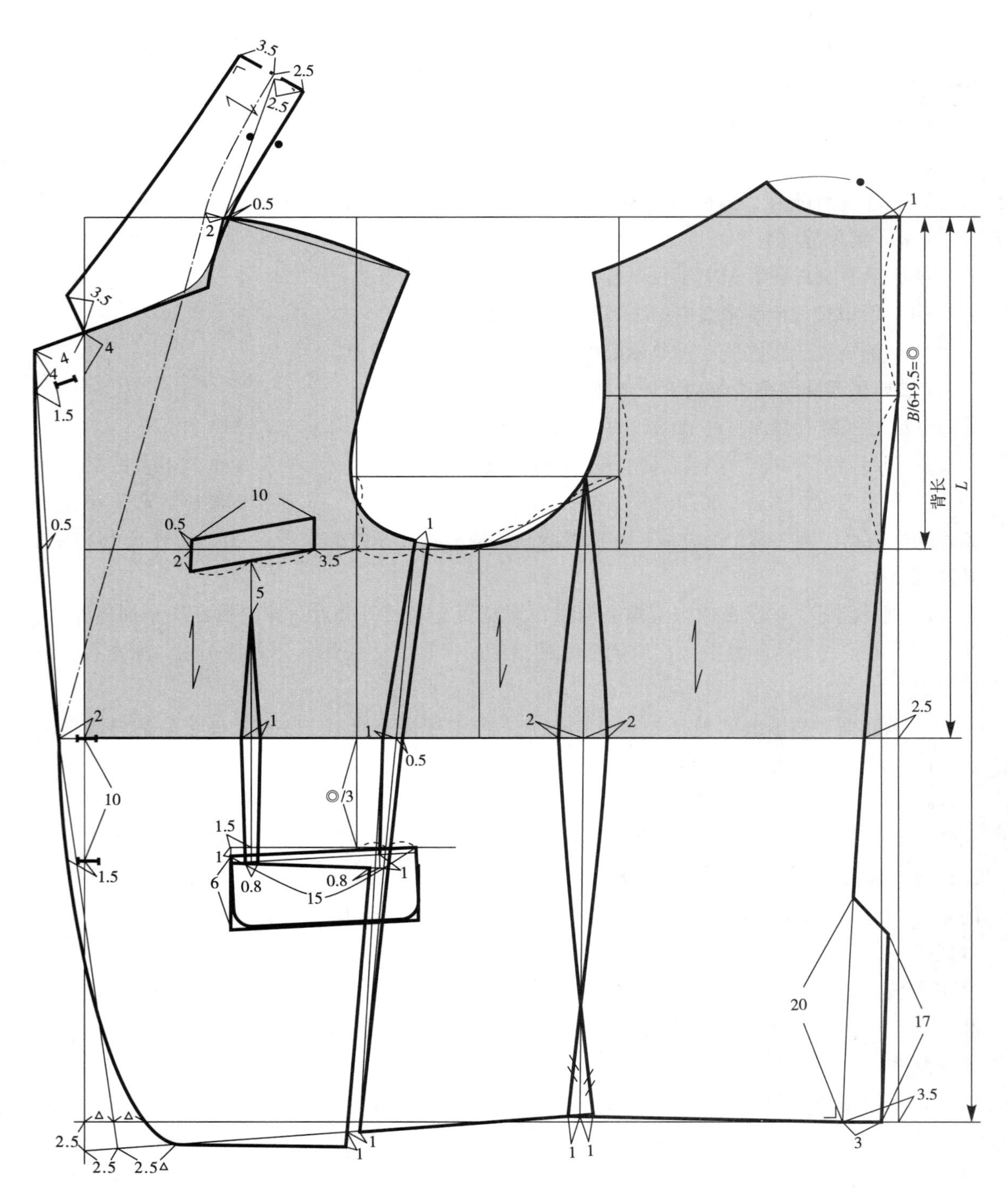

图 2-10　基础男西装衣身原型法制图

男西装的袖身原型与标准男装纸样中的袖身原型制图步骤一致，详细步骤如图 2-11 所示。

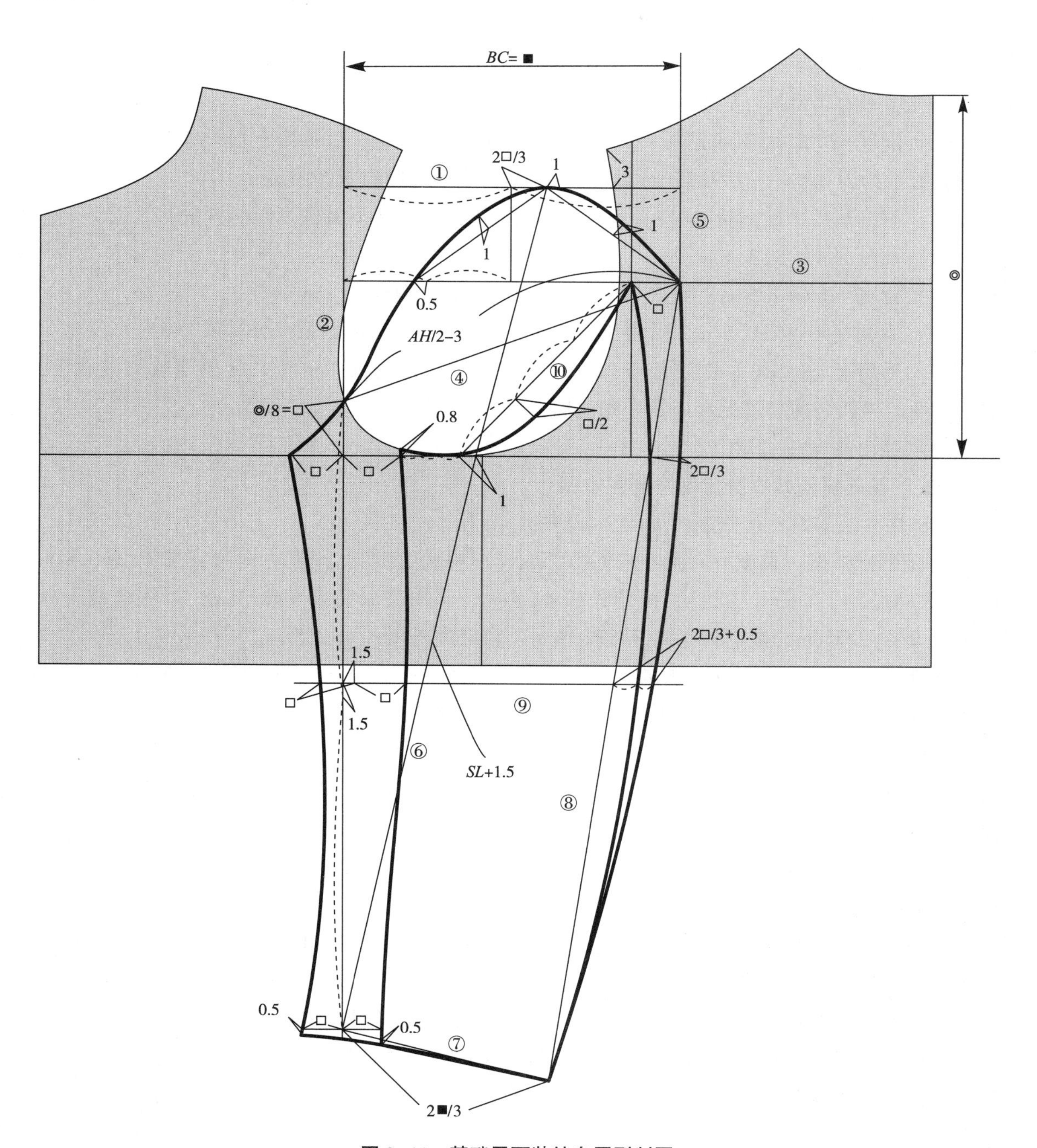

图 2-11　基础男西装袖身原型制图

三、基础男西装结构设计——比例法

（一）基础男西装比例制图的公式

（1）衣长=基本衣长+面料的收缩量。不同类别的面料的收缩量不同，常规羊毛面料经纱方向的收缩率为0.8%，纬纱方向为1%。

（2）围度=$B/2$+面料收缩量+省量。其中省量位于后背、后袖窿、前袖窿这三个位置，后背收省量约为0.5cm，后袖窿收省量为0~1cm，前袖窿收省量约为1cm。

（3）侧缝从后中向前量$B/4$+省量/2，其中此处的省量为基础围度时的省量。

（4）袖窿深=$B/5$+3.5cm。

（5）背宽=$B/6$+2.5cm，胸宽=$B/6$+1.5cm，背宽比胸宽大1cm。

（6）后领宽=$N/5$+0.5cm，后领深为2.3cm；前领宽=$N/5$+1cm，前领深=$N/5$。

（7）后肩宽=$S/2$cm，前肩宽=$S/2$+0.7cm，此处增加的0.7cm为高定男西装的搂肩量，对于普通的男西装前肩若无搂肩量，则前肩宽=$S/2$。

（8）袖山高=AH/2×0.7。

（二）基础男西装衣身比例法制图步骤

基础男西装衣身比例法制图如图2-12所示。

1. 画基础框架　长度方向画衣长L+0.7cm（面料回缩量），围度方向画胸围$B/2$+0.5cm（面料收缩量）+1.5cm（省量），画背长线42.5cm，画袖窿深线$B/5$+3.5cm，画侧缝线距离后中线$B/4$+0.75cm，确定胸宽线$B/6$+1.5cm，确定背宽线$B/6$+2.5cm。

2. 画后片　修正刀背缝，腰围收量1.5cm，底摆收量2.5cm，后背收量0.5cm，从背宽横线处开始画顺刀背缝。确定后领宽$N/5$+0.5，后领深为2.3cm，画顺后领弧。确定后肩宽$S/2$，从后颈侧点向右画水平线与后肩宽垂线相交，交点下落$B/20$−0.5cm的落肩量，确定肩点和肩斜线。后肩斜线向内0.3cm画内弧式肩斜线。画后袖窿弧线，此线需过后符合点，后符合点位于背宽线与袖窿深的交点向上4.5cm，并向右1cm。将背宽线向下延长至底摆作为后侧缝的省中线。后侧缝的省量为2.5cm，向左取2cm，向右取0.5cm，画后侧缝及后底摆线。

3. 画前片　前中下落2.5cm，与后侧缝的端点相连画前底摆基础斜线。取前领宽=$N/5$+1，前领深=$N/5$，取左侧前领深的二等分点，连至前中点画串口线。确定前肩宽$S/2$+0.7cm（搂肩量），前落肩量为$B/20$，确定前肩点与前肩斜线，前肩斜线向外0.5cm画外弧型肩斜线。画前袖窿弧线。前片内部的作图顺序与原型制图法的作图顺序一致为首先确定手巾袋，其次确定胸腰省，再次确定侧袋，最后画前侧缝。前门襟宽为2cm，画顺前中及圆弧底摆。

4. 画领子　前肩斜线向外延长2cm，与驳口止点相连确定翻折线，过颈侧点画翻折线的平行线长度为后领弧长，以颈侧点为圆心后领弧长为半径向后倒伏2.5cm，垂直于倒伏线画领后中为2.5cm的领座宽，3.5cm的领面宽，从串口线与翻折线的交点延串口线量取12cm，此点与驳口止点相连为驳领外口线，驳领角宽为4cm，翻领角宽为3.5cm，两者之间为90°，画内弯刀式的翻领外口线。

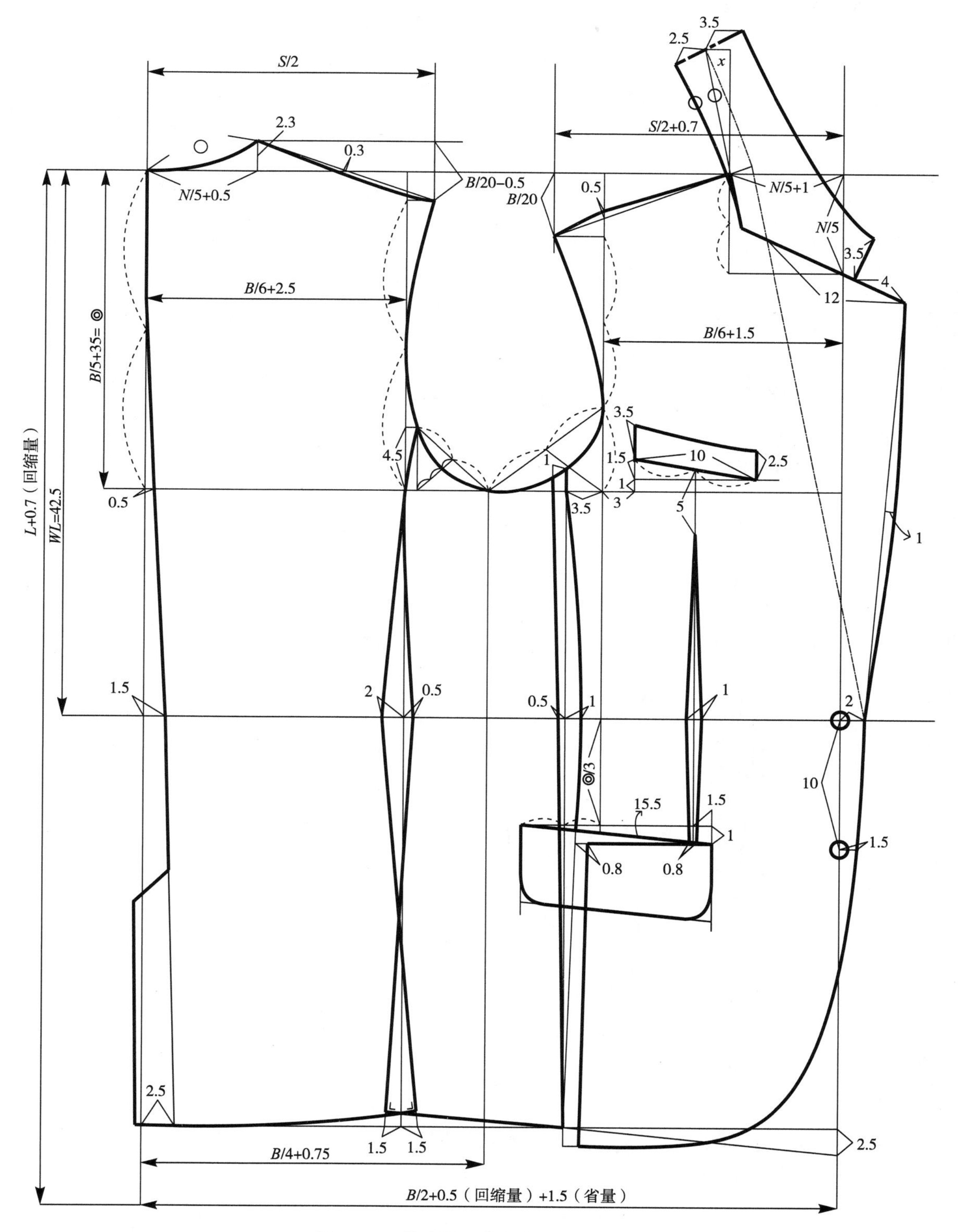

图 2-12 基础男西装衣身比例法制图

（三）基础男西装袖身比例法制图步骤

基础男西装袖身比例法制图如图 2-13 所示。

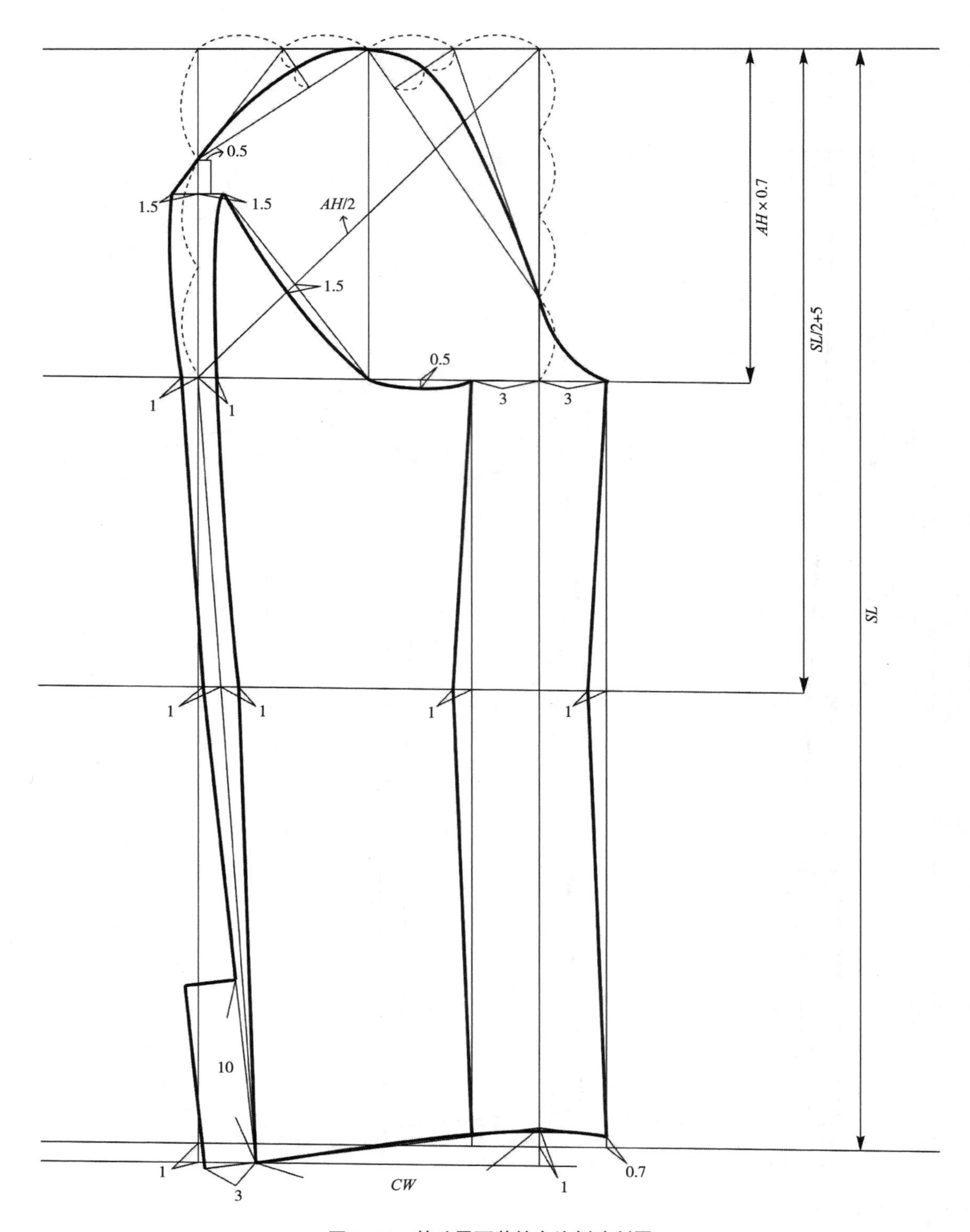

图 2-13　基础男西装袖身比例法制图

1. 画基础框架　画上平线和基础垂线，在垂线上量取袖长 SL，在垂线上量取 $SL/2+5$ 确定袖肘线，在垂线上量取 $AH\times0.7$ 确定袖山底线。袖山底线与垂线的交点向上平线上量取 $AH/2$ 画垂线，确定袖肥。

2. 画大袖　将袖山底线上方的矩形框进行等分，其中上四等分、左三等分、右四等分。连接上一分与左一分点并延长，连接上二分与左一分点，连接上二分与右三分点，画基础线。大小袖的互借势为 3cm，画大袖的袖山曲线。袖口线向下落 1cm 画水平线，袖肥垂线与袖口线交点向上抬 1cm，从此点向水平线上量袖口宽 CW，修顺袖口弧线。大袖的袖肘内侧向内 1cm，袖肘外侧向外 1cm，画大袖内封线和外缝线。

3. 画小袖　从左三分之一点向右 0.5cm 画垂线，从垂线上找一个点距离上一分与左一分点并延长线 1.5cm，再向右 1.5cm，向右的点为小修的上尖点。大袖袖外缝线的互借势为 1cm，袖肘向内凹 1cm，画小袖的袖山曲线和内外缝线。

4. 画袖开衩　袖开衩的长度为 10cm，宽度为 3cm，画大小袖的袖开衩。

第三节　基础男西装工业样板

一、基础男西装工业样板绘制

（一）面料样板的放缝

基础男西装工业样板如图 2-14 所示。

（1）衣身底摆放缝 4cm，后中放缝 1.5～2cm，侧缝放量 0.8～1cm，前片领围放缝 1.5cm，其余位置各放量 1cm。

（2）挂面底摆放缝 4cm，其余位置各放量 1cm。

（3）袖子袖口放缝 4cm，其余位置各放量 1cm。

（4）袋盖上口放缝 1.5cm，其余位置各放量 1cm。

（5）双嵌线的长度为袋口大加 4cm，宽度为 4cm。

（6）手巾袋沿上口线对折，左右两侧放缝 1.5cm，上下各放量 1cm。

（7）领面左右两侧放缝 1.5cm，其余位置放量 1cm，领里为成品领底。

（8）手巾袋左右两侧放缝 1.5cm，上下各放 1cm；侧袋垫布长度为 17cm，宽度为 7cm。

（二）里料样板的放缝（图 2-15）

（1）衣身底摆放缝 2cm，袖笼弧放缝 1.2cm，前后肩斜线处放缝 1.2cm，后中放缝 1.5cm，其余部位各放缝 1cm。

（2）袖身袖口放缝 2cm，大袖袖山曲线放缝 2cm，小袖袖山曲线放缝 1cm，其余部位各放缝 1cm。

（3）里袋、笔袋和名片袋的嵌线长度均为袋口大加 4cm，宽度为 7cm，垫袋布的长度宽度同嵌线。

（三）衬料样板（图2-16）

（1）衬料样板在净板的基础上进行配置，前片和挂面一整片粘衬。

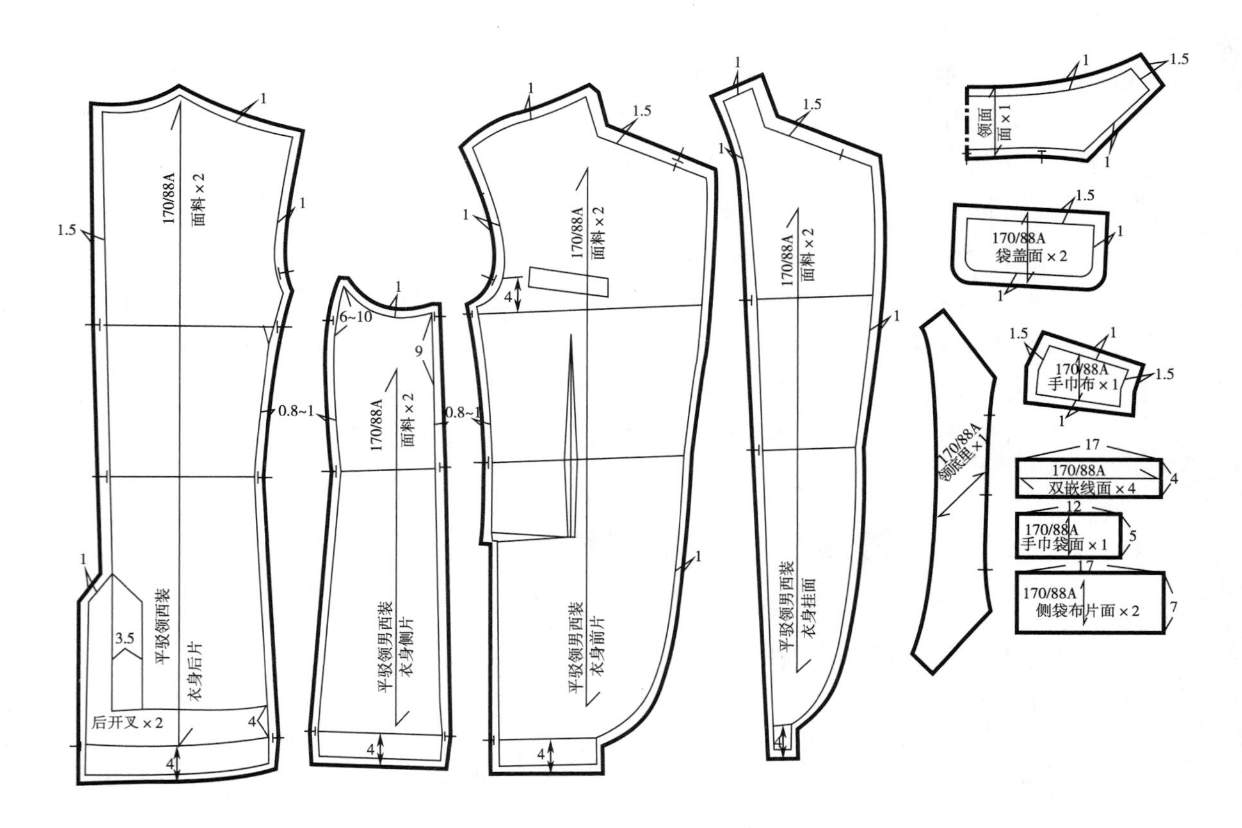

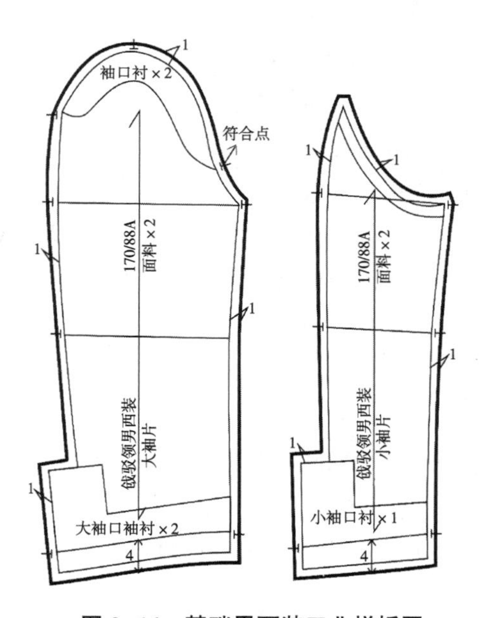

图2-14　基础男西装工业样板图

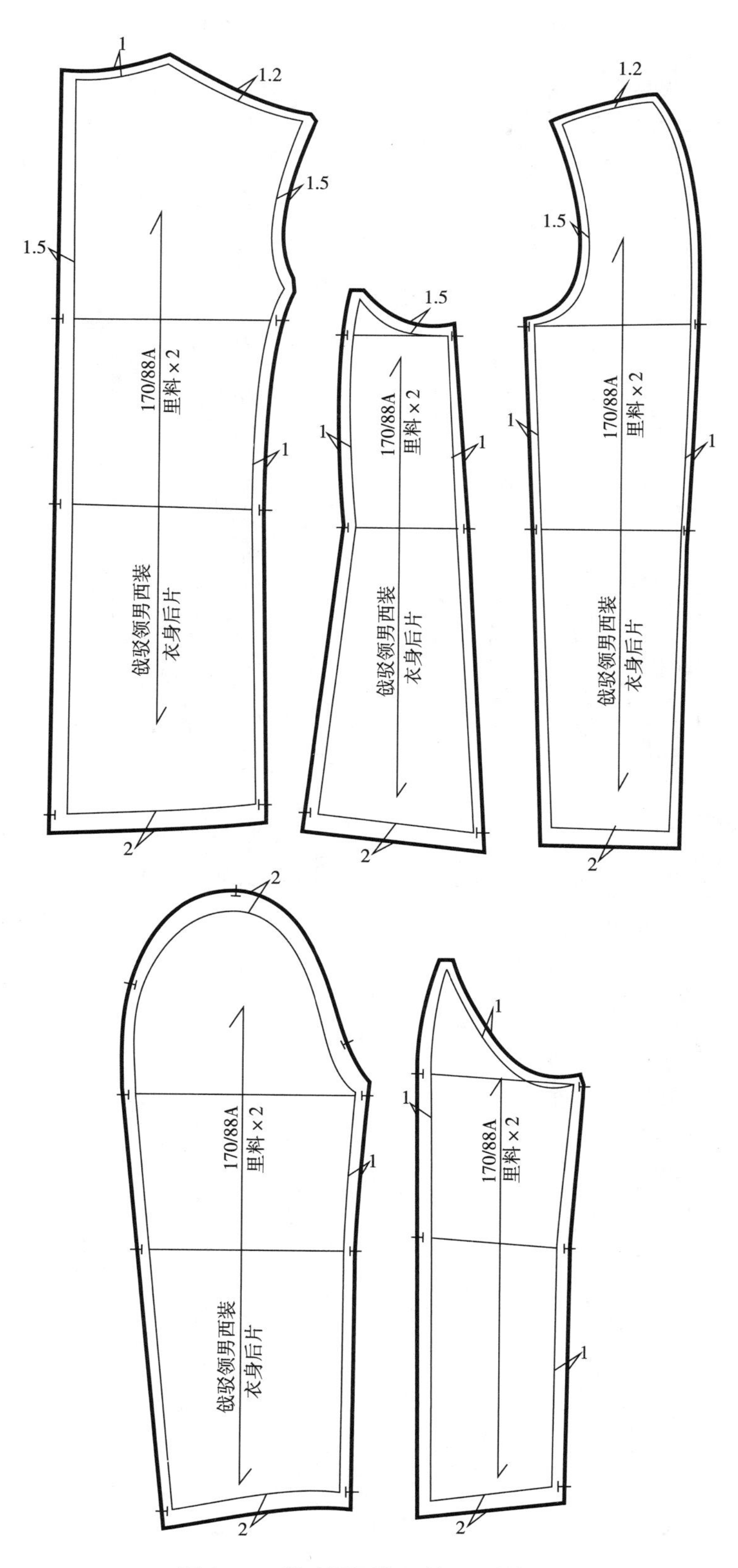

图 2-15　基础男西装里料工业样板

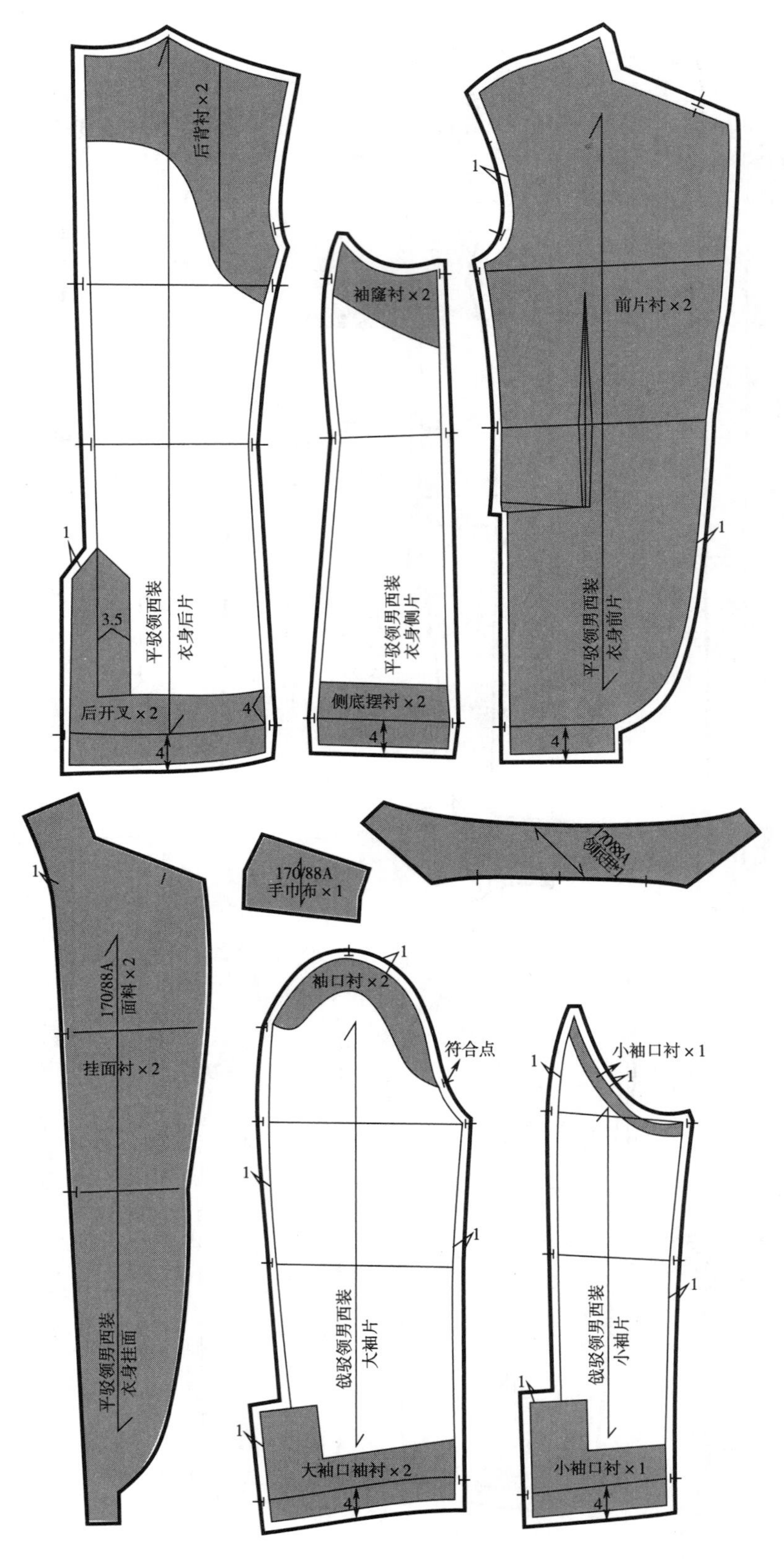

图 2-16 基础男西装衬料工业样板

（2）侧片下摆和袖笼处粘衬，后片开衩粘衬，肩部和袖窿处根据款式要求可粘或者不粘衬。

（3）所有袋位粘衬。大小袖口及袖钗粘衬，袖山曲线粘衬。

（4）手巾袋按净样粘衬，里袋三角袋盖需要粘衬。

二、基础男西装工业排板（图 2-17）

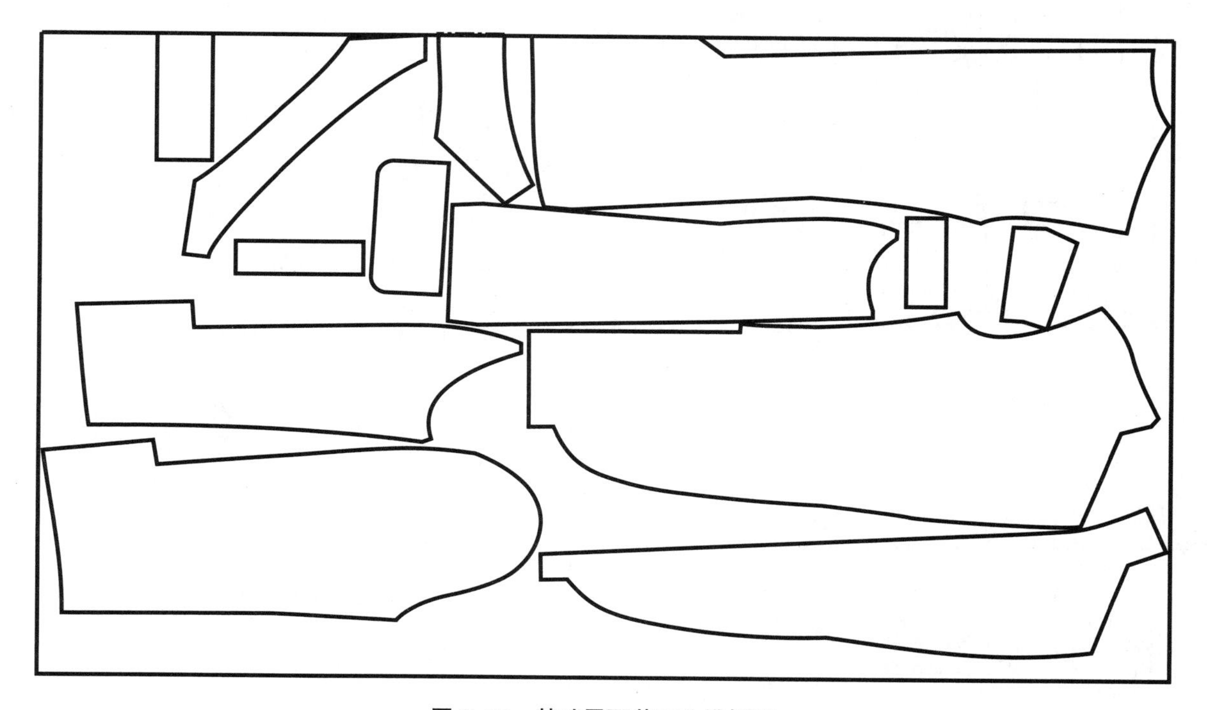

图 2-17　基础男西装工业排板图

第四节　基础男西装工艺要求

一、面式结构图

基础男西装面式结构如图 2-18 所示。

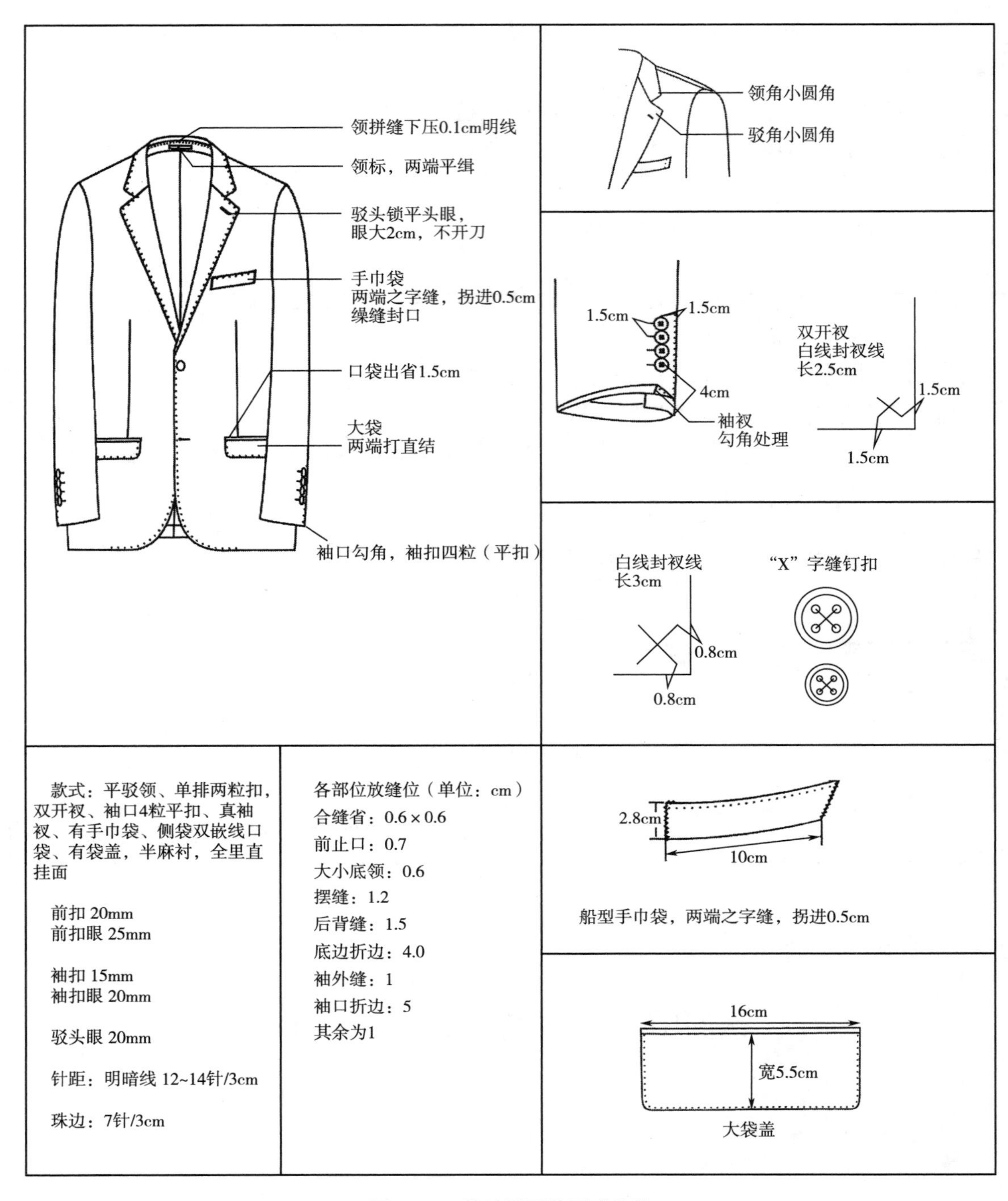

图 2-18 基础男西装面式结构

二、里式结构图

基础男西装里式结构如图 2-19 所示。

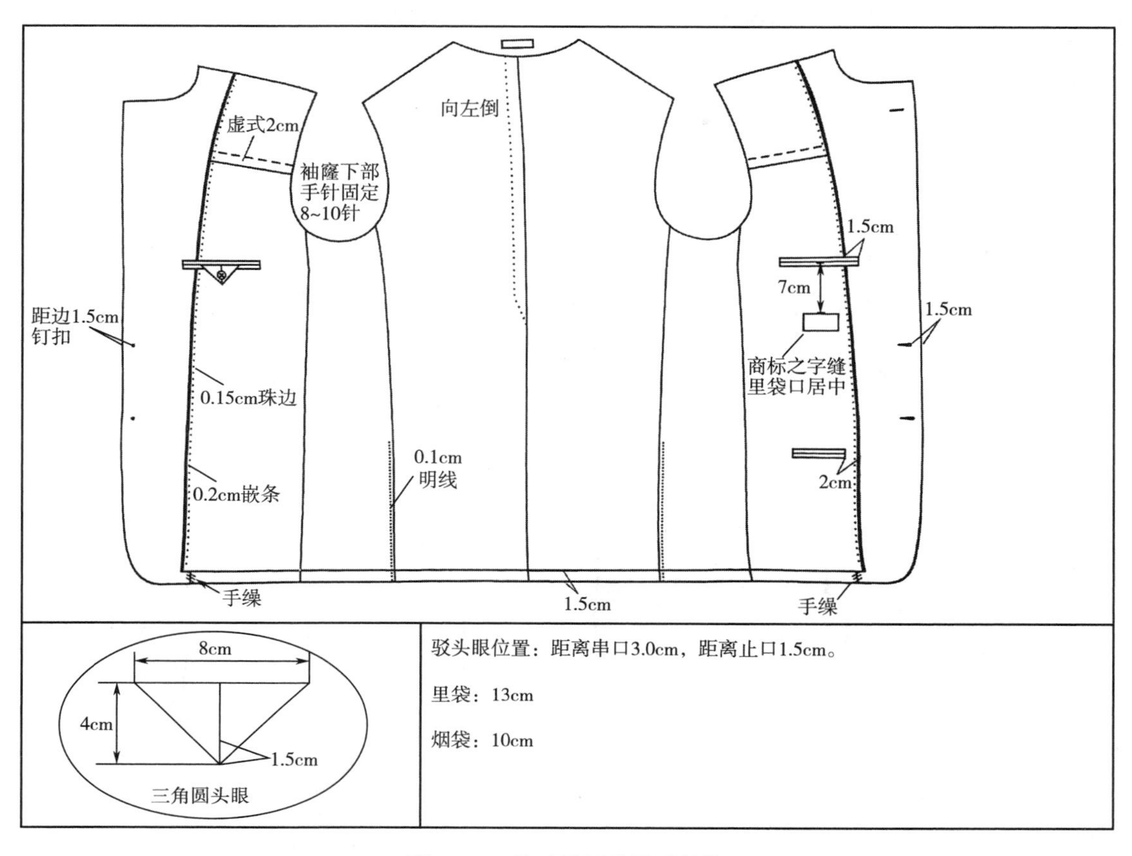

图 2-19　基础男西装里式结构

三、粘衬示意图

基础男西装粘衬方法如图 2-20 所示。

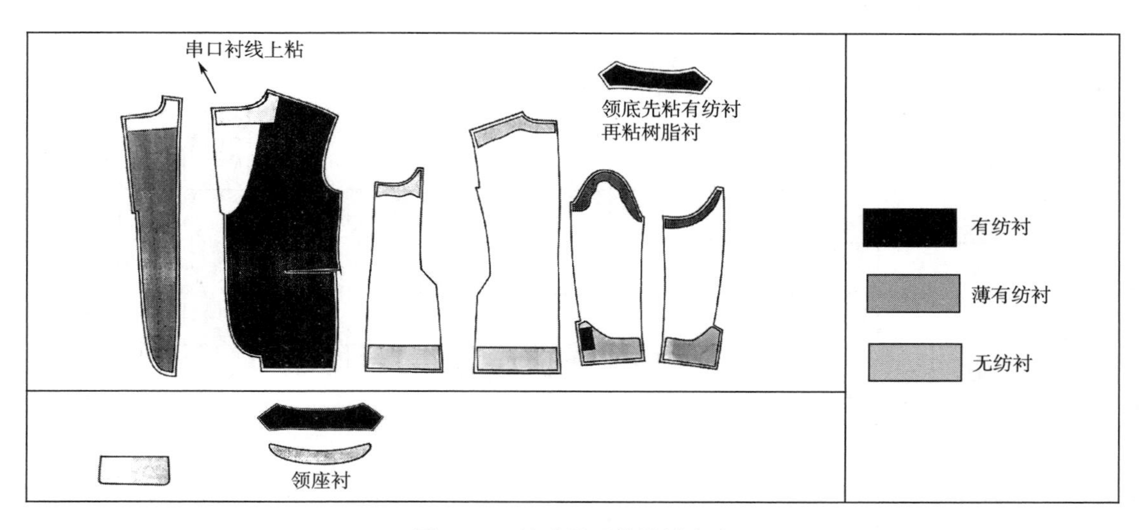

图 2-20　基础男西装粘衬方法

四、尺寸测量示意图

基础男西装尺寸测量方法如图 2-21 所示。

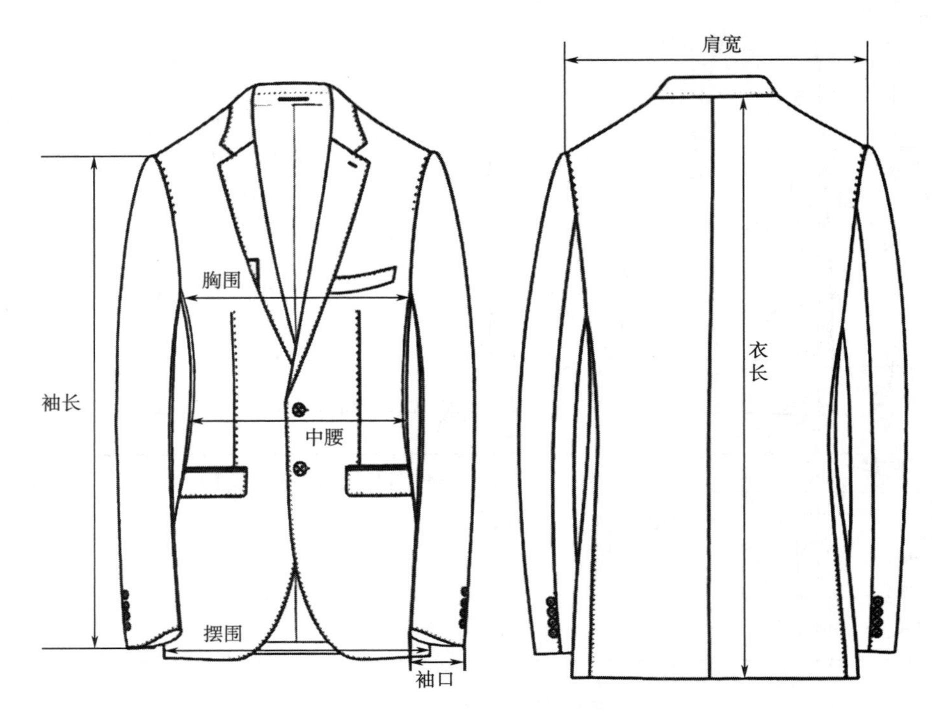

图 2-21 基础男西装尺寸测量方法

五、面辅料

面辅料一览表见表 2-3。

表 2-3 面辅料一览表

面料				辅料			
序号	部位名称	裁片数量	说明	序号	部位名称	裁片数量	说明
1	前片	2		1	前身衬	2	有纺衬
2	后片	2		2	挂面衬	2	薄有纺衬
3	侧片	2		3	侧下摆衬	2	无纺衬
4	挂面	2		4	后下摆衬	2	无纺衬
5	大袖	2		5	大袋口衬	2	无纺衬
6	小袖	2		6	大袋盖衬	2	无纺衬
7	大袋盖	2		7	大袖山衬	2	薄有纺衬

续表

面料			
序号	部位名称	裁片数量	说明
8	大开	2	
9	手巾袋面	1	
10	手巾袋垫	1	
11	领面	1	
12	领座	1	
13	领底	1	
14	省条	2	

里料			
序号	部位名称	裁片数量	说明
1	前里	2	
2	侧片	2	
3	后里	2	
4	大袋垫	2	
5	大袋盖	2	
6	三角盖	1	
7	大袖里	2	
8	小袖里	2	
9	里开	2	
10	里垫	2	
11	烟开	1	
12	烟垫	1	

袋布			
序号	部位名称	裁片数量	说明
1	大袋布	2	
2	大小手巾袋布	各 1	
3	大小里袋布	各 2	
4	烟斗布	1	
5	后领窝嵌线	2	

辅料			
序号	部位名称	裁片数量	说明
8	小袖山衬	2	薄有纺衬
9	大袖口衬	2	无纺衬
10	小袖口衬	2	无纺衬
11	袖开衩加强衬	2	有纺衬
12	领面衬	1	有纺衬
13	领座衬	1	有纺衬
14	领底衬	1	有纺衬+树脂衬
15	手巾袋衬	1	树脂衬
16	侧袖窿衬	2	无纺衬
17	后领连肩衬	2	无纺衬

胸衬			
序号	部位名称	裁片数量	说明
1	黑碳衬	2	黑炭衬
2	挺胸	2	黑炭衬

弹袖衬			
序号	部位名称	裁片数量	说明
1	前大	2	弹袖衬
2	后大	2	弹袖衬
3	过桥衬	2	弹袖衬
4	弹袖棉	2	弹袖衬

净片包含以下几部分：
大袋盖
里袋位
省位板
画驳头
手巾袋净
戗驳头
翻折线
领角
袖衩扣位
扣位
领面画样
画串口

第五节　男西装结构设计实例

一、戗驳领双排扣男西装

（一）款式图、效果图

戗驳领双排扣男西装款式图及效果图如图 2–22 所示。

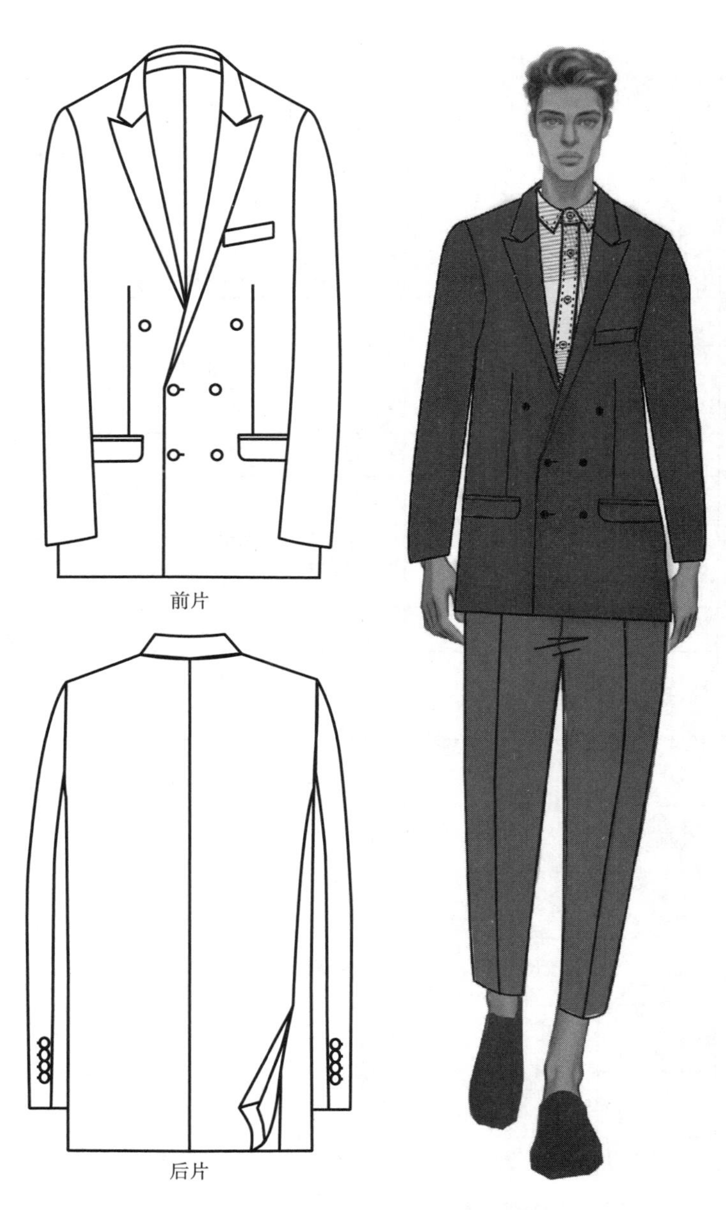

图 2–22　戗驳领双排扣男西装款式图及效果图

（二）款式描述

本款为合体型，六开身，双排扣，领子为戗驳领，左胸手巾袋，腰部左右两侧各有一个双嵌线带袋盖的侧口袋，直底摆，左右两侧开衩，袖子为合体两片袖。

（三）尺寸规格设计

尺寸规格见表2-4。

表2-4　尺寸规格表　　单位：cm

号型	后衣长（L）	胸围（B）	肩宽（S）	领围（N）	袖长（SL）	袖口（CW）
170/88A	75	106	45	40	60	15

（四）面辅料的选配

面辅料的选配见表2-5。

表2-5　面辅料的选配表

类型	材质	使用部位
面料	麻织物	整个衣身、袖身、领子、手巾袋、袋盖
里料	纺绸	衣身和袖身里子、口袋布
衬料	毛衬、黏合衬	胸部、袋盖、领子、衣身和袖身边缘等
垫料	胸绒、领底呢、垫肩、袖棉条	胸部、领子、肩部等
纽扣	树脂扣	前中

（五）结构图

戗驳领双排扣男西装衣身和袖身结构图如图2-23和图2-24所示。

（六）结构设计要点

（1）此款为双排扣，双排扣的门襟款为8.5cm，同一排的两粒扣之间的间距为13cm。

（2）后侧双开衩，开衩的制图方法与基础男西装后开衩的制图方法一致。

（3）该款围度方向的取值为$B/2+2+0.5$，其中2cm为袖窿深线上的收省量，其分配方法为刀背缝处0.5cm，后侧缝处0.5cm，前侧缝处1cm。

（4）肚省绘制时与基础款男西装不同，此款中直接取x作为肚省的省量。

（5）领子绘制时取驳领宽9cm，驳领角宽7cm，翻领角宽3.5cm，领嘴角度为10°。

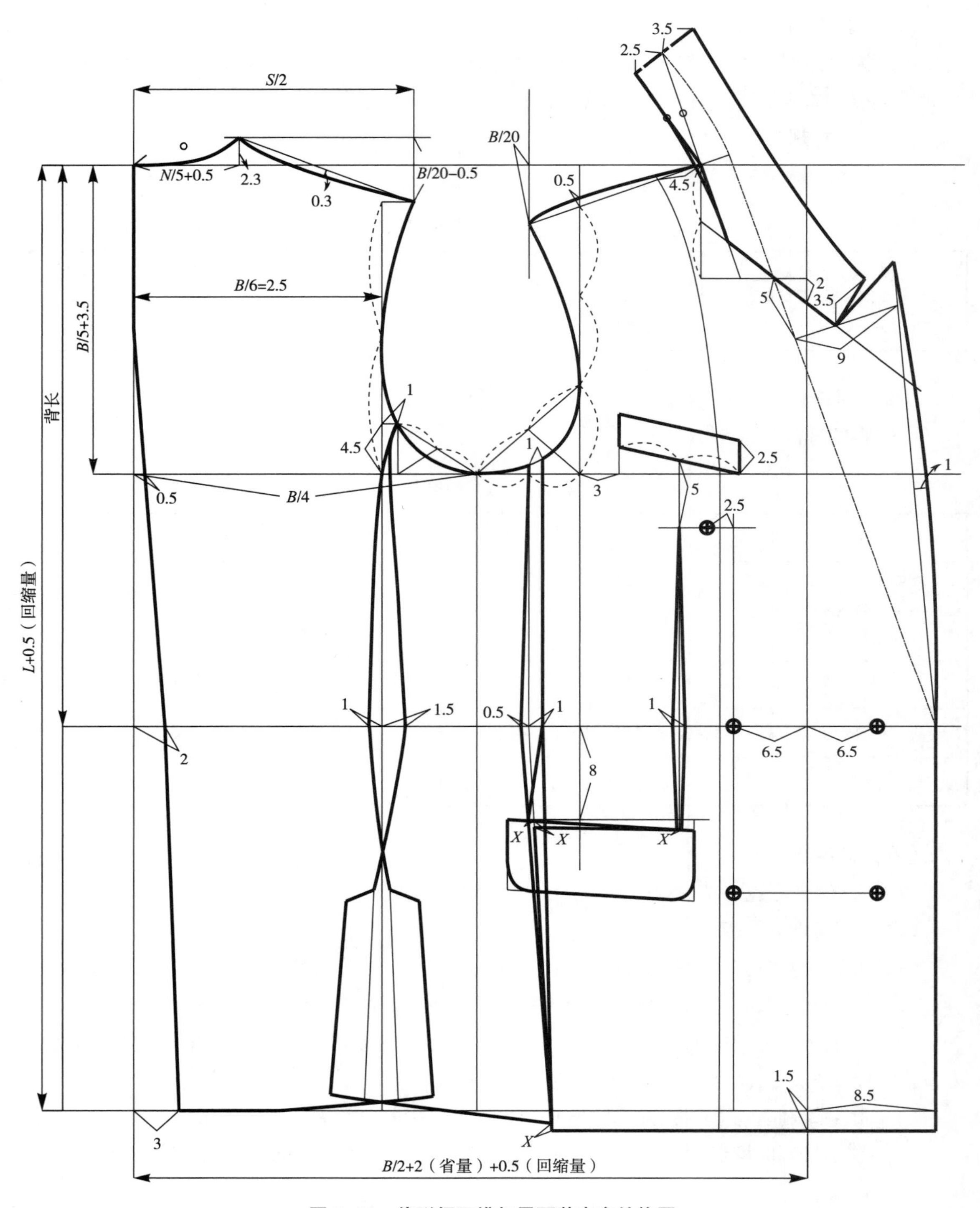

图 2-23　戗驳领双排扣男西装衣身结构图

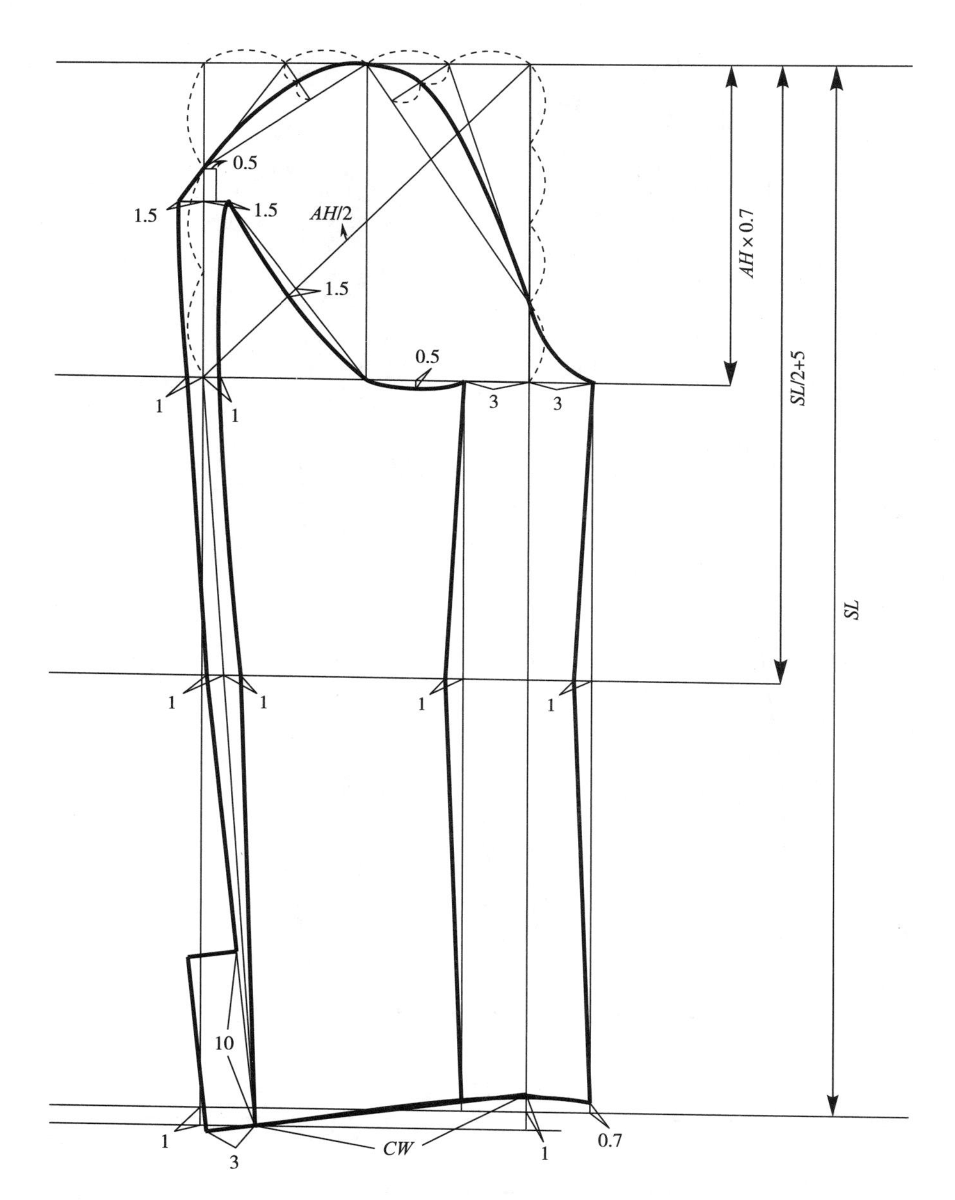

图 2-24　戗驳领双排扣男西装袖身结构图

二、戗驳领贴袋休闲男西装

（一）款式图、效果图

戗驳领贴袋休闲男西装款式图及效果图如图 2-25 所示。

（二）款式描述

本款为较合体型，四开身，单排两粒扣，领子为戗驳领，腰部左右两侧各有一个贴袋，拼接针织罗纹，圆底摆，后中开衩，袖子为合体两片袖，袖口拼接罗纹。

（三）尺寸规格设计

尺寸规格见表 2-6。

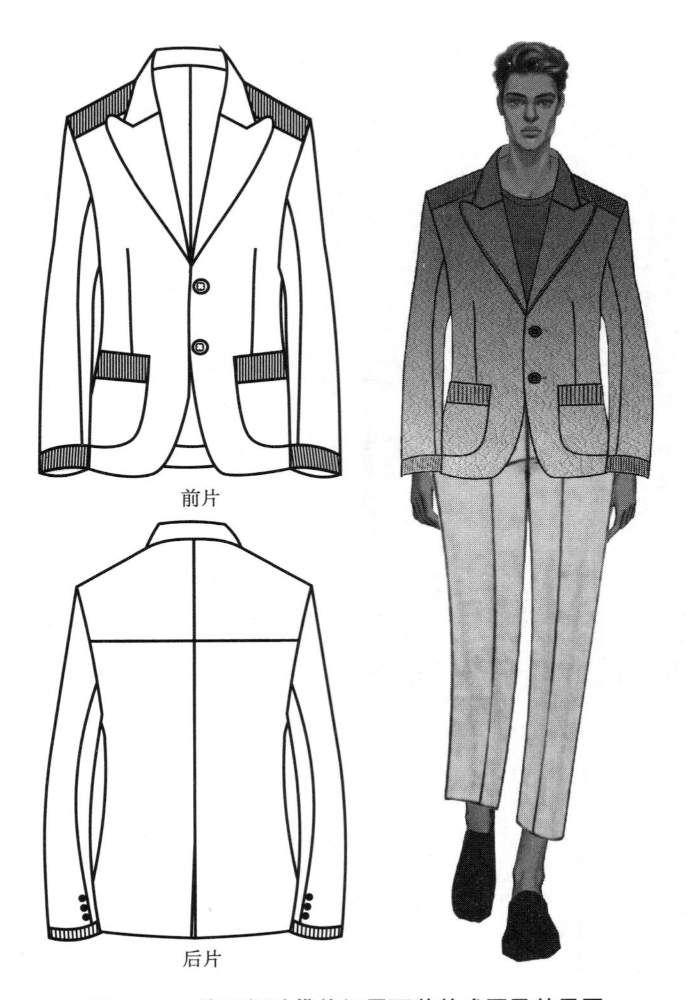

图 2-25　戗驳领贴袋休闲男西装款式图及效果图

表 2-6　尺寸规格表

单位：cm

号型	后衣长（*L*）	胸围（*B*）	肩宽（*S*）	领围（*N*）	袖长（*SL*）	袖口（*CW*）
170/88A	74	106	44.5	40	60	14.5

（四）面辅料的选配

面辅料的选配见表 2-7。

表 2-7　面辅料的选配表

类型	材质	使用部位
面料	麻织物	整个衣身、袖身、领子、手巾袋、袋盖
里料	纺绸	衣身和袖身里子、口袋布
衬料	毛衬、黏合衬	胸部、袋盖、领子、衣身和袖身边缘等
垫料	胸绒、领底呢、垫肩、袖棉条	胸部、领子、肩部等
其他辅料	针织罗纹	肩部、袖口、袋口
纽扣	树脂扣	前中

（五）结构图

戗驳领贴袋休闲男西装衣身和袖身结构图如图 2-26 和图 2-27 所示。

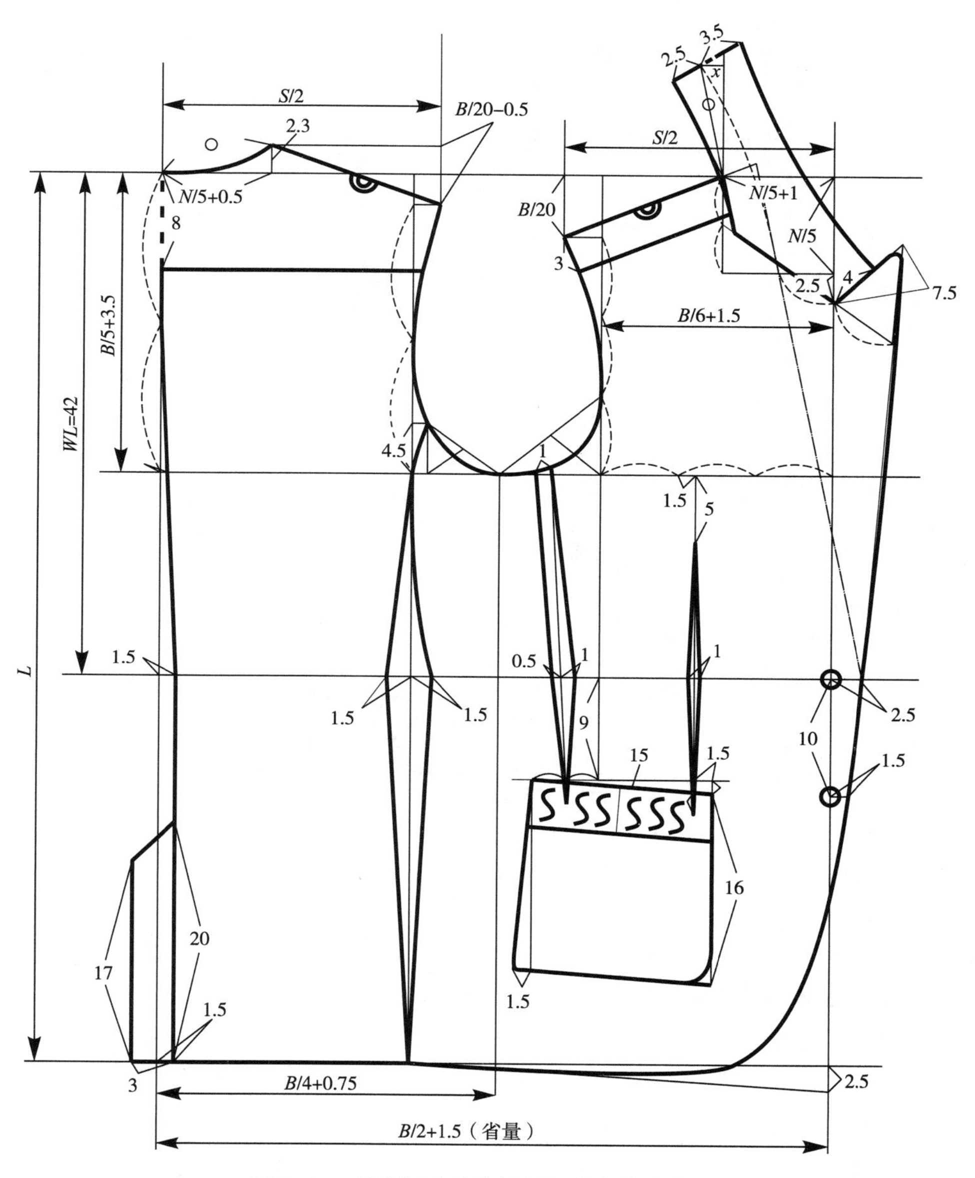

图 2-26　戗驳领贴袋休闲男西装衣身结构图

（六）结构设计要点

（1）后育克的宽度为后中向下 8cm，前过肩的宽度为肩点向下 3cm，前过肩与后育克在肩斜线处拼合。

（2）后腰围向下为直线廓型，因此后腰的收省量与底摆收臀量一致，均为 1. 5cm。

（3）此款为四开身，开身的分割线为后侧缝线。在原来前侧缝线的位置左子弹型的收省。胸腰省为菱形省，下省尖点藏于贴袋口以下 2cm。

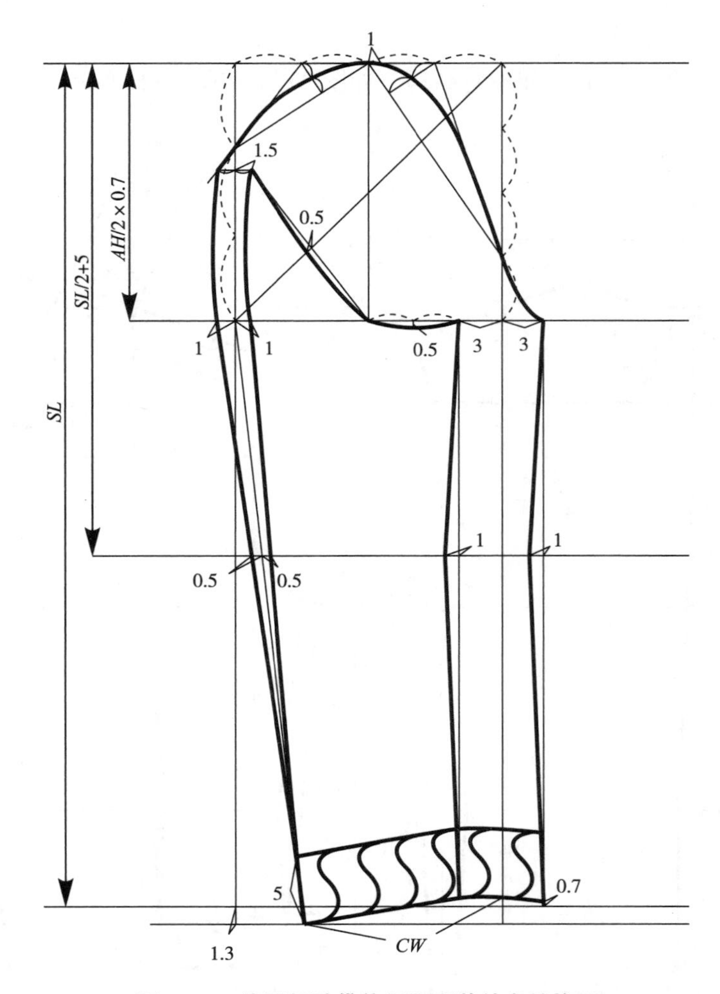

图 2-27 戗驳领贴袋休闲男西装袖身结构图

（4）侧袋为拼接罗纹的贴袋，罗纹宽为 4cm。

（5）串口线比基础男西装串口线下倾 2. 5cm，戗驳领的领嘴为 0°。

（6）袖子袖口无开衩，袖口向上 5cm 为拼接罗纹。

三、戗驳领半里男西装

（一）款式图、效果图

戗驳领半里男西装款式图及效果图如图 2-28 所示。

（二）款式描述

本款为宽松型，四开身，单排三粒扣，领子为戗驳领，左胸手巾袋，腰部左右两侧各有一个带袋盖的贴袋，圆底摆，后中开衩，袖子为合体两片袖。

（三）尺寸规格设计

尺寸规格见表 2-8。

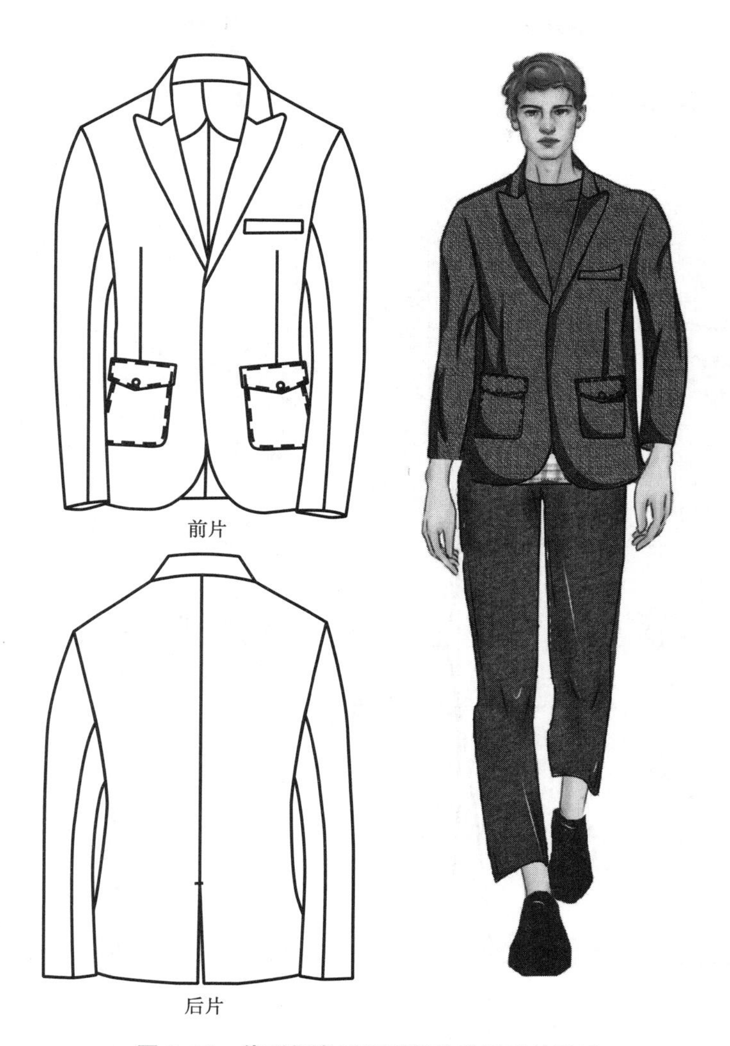

图 2-28　戗驳领半里男西装款式图及效果图

表 2-8　尺寸规格表　　单位：cm

号型	后衣长（*L*）	胸围（*B*）	肩宽（*S*）	领围（*N*）	袖长（*SL*）	袖口（*CW*）
170/88A	75	106	45	40	60	15

（四）面辅料的选配

面辅料的选配见表 2-9。

表 2-9　面辅料的选配表

类型	材质	使用部位
面料	华达呢	整个衣身、袖身、领子、手巾袋、袋盖等
里料	美丽绸	衣身和袖身里子、口袋布等
衬料	毛衬、黏合衬	胸部、袋盖、领子、衣身和袖身边缘等
垫料	胸绒、领底呢、垫肩、袖棉条	胸部、领子、肩部等
纽扣	树脂扣	前中

（五）结构图

戗驳领半里男西装衣身和袖身结构图如图 2-29 和图 2-30 所示。

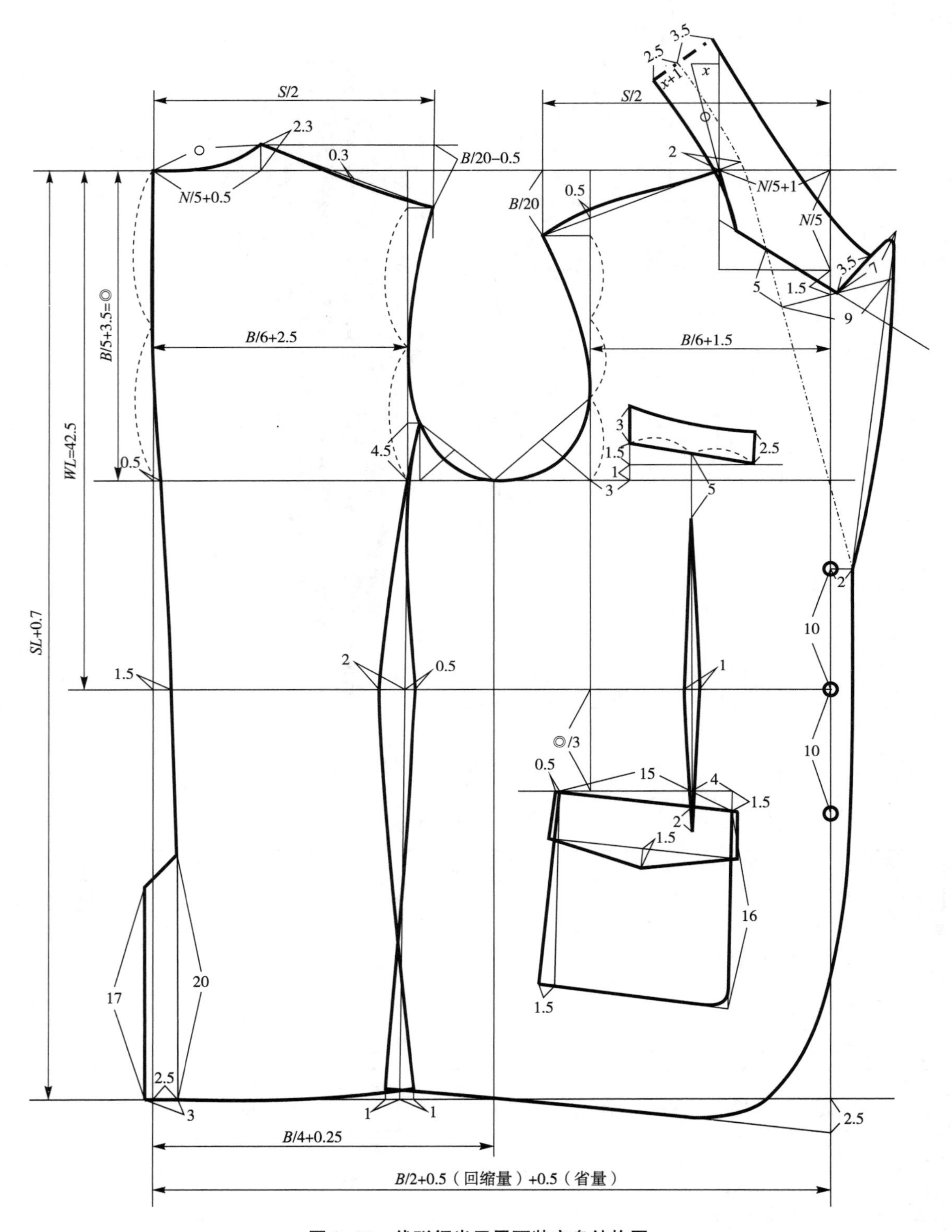

图 2-29　戗驳领半里男西装衣身结构图

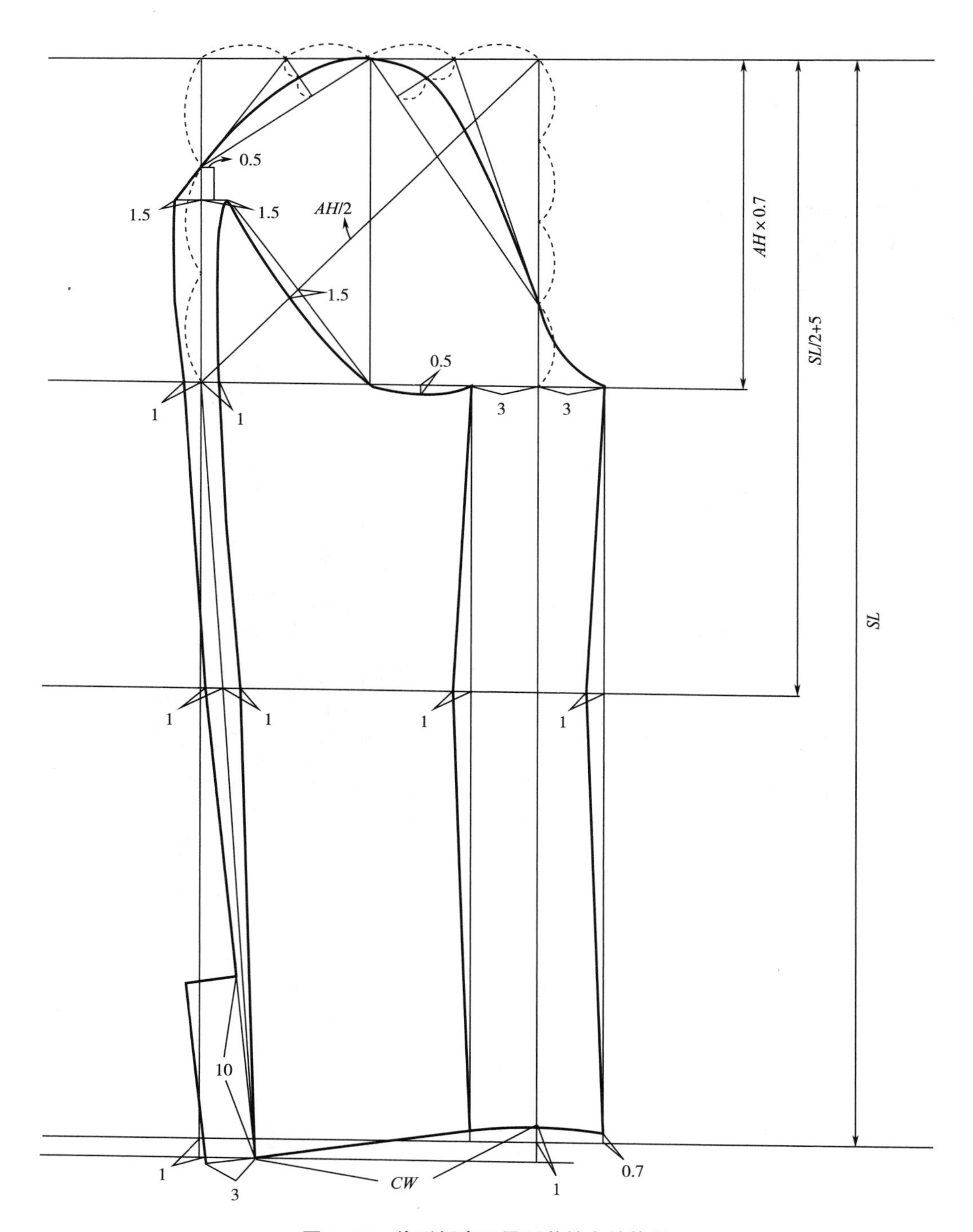

图 2-30 戗驳领半里男西装袖身结构图

（六）结构设计要点

（1）后侧缝为交叉式底摆，后中设置为常规开衩，围度为 $B/2$+0.5（面料收缩量）+0.5（省量），其中 0.5cm 的省量只分配在刀背缝处，其他位置均无收量。

（2）原前侧缝的位置无省量，只在后侧缝收省，整体收省量少，款式较宽松。

（3）左胸手巾袋为船型手巾袋，手巾袋一侧宽 3cm，另一侧宽 2.5cm，手巾袋上口为船型。

（4）侧袋为贴袋，附宝剑型袋盖，袋盖宽为 4cm，长 16cm。

四、戗驳领插袋男西装

（一）款式图、效果图

戗驳领插袋男西装款式图和效果图如图 2-31 所示。

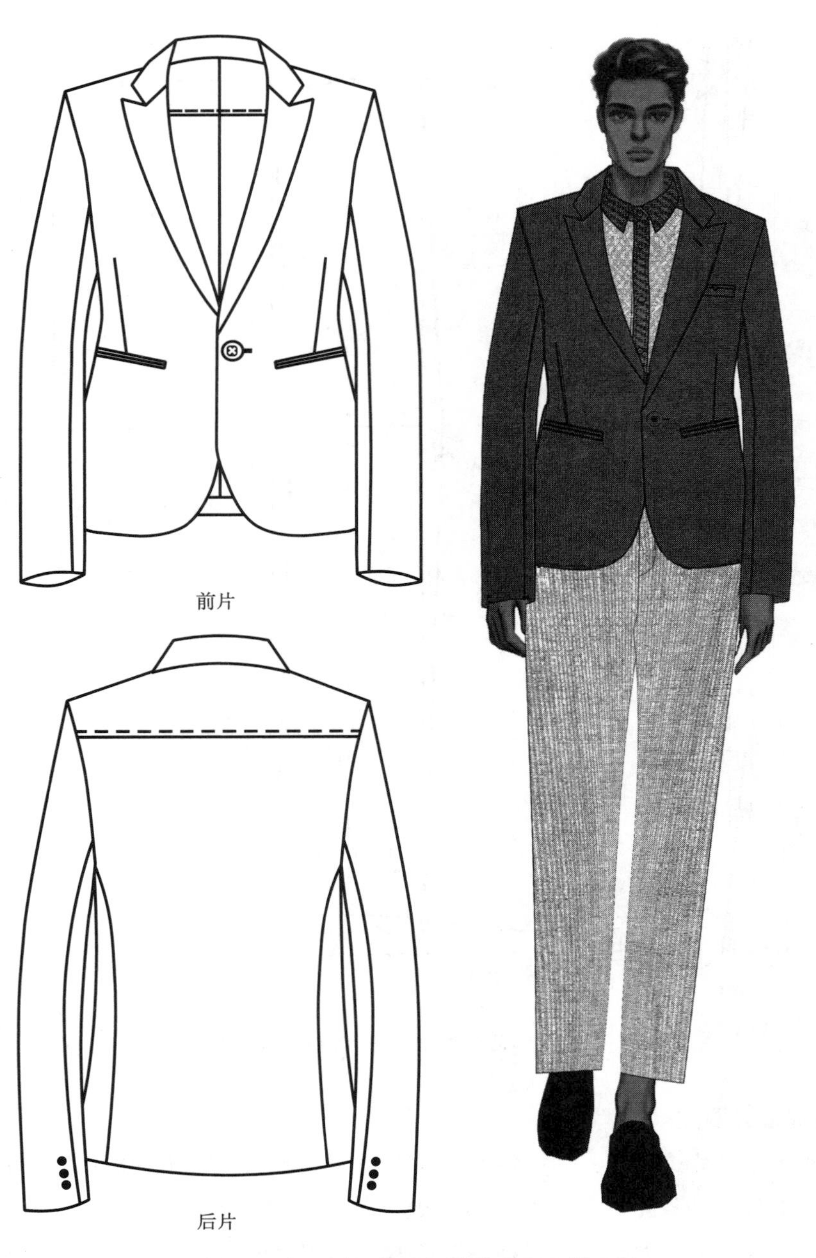

图 2-31　戗驳领插袋男西装款式图和效果图

（二）款式描述

本款为合体型，六开身，单排一粒扣，领子为戗驳领，左胸手巾袋，腰部左右两侧各有一个双嵌线口袋，圆底摆，后片有后育克，袖子为合体两片袖。

（三）尺寸规格设计

尺寸规格见表 2-10。

表 2-10　尺寸规格表

单位：cm

号型	后衣长（L）	胸围（B）	肩宽（S）	领围（N）	袖长（SL）	袖口（CW）
170/88A	75	106	45	40	60	15

（四）面辅料的选配

面辅料的选配见表 2-11。

表 2-11　面辅料的选配表

类型	材质	使用部位
面料	华达呢	整个衣身、袖身、领子、手巾袋、袋盖等
里料	美丽绸	衣身和袖身里子、口袋布等
衬料	毛衬、黏合衬	胸部、袋盖、领子、衣身和袖身边缘等
垫料	胸绒、领底呢、垫肩、袖棉条	胸部、领子、肩部等
纽扣	树脂扣	前中

（五）结构图

戗驳领插袋男西装衣身和袖身结构图如图 2-32 和图 2-33 所示。

（六）结构设计要点

（1）此款为一粒扣，扣位于腰围线以下 5cm。

（2）后片有育克，育克线在后袖窿弧线上收省 1cm，育克宽为后中下落 8cm 左右，育克在后中为连裁，育克以下刀背缝为分裁。

（3）围度为 $B/2+1$（收缩量）+1.5（省量），此款面料回缩率较大，因此面料的回缩量定为 1cm，1.5cm 的省量在袖窿深处的分配方式为后背缝收 0.5cm，前侧缝收 1cm，长度方向的面料收缩量为 0.7cm。

（4）手巾袋为双嵌线型，其中上侧嵌线较窄，宽度为 0.5cm，下侧嵌线较宽，宽度为 2cm。

（5）侧袋为双嵌线，嵌线的长度为 15.5cm，嵌线的宽度为上下各 0.5cm。

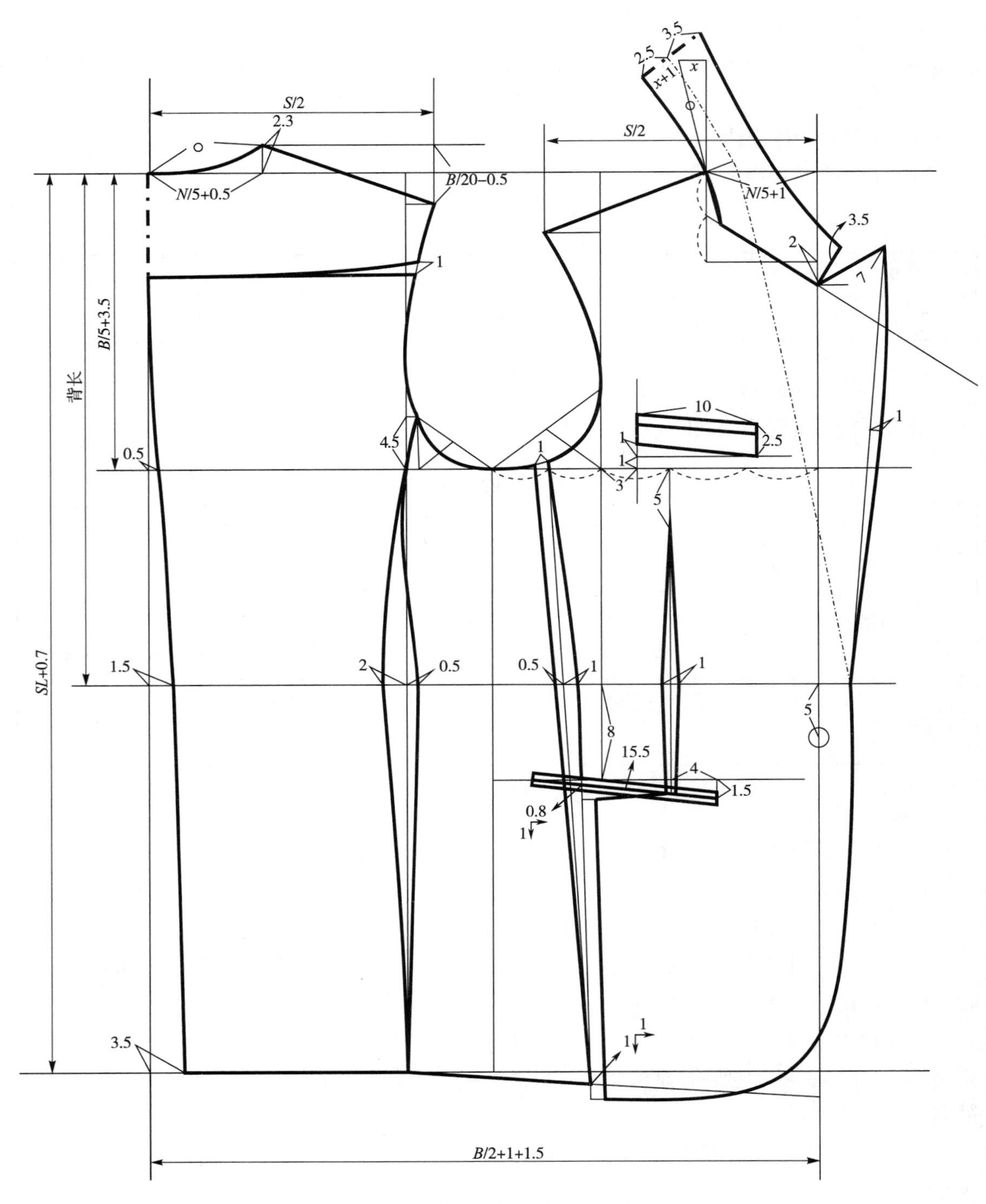

图 2-32 戗驳领插袋男西装衣身结构图

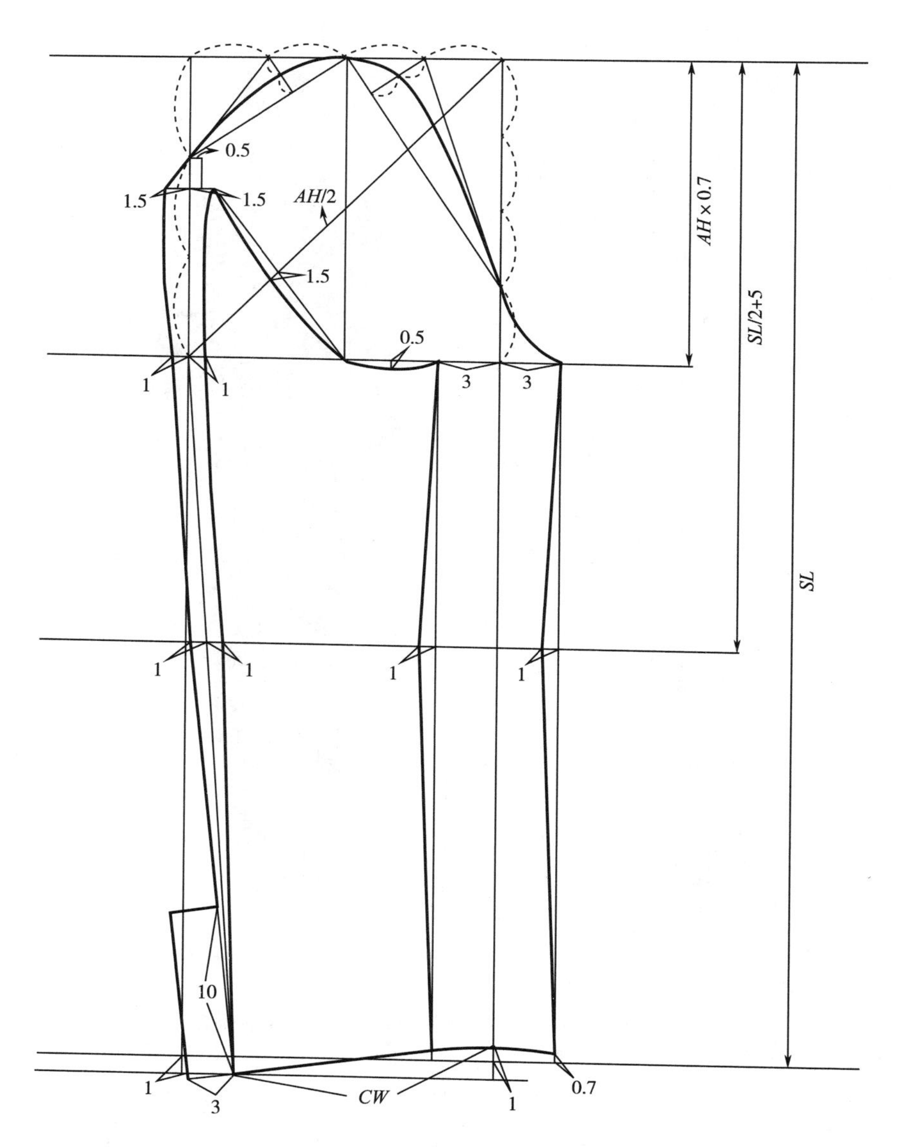

图 2-33　戗驳领插袋男西装袖身结构图

五、平驳领多分割线男西装

（一）款式图、效果图

平驳领多分割线男西装款式图及效果图如图 2-34 所示。

（二）款式描述

本款为合体型，多分割，单排一粒扣，领子为平驳领，左胸手巾袋，腰部左右两侧各有一个双嵌线带袋盖的侧口袋，圆底摆，后中在腰围线分割，从肩斜线至腰围线作纵向缝，袖子为合体两片袖。

（三）尺寸规格设计

尺寸规格见表 2-12。

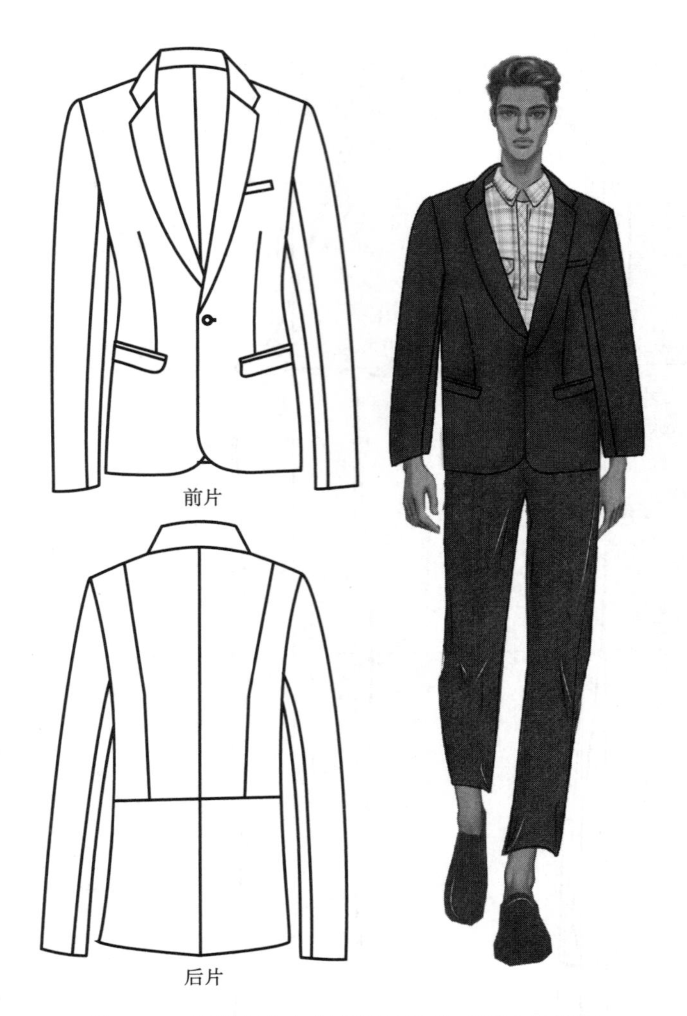

图 2-34 平驳领多分割线男西装款式图及效果图

表 2-12 尺寸规格表 单位：cm

号型	后衣长（L）	胸围（B）	肩宽（S）	领围（N）	袖长（SL）	袖口（CW）
170/88A	75	104	44.5	40	60	15

（四）面辅料的选配

面辅料的选配见表 2-13。

表 2-13 面辅料的选配表

类型	材质	使用部位
面料	华达呢	整个衣身、袖身、领子、手巾袋、袋盖等
里料	美丽绸	衣身和袖身里子、口袋布等
衬料	毛衬、黏合衬	胸部、袋盖、领子、衣身和袖身边缘等
垫料	胸绒、领底呢、垫肩、袖棉条	胸部、领子、肩部等
纽扣	树脂扣	前中

（五）结构图

平驳领多分割线男西装衣身和袖身结构图如图 2-35 和图 2-36 所示。

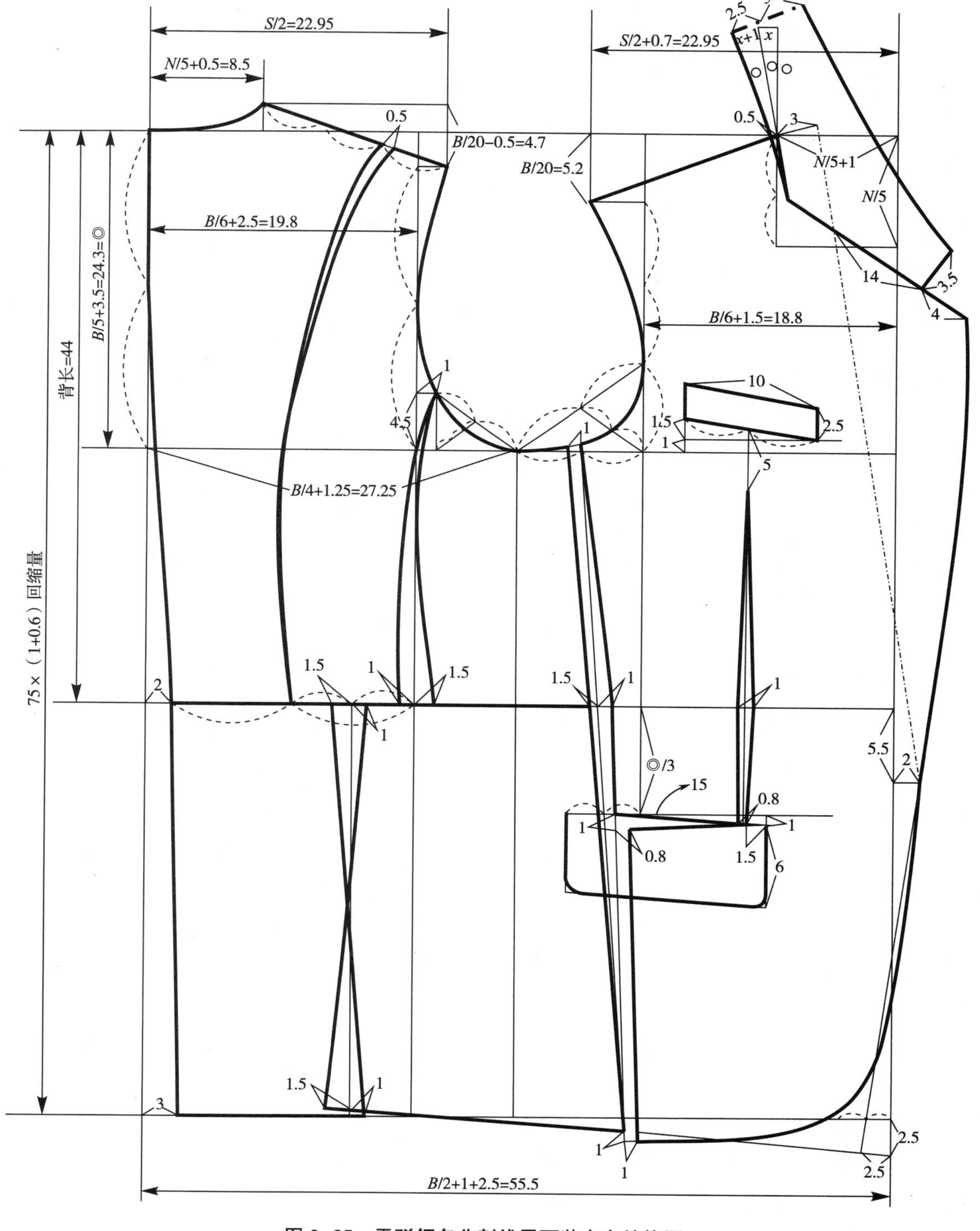

图 2-35　平驳领多分割线男西装衣身结构图

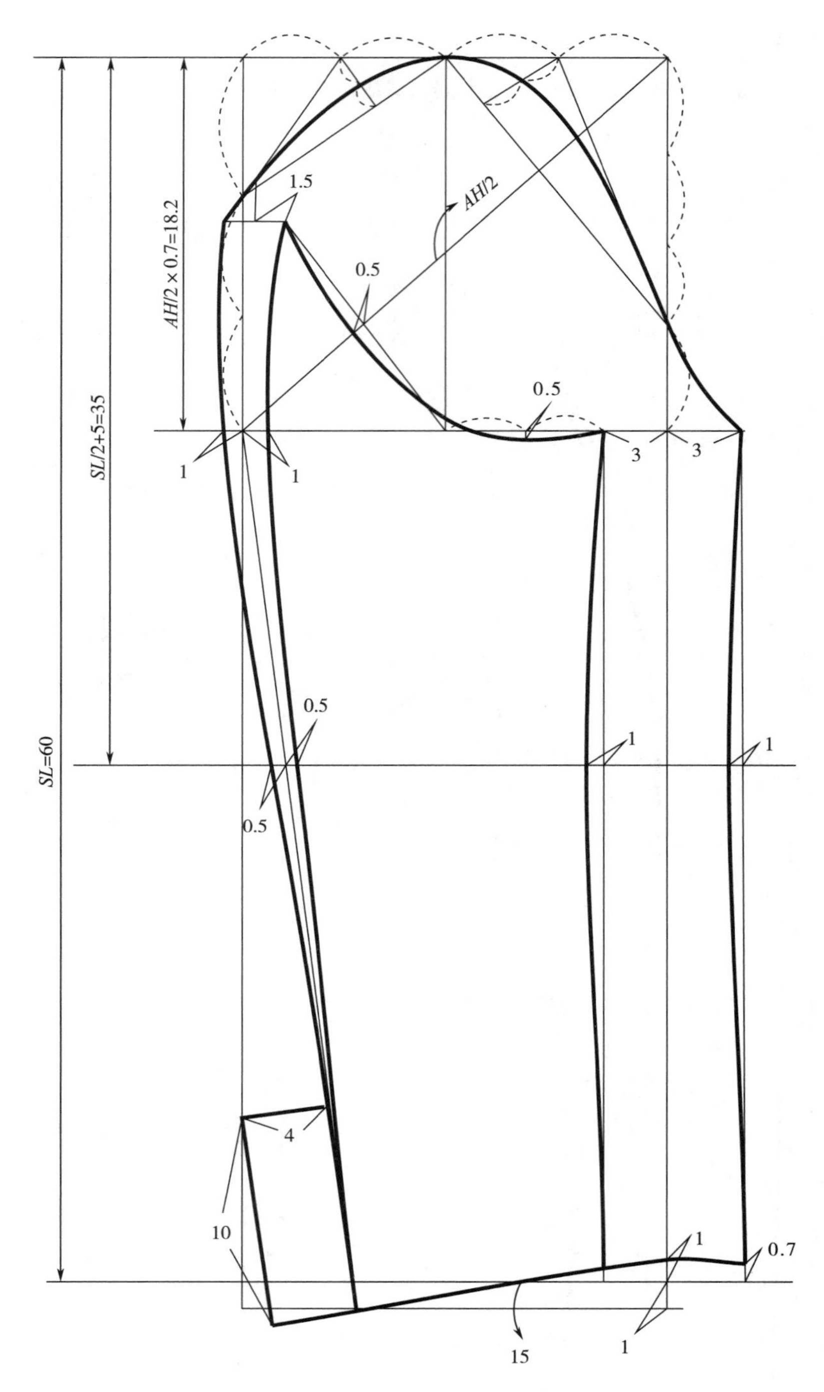

图 2-36　平驳领多分割线男西装袖身结构图

（六）结构设计要点

（1）围度方向公式为 $B/2+1$（面料回缩量）+2.5（省量），省量在袖窿深线上的分配方式为刀背缝处收 1cm，后侧缝处收 0.5cm，前侧缝处收 1cm。

（2）后片的分割线取肩斜线的三等分点，取刀背缝至背宽延长线之间两等分点，用曲线连接两点画分割线，分割线在肩斜线处的收省量为0.5，腰围线处作分割，腰围线以上画后侧缝，腰围线以下画交错的后侧缝。

（3）平驳领的驳领角宽4cm，翻领角宽3.5cm，领嘴角度为90°。领子串口线位于基础款西装串口线下倾2cm，串口线长度取14cm。

六、平驳领七分袖男西装

（一）款式图、效果图

平驳领七分袖男西装款式图及效果图如图2-37所示。

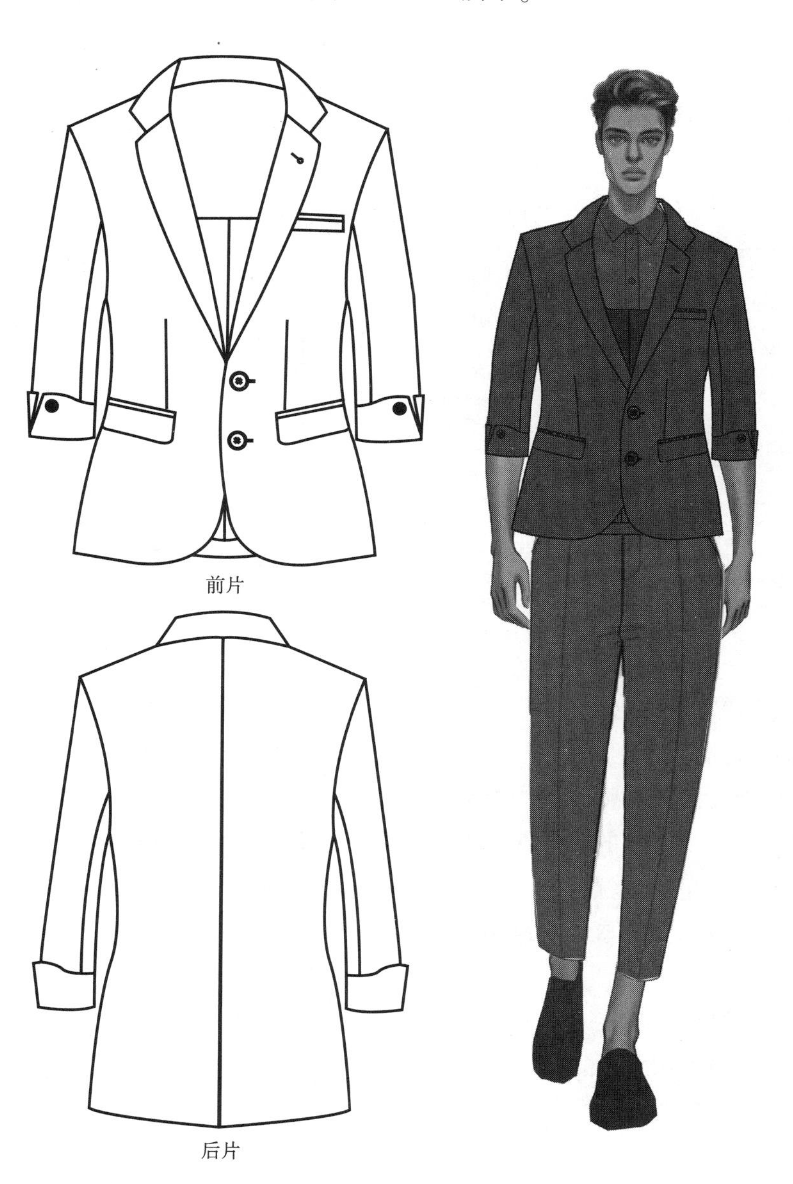

图2-37　平驳领七分袖男西装款式图及效果图

（二）款式描述

本款为合体型，六开身，单排两粒扣，领子为平驳领，左胸手巾袋，腰部左右两侧各有一个双嵌线带袋盖的侧口袋，圆底摆，袖子为合体两片七分袖，半里夏季男西装。

（三）尺寸规格设计

尺寸规格见表2-14。

表2-14　尺寸规格表　　单位：cm

号型	后衣长（L）	胸围（B）	肩宽（S）	领围（N）	袖长（SL）	袖口（CW）
170/88A	74	104	44	40	47	17

（四）面辅料的选配

面辅料的选配见表2-15。

表2-15　面辅料的选配表

类型	材质	使用部位
面料	波拉呢	整个衣身、袖身、领子、手巾袋、袋盖等
里料	美丽绸	衣身里子、口袋布等
衬料	黏合衬	胸部、袋盖、领子、衣身和袖身边缘等
垫料	垫肩、袖棉条	胸部、领子、肩部等
纽扣	树脂扣	前中
其他辅料	花绸	手巾袋嵌线和侧袋双嵌线

（五）结构图

平驳领七分袖男西装衣身和袖身结构图如图2-38和图2-39所示。

（六）结构设计要点

（1）前侧缝处无肚省，胸腰省为菱形省。

（2）手巾袋为上窄下宽的双嵌线，上嵌线宽度为0.5cm，下嵌线宽度为2cm。

（3）领子的翻领角比驳领角宽，翻领角宽度为4cm，驳领角宽度为3cm。

（4）袖子为七分袖，袖口处有翻边。

七、立领翻领组合男西装

（一）款式图、效果图

立领翻领组合男西装款式图及效果图如图2-40所示。

（二）款式描述

本款为合体型，六开身，单排两粒扣，领子为立领和翻领组合领型，腰部左右两侧各有一个双嵌线带袋盖的侧口袋，直底摆，左右两侧开衩，袖子为合体两片袖。

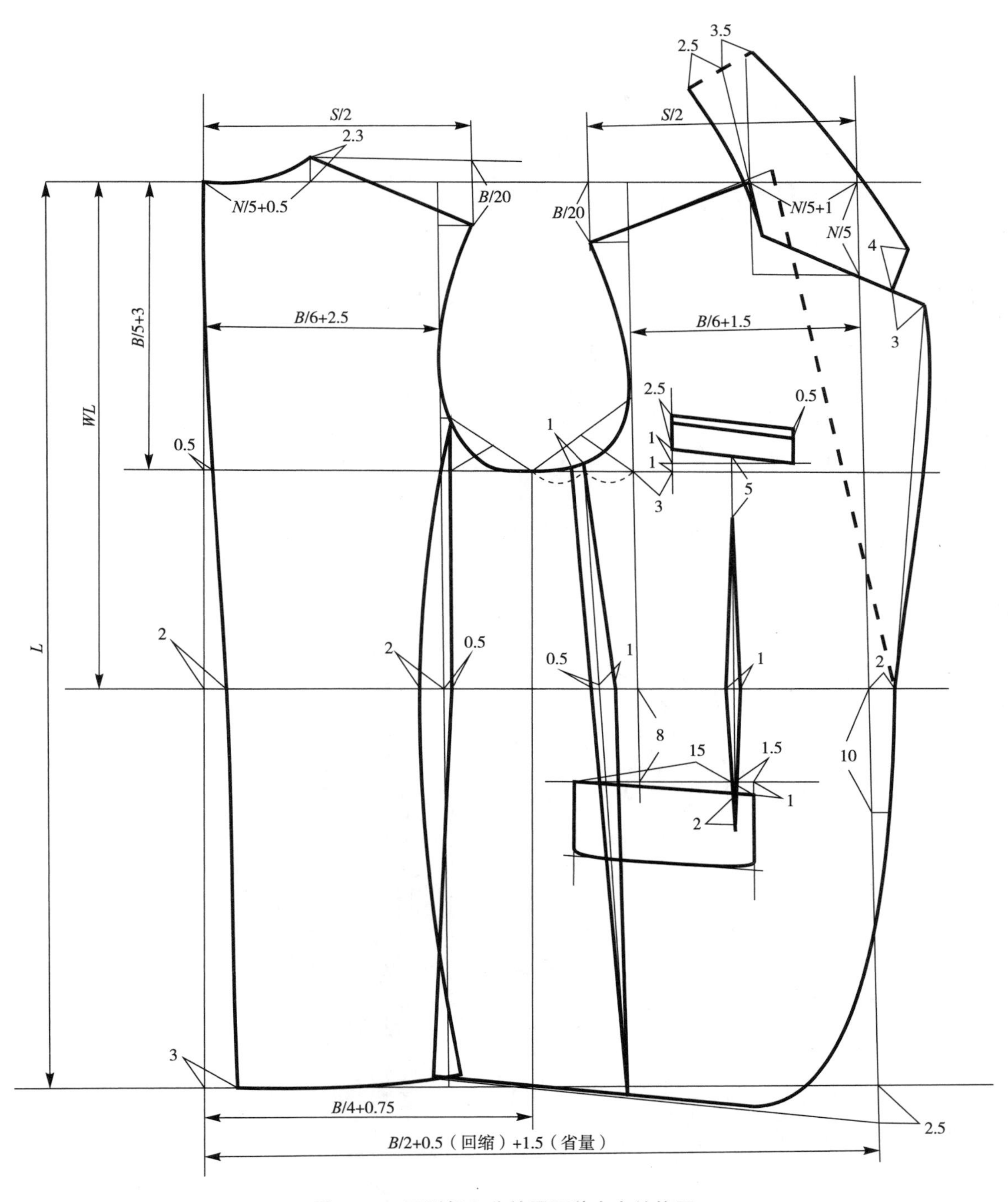

图 2-38 平驳领七分袖男西装衣身结构图

（三）尺寸规格设计

尺寸规格见表 2-16。

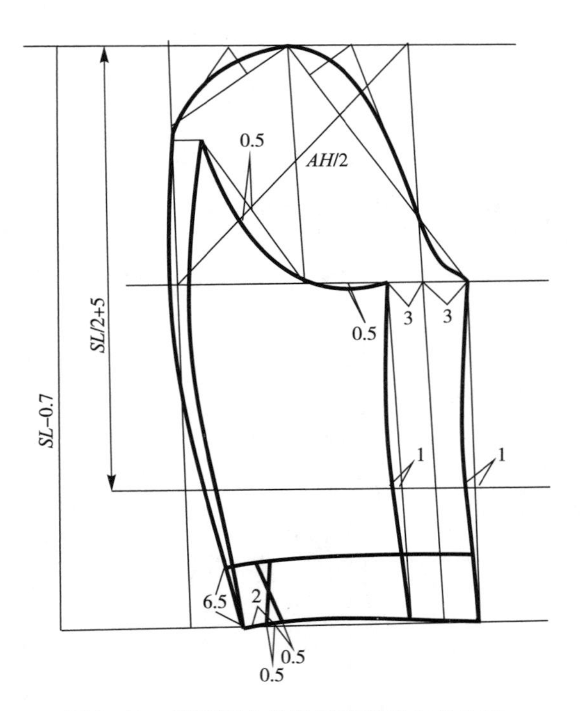

图 2-39　平驳领七分袖男西装袖身结构图

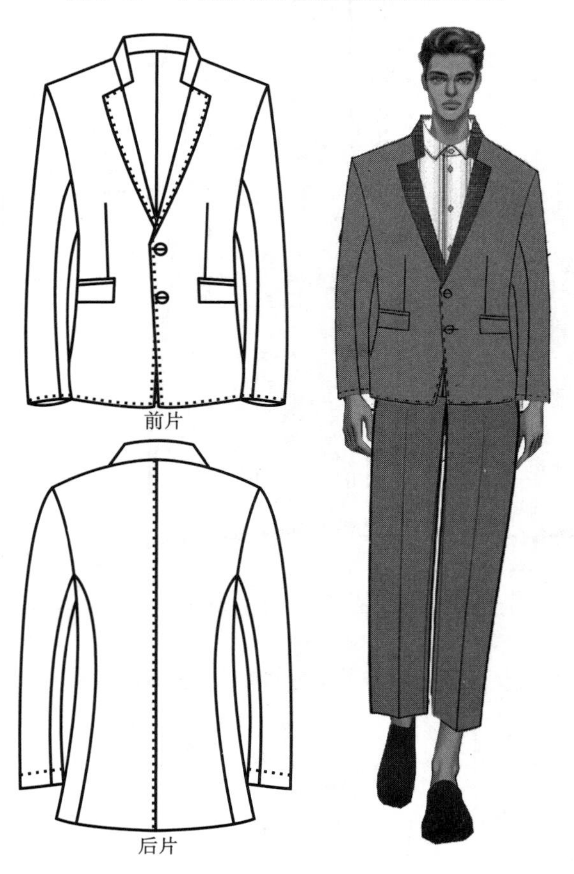

图 2-40　立领翻领组合男西装款式图及效果图

表 2-16 尺寸规格表 单位：cm

号型	后衣长（L）	胸围（B）	肩宽（S）	领围（N）	袖长（SL）	袖口（CW）
170/88A	75	106	45	40	60	15

（四）面辅料的选配

面辅料的选配见表 2-17。

表 2-17 面辅料的选配表

类型	材质	使用部位
面料	棉布	整个衣身、袖身、领子、袋盖等
里料	电力纺	衣身和袖身里子、口袋布等
衬料	黏合衬	胸部、袋盖、领子、衣身和袖身边缘等
垫料	胸绒、垫肩、袖棉条	胸部、领子、肩部等
纽扣	树脂扣	前中

（五）结构图

立领翻领组合男西装衣身和袖身结构图如图 2-41 和图 2-42 所示。

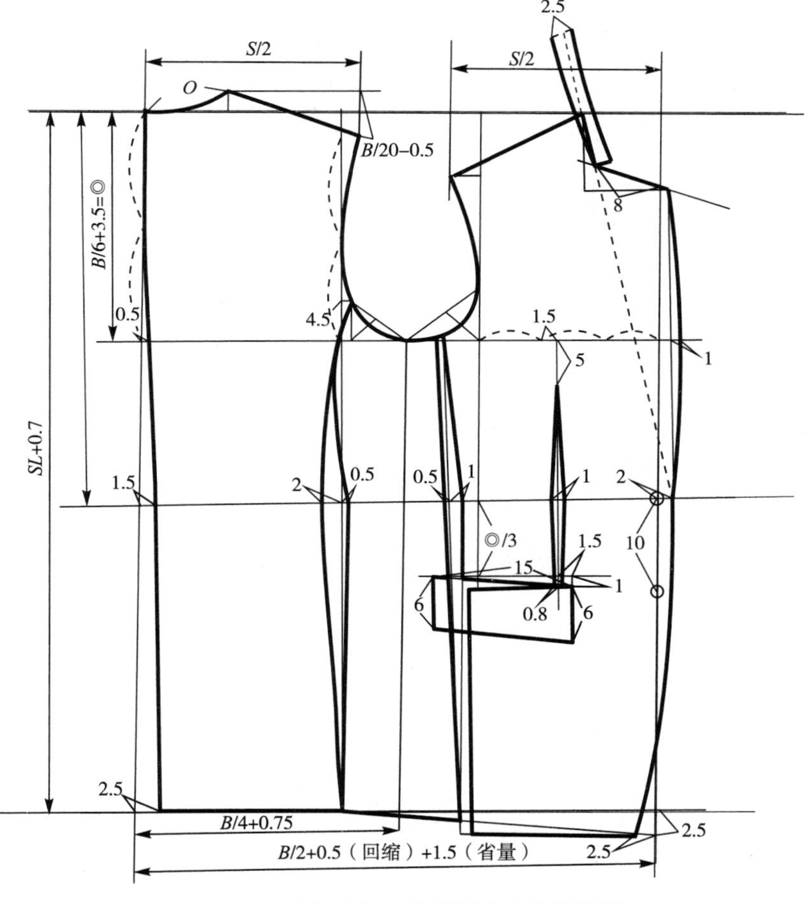

图 2-41 立领翻领组合男西装衣身结构图

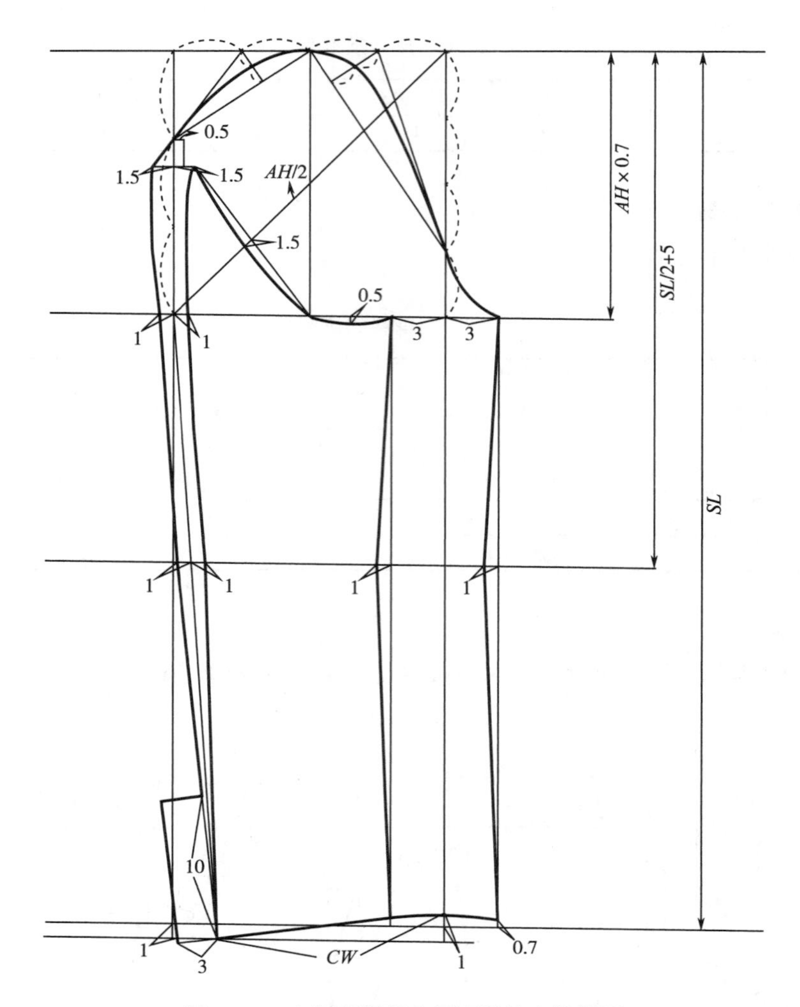

图 2-42 立领翻领组合男西装袖身结构图

（六）结构设计要点

（1）此款无手巾袋，因此定前片胸腰省中线时，取胸宽的三等分点，后三分之一向前 1.5cm，并向下画垂线为胸腰省中线。

（2）袋盖为直线型袋盖，无圆角。

（3）领子为变化型领型，下方为西装驳领结构，串口线长度为 8cm，上方为立领结构，领座宽为 2.5cm。

八、双口袋变化领男西装

（一）款式图、效果图

双口袋变化领男西装款式图及效果图如图 2-43 所示。

（二）款式描述

本款为合体型，六开身，单排两粒扣，领子为变化领，左胸手巾袋，腰部左右两侧各两个双口袋，圆底摆，袖子为合体两片袖。

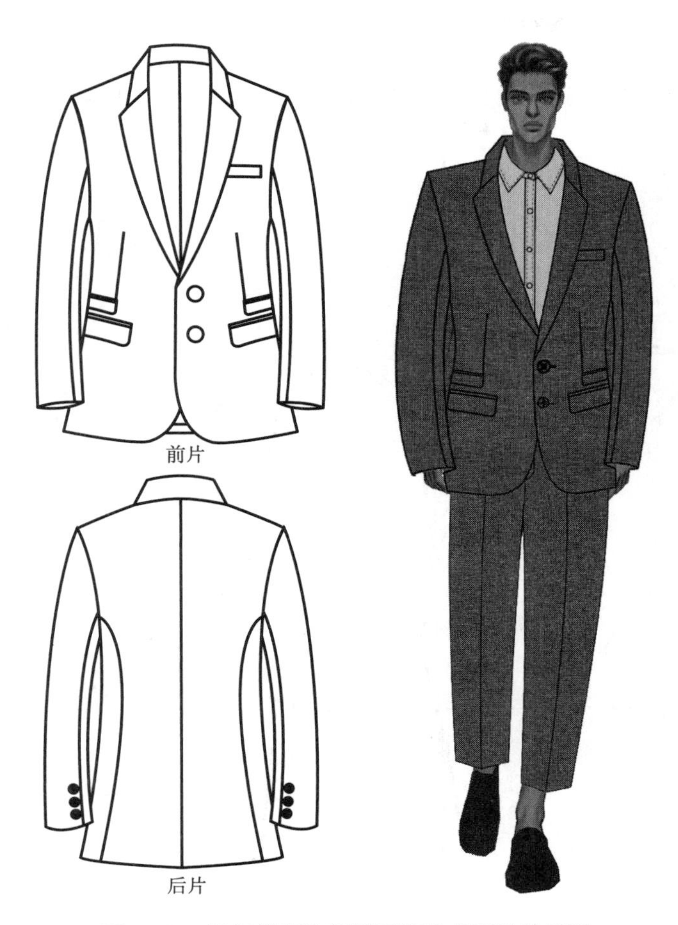

图 2-43　双口袋变化领男西装款式图及效果图

（三）尺寸规格设计

尺寸规格见表 2-18。

表 2-18　尺寸规格表　　单位：cm

号型	后衣长（L）	胸围（B）	肩宽（S）	领围（N）	袖长（SL）	袖口（CW）
170/88A	75	106	45	40	60	15

（四）面辅料的选配

面辅料的选配见表 2-19。

表 2-19　面辅料的选配表

类型	材质	使用部位
面料	华达呢	整个衣身、袖身、领子、手巾袋、袋盖等
里料	纺绸	衣身和袖身里子、口袋布等
衬料	毛衬、黏合衬	胸部、袋盖、领子、衣身和袖身边缘等
垫料	胸绒、领底呢、垫肩、袖棉条	胸部、领子、肩部等
纽扣	树脂扣	前中

（五）结构图

双口袋变化领男西装衣身和袖身结构图如图 2-44 和图 2-45 所示。

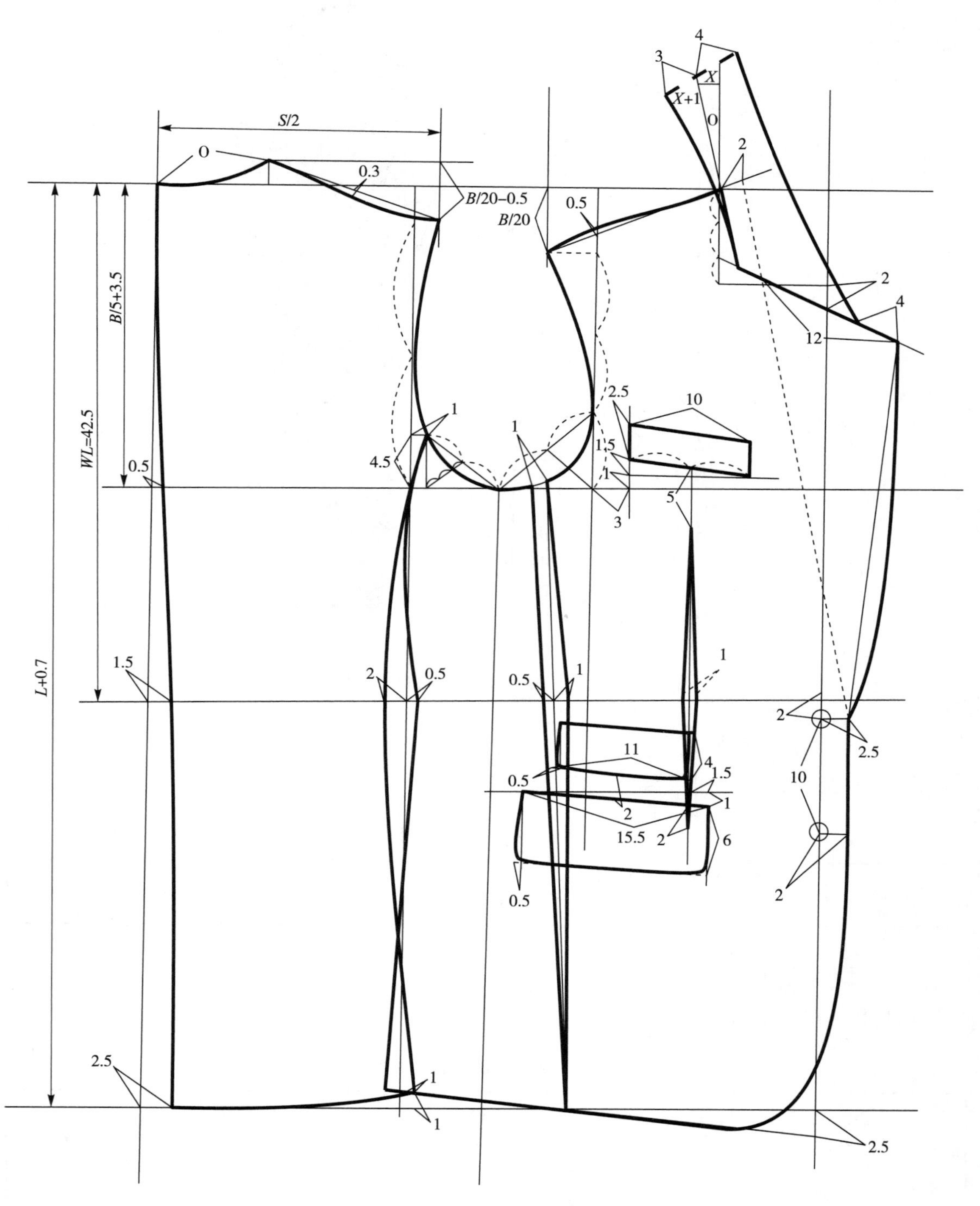

图 2-44 双口袋变化领男西装衣身结构图

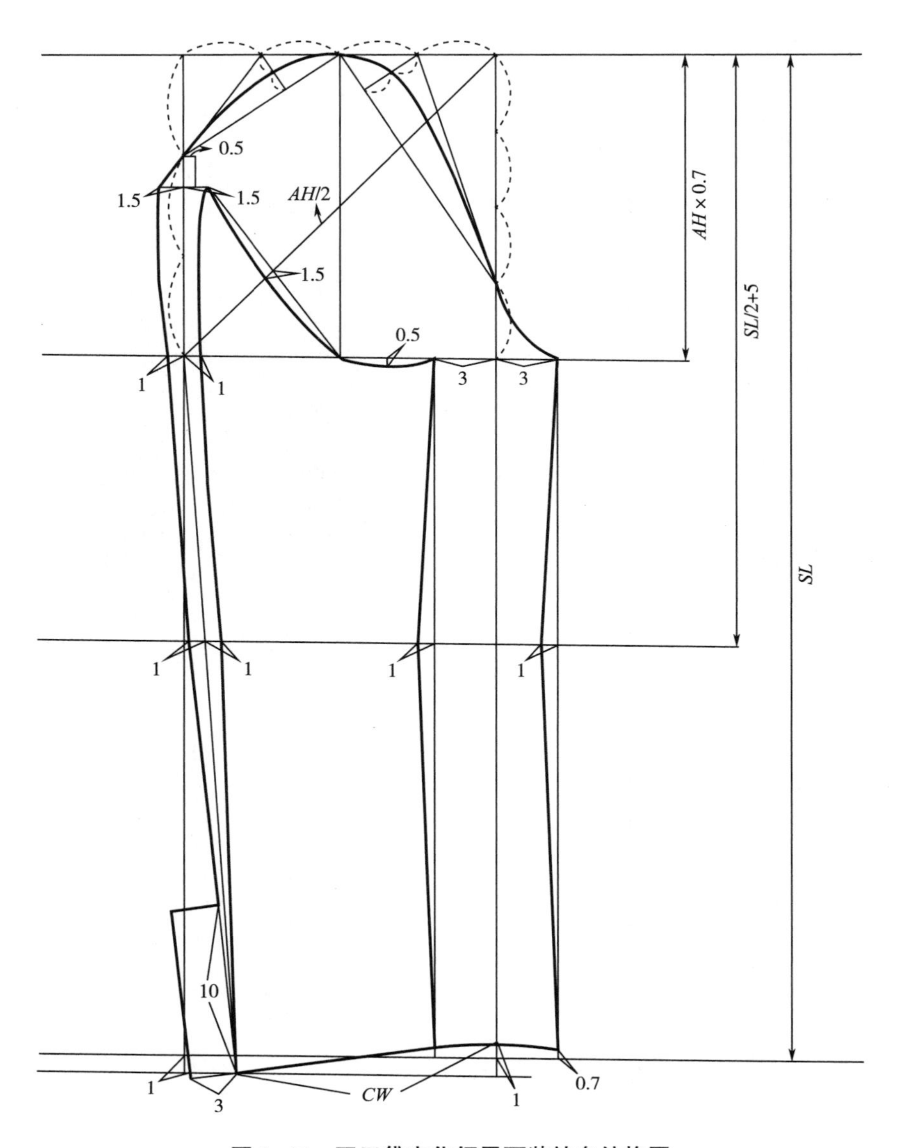

图 2-45　双口袋变化领男西装袖身结构图

（六）结构设计要点

（1）此款为双口袋设计，上方的小口袋又称小钱袋，小钱袋距离侧袋 2cm，开口宽度为 11cm，上下口袋均为双嵌线带袋盖。

（2）领子为变化型领型，只有驳领角宽度为 4cm，无翻领角宽度，无领嘴，翻领直接与驳领对合。

（3）胸腰省为菱形省，下省尖点延长至侧袋开口向下 2cm。

九、青果领休闲男西装

（一）款式图、效果图

青果领休闲男西装款式图及效果图如图 2-46 所示。

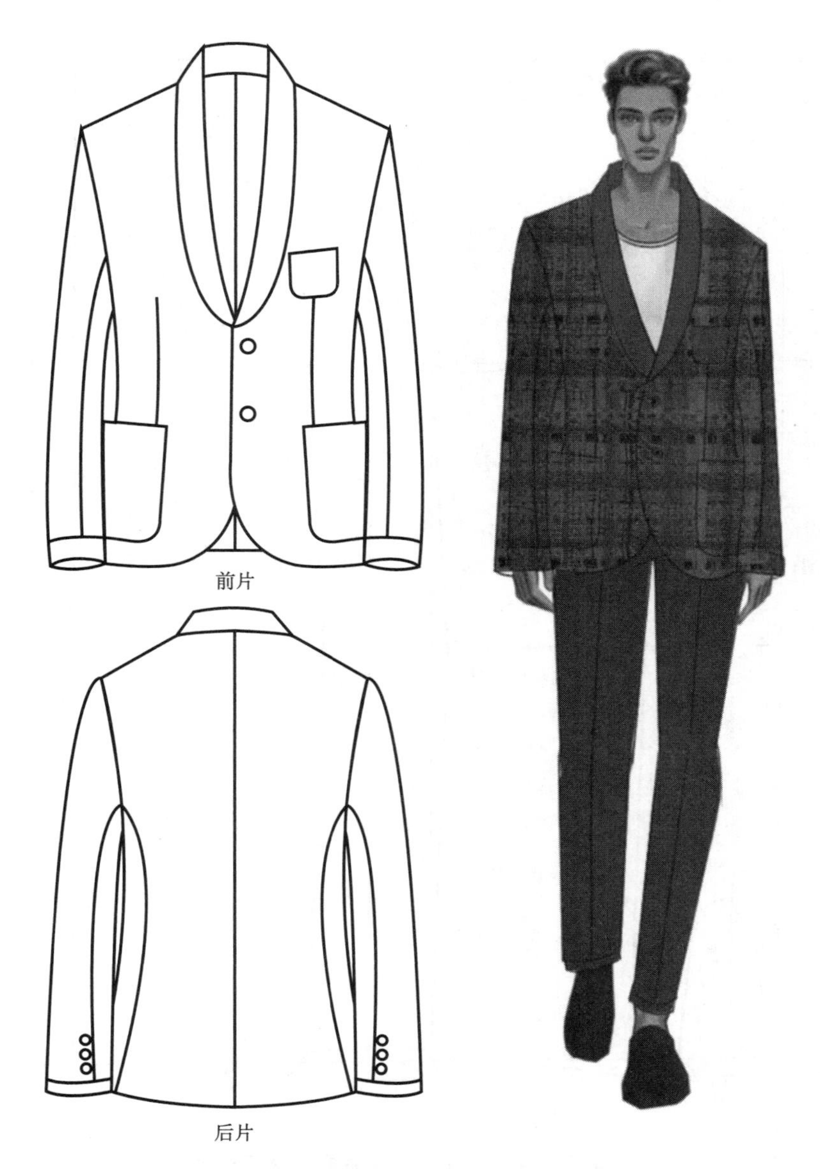

图 2-46　青果领休闲男西装款式图及效果图

(二) 款式描述

本款为较合体型，四开身，单排两粒扣，领子为青果领，左胸小贴袋，腰部左右两侧各有一个贴袋，圆底摆，左右两侧开衩，袖子为合体两片袖。

(三) 尺寸规格设计

尺寸规格见表 2-20。

表 2-20　尺寸规格表　　单位：cm

号型	后衣长（L）	胸围（B）	肩宽（S）	领围（N）	袖长（SL）	袖口（CW）
170/88A	75	106	44.5	40	60	15

（四）面辅料的选配

面辅料的选配见表 2-21。

表 2-21　面辅料的选配表

类型	材质	使用部位
面料	印花法兰绒	整个衣身、袖身、领子、贴袋等
里料	美丽稠	衣身和袖身里子、口袋布等
衬料	毛衬、黏合衬	胸部、袋盖、领子、衣身和袖身边缘等
垫料	胸绒、领底呢、垫肩、袖棉条	胸部、领子、肩部等
纽扣	树脂扣	前中

（五）结构图

青果领休闲男西装衣身和袖身结构如图 2-47 和图 2-48 所示。

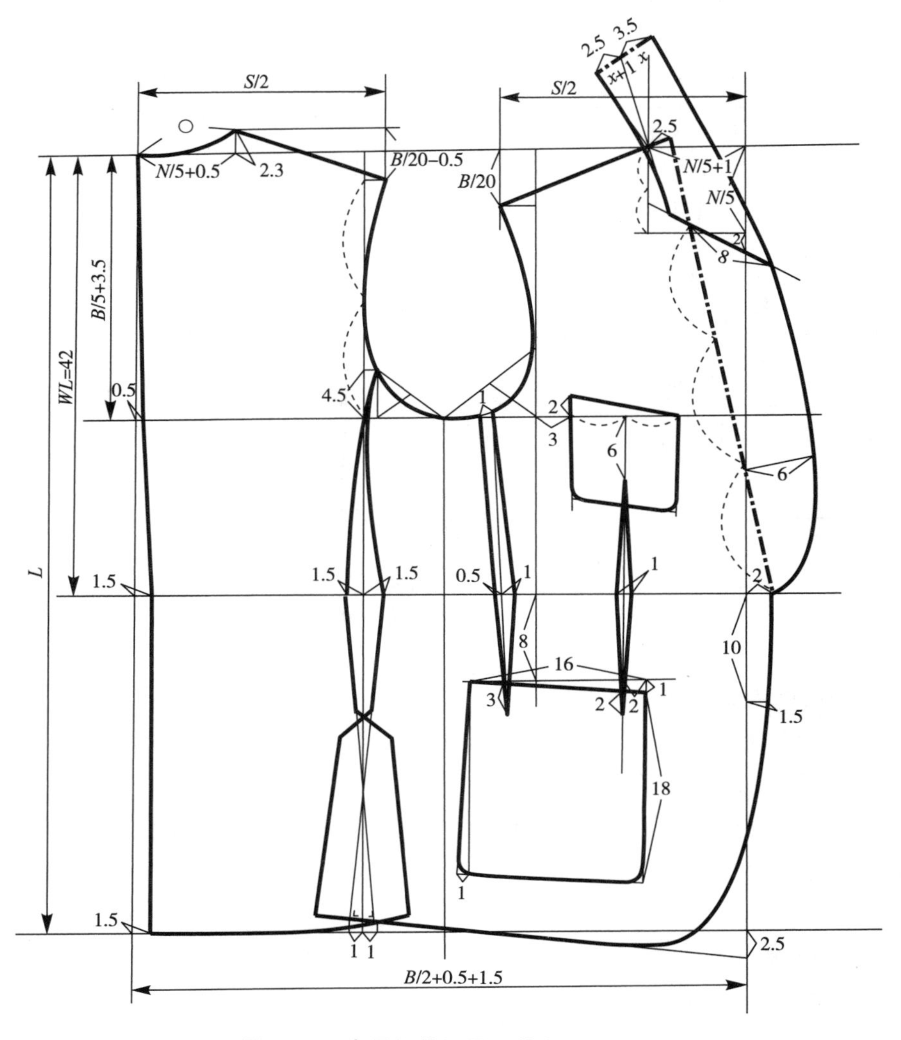

图 2-47　青果领休闲男西装衣身结构图

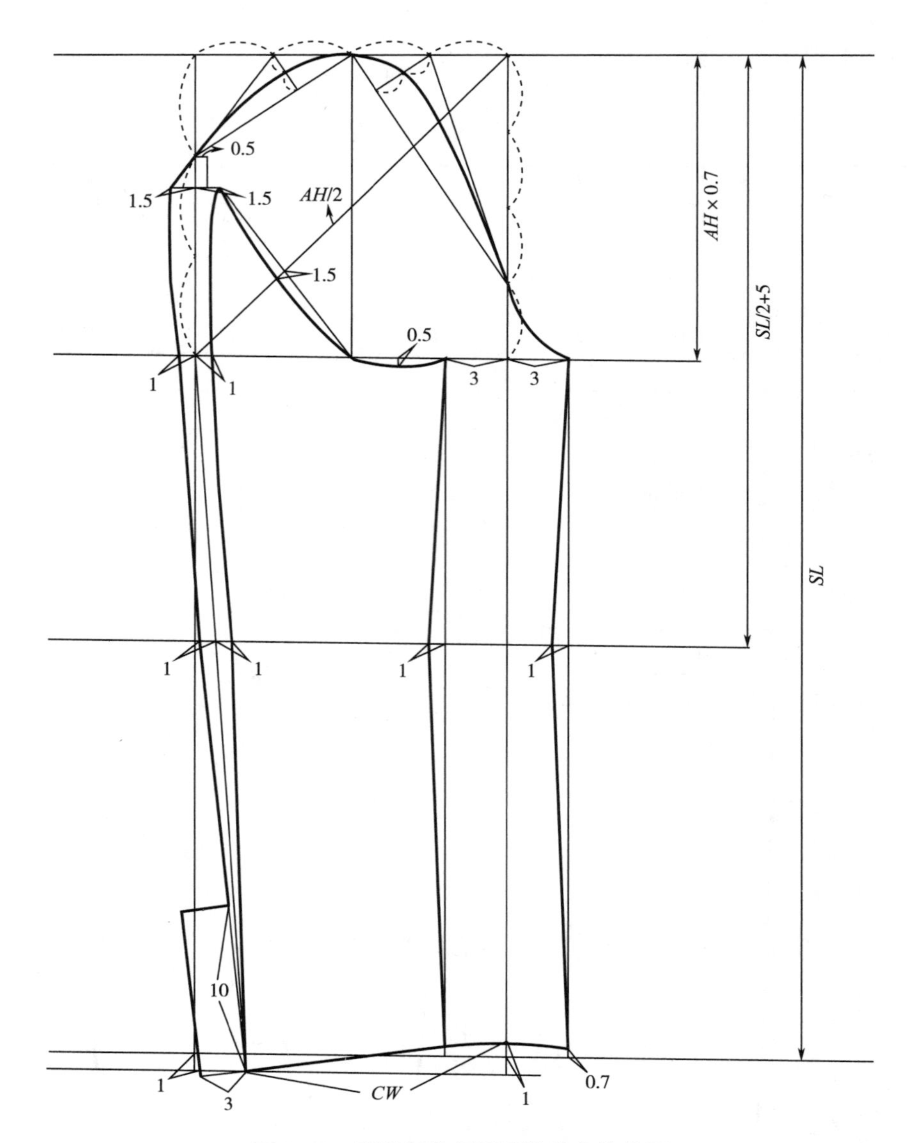

图 2-48 青果领休闲男西装袖身结构图

（六）结构设计要点

（1）此款为较宽松款式，四开身，前侧缝处有子弹型省。

（2）领子为青果领，串口线长度为 8cm，青果领的宽度为 6cm。

（3）左胸有小贴袋，小贴袋的长为 10cm，开口宽为 10cm。左右两侧为大贴袋，大贴袋的长为 18cm，宽为 16cm。

十、立领休闲男西装

（一）款式图、效果图

立领休闲男西装款式图及效果图如图 2-49 所示。

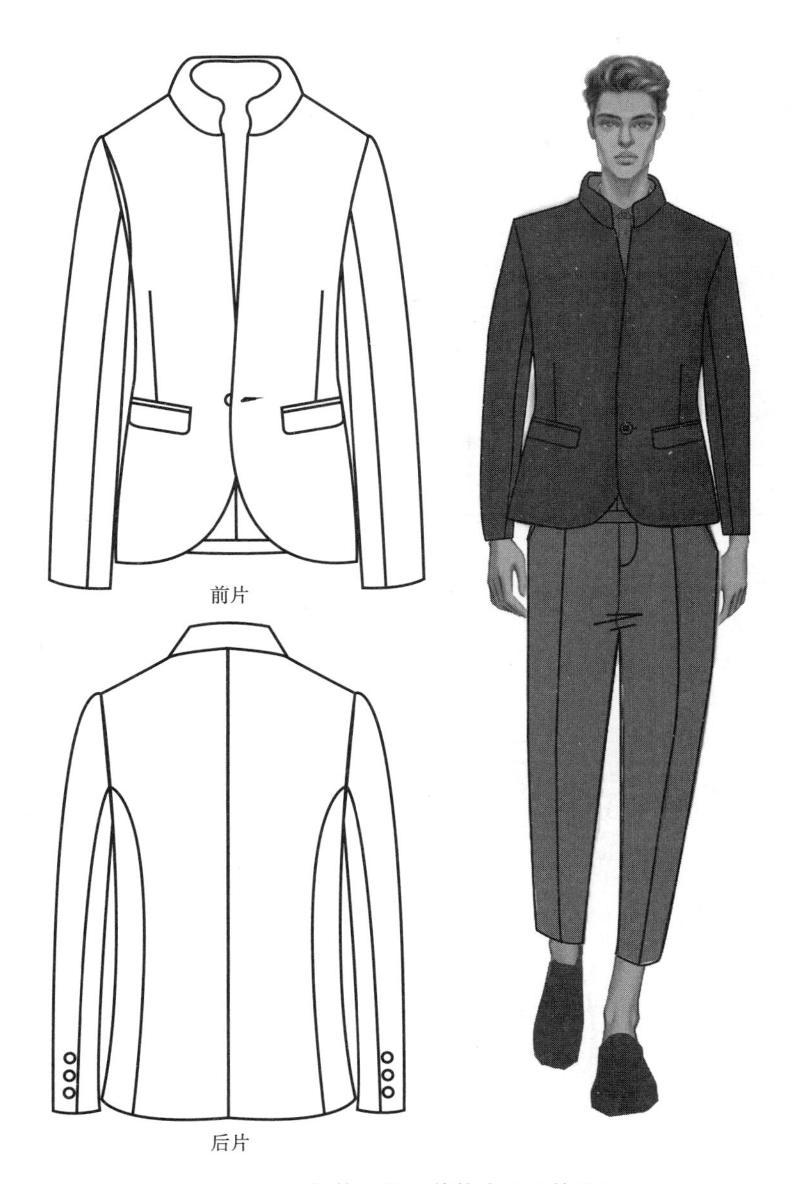

图 2-49　立领休闲男西装款式图及效果图

（二）款式描述

本款为较合体型，四开身，单排一粒扣，领子为立领，左胸手巾袋，腰部左右两侧各有一个双嵌线带袋盖的侧口袋，圆底摆，后中开衩，袖子为合体两片袖。

（三）尺寸规格设计

尺寸规格见表 2-22。

表 2-22　尺寸规格表　　单位：cm

号型	后衣长（*L*）	胸围（*B*）	肩宽（*S*）	领围（*N*）	袖长（*SL*）	袖口（*CW*）
170/88A	76	104	44.5	40	60	15

（四）面辅料的选配

面辅料的选配见表 2-23。

表 2-23 面辅料的选配表

类型	材质	使用部位
面料	棉布	整个衣身、袖身、领子、袋盖等
里料	纺绸	衣身和袖身里子、口袋布等
衬料	黏合衬	胸部、袋盖、领子、衣身和袖身边缘等
垫料	胸绒、垫肩、袖棉条	胸部、领子、肩部等
纽扣	树脂扣	前中

（五）结构图

立领休闲男西装衣身和袖身结构如图 2-50 和图 2-51 所示。

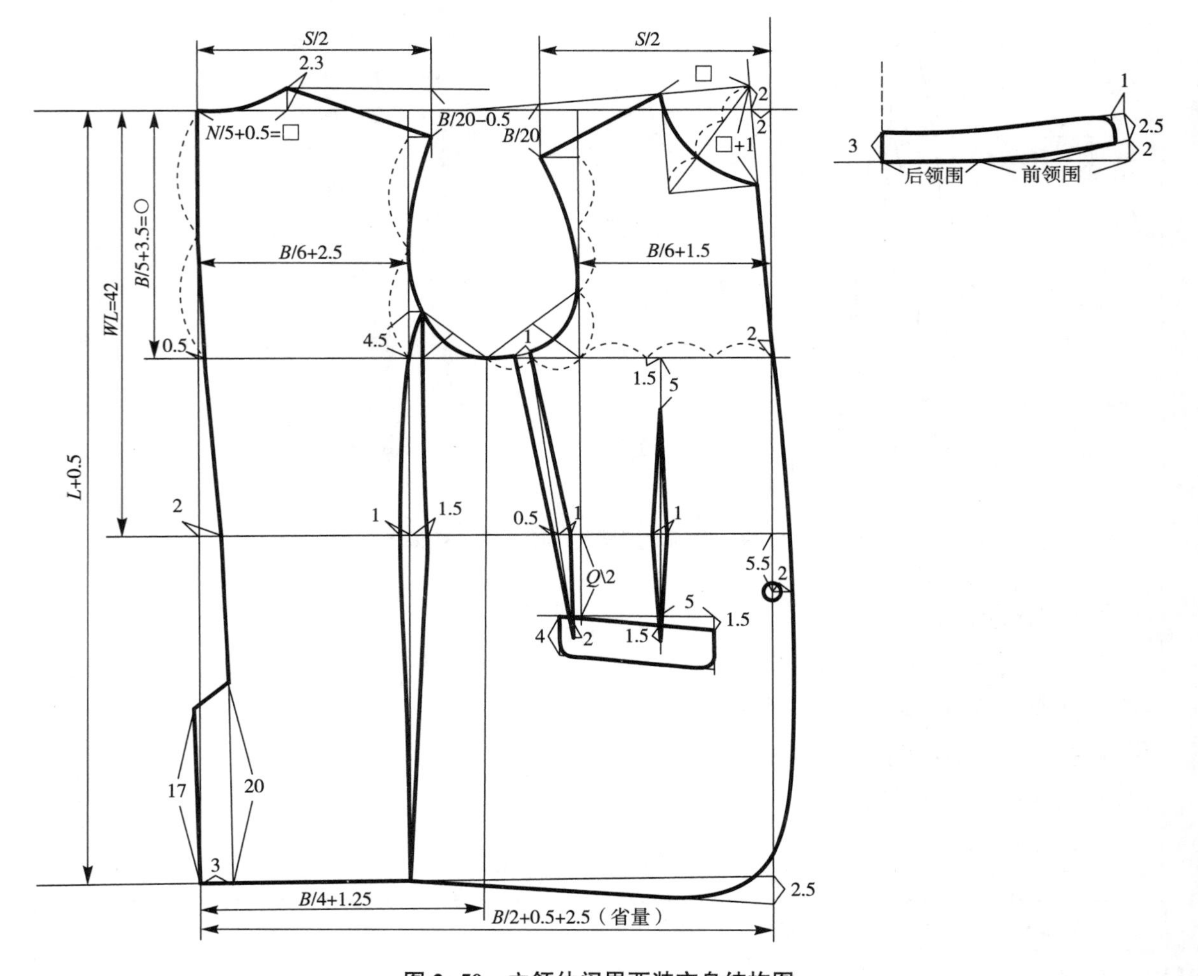

图 2-50 立领休闲男西装衣身结构图

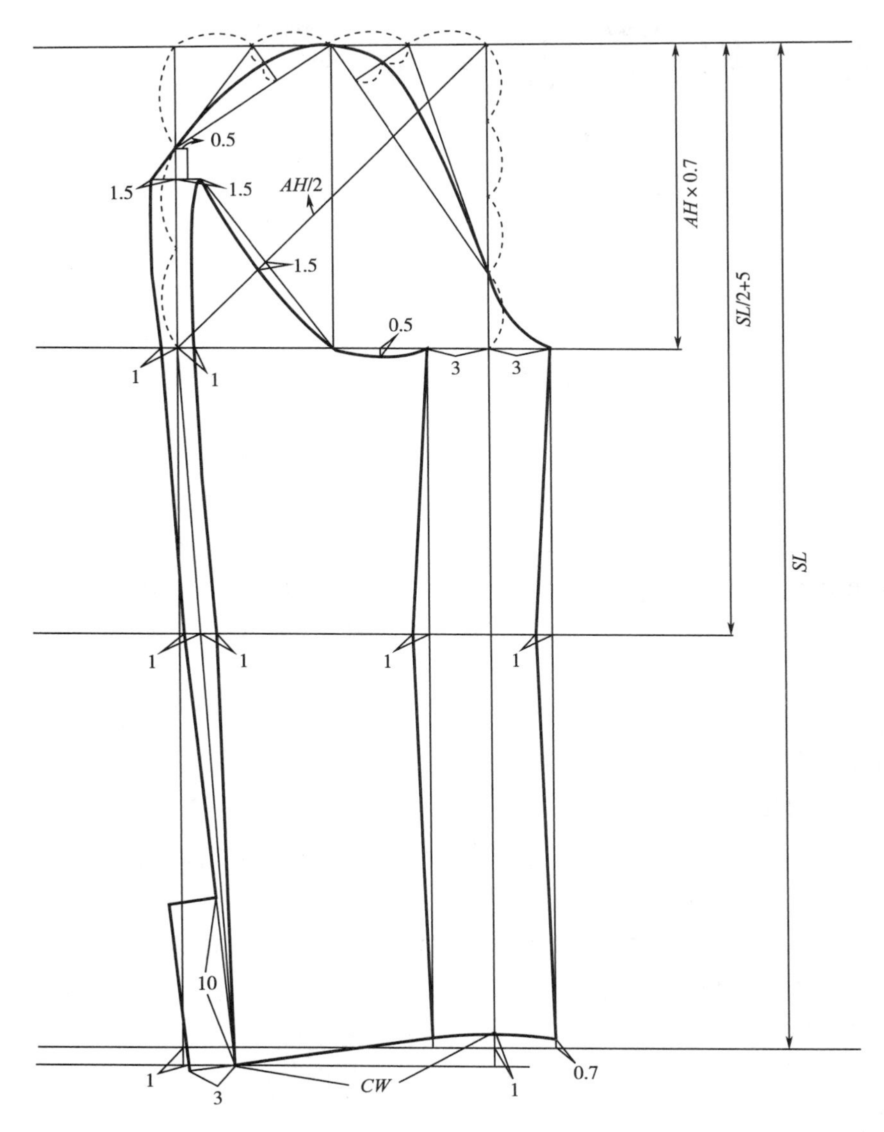

图 2-51　立领休闲男西装袖身结构图

（六）结构设计要点

（1）此款为较宽松款式，四开身。围度为 $B/2+0.5+2.5$，其中 2. 5cm 为省量，其在袖窿深线上的分配方法为刀背缝处 0. 5cm，后侧缝处 1cm，前侧缝处 1cm，前侧缝处有子弹型省。

（2）领子为立领结构，立领按照基础立领领型制图方法，单独制图，立领的前中止点位置位于衣身前中向后 1cm。

（3）前中有撇胸量，撇胸量为 2cm。

（4）一粒扣的扣位在腰围线以下 5. 5cm，门襟宽为 2cm。

第三章　男外套结构设计

第一节　男外套概述

外套源于英文overcoat，指穿着在外面的服装。外套的细分较多，例如马球大衣（polo coat）、风衣（trench coat）、大衣（duffle coat）、宽边衫（raglan）、圆领披风（inverness）、衬壳大衣（shell lined coat），外套的穿着场合不同，其所选择的款式也不同。随着社会的进步，男外套由传统的防风、防雨、御寒、防尘、防护等功能向细分化、功能化转换，并逐渐趋于时尚化。

一、男外套的分类

（一）按男外套的款式分类

1. 柴斯特外套　柴斯特外套是一款有腰身的X型外套。柴斯特外套最早出现于19世纪的英国，由一位名叫柴斯特·弗尔德的伯爵首穿而得名。它的基本形式为单排暗扣、戗驳领，与此相连接的翻领采用黑色天鹅绒，外套颜色以深色为主。左胸有手巾袋，前身有左右对称的两个加袋盖的口袋。整体结构合体，衣长至膝盖以下。袖衩上设三粒纽扣，常和塔士多礼服、黑色套装组合。现在基本形成柴斯特外套的略装化形式。有普通的暗门襟八字领、李复兴的双排六粒扣、戗驳领和大翻领等。天鹅绒的配领设计较灵活，整体造型出现了箱型结构，在服装的搭配上较为随意。

2. 波鲁外套　波鲁外套是绅士的出行外套，它的设计风格延续了马球外套的特点，使人们在出行时更加方便舒适。它的标准造型为双排六粒扣，戗驳头或阿尔斯特领，半包肩袖，明贴翻脚袖口，一粒扣固定。带袋盖的明贴袋，缉明线，面料多为毛呢料，颜色以驼色为主。

3. 巴尔玛外套　巴尔玛外套又称巴尔玛肯外套，是社交礼仪中最受欢迎的外套之一。巴尔玛外套产生于1858年，简洁的构造、防寒防雨的功能性设计是巴尔玛外套最大的特点，这和它原始雨衣的功能设计有关，例如可开关的巴尔玛领、有良好防雨功能的暗门襟、使用方便且排水良好的插肩袖等。1932年产生了可拆卸内胆的防寒巴尔玛外套，到50年代这种功能设计更为成熟。巴尔玛外套最初的设计是关门领，目的主要是防风雨，随着时间的推移，巴尔玛外套逐渐脱离了单一防风雨的功能，演变成典型的公务外套。巴尔玛外套的暗门襟设计使扣眼隐蔽，防止雨水从扣眼进入，因为暗扣设计手指无法进入，因此第一粒扣采用明扣的独特设计。巴尔玛外套在休闲外套的领域占有重要位置。棉华达呢或防雨布制成的巴尔玛外套，春秋季防风雨衣的不错外选。选用深色系、精纺羊毛呢或羊绒面料的巴尔玛外套则可作为正式的出行外套或礼服外套。

4. 风衣外套　男士风衣外套继承了巴尔玛外套很多功能性的结构设计方法，具有防风、防雨、防寒等功能，同时保留了男士军装大衣的很多的特点。例如男士风衣中的肩章设计，传统的军装大衣的肩章可以用来镶军衔，也可以用来将武器的绳带挂在肩章内，现代男士风衣保留了肩章设计。男士风衣的前挡和后挡均为双层面料设计，并能有效减缓雨水的渗透，袖带起到收紧袖口的作用，同样为了防止风雨的进入。男士风衣在面料和色彩的选择上更为丰富。

5. 达夫尔外套　达夫尔外套属于运动型外套，常用于秋冬季的户外活动，因此廓型上较其他外套收紧，是一款有帽子结构设计的男外套。达夫尔外套为了运动方便，长度比其他外套较短一些，同时在下摆两侧有开衩，以满足下肢灵活运动。胸盖布和肩盖布采用连体结构，并用明线装饰固定。前门襟有四个明扣襻，搭襻用三角形皮革固定皮条制成，搭扣采用骨质或硬木材质，袖子采用连体两片袖结构，此结构区别于其他外套的形式。

（二）按男外套的廓型分类

男外套常见廓型有 X 型、A 型、H 型、T 型、O 型。

1. X 型　上身贴合人体，体现男士的干练，深受男士喜欢的经典款式，适合青年男士穿着。

2. A 型　肩窄摆宽，从胸部至底摆加入放松量，呈正梯形。

3. H 型　宽松直身造型，是男士外套中廓型最多的一种，不强调人体曲线，可达到修身的效果，适合于中等体型男性和胖体男性。

4. T 型　肩宽摆窄，从肩部至底摆衣身逐渐收窄，呈倒梯形，设计时常加入肩章或肩育克。

5. O 型　宽松、领口和下摆收紧，采用腰头和袖头收口，整体呈 O 型，常见于夹克衫和运动服。

（三）按男外套的用途分类

1. 毛呢大衣　采用各种粗纺毛料制作的大衣。

2. 毛皮大衣　采用长毛狐狸毛、兔毛、水貂毛等动物毛皮制成的或各种纺制皮制成的大衣。

3. 皮革大衣　用牛皮、羊皮、猪皮或人造皮革制成的大衣。

4. 羽绒大衣　用羽绒填充，经处理防止钻绒的保暖防寒大衣。

5. 防风衣大衣　对织物进行如蜡加工、橡胶加工、漆皮加工、乙烯基涂层处理等防水处理，透气不透水的面料制成的大衣。

二、男外套的面辅料

男外套的用料比较讲究，大多采用羊毛及羊毛混纺面料等毛织物。毛织物包括精仿毛织物和粗仿毛织物。其中精仿毛织物的纹路清晰、手感滑腻、吸湿透气性和保暖性好，其面料分类在第二章男西装的面料已做出详细说明。粗纺毛织物是男大衣的常用面料。粗纺毛织物品种有麦尔登、大衣呢、海军呢、制服呢、法兰绒、粗花呢等。

1. 麦尔登　麦尔登是粗仿毛织物中的主要品种之一。一级毛或品质支数为60~64支羊毛、精梳短毛、化纤。全毛麦尔登以羊毛70%、精梳短毛30%纺成粗梳毛纱；混纺麦尔登则以羊毛50%、精梳短毛20%、黏胶纤维及其他合纤30%为原料纺成粗梳毛纱。典型的麦尔登是重缩绒、不起毛、质地紧密、较厚的粗纺织物，属呢面织物，由于麦尔登原料品质高，产品色泽新鲜柔和，无杂死毛，呢面平整细洁，质地紧密，呢面丰满，不露地纹，耐磨性好，不起球，手感挺实而富有弹性。麦尔登的颜色，一般以藏青色、黑色为主。适用于男士冬季的各式服装、春秋短外套等高档服装面料。

2. 大衣呢　四级毛或品质支数为64支改良毛、精梳短毛、再生毛或化纤。男大衣色泽以深色、暗色为多。大衣呢具有保暖性好，质地厚实等特点，其品种也比较多。原料各不相同，不仅有高、中、低档之分，且根据外观风格又将其分为平厚、立绒、顺毛、拷花、花式五种。依其外观还有纹面大衣呢、呢面大衣呢和绒面大衣呢之分。

3. 海军呢　二级羊毛、精梳短毛、化纤。海军呢属呢面产品，有全毛与毛混纺，毛混纺产品的原料有毛70%~75%、化纤25%~30%。海军呢经重缩绒加工，呢面平整，均匀耐磨，质地紧密，有身骨，不起球，不露底。海军呢以匹染为主，色泽为藏青色、黑色或蓝灰色等。海军呢的主要用途是制作海军制服、秋冬季各类外衣等。

4. 制服呢　三、四级毛，精梳短毛、落毛、化纤。制服呢属呢面产品，混纺产品居多，毛70%~75%、化纤25%~30%。制服呢经轻缩绒、轻起毛加工，质地紧密、厚实、耐穿，丰满程度一般，基本不露地，手感不糙硬，有一定的保暖性，色泽以蓝、黑素色为主，价格较低，是秋冬中低档制服的适用面料。

5. 法兰绒　一、二级毛，精梳短毛、回用毛、化纤。法兰绒是经缩绒加工的混色呢面织物，有全毛及毛混纺产品，以毛混纺产品居多，毛65%~70%、化纤30%~35%。法兰绒以散毛染色，按色泽要求混成浅灰、中灰、深灰色等。法兰绒呢面细洁平整、手感柔软有弹性、混色均匀，具有法兰绒传统的黑白夹花的灰色风格，薄型的稍露地、厚型的质地紧密，混纺法兰绒因有黏胶纤维，故身骨较软。法兰绒适于用作春秋大衣、风衣。

6. 粗花呢　粗花呢是利用单色纱、混色纱、合股线及花式线等，以各种组织及经纬纱排列方式配合而织成的花色产品，包括人字、条格、圈点、小花纹及提花凹凸等织物。从粗花呢的定义中可以了解到，粗花呢的品种繁多，其规格参数的变化范围也很大，具有色泽协调鲜明、粗犷活泼、文雅大方的各种粗花呢品种。按呢面外观特征可分为绒面粗花呢、纹面粗花呢、呢面粗花呢和松结构粗花呢。花呢多为混纺织物，采用的原料有高、中、低三档，高档以一级毛为主，占70%，并掺入一定比例驼毛、羊绒、兔毛等，精梳短毛占30%；中档以二级毛为主，占60%~80%，精梳短毛占40%~20%；低档以三、四级毛为主，占70%，精梳短毛占30%。若混纺，其中各档羊毛占70%，化纤占30%。粗花呢的主要用途是制作套装、短大衣。

三、男外套的造型变化

（一）领子造型

男外套主要有四种领型分别为西装领、风衣领、立翻领、圆领（图3-1），以及除此之外的各种变化领型。

其中，西装领包含常规的三种西装领型如平驳领、戗驳领、青果领，平驳领和戗驳领最为常见。风衣领常用于风衣中，立翻领也就分体翻领，常用于巴尔玛外套。圆领指带帽子的领型，达夫尔外套是此类领子造型。

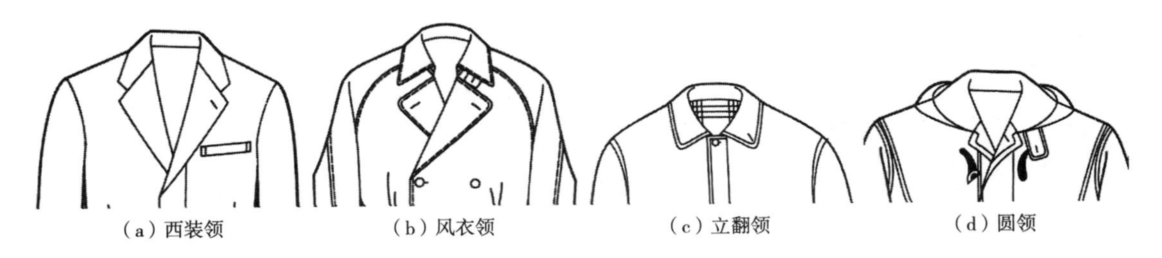
（a）西装领　（b）风衣领　（c）立翻领　（d）圆领

图 3-1　男外套领子造型

（二）袖子造型

男外套的袖子一般为合体两片袖、包肩袖、插肩袖、连体两片袖（图 3-2）。柴斯特外套的袖型为合体两片袖，符合衣身 X 型的造型特点。波鲁外套的袖子为包肩袖，此类袖子不采用插肩袖的一般插肩位置，而是采用与装肩袖类似的包肩形式。巴尔玛外套和风衣均采用插肩袖的形式，根据袖子的宽松度的不同选择不同的袖山高、袖子倾斜度以及袖肥。达夫尔外套为连体两片袖，运用大小袖互借量的大小，在前袖缝进行拼接而得到的袖子结构。

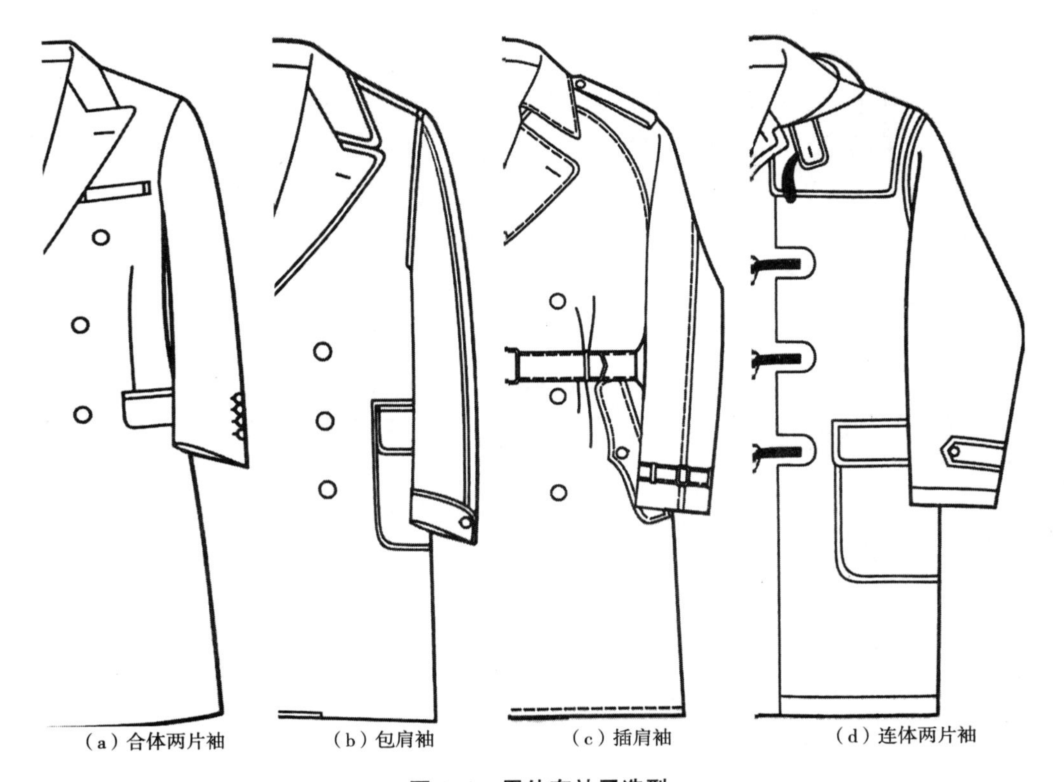
（a）合体两片袖　（b）包肩袖　（c）插肩袖　（d）连体两片袖

图 3-2　男外套袖子造型

（三）口袋造型

口袋有装饰作用和功能作用。男外套口袋分为手巾袋、侧袋、里子内口袋等。手巾袋的常规造型为直线的平行四边形。男外套装侧袋主要有单双嵌线口袋、大贴袋等、斜插袋等形式。

四、男外套的规格制定

以男子的中间号型 170/88A 为例。

（一）长度方向控制部位尺寸

1. 衣长 L　衣长 L 与人体身高 h 相关，根据成衣长短，加放 15~20cm。

计算公式：$L=0.6h+(15\sim20)$ cm=117~122cm。

2. 背长 WL　背长在西装背长的基础上增加 3cm。

计算公式：$L=0.25h+3$cm=45.5cm。

3. 袖长 SL　袖长 SL 除与人体身高 h 有关，计算时同样需考虑垫肩厚度，垫肩厚度约为 1.2cm。

计算公式：$SL=0.3h+9.8$cm+垫肩厚度=62cm。

（二）围度方向控制部位尺寸

1. 胸围 B　男外套围度方向加放松量较大一般围 20cm 左右，内衣的厚度约为 8cm。

计算公式：$B=B^*$+内衣厚度+放松量=116cm。

2. 袖口 CW　西装袖口尺寸与内衣厚度与胸围 B 存在以下关系。内衣厚度约为 8cm。

计算公式：$CW=0.1$（B^*+内衣厚度）+7.5cm 放松量=17cm。

3. 领围 N　不同领型的领围放松量可适当调整，常规放松量为 19cm。

计算公式：$N=0.25$（B^*+内衣厚度）+放松量=43cm。

4. 肩宽 S　肩宽 S 可根据人体的净胸围 B^*，加入放松量进行计算。

计算公式：$S=0.3B^*+13.2$cm=51cm。

（三）成衣尺寸规格表

男外套成衣尺寸规格见表 3-1。

表 3-1　男外套成衣尺寸规格表　　单位：cm

控制部位	165/84A	170/88A	175/92A	档差
衣长 L	108	110	112	2
背长 WL	44	45	46	1
胸围 B	112	116	120	4
肩宽 S	46.8	48	49.2	1.2
领围 N	37	38	39	1
袖长 SL	60.5	62	63.5	1.5
袖口 CW	16.5	17	17.5	0.5

第二节 基础男外套结构设计详解

一、基础男外套的款式及尺寸规格

（一）款式图、效果图

基础男外套的款式图及效果图如图 3-3 所示。

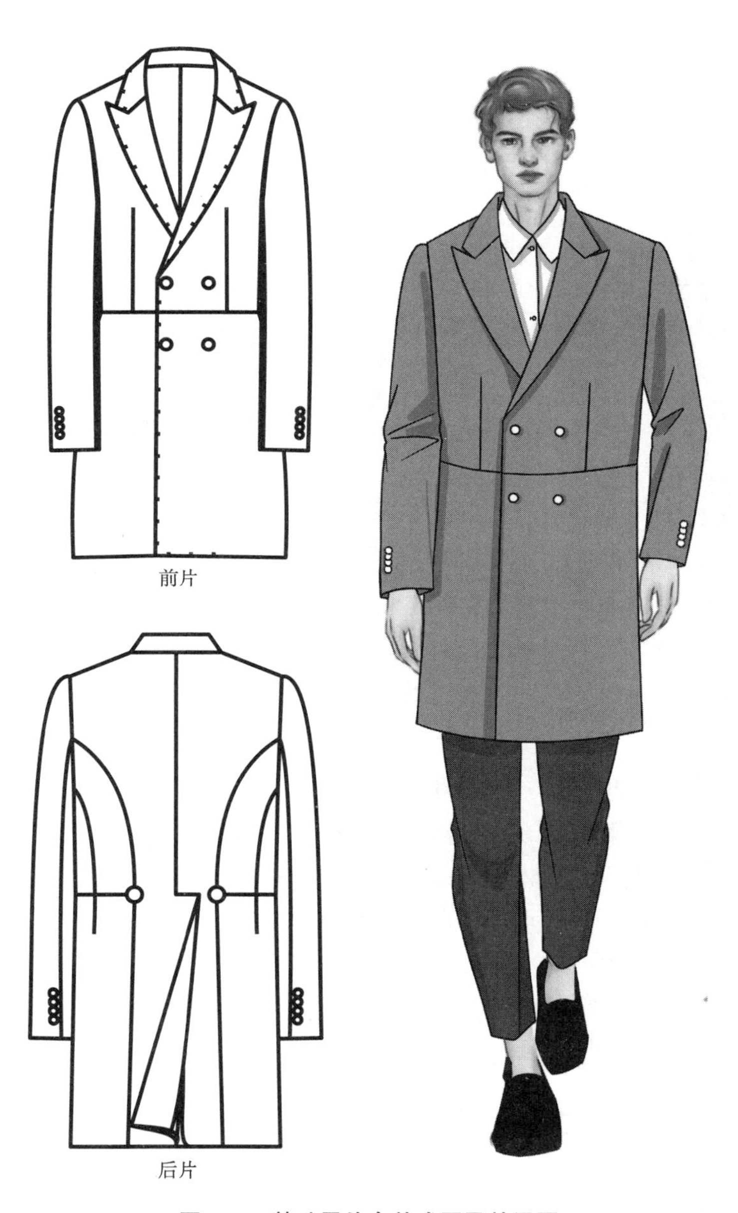

图 3-3 基础男外套款式图及效果图

（二）款式描述

本款为X型合体柴斯特外套，领子为戗驳领，双排扣，腰部有分割线，腰部以上左右两侧有胸腰省，后中有刀背缝和后腰省，后中开衩，袖子为合体两片袖，袖口开衩，并有四粒扣。

（三）尺寸规格

基础男外套尺寸规格见表3-2。

表3-2 基础男外套尺寸规格表 单位：cm

号型	后衣长（L）	胸围（B）	腰围（W）	臀围（H）	背长（WL）	肩宽（S）	袖长（SL）	袖口（CW）
170/88A	106	115	104	104	45	46.5	63	17

二、基础男外套结构设计——原型法

（一）男外套原型法结构设计原理

男外套原型制图，需要在男装标准纸样的基础上进行放量处理，需要遵循以下的设计原则。

（1）男外套在男装标准纸样基础上，整体围度追加的量为12cm，半身制图围度即追加6cm，追加量的位置为后侧缝、前侧缝、后中、前中，其分配比例为后侧缝：前侧缝：后中：前中=1.5：3：（1+1）：0.5。其中后中追加量原本为1cm，但因为男外套后背同样遵循前紧后松的原则，因此需要在后中再追加1cm的松量。

（2）前后肩的升高量为前中和后中放量之和即1.5cm，其分配方式为后肩升高：前肩升高=1.5cm：0cm。

（3）前后肩的外延量为前中和后中放量之和的二分之一，即0.75cm。

（4）后颈点的升高量=后肩升高量/2=0.75cm。

（5）后颈侧点的升高量等于后肩的升高量。

（6）袖窿的开深量=前后侧缝放量-肩升高量/2=3cm。

（7）腰线下调量=袖窿开深量/2=2cm。

（8）袖子的袖窿深线、符合点、袖山高需重新确定。

（二）男外套原型法结构设计步骤

男外套衣身原型法结构制图步骤如下。

1. 围度放量　后颈点在基础纸样基础上外放2cm，并上抬0.75cm，确定新的后颈点。前侧缝放量1.5cm，后侧缝放量3cm，袖窿深线下落3cm。前中线放量0.5cm，腰围线下落2cm。

2. 修正后片　腰围内收2.5cm省量，后背缝弧线起于背宽横线，画后背缝。后颈侧点抬高1.5cm，画后领弧线。后肩点抬高1.5cm，外延0.75cm，画后肩斜线。后袖窿弧线过标准纸样的后符合点，连接至新的腋下点，画后袖窿弧。后侧缝内收2cm，底摆外扩4cm，上抬

1.5cm，画后侧缝线。后片刀背缝位于后背缝至背宽线中点垂线上，起于背宽横线与后袖窿弧线的交点，刀背缝在腰围线的收省量为1.5cm，画刀背缝。后腰省位于基础侧缝与刀背缝之间二等分点，收省量为1.5cm，下省尖点位于腰围线以下14cm，上省尖点位于后符合点，画后腰省。

3. 画前片　前片门襟宽13cm，前侧缝在腰部的收腰量为2cm，前侧底摆外扩3cm，上抬1cm。衣身前中下落2cm，画门襟前中线和前片底摆线。前腰省中线位于前中与侧缝线之间中点画垂线，垂线上交袖窿深线，下交于底摆线，前腰省的上省尖点位于袖窿深向下5cm，在腰围的省量为1.5cm，画菱形省。腰围线以上的省保留，腰围线以下的省合并，重新复描前腰围线、侧缝线、底摆线。

4. 画领子　领子的基础串口线位于标准纸样领子的基础斜线。领子的驳口止点位于腰围线以上9cm，肩斜线向外延长3cm，此点与驳口止点相连画翻折线。过前颈侧点画翻折线的平行线，从颈侧点往上量取后领弧长，领子的倒伏量为3cm，画基础领底线。翻领的领座宽为3cm，领面宽为4cm，画领后中线。驳领宽为8.5cm，定串口止点。连接驳口止点与串口止点并向上延长，延长点距离领嘴7.5cm，画驳领角宽，翻领角宽为4cm，与驳领外口线夹角为10°以内，画翻领角宽。连接领后中与翻领角画翻领外口线。驳领外口线外凸1.5cm画外弧型驳领外口线，基础男外套衣身和袖身原型制图如图3-4和图3-5所示。

男外套的袖身原型与标准男装纸样当中的袖身原型制图步骤基本一致，不同之处在于以下几方面：

（1）大袖袖山高△的确定方法。从标准纸样的肩点沿袖窿弧量取3~4cm，并画水平线，水平线至外套袖窿深线之间的距离为袖山高△。

（2）小袖袖山高的$\triangle$的确定方法。取标准纸样中的背宽横线与外套背宽横线的中线，从此线到外套袖窿深线之间的距离为小袖袖山高$\triangle$。

三、基础男外套结构设计——比例法

（一）基础男外套比例制图的公式

（1）围度=$B/2+3$，前围度=$B/4+2$，后围度=$B/4+1$。

（2）袖窿深=$1.5B/10+9.5$。

（3）背宽=$1.5B/10+5$，胸宽=$1.5B/10+3.5$，背宽比胸宽大1.5cm。

（4）后领宽=$N/5$（或$0.8B/10+0.5$），后领深为3（或$B/40$）；前领宽=$N/5$，前领深=$N/5+1$。

（5）后肩宽=$S/2+1$，后落肩=$B/20-1.5$；前肩宽=$S/2+1$，前落肩=$B/20-1.5$。

（二）基础男外套衣身比例法制图步骤

1. 画基础框架　画衣长L，围度$B/2+3$cm的矩形框，其中3cm为袖窿深线上的收省量，分配方法为后背缝收量1cm，后分割线收量0.5cm，前后侧缝线处收量1.5cm。从上平线向下依次画袖窿深线$1.5B/10+9.5$cm，背长45cm。基础侧缝线位于后中线向前量取$B/4+2$cm。背宽取$1.5B/10+5$cm，胸宽取$1.5B/10+3.5$cm，画背宽线和胸宽线。

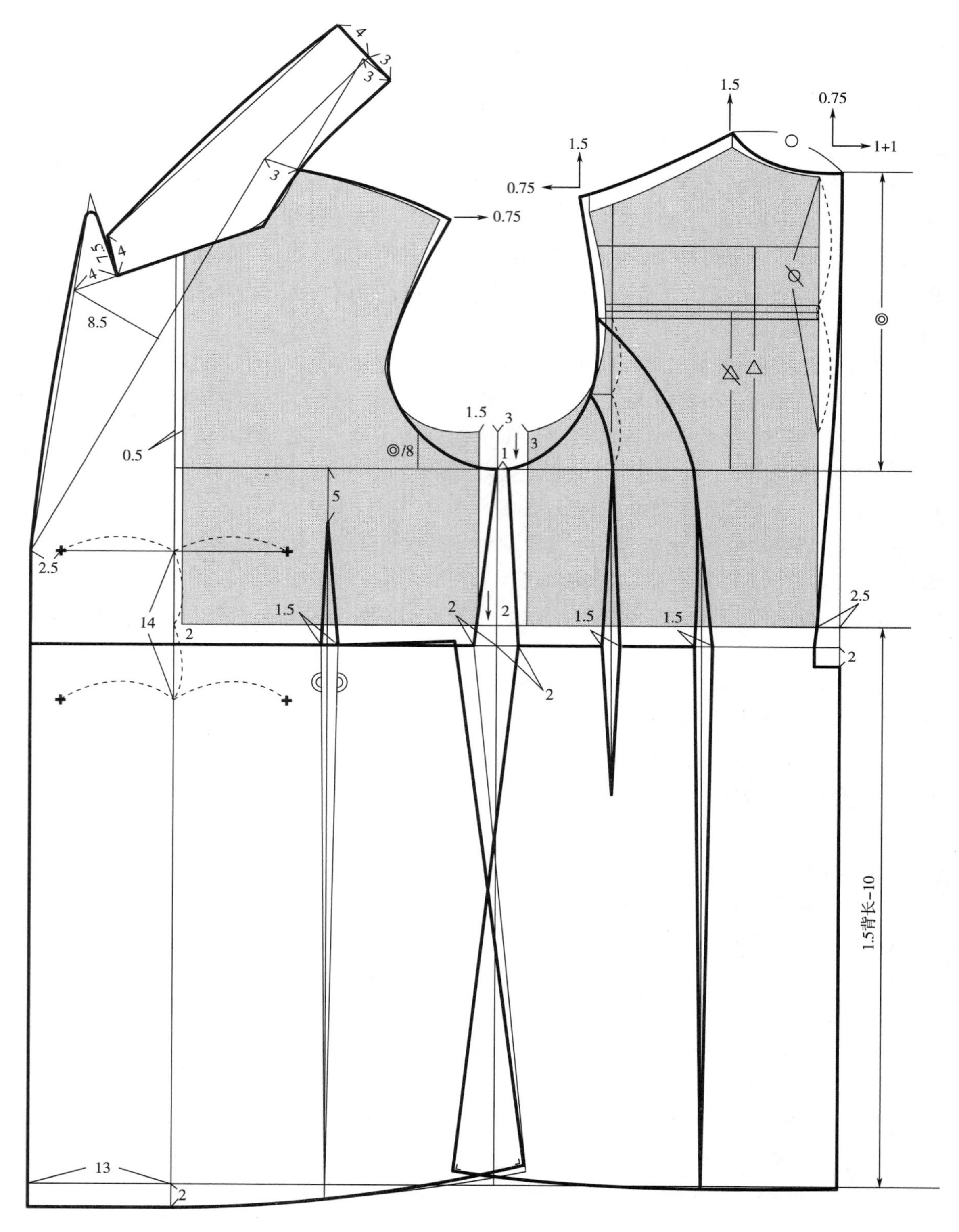

图 3-4　基础男外套衣身原型制图

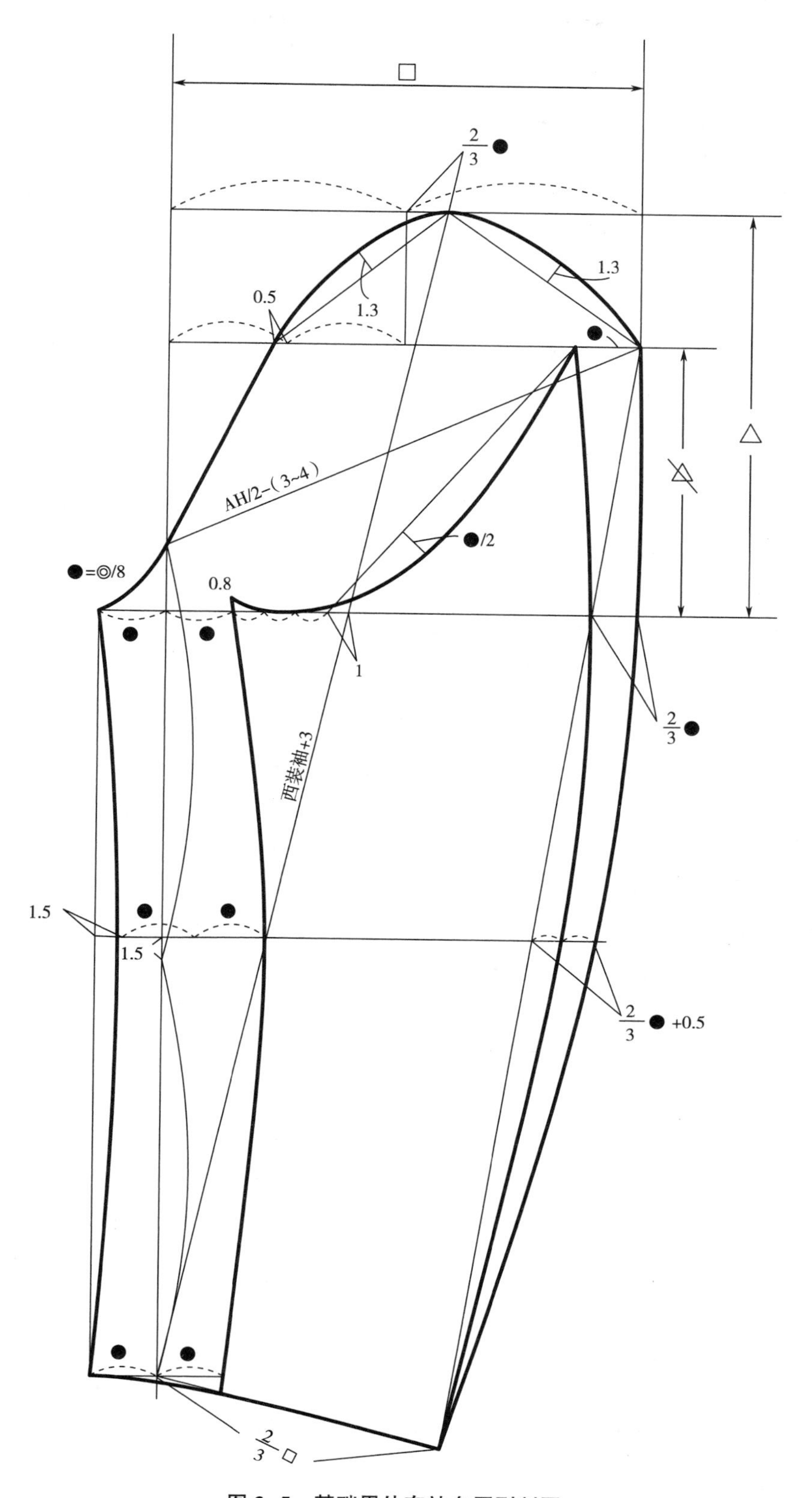

图 3-5　基础男外套袖身原型制图

2. 画后片　后领宽取0.8B/10+0.5（或N/5），后领深取B/40（或定值3cm），画后领弧线。从后颈侧点的水平线下落B/20−1.5cm定后落肩量，后冲肩量为2cm，确定肩端点和基础肩斜线。肩斜线需内凹0.5cm，画肩斜内凹弧线。取背宽线与袖窿深线直角的角平分线，并取值3.5cm，过此点画后袖窿弧线。后中在袖窿深线处收1cm省量，在腰围线处收2.5cm省量，画后背缝，后开衩的止点位于腰围以下2cm，开衩宽为2.5cm，画后开衩。后片刀背缝位于后背缝至背宽线中点垂线上，起于背宽横线与后袖窿弧线的交点，刀背缝在腰围线的收省量为1.5cm，画刀背缝。后腰省位于基础侧缝与刀背缝之间二等分点，收省量为1.5cm，下省尖点位于腰围线以下14cm，上省尖点位于后符合点，画后腰省。后片侧缝在腰围的收省量为2cm，下摆外扩4cm，起翘1.5cm，画后侧缝线。

3. 画前片　前片侧缝腰部收量为2cm，下摆外扩3cm，起翘1cm，画前侧缝线。前中的撇胸量为2cm，前片基础领宽长度等于后领宽，基础领深等于后领宽减1cm，串口线位于领深的中点与领前中点的连线上，画串口线。前肩点的落肩量为B/20−1.5cm，前肩斜线的长度为后肩斜线减0.7B/20−1.5cm，画基础肩斜线和冲肩量，基础肩斜线外凸0.5cm，画外凸弧线。双排扣门襟宽为13cm，衣身前中下落2cm，画门襟前中线和前片底摆线。前腰省中线位于前中与侧缝线之间中点画垂线，垂线上交袖窿深线，下交于底摆线，前腰省的上省尖点位于袖窿深向下5cm，在腰围的省量为1.5cm，画菱形省。腰围线以上的省保留，腰围线以下的省合并，重新复描前腰围线、侧缝线、底摆线。

4. 画领子　领子的驳口止点位于腰围线以上9cm，肩斜线向外延长3cm，此点与驳口止点相连画翻折线。过前颈侧点画翻折线的平行线，颈侧点以上量取后领弧的长度为○，倒伏量为3cm，画领底基础线，翻领的领座宽为3cm，领面宽为4cm，画领后中线。驳领宽为8.5cm，定串口止点。连接驳口止点与串口止点并向上延长，延长点距离领嘴7.5cm，画驳领角宽，翻领角宽为4cm，与驳领外口线夹角为10°以内，画翻领角宽。连接领后中与翻领角画翻领外口线。驳领外口线外凸1.5cm画外弧型驳领外口线。

基础男外套比例法衣身结构如图3-6所示。

（三）基础男西装袖身比例法制图步骤

1. 画基础框架　画上平线和基础垂线，在垂线上量取袖长SL，在垂线上量取SL/2+5确定袖肘线，在垂线上量取AH×0.7确定袖山底线。袖山底线与垂线的交点向上平线上量取AH/2画垂线，确定袖肥。

2. 画大袖　将袖山底线上方的矩形框进行等分，其中上四等分、左三等分、右三等分。连接上一分与左三分，连接上二分与左三分点，连接上二分与右一分点，连接上三分点与右一分点，画基础线。大小袖的互借势为3cm，画大袖的袖山曲线。袖口线向下落1.5cm画水平线，袖肥垂线与袖口线交点向上抬1cm，从此点向水平线上量袖口宽CW为15cm，修顺袖口弧线。大袖的袖肘内侧向内1cm，袖肘外侧向外1cm，画大袖内封线和外缝线。

3. 画小袖　从右三分之一点向右0.5cm画垂线，从垂线上找一个点距离上一分与右一分点并延长线1.5cm，再向左1.5cm，向左的点为小袖的上尖点。大袖袖外缝线的互借势为1cm，袖肘向内凹1cm，画小袖的袖山曲线和内外缝线。

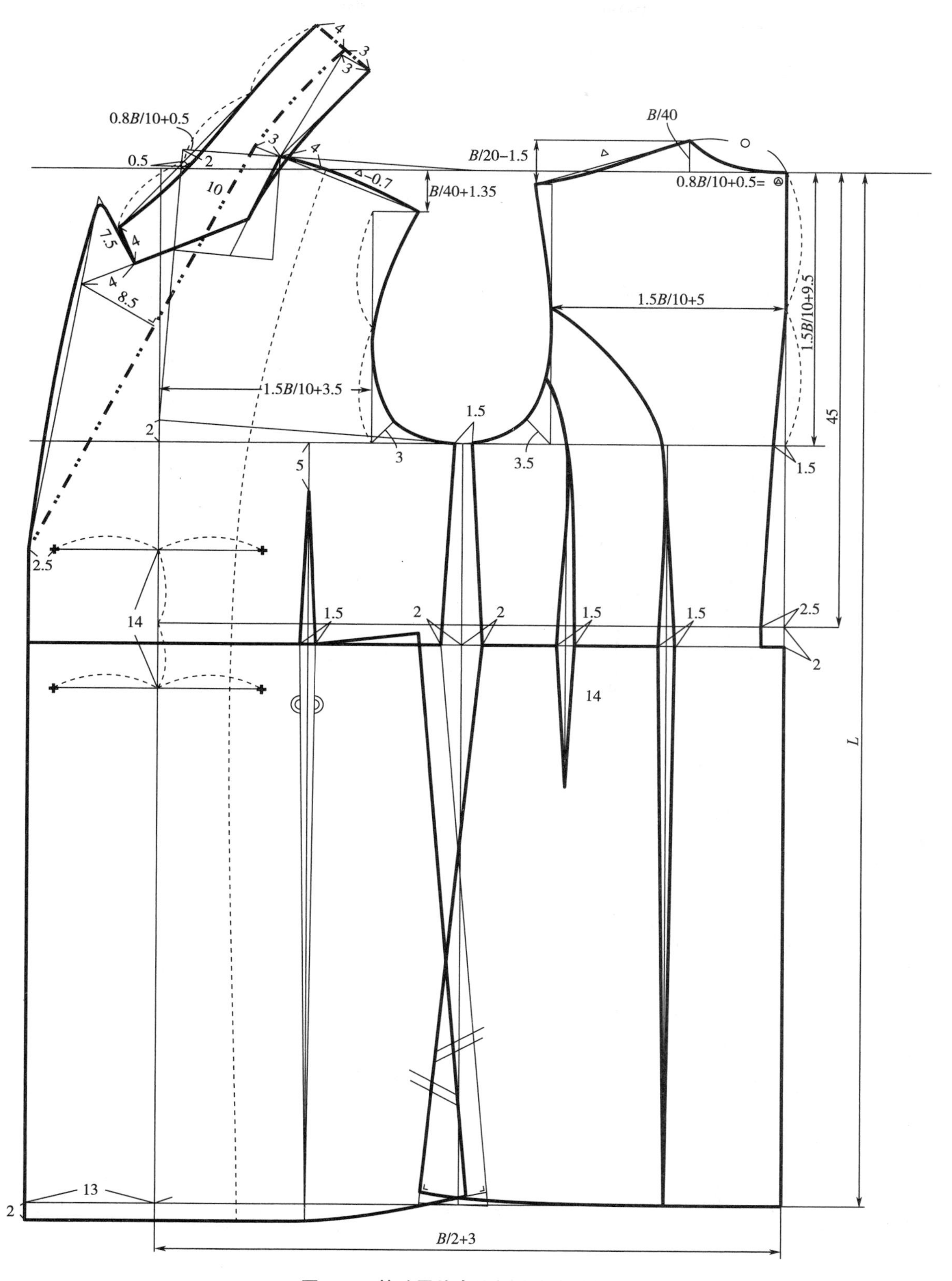

图 3-6 基础男外套比例法衣身结构图

4. 画袖开衩　袖开衩的长度为 10cm，宽度为 4cm，画大小袖的袖开衩。基础男外套比例法袖身结构如图 3-7 所示。

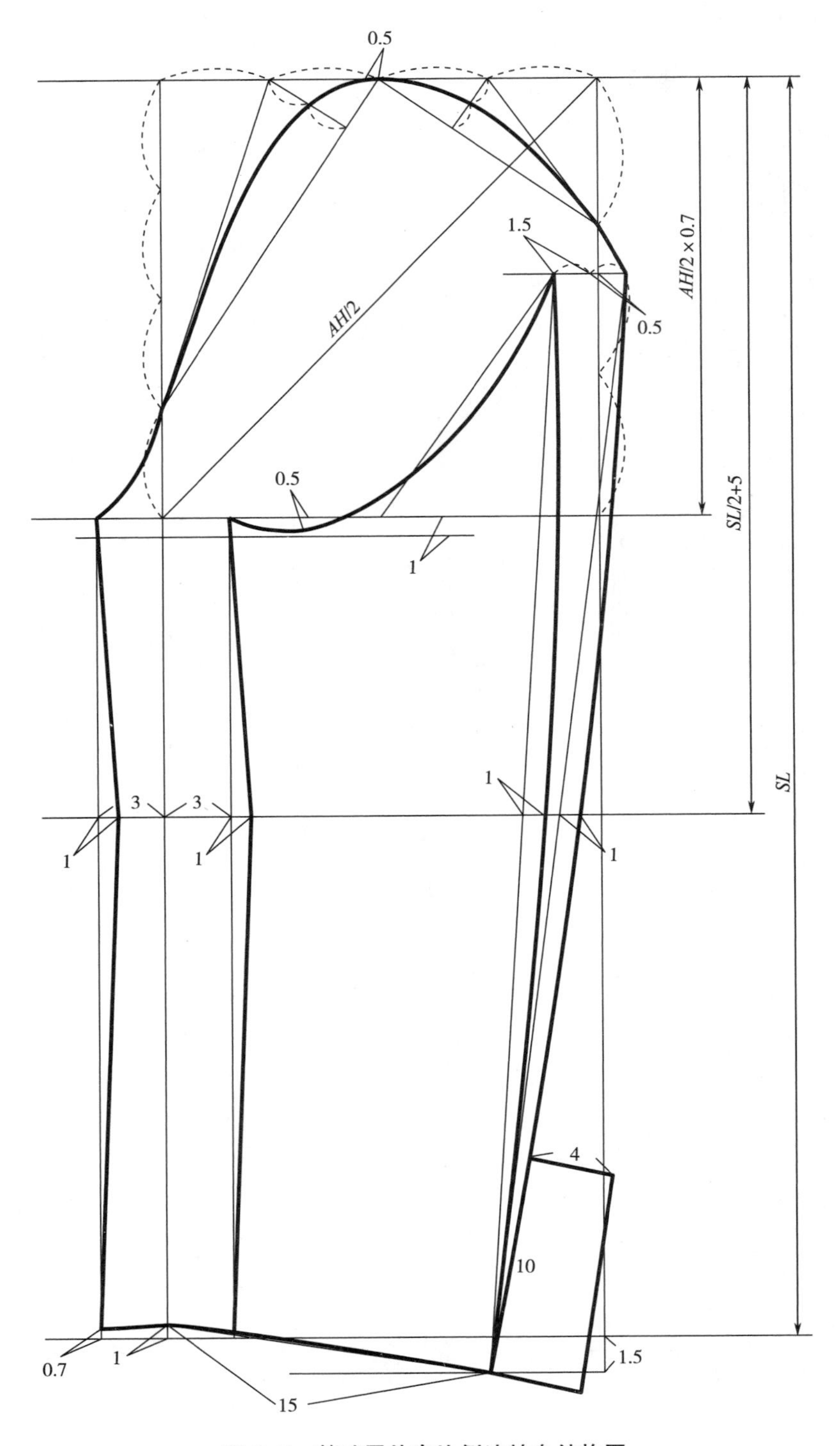

图 3-7　基础男外套比例法袖身结构图

第三节　基础男外套工业样板

一、基础男外套工业样板绘制

（一）面料样板的放缝

（1）衣身分割线、肩缝、侧缝、袖缝放缝均为 1~1.5cm，袖窿、袖山、领口等弧线部位放缝为 0.6~1cm，后背缝放缝为 1.5~2.5cm。

（2）底摆折边放缝 3~4cm。

（3）放缝时弧线部位的端角要保持与净缝线垂直。

基础男外套面料样板如图 3-8 所示。

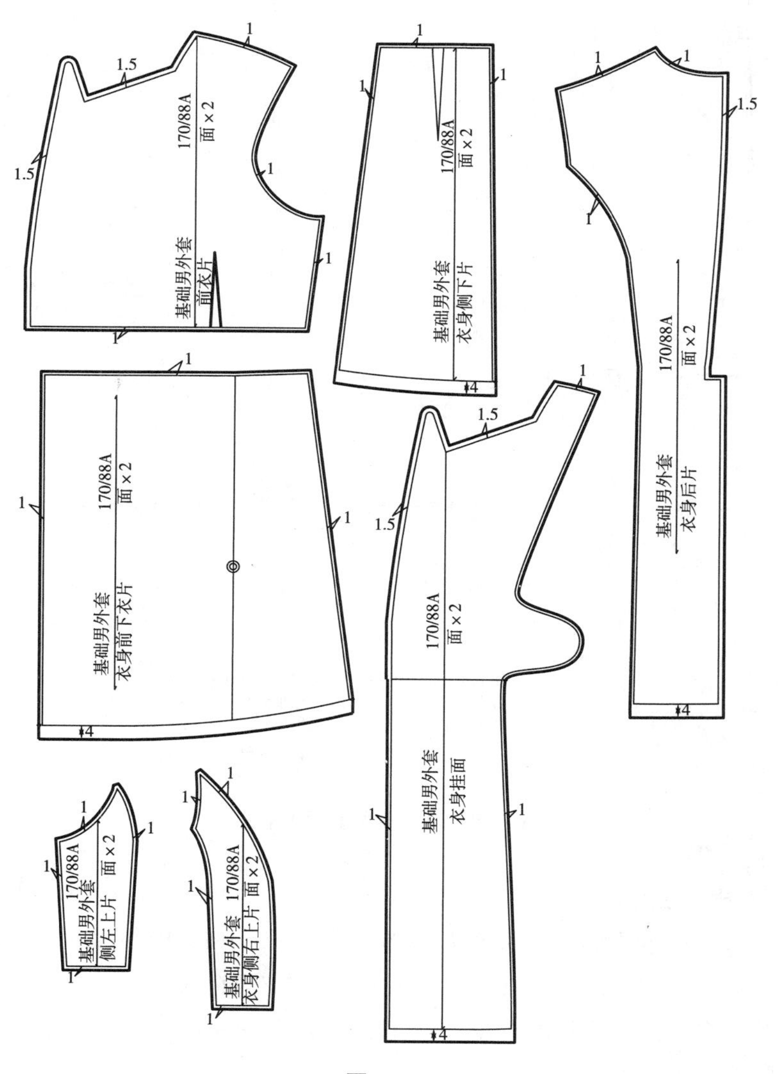

图 3-8

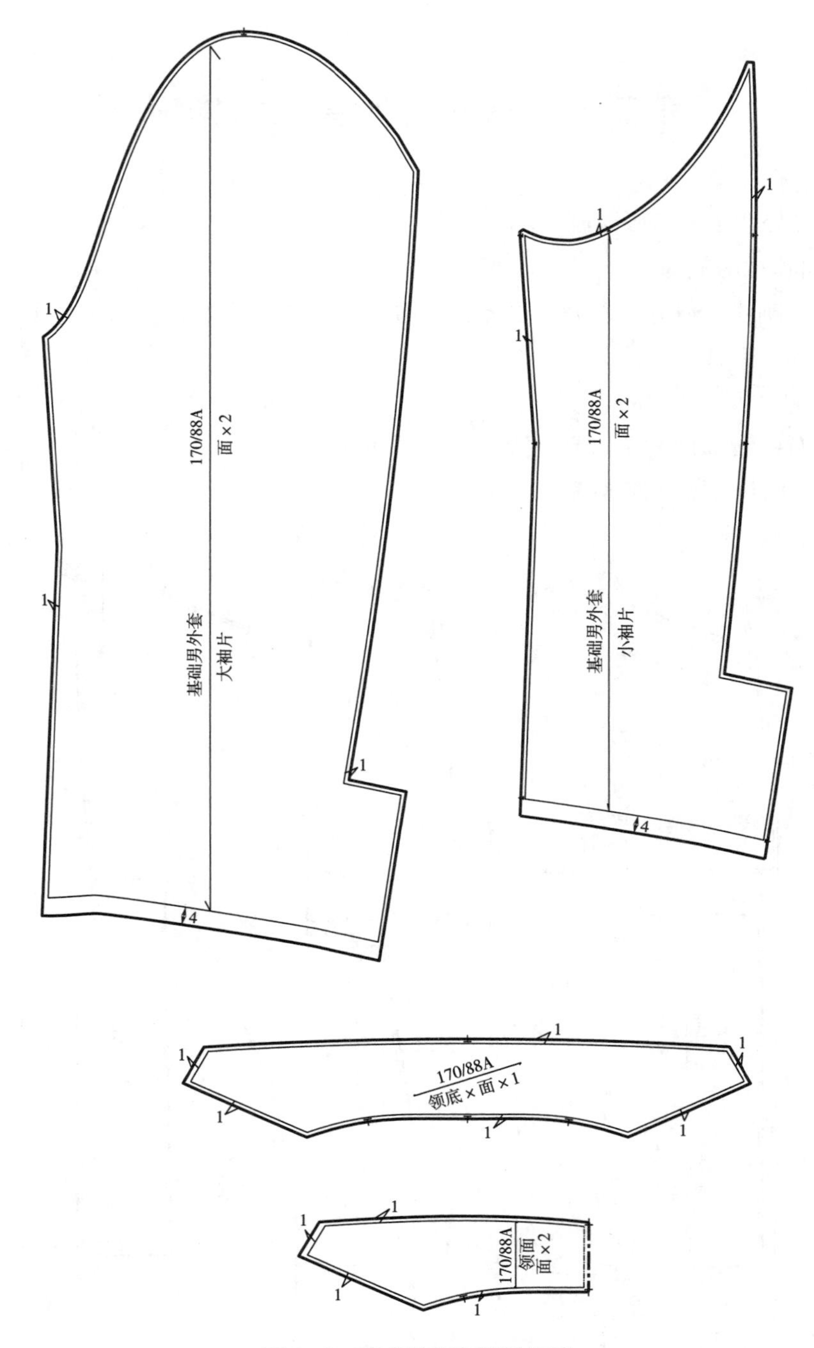

图 3-8　基础男外套面料样板

(二) 里料样板的放缝

(1) 后片领口的后中线加放 1cm 坐缝至腰节线，其余各边加放 0. 2cm 坐缝。

(2) 前片止口位置同挂面边，其余各边加放 0. 2cm 坐缝。

(3) 前后片下摆至面料样板净缝线，侧缝边加放 0. 2cm 坐缝。

基础男外套里料样板如图 3-9 所示。

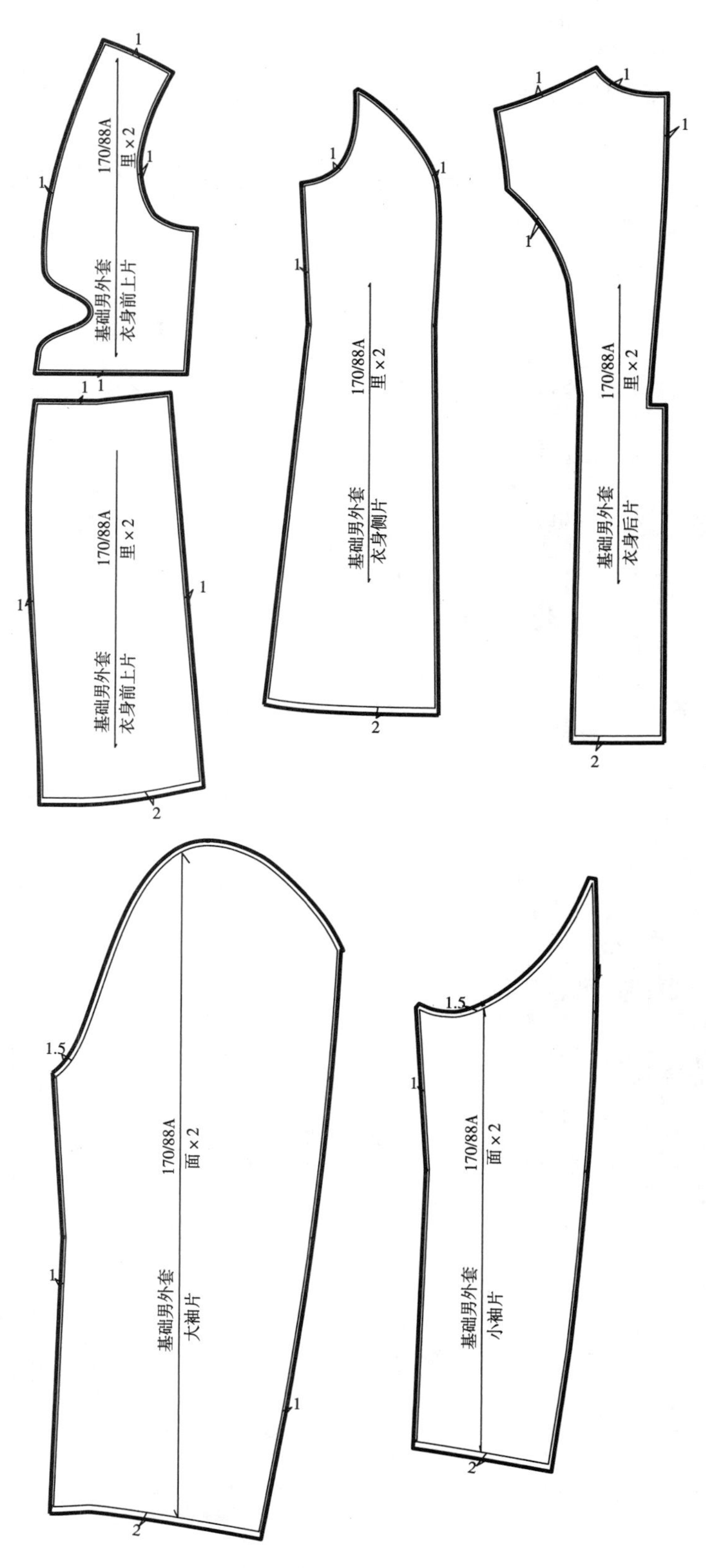

图 3-9　基础男外套里料样板

（三）衬料样板的放缝

（1）衬料样板在面料毛板基础上裁剪，整片粘衬部位其衬料样板要比面料样板四周小0.3cm左右。

（2）挂面、领子、下摆、袋口、嵌线、袖口、衣片和袖片的边缘等部位需要粘衬。

（3）衬料样板的丝缕方向与面料的丝缕方向一致。

基础男外套衬料样板如图3-10所示。

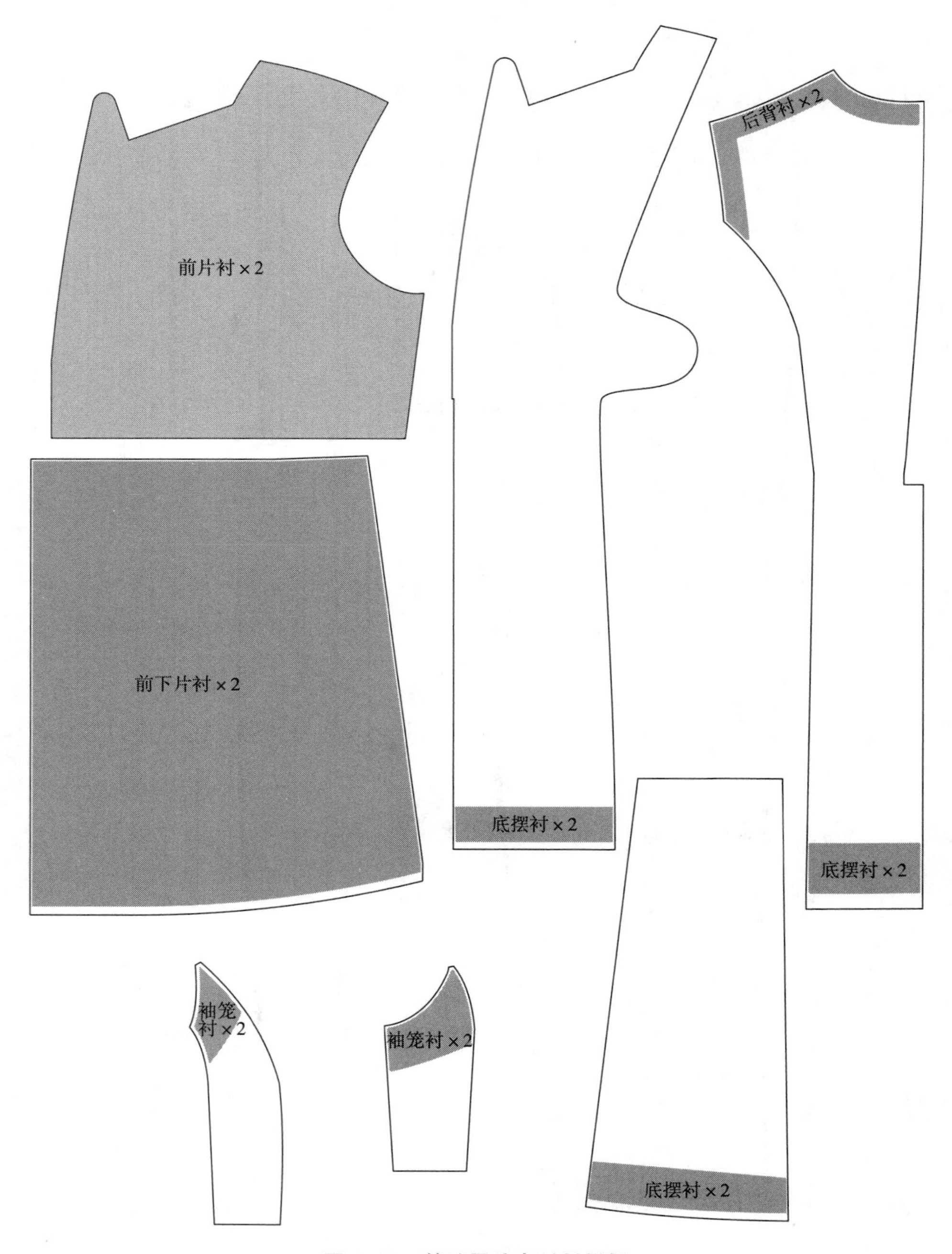

图3-10　基础男外套衬料样板

二、基础男外套工业排板

基础男外套工业排版如图 3-11 所示。

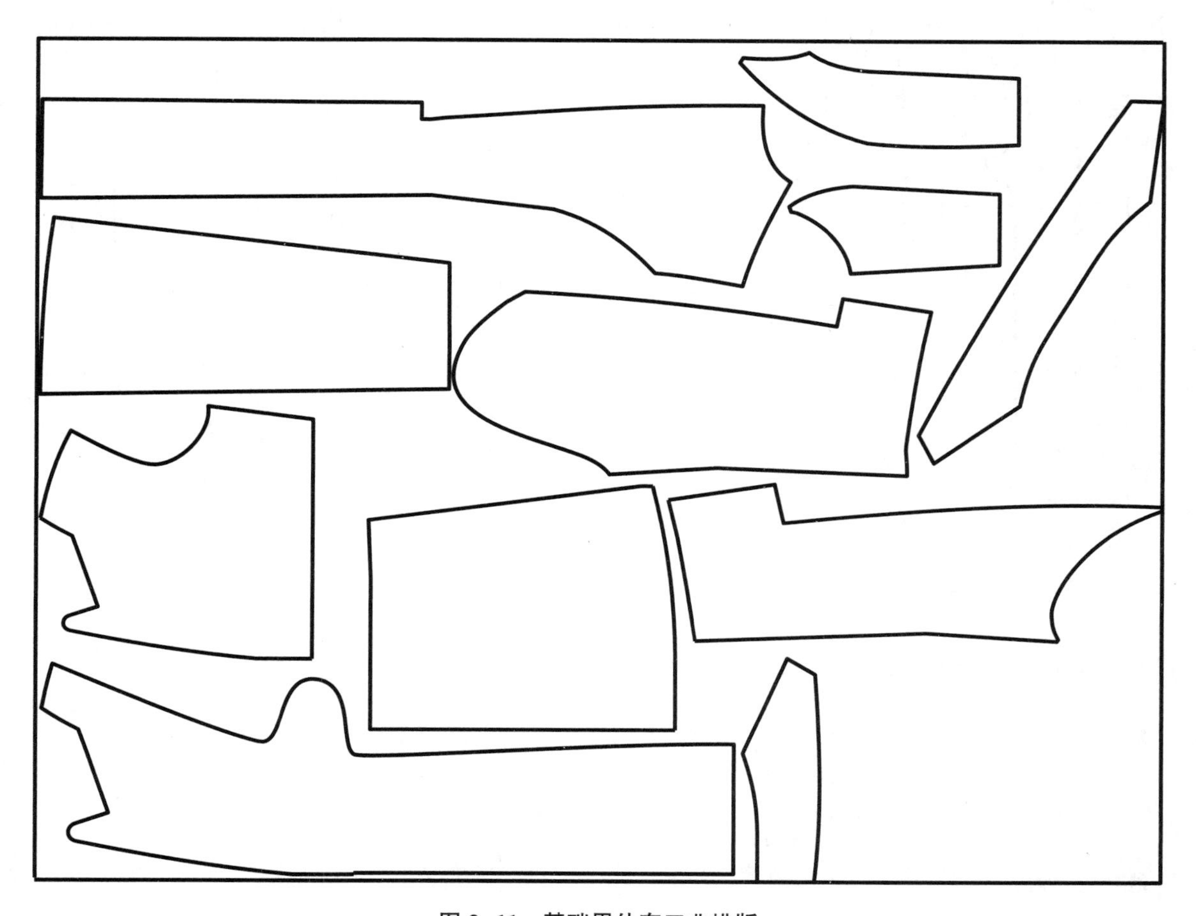

图 3-11　基础男外套工业排版

第四节　基础男外套工艺要求

一、面式结构图

男外套面式结构如图 3-12 所示。

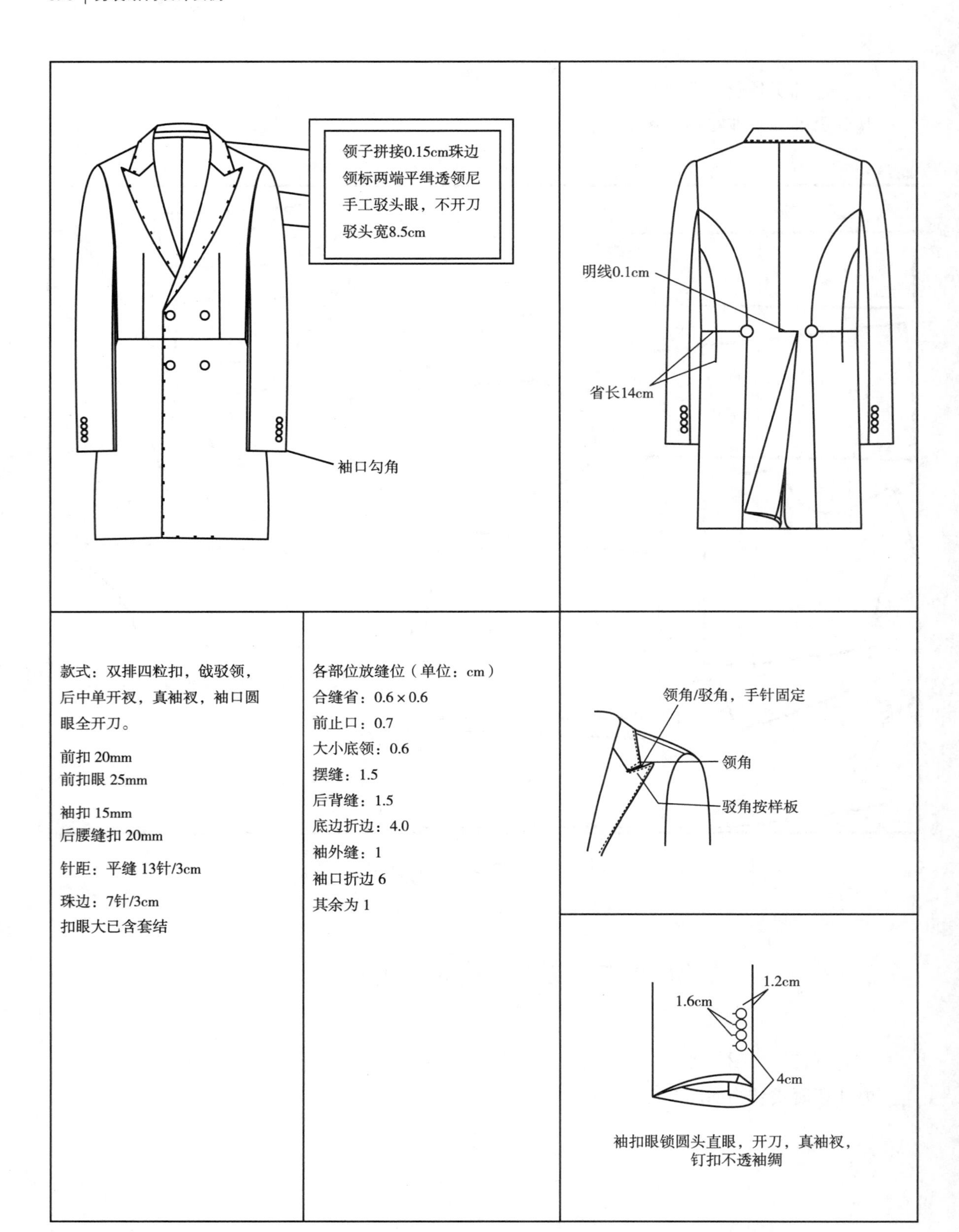

图 3-12　男外套面式结构图

二、里式结构图

男外套里式结构如图 3-13 所示。

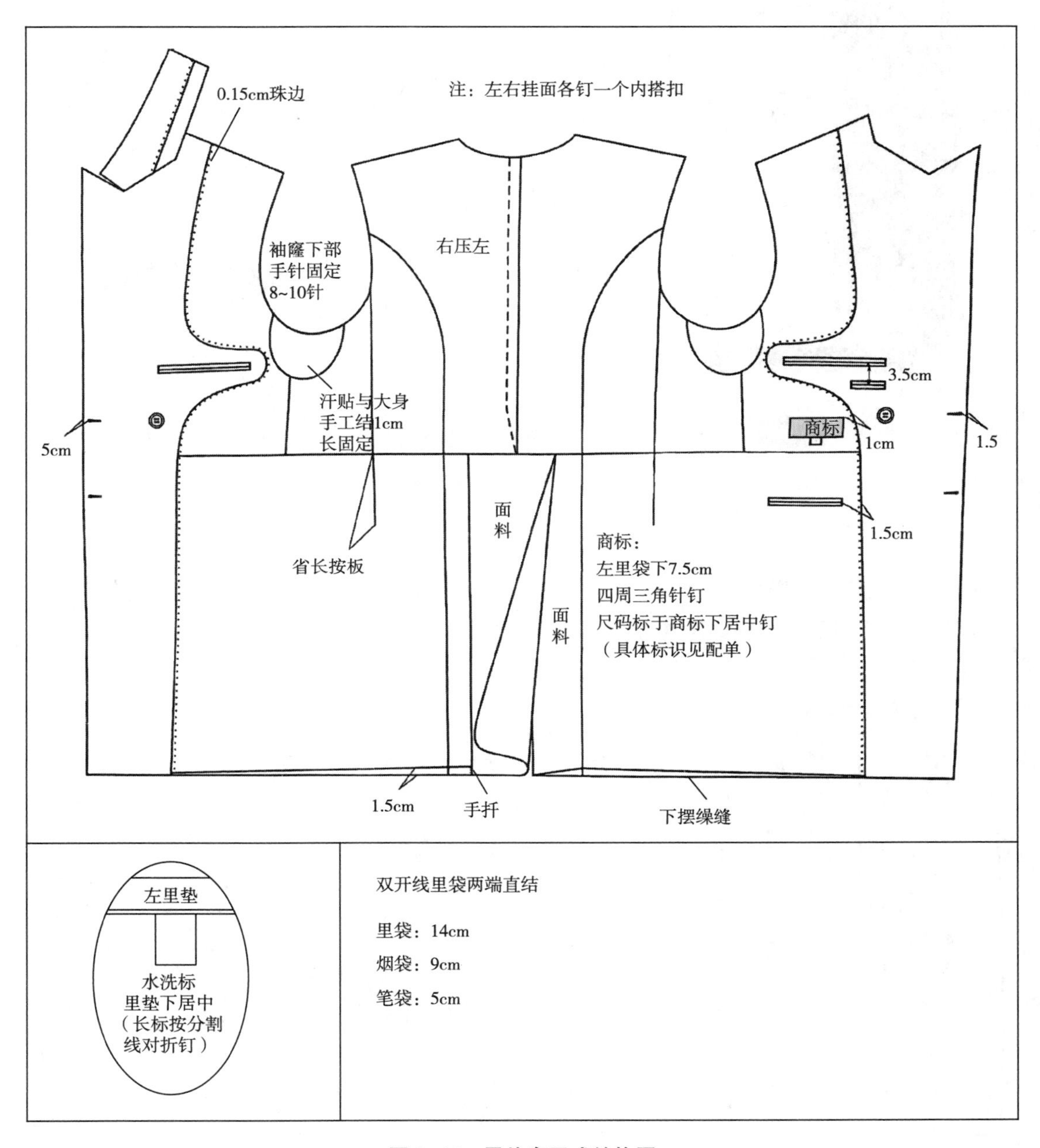

图 3-13 男外套里式结构图

三、粘衬示意图

男外套粘衬示意图如图 3-14 所示。

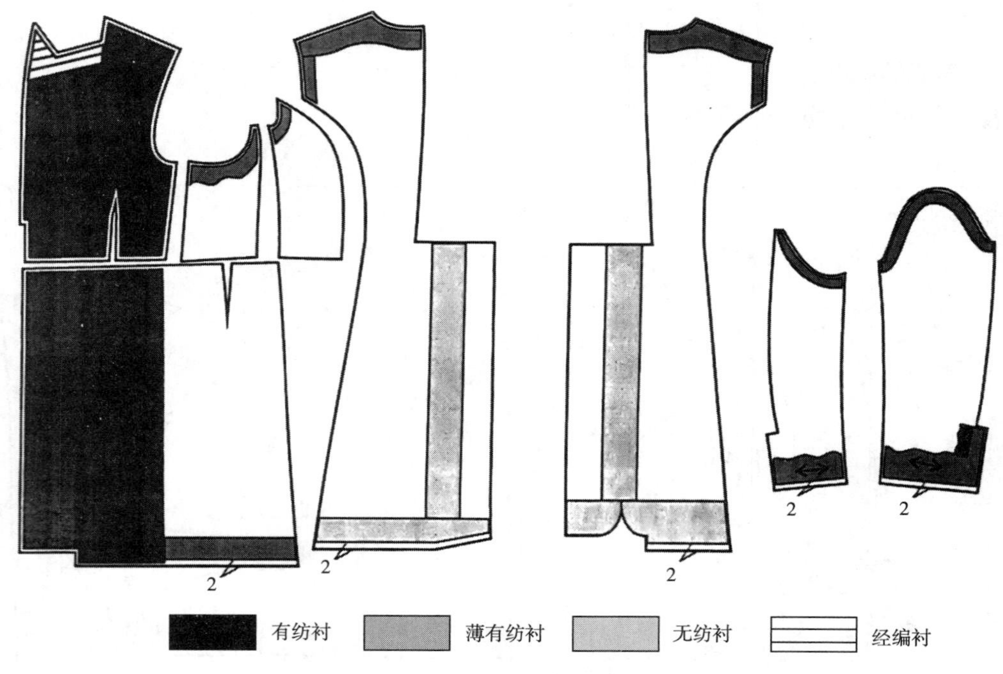

图 3-14　男外套粘衬示意图

四、尺寸测量示意图

男外套尺寸测量示意图如图 3-15 所示。

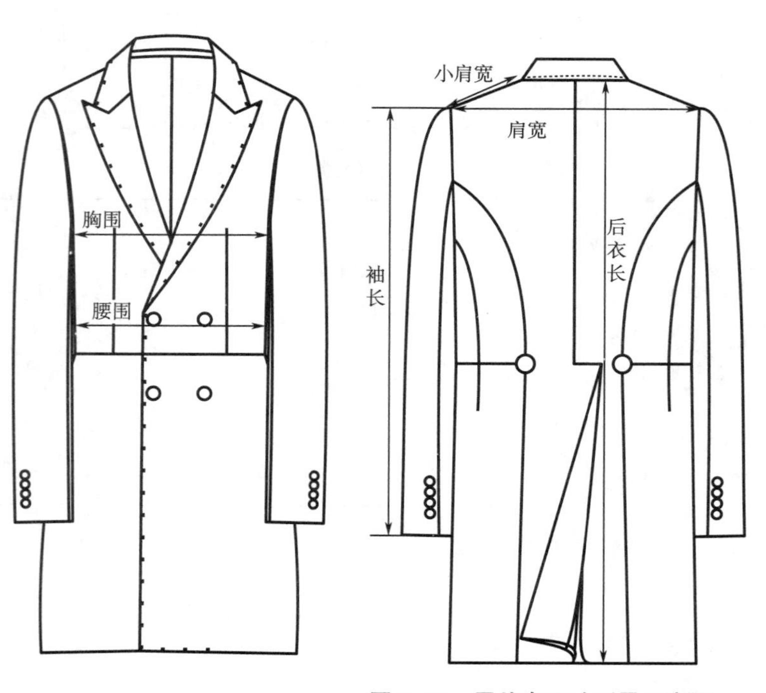

单位：cm

部位	尺寸
后中长	106
肩宽	46.5
胸围	115
腰围	104
袖长	63

图 3-15　男外套尺寸测量示意图

五、面辅料

面辅料一览表见表 3-3。

表 3-3　面辅料一览表

面料			辅料			
序号	部位名称	裁片数量	序号	部位名称	裁片数量	说明
1	前片	2	1	后领连肩衬	2	薄有纺衬
2	前下片	2	2	后领连肩衬	2	薄有纺衬
3	前侧片	2	3	后袖窿衬	2	薄有纺衬
4	后片左右	各 1	4	大袖口衬	2	薄有纺衬
5	后侧片	2	5	小袖口衬	2	薄有纺衬
6	大袖	2	6	大袖山衬	2	薄有纺衬
7	小袖	2	7	小袖山衬	2	薄有纺衬
8	挂面	2	8	前片下摆衬	2	薄有纺衬
9	大开	2	9	左后下摆衬	2	无纺衬
10	领面	1	10	右后下摆衬 1/2	各 1	无纺衬
11	领座	1	11	左右后开衩衬	各 1	无纺衬
里料			12	领面衬	1	无纺衬
序号	部位名称	裁片数量	13	前后串口衬	各 1	经编衬
1	前里上	2	14	挂面串口衬	各 2	经编衬
2	前里下	2	15	领呢	1	
3	前侧面	2	16	领座衬	1	无纺衬
4	后里	2	17	前片衬	2	有纺衬
5	后侧里	2	18	大袖位锁眼衬	2	有纺衬
6	右后里下	1	19	前片下	2	有纺衬
7	大袖里	2	20	挂面衬	2	薄有纺衬
8	小袖里	2	21	前侧袖窿衬	2	薄有纺衬
9	里袋开线	2	22	后侧袖窿衬	2	薄有纺衬
10	里袋垫	2	—			

续表

里料			弹袖衬、棉			
序号	部位名称	裁片数量	序号	部位名称	裁片数量	说明
11	笔袋开线	1	1	前大	2	
12	笔袋垫	1	2	前小	2	
13	烟袋开线	1	3	后大	2	
14	烟袋垫	1	4	后小	2	
15	圆汗贴	4	5	弹袖衬	2	
袋布			6	弹袖棉	2	
序号	部位名称	裁片数量	净片			
1	里袋布大小	各2	1. 清、画下摆13 2. 清、画驳头14 3. 领面画样15 4. 翻折线画线样16 5. 里袋定位17 6. 领呢画线定位18 7. 门襟锁眼位19 8. 画串口 9. 袖扣位 10. 画领角 11. 点省位板 12. 后下摆画板			
2	笔袋布	各1				
3	烟袋布大小	各1				
4	后领窝布	各2				
胸衬						
序号	部位名称	裁片数量				
1	大黑炭衬	2				
2	挺肩	2				
3	小黑炭衬	4				
4	挺胸	2				
5	胸棉	2				

第五节 男外套结构设计实例

一、柴斯特男大衣

（一）款式图、效果图

柴斯特男大衣款式图及效果图如图3-16所示。

（二）款式描述

本款为合体型，六开身，双排扣，领子为戗驳领，左胸手巾袋，腰部左右两侧各有一个双嵌线带袋盖的侧口袋，直底摆，左右两侧开衩，袖子为合体两片袖。

（三）尺寸规格设计

尺寸规格见表3-4。

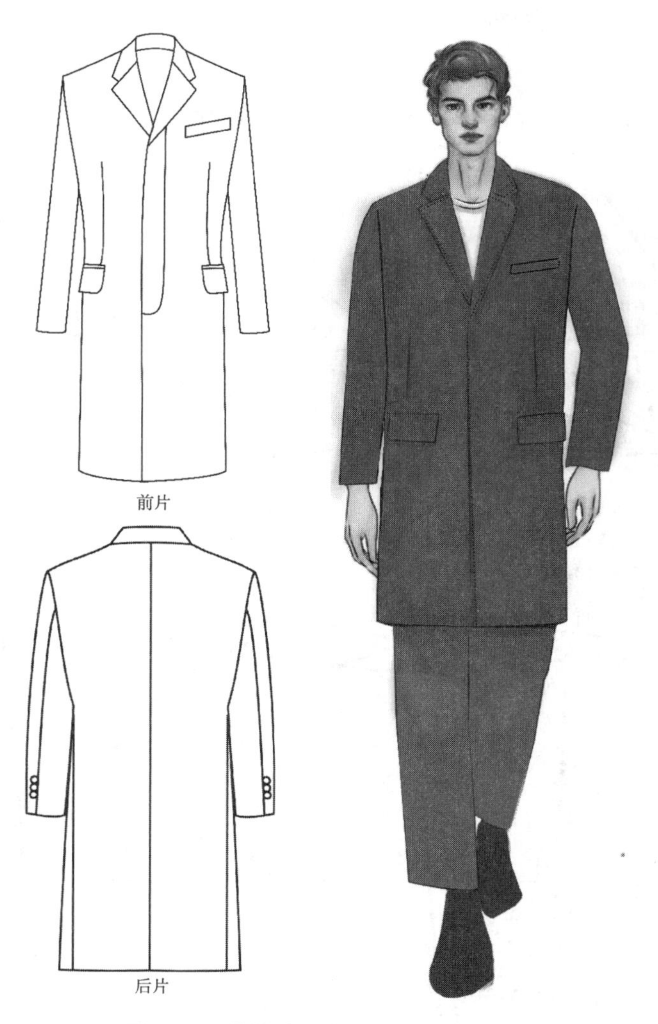

图 3–16 柴斯特男大衣款式图及效果图

表 3–4 尺寸规格表 单位：cm

号型	后衣长（L）	胸围（B）	腰围（W）	肩宽（S）	领围（N）	袖长（SL）	袖口（CW）
170/88A	108	116	100	49	46	62	17

（四）面辅料的选配

面辅料的选配见表 3–5。

表 3–5 面辅料的选配表

类型	材质	使用部位
面料	羊绒	整个衣身、袖身、领子、手巾袋、袋盖
里料	美丽绸	衣身、袖身、口袋布
衬料	毛衬、黏合衬	胸部、袋盖、领子、衣身和袖身边缘等
垫料	胸绒、领底呢、垫肩、袖棉条	胸部、领子、肩部等
纽扣	树脂扣	前中、袖口

（五）结构图

柴斯特男大衣衣身和袖身结构如图 3-17 和图 3-18 所示。

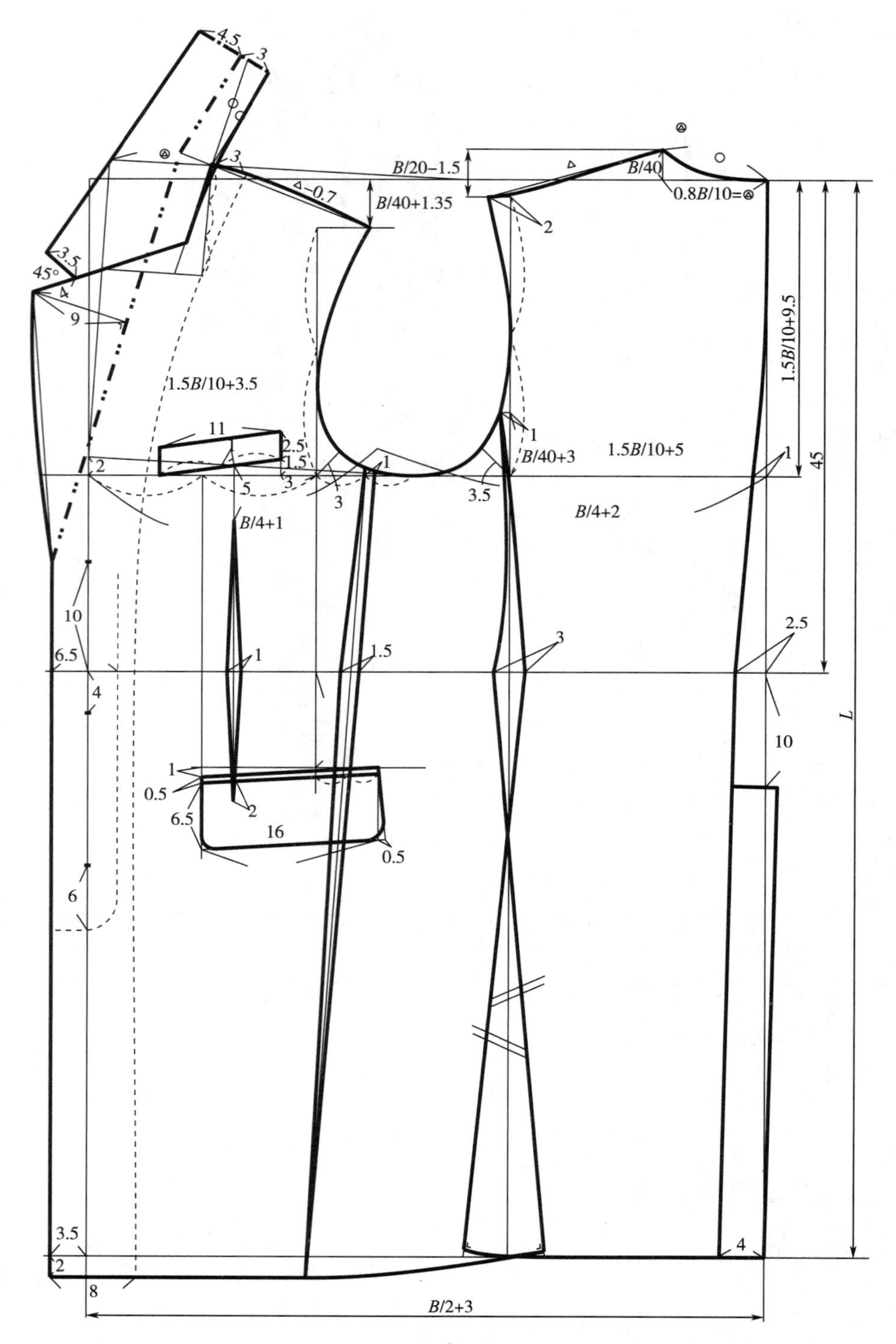

图 3-17　柴斯特男大衣衣身结构图

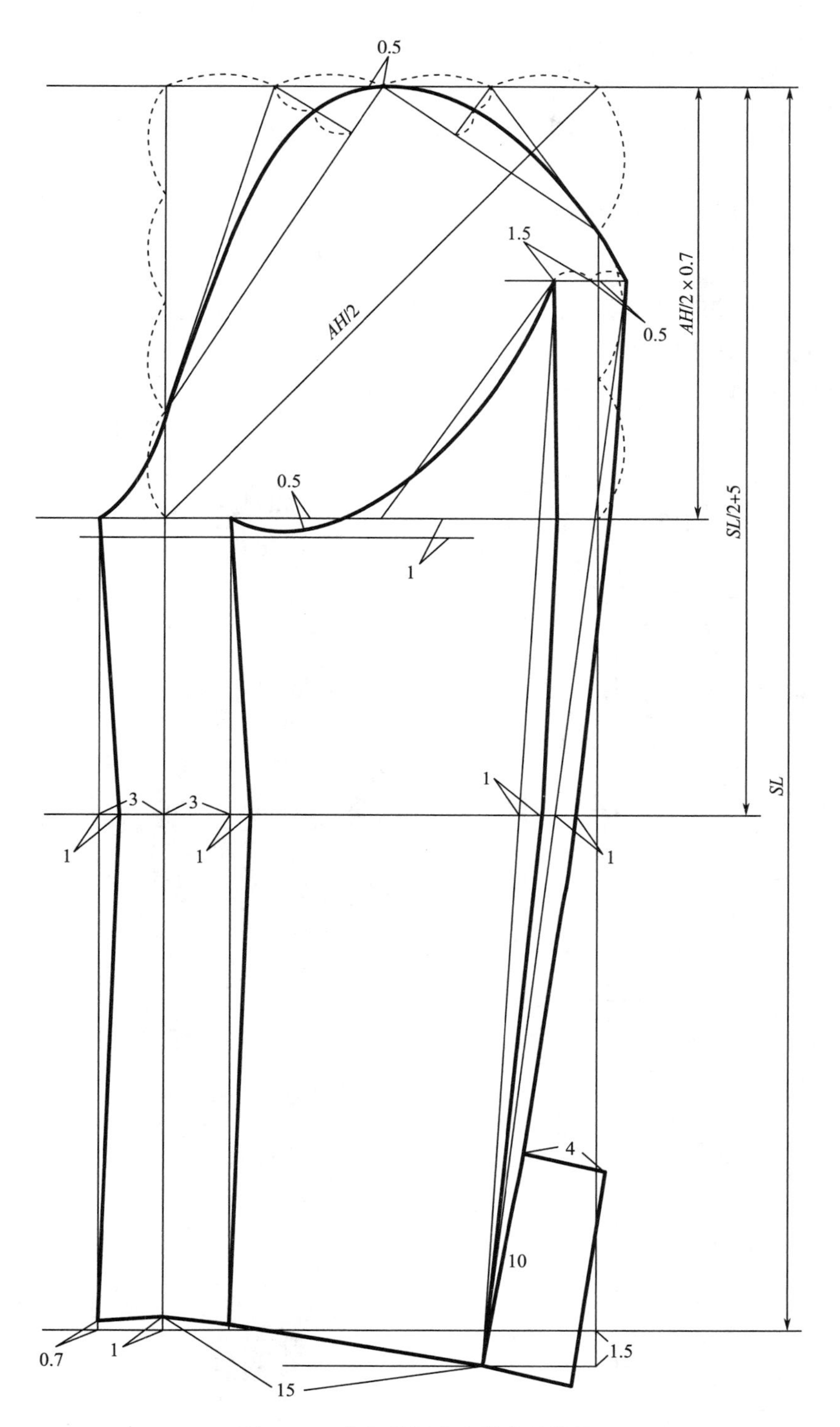

图 3-18　柴斯特男大衣袖身结构图

（六）结构设计要点

（1）此款为单排扣，暗门襟，门襟宽为 6.5cm，3 粒小扣，扣子间距 14cm。

（2）腰部收省量的分配方法为后背缝：后侧缝：前侧缝：胸腰省=2.5cm：3cm：1.5cm：1cm。

（3）手巾袋位于胸宽线向前3cm，手巾袋宽为2.5cm，开口长为11cm。

（4）前片内部结构的绘制步骤与西装一致，分别为先画手巾袋，再画胸腰省，然后画侧袋，最后画前侧缝。

（5）后片开衩止点位于腰围线以下10cm，开衩宽为4cm。

二、平驳领单排扣斜插袋男大衣

（一）款式图、效果图

平驳领单排扣斜插袋男大衣款式图及效果图如图3-19所示。

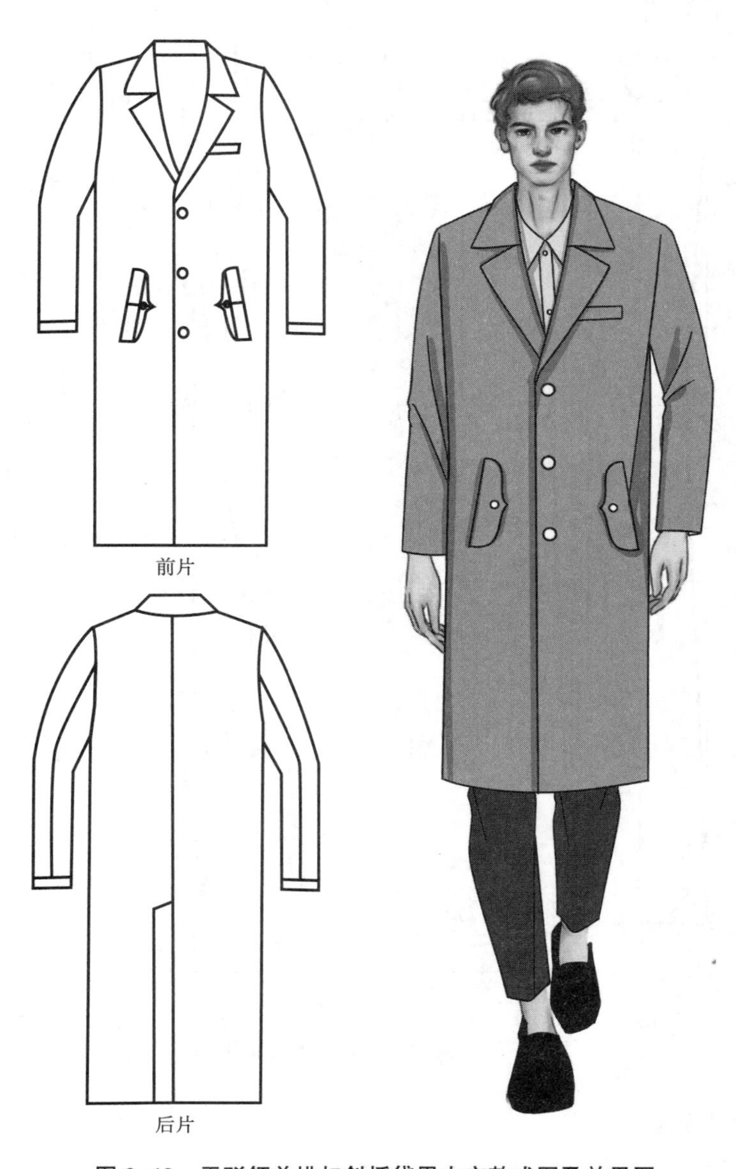

图3-19 平驳领单排扣斜插袋男大衣款式图及效果图

（二）款式描述

本款为宽松 H 型，四开身，单排三粒扣，领子为平驳领，左胸手巾袋，腰部左右两侧各有一个带郁金香型袋盖的斜插袋，直底摆，后中开衩，袖子为合体两片袖。

（三）尺寸规格设计

尺寸规格见表 3-6。

表 3-6　尺寸规格表　　单位：cm

号型	后衣长（L）	胸围（B）	肩宽（S）	领围（N）	袖长（SL）	袖口（CW）
170/88A	108	116	49	46	63	17

（四）面辅料的选配

面辅料的选配见表 3-7。

表 3-7　面辅料的选配表

类型	材质	使用部位
面料	精纺羊毛	整个衣身、袖身、领子、手巾袋、袋盖
里料	府绸	衣身、袖身、口袋布
衬料	毛衬、黏合衬	胸部、袋盖、领子、衣身和袖身边缘等
垫料	胸绒、领底呢、垫肩、袖棉条	胸部、领子、肩部等
纽扣	树脂扣	前中、袖口

（五）结构图

平驳领单排扣斜插袋男大衣衣身和袖身结构如图 3-20 和图 3-21 所示。

（六）结构设计要点

（1）此款为单排扣，三粒扣平驳领，领子的驳领角和翻领角的宽度均为 4cm，每两粒扣之间相隔 14cm。

（2）此款为四开身，四开身的分割位置位于基础侧缝。

（3）腰部左右两侧为斜插袋，插袋长度为 16cm，插袋上带有郁金香型的袋盖。

（4）后领宽为 $N/5$，后领深取定值 3cm，基础前领宽为 $N/5$，前领深为 $N/5+1$，翻领的倒伏量根据 X 确定。

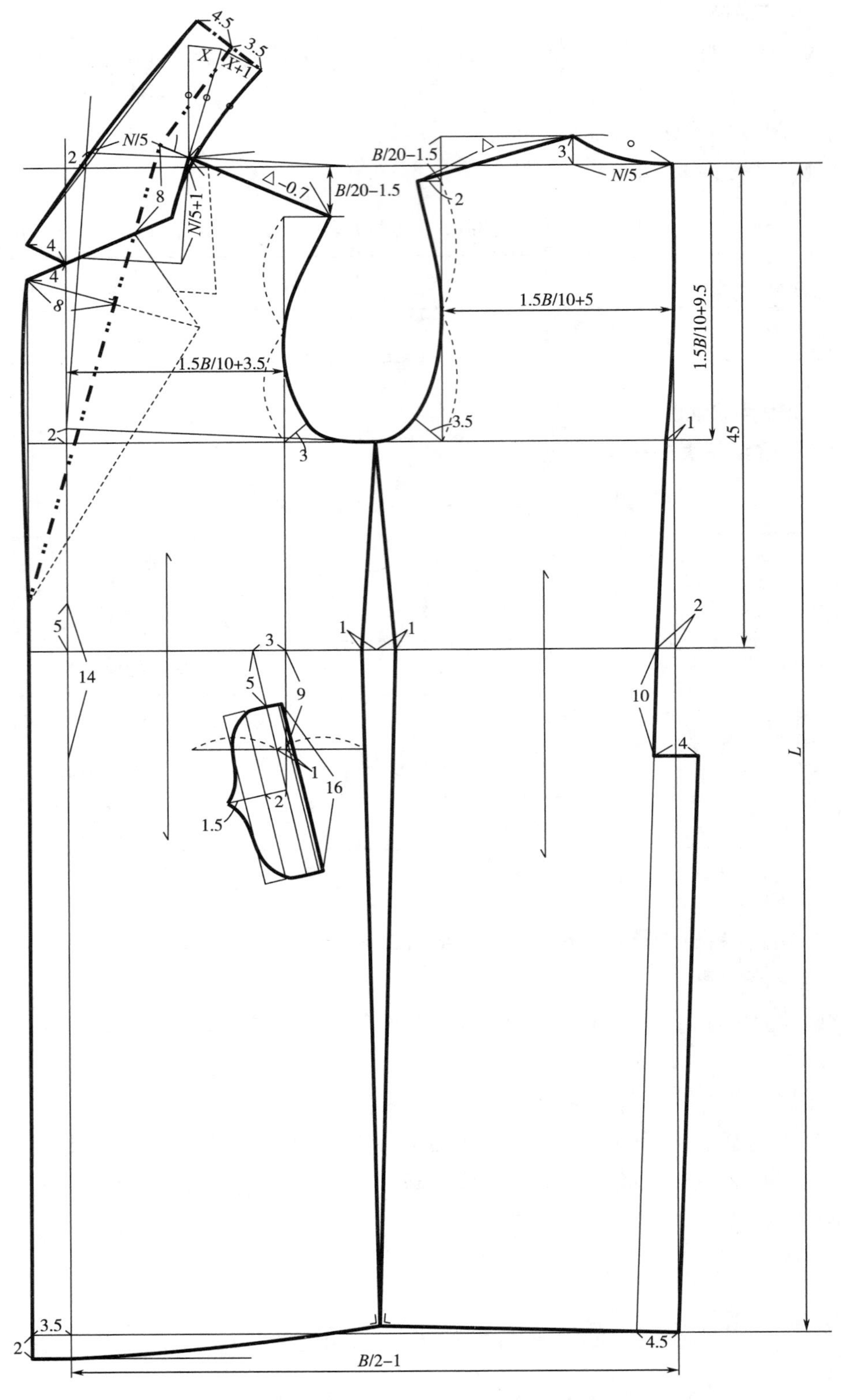

图 3-20　平驳领单排扣斜插袋男大衣衣身结构图

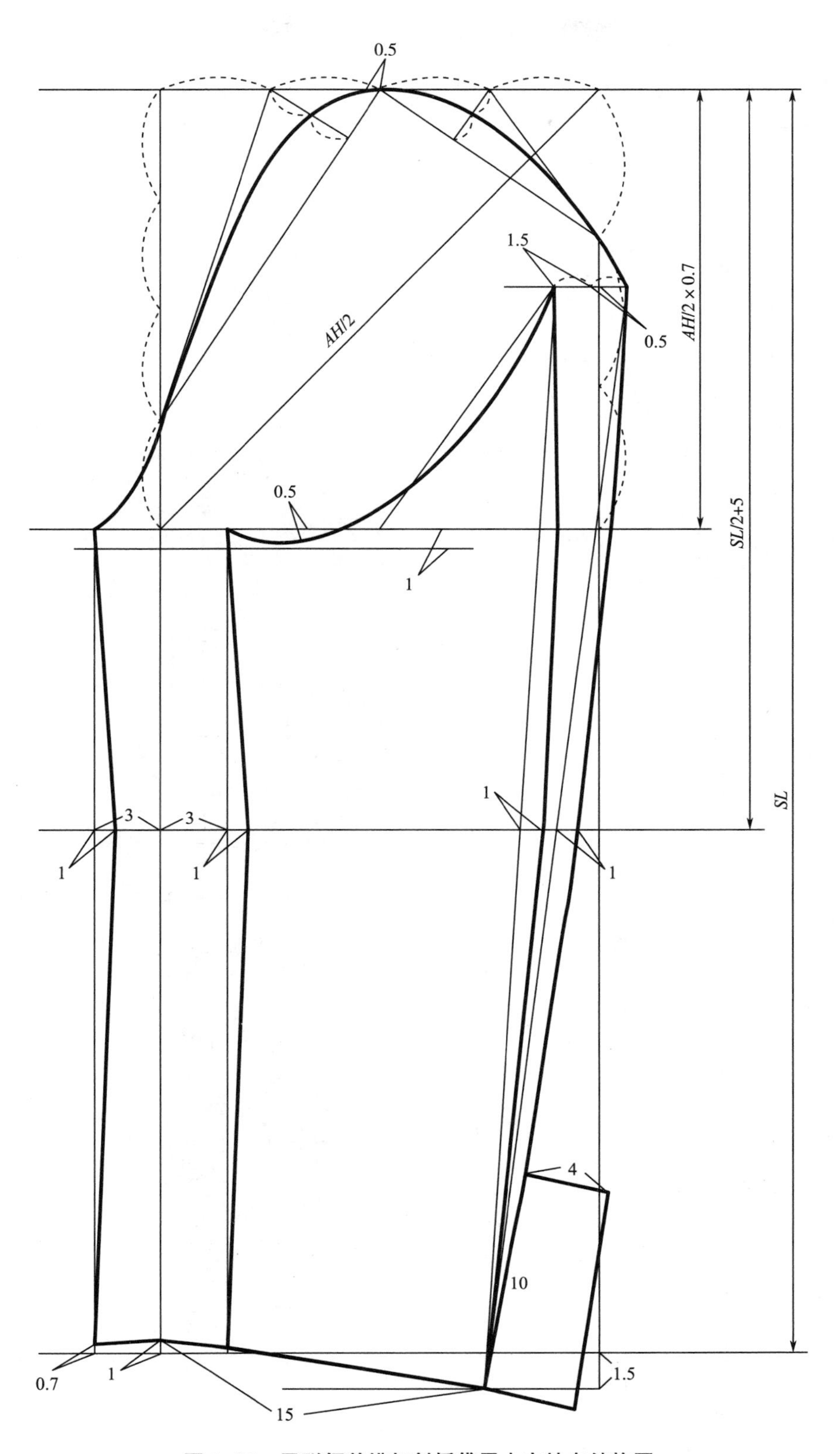

图 3-21　平驳领单排扣斜插袋男大衣袖身结构图

三、戗驳领双排扣男大衣

（一）款式图、效果图

戗驳领双排扣男大衣款式图及效果图如图 3-22 所示。

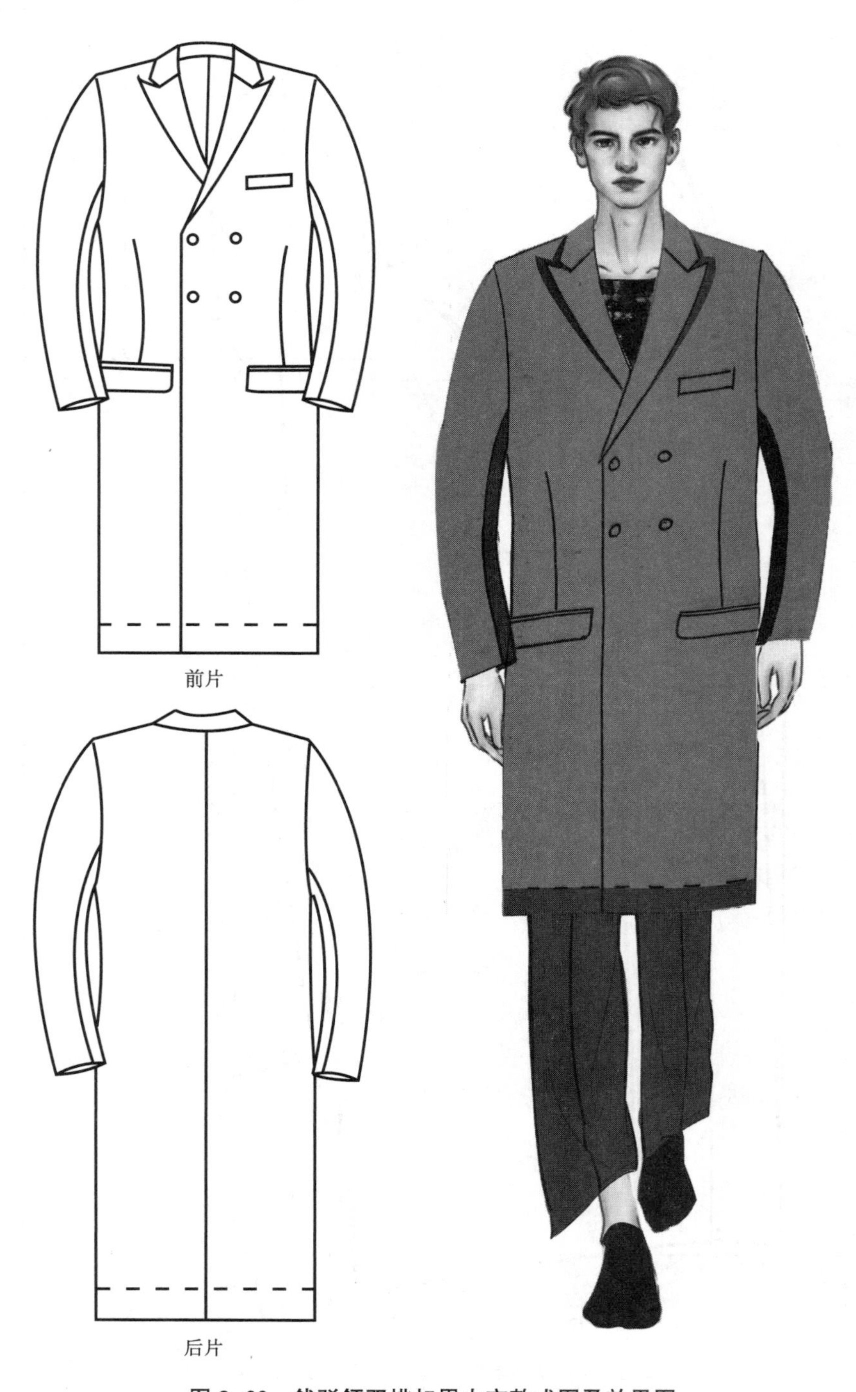

图 3-22　戗驳领双排扣男大衣款式图及效果图

（二）款式描述

本款为较合体型，四开身，四粒双排扣，领子为戗驳领，左胸手巾袋，腰部左右两侧各有一个双嵌线带袋盖的侧口袋，直底摆，袖子为合体两片袖。

（三）尺寸规格设计

尺寸规格见表 3-8。

表 3-8　尺寸规格表　　单位：cm

号型	后衣长（L）	胸围（B）	肩宽（S）	领围（N）	袖长（SL）	袖口（CW）
170/88A	110	114	47	46	62	17

（四）面辅料的选配

面辅料的选配见表 3-9。

表 3-9　面辅料的选配表

类型	材质	使用部位
面料	羊绒	整个衣身、袖身、领子、手巾袋、袋盖
里料	美丽绸	衣身、袖身、口袋布
衬料	毛衬、黏合衬	胸部、袋盖、领子、衣身和袖身边缘等
垫料	胸绒、领底呢、垫肩、袖棉条	胸部、领子、肩部等
纽扣	树脂扣	前中、袖口

（五）结构图

戗驳领双排扣男大衣衣身和袖身结构如图 3-23 和图 3-24 所示。

（六）结构设计要点

（1）此款为四粒双排扣，驳口止点位于腰围线以下 2. 5cm，两排扣距离 14cm，每排两个扣之间间距 11cm。

（2）领子为戗驳领，领嘴角度为 0°，驳领角宽为 10cm，领子的倒伏量为定值 3cm。

（3）腰部收省量分配为后背：后侧缝：前侧省：胸腰省 = 2. 5cm：3cm：1. 5cm：1cm。

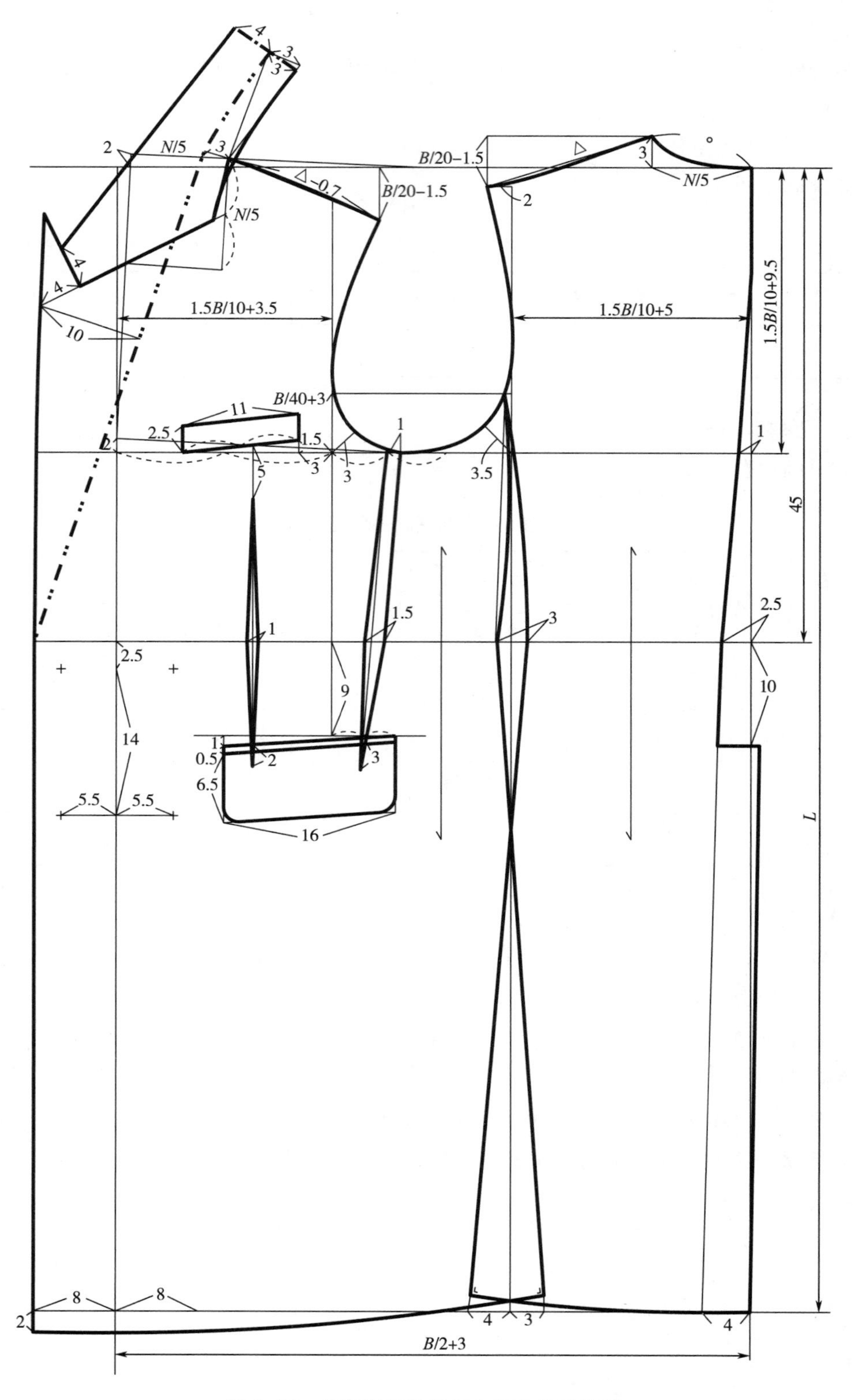

图 3-23 戗驳领双排扣男大衣衣身结构图

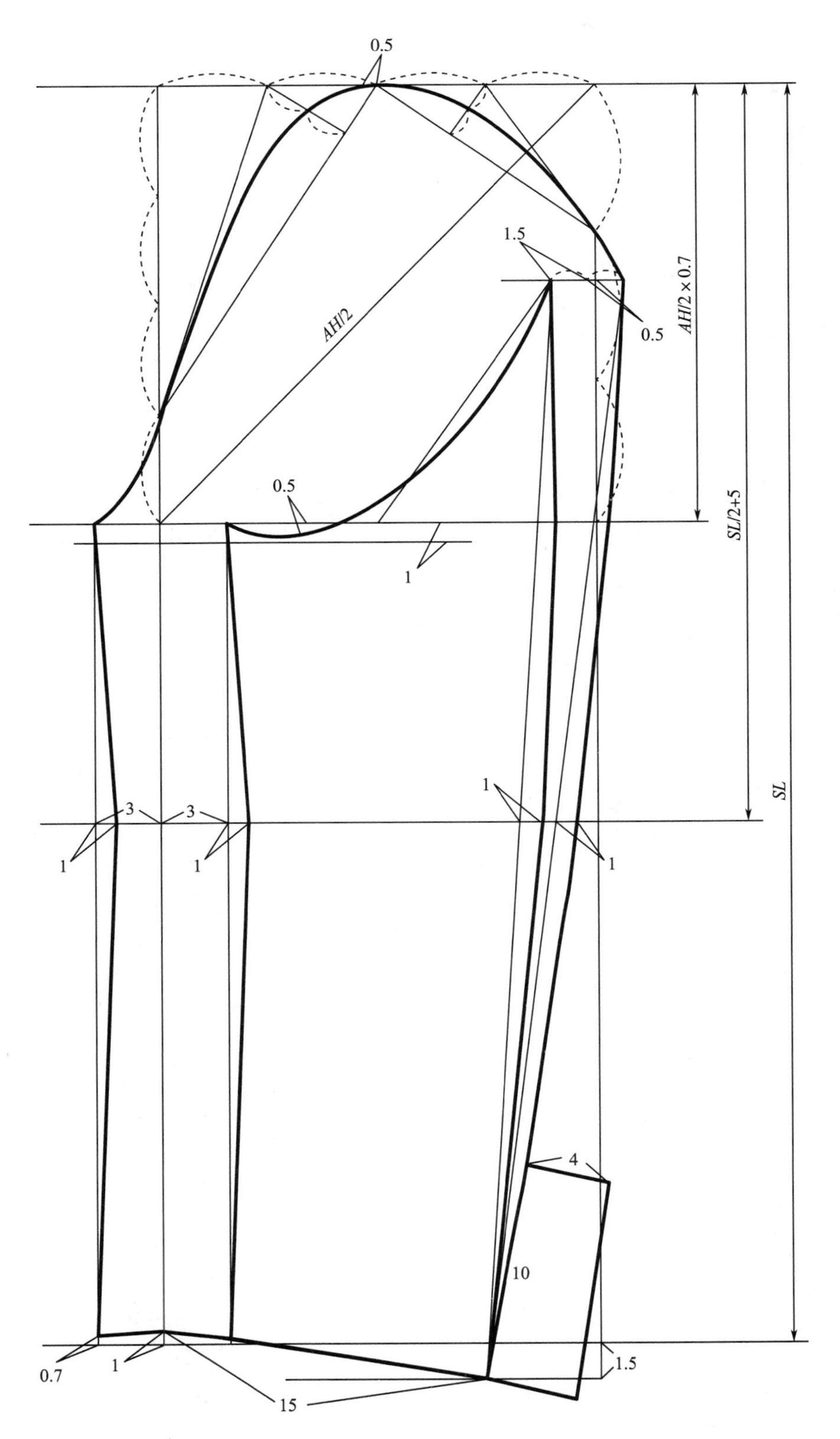

图 3-24　戗驳领双排扣男大衣袖身结构图

四、小翻领斜插袋男大衣

（一）款式图、效果图

小翻领斜插袋男大衣款式图及效果图如图 3–25 所示。

图 3–25 小翻领斜插袋男大衣款式图及效果图

（二）款式描述

本款为宽松型，四开身，双排扣，有门襟。领子为小翻领，腰部左右两侧各有一个斜插袋，直底摆，袖子为较合体两片袖。

（三）尺寸规格设计

尺寸规格见表 3-10。

表 3-10 尺寸规格表 单位：cm

号型	后衣长（L）	胸围（B）	肩宽（S）	袖长（SL）	袖口（CW）
170/88A	78	110	46	62	15

（四）面辅料的选配

面辅料的选配见表 3-11。

表 3-11 面辅料的选配表

类型	材质	使用部位
面料	羊绒	整个衣身、袖身、领子、插袋
里料	府绸	衣身、袖身、口袋布
衬料	毛衬、黏合衬	胸部、领子、衣身袖和身边缘等
垫料	胸绒、垫肩	胸部、领子、肩部等

（五）结构图

小翻领斜插袋男大衣衣身和袖身结构如图 3-26 和图 3-27 所示。

（六）结构设计要点

（1）此款为单排五粒暗扣，第一粒扣位于领子前中向下 2cm，最后一粒扣位于斜插袋下边水平线与前中线的交点向上 5cm，上下两粒扣中间四等分，定其余扣位。

（2）领子为变化款小翻领与驳领的组合领型，翻领角宽为 6cm，驳领直接通过衣身在翻领角延串口线量 5cm。因翻领的领面与领座差值较大，因此翻领的倒伏量定为 5.5cm。

（3）侧缝位于腋下点与背宽线中点的垂线上，侧缝在底摆进行外扩，前侧缝外扩 3cm，上翘 1cm，后侧缝外扩 5cm，上翘 1.5cm。

（4）刀背缝在腰围内收 1.5cm 的省量，在底摆内收 3.5cm。

（5）腰部左右的斜插袋位于腰围线以下 4.5cm，斜插袋宽 4cm，长 18cm。

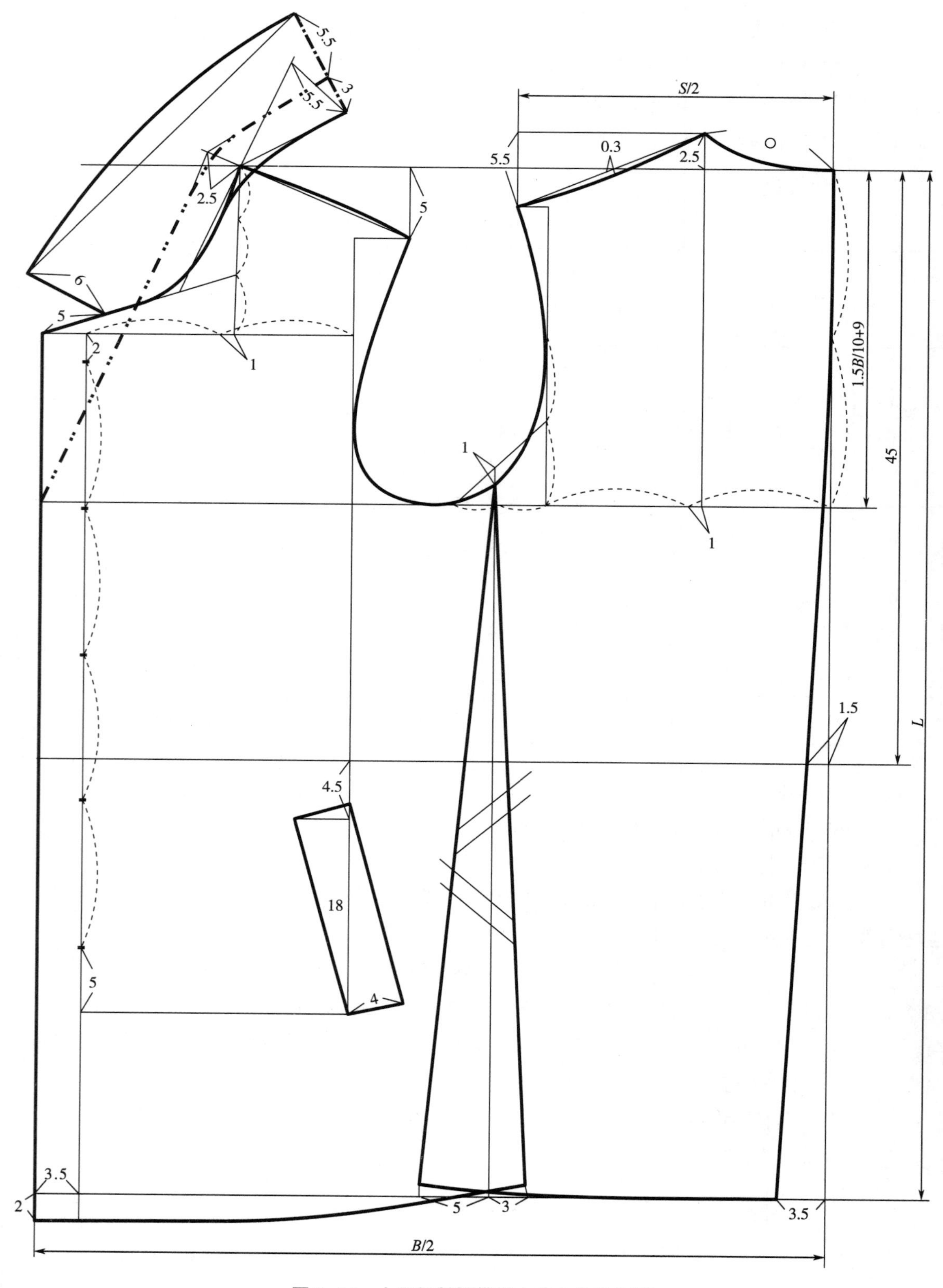

图 3-26 小翻领斜插袋男大衣衣身结构图

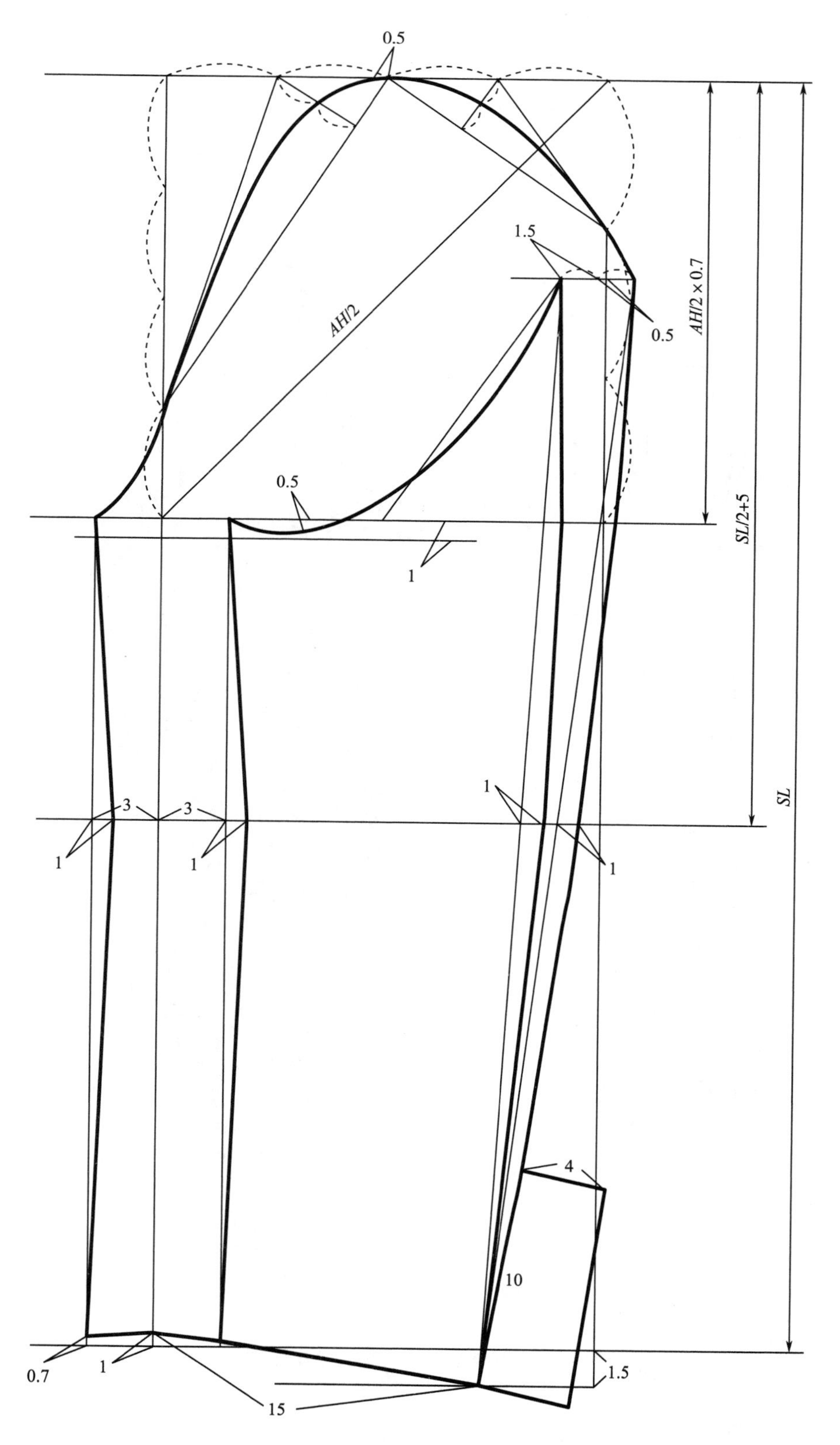

图 3-27　小翻领斜插袋男大衣袖身结构图

五、战壕式男风衣

（一）款式图、效果图

战壕式男风衣款式图及效果图如图 3-28 所示。

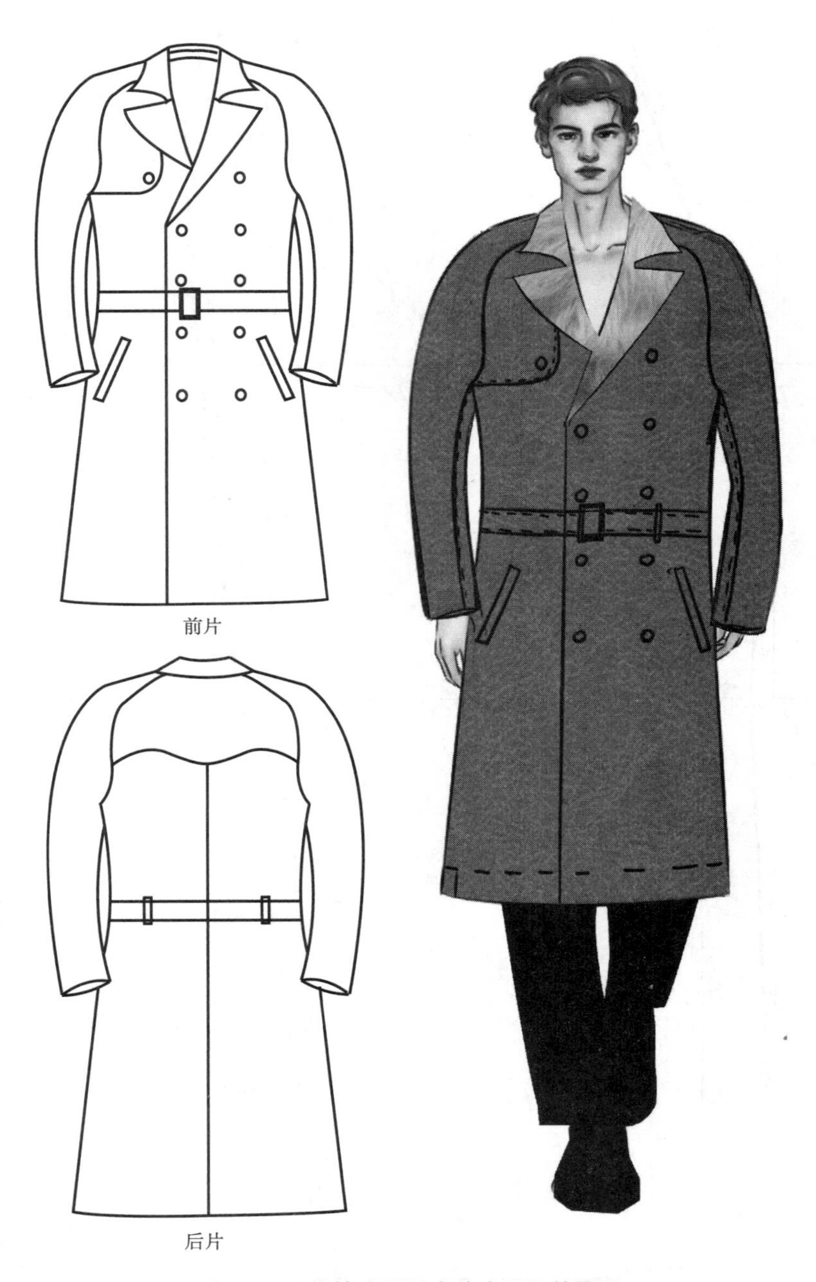

图 3-28 战壕式男风衣款式图及效果图

（二）款式描述

本款为宽松 A 型，四开身，双排扣，领子为风衣领，右胸有双层胸盖布，腰部带腰带，腰部左右两侧各有一个斜袋。后片有双层后挡，后中为插片式开衩。袖子为插肩袖，袖口有袖带收紧。

（三）尺寸规格设计

尺寸规格见表 3-12。

表 3-12　尺寸规格表

单位：cm

号型	后衣长（*L*）	胸围（*B*）	肩宽（*S*）	领围（*N*）	袖长（*SL*）	袖口（*CW*）
170/88A	105	122	49	46	63	17

（四）面辅料的选配

面辅料的选配见表 3-13。

表 3-13　面辅料的选配表

类型	材质	使用部位
面料	棉涤卡其布	整个衣身、袖身、领子、前后挡、袋盖、腰带、袖带、襻等
里料	涤纶	衣身、袖身、前后挡、口袋布
衬料	有纺衬、无纺衬	领子、衣身和袖身边缘等
纽扣	树脂扣	前中

（五）结构图

战壕式男风衣衣身后片和衣身前片结构如图 3-29 和图 3-30 所示。战壕式男风衣领子两种结构制图方法如图 3-31 所示。

（六）结构设计要点

（1）此款为双排扣战壕大衣。袖子为从领部起的插肩袖，插肩袖采用比例制图的方法，比例为 15 ：（0.9×6），插肩袖的袖山高为 13cm，后袖肥为（$B/5+0.5$）+1cm，前袖肥为（$B/5+0.5$）-1cm，后袖口宽为 $CW+0.5$cm，前袖口宽为 $CW-0.5$cm。袖口以上 6cm 的平行线上有两个袖襻，用于固定袖带。

（2）此款后中有扇形对称插片，后挡的下摆位置位于腰围线以下 2cm，后挡双层面料，在后中处连裁。后片侧片底摆外扩 5cm，起翘 1cm。

（3）前中门襟宽为 9cm，前中撇胸量为 2cm，双排扣第一排扣位于前中向下 2cm，两个扣子间距 14cm，每两排扣间距 14cm。前挡下边线位于袖窿深以上 2cm 平行线，前边线位于撇胸斜线向内 3cm 平行线，前挡角为半弧形。

（4）领子为立翻领，领子的制图方法有两种，一种为直接在衣身上作图，另一种方法为单独制图。

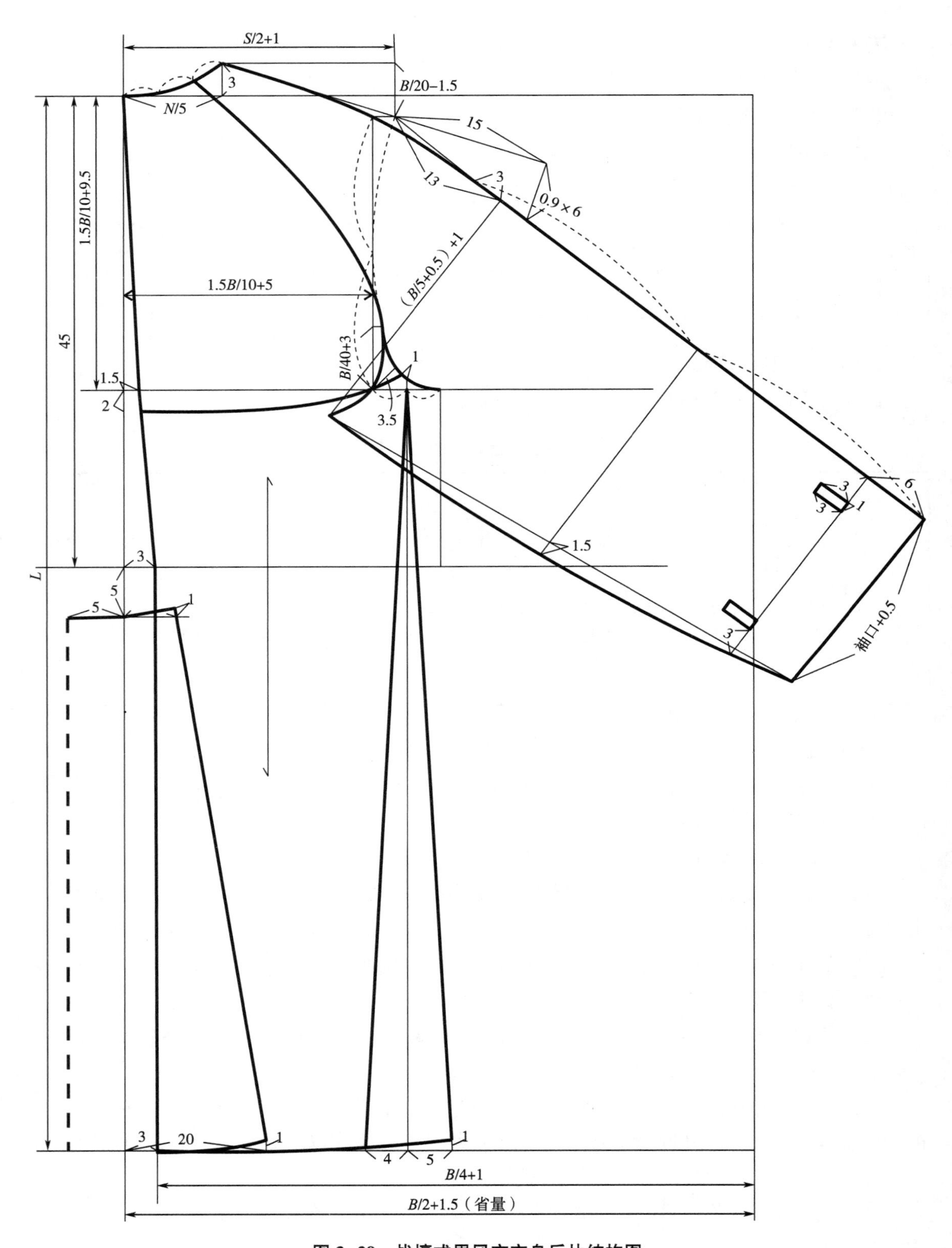

图 3−29 战壕式男风衣衣身后片结构图

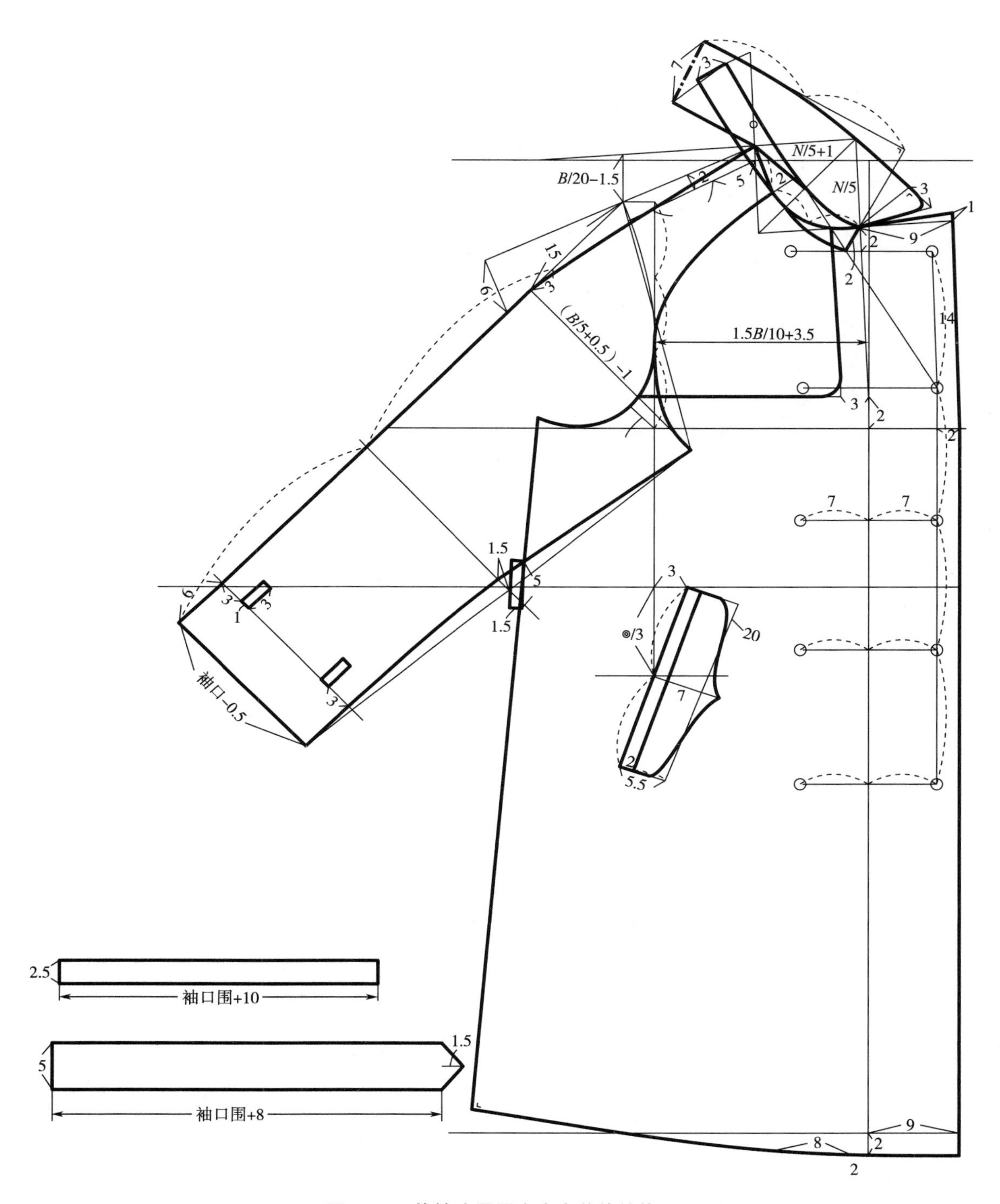

图 3-30　战壕式男风衣衣身前片结构图

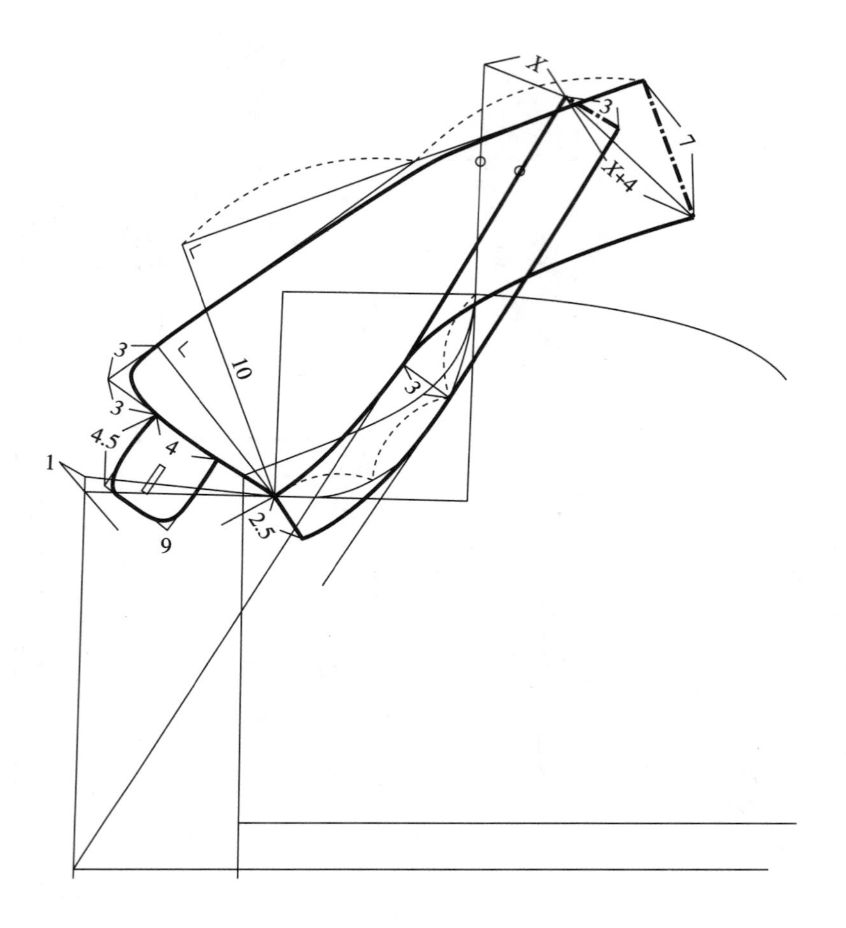

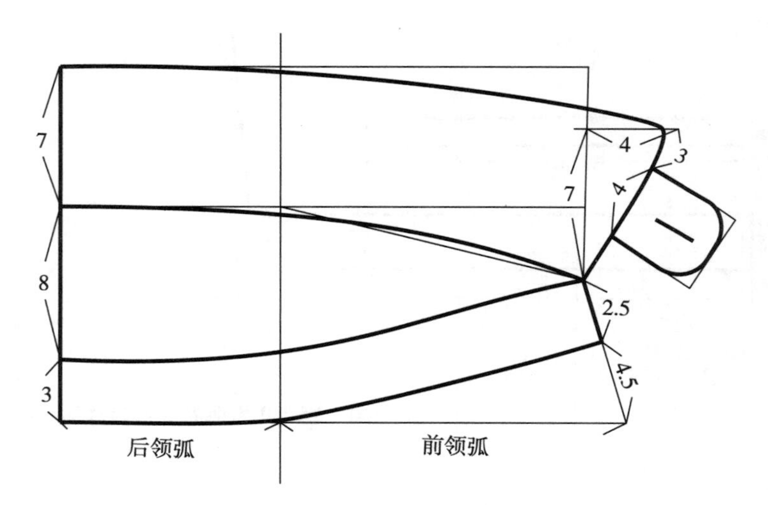

图 3-31 战壕式男风衣领子两种结构制图方法

六、立领大贴袋男外套

（一）款式图、效果图

立领大贴袋男外套款式图及效果图如图 3–32 所示。

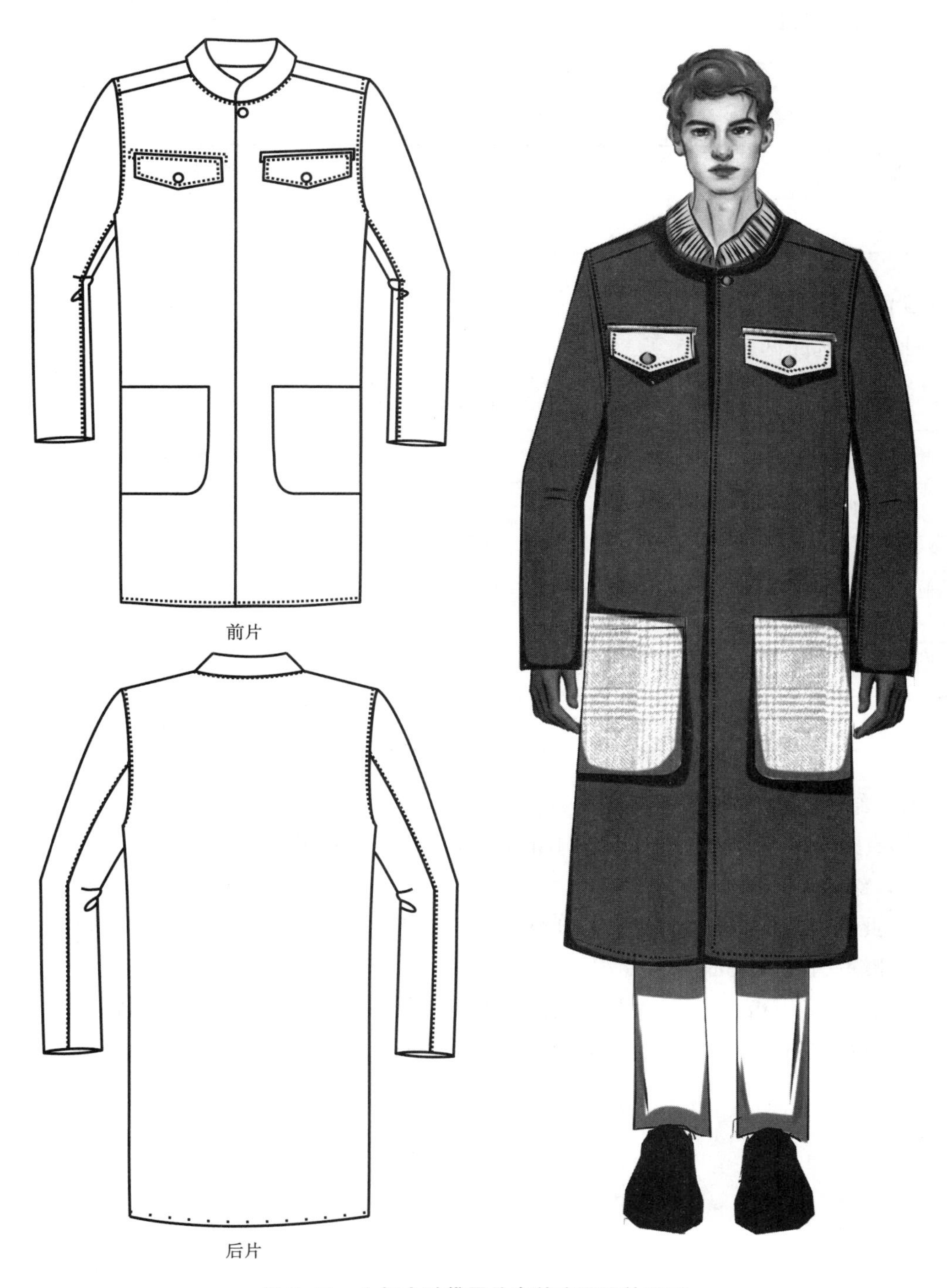

图 3–32 立领大贴袋男外套款式图及效果图

（二）款式描述

本款为宽松 H 型，四开身，窄门襟，领子为立领，胸部左右两侧各一个带宝剑型袋盖的平插袋，腰部左右两侧各有一个大贴袋，前片有过肩，直底摆，后中连裁，袖子为合体两片袖。

（三）尺寸规格设计

尺寸规格见表 3-14。

表 3-14　尺寸规格表　　单位：cm

号型	后衣长（*L*）	胸围（*B*）	肩宽（*S*）	袖长（*SL*）	袖口（*CW*）
170/88A	95	110	47	60	16

（四）面辅料的选配

面辅料的选配见表 3-15。

表 3-15　面辅料的选配表

类型	材质	使用部位
面料	麦尔登呢	整个衣身、袖身、口袋
里料	涤纶	衣身、袖身
衬料	无纺衬	袋盖
罗纹辅料	针织罗纹	领子
纽扣	金属扣	袋盖、前中暗扣

（五）结构图

立领大贴袋男外套衣身和袖身结构如图 3-33 和图 3-34 所示。

（六）结构设计要点

（1）此款为单排扣，暗按扣，四开身，开身分割位置位于基础侧缝线，前侧缝底摆外扩 2cm，后侧缝底摆外扩 3cm。

（2）左右两侧胸部各有一个带宝剑型袋盖的口袋，袋盖宽 3cm，开口长 11cm。

（3）腰部左右两侧各有一个大贴袋，贴袋长 18cm，宽 14cm。

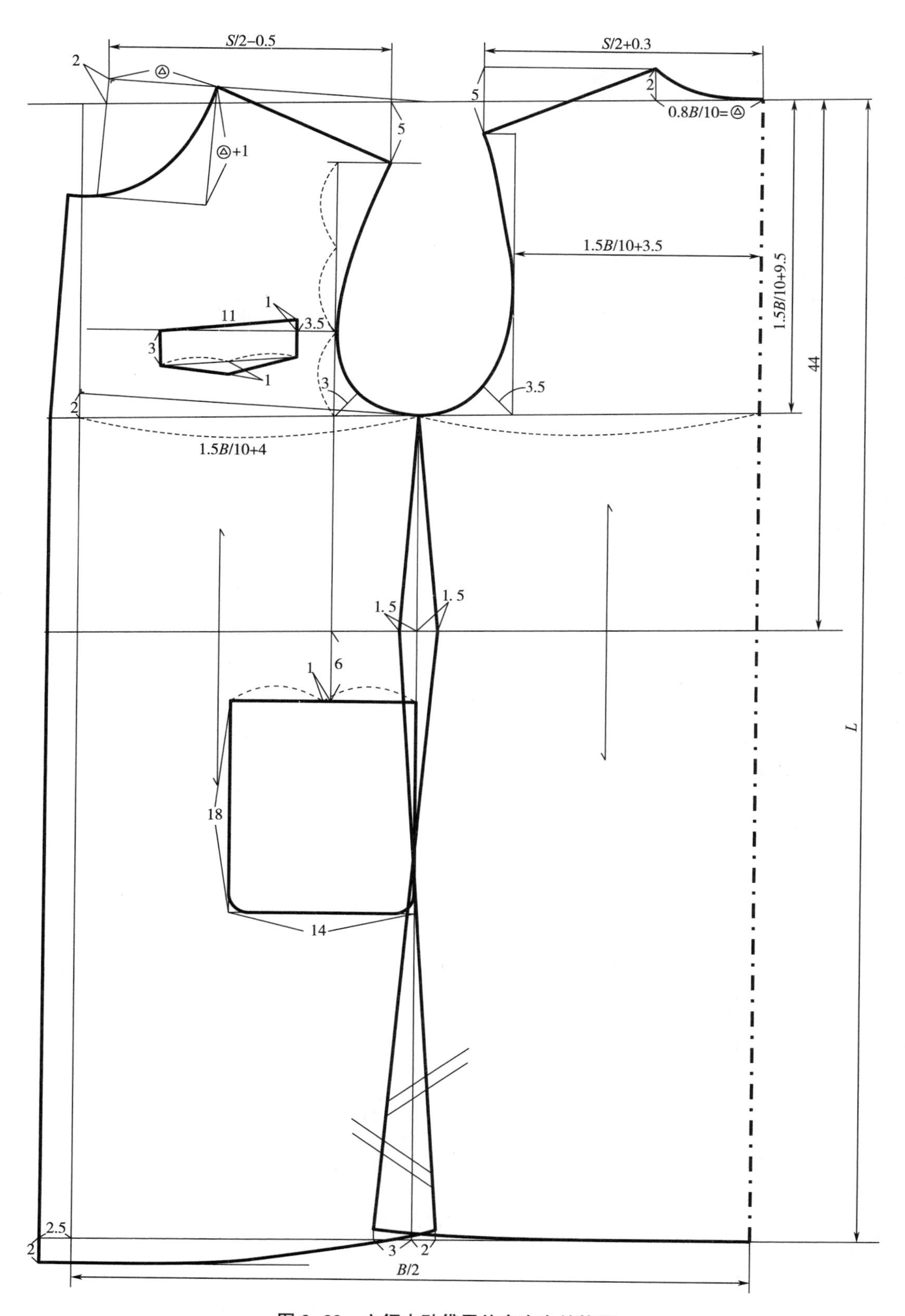

图 3-33　立领大贴袋男外套衣身结构图

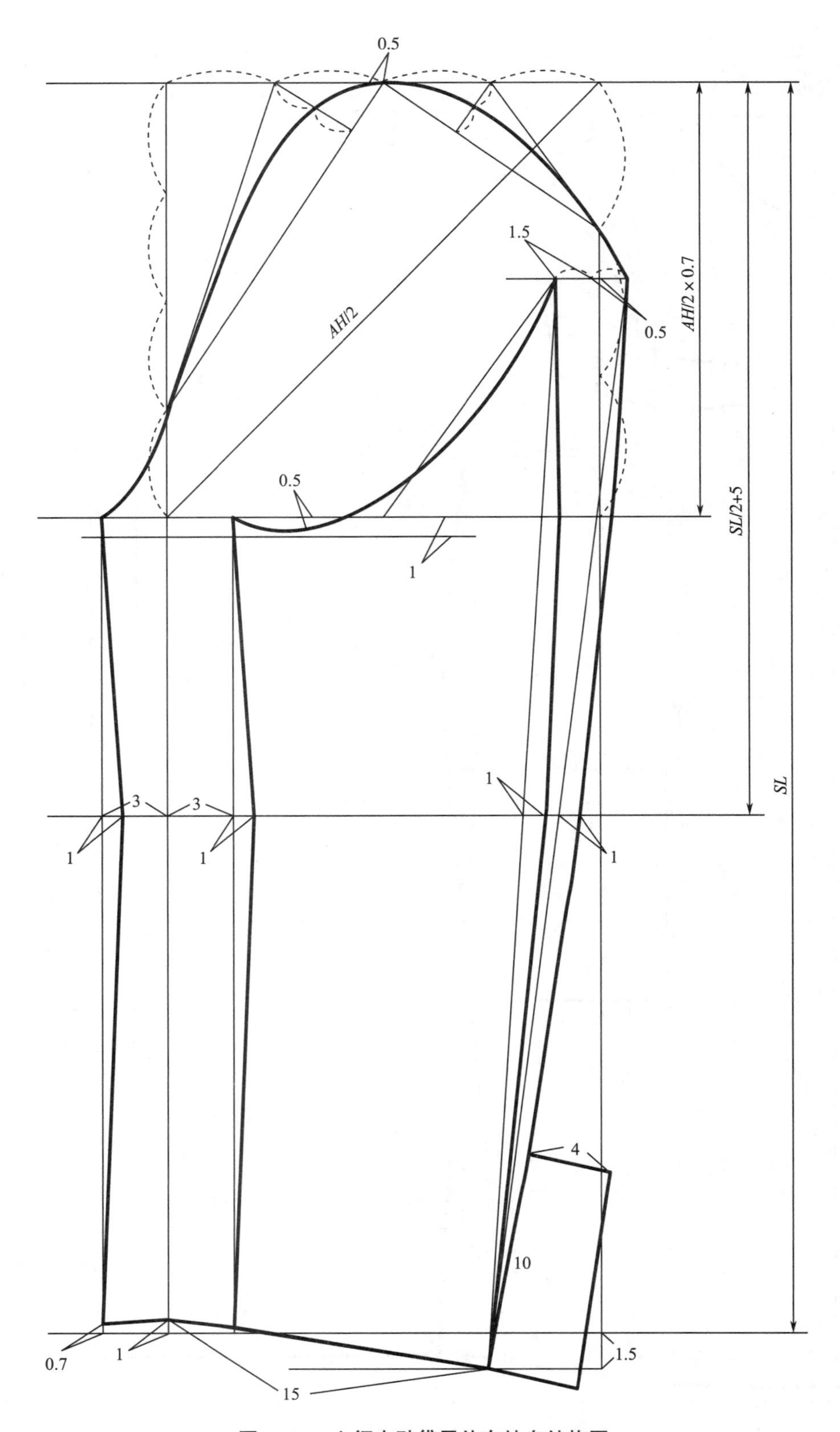

图 3-34 立领大贴袋男外套袖身结构图

七、达夫尔外套

（一）款式图、效果图

达夫尔外套款式图和效果图如图 3-35 所示。

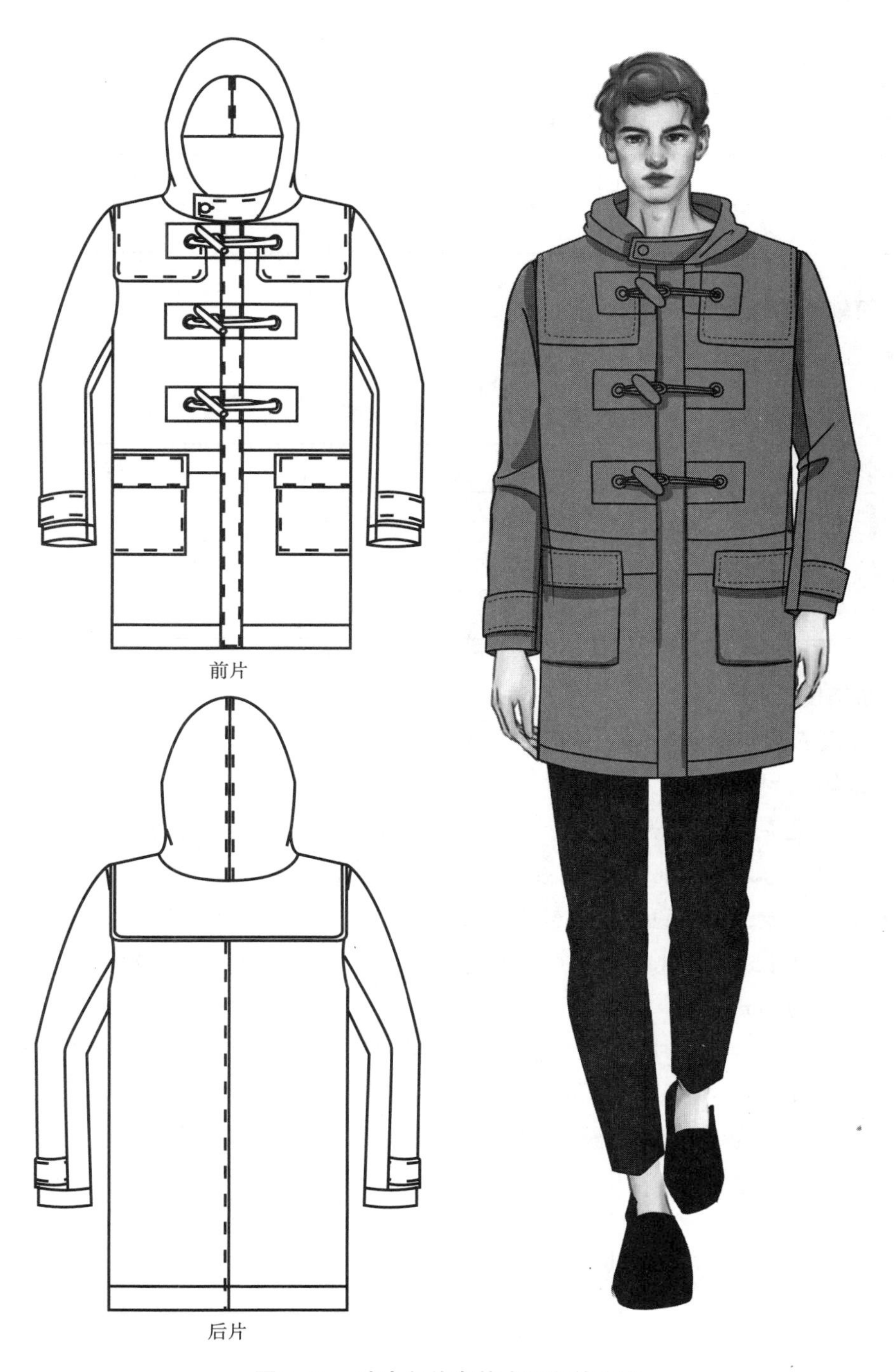

图 3-35 达夫尔外套款式图和效果图

（二）款式描述

达夫尔外套是一款带帽子的防寒外套，衣长较短，直线四开身，下摆左右两侧有开衩，前后采用连体过肩育克，前中三个明扣，搭襻采用皮革固定皮条制成，腰部左右两侧为带袋盖的大贴袋。袖子为连体两片袖，袖口有搭扣。

（三）尺寸规格设计

尺寸规格见表3-16。

表3-16 尺寸规格表 单位：cm

号型	后衣长（*L*）	胸围（*B*）	肩宽（*S*）	领围（*N*）	袖长（*SL*）	袖口（*CW*）
170/88A	98	118	50	48	63.5	18

（四）面辅料的选配

面辅料的选配见表3-17。

表3-17 面辅料的选配表

类型	材质	使用部位
面料	双面粗纺呢	整个衣身、袖子、帽子、口袋
纽扣	羊角扣	前中扣子
固定件	皮革	搭襻

（五）结构图

达夫尔外套衣身、袖子和帽子结构如图3-36和图3-37所示。

（六）结构设计要点

（1）此款后育克下边线位于后中向下18cm的水平线，右边线与袖窿弧线间距2.5cm的平行线，育克拐角为圆弧。前育克下边线位于胸窿深线以上5cm的平行线，左边线与袖窿弧间距2.5cm的平行线，前育克拐角同样为圆弧。

（2）侧缝开衩长度为14cm，开衩止口采用三角形皮革固定。大贴袋长为23cm，宽为19cm，袋盖纵宽为7cm。

（3）连体袖采用合体两片袖的原理，将小袖对称至外侧，形成一片式结构。袖子中的宝剑型搭襻位于袖口以上6cm，搭襻宽4cm，长11cm，搭襻上固定扣位。

（4）帽子的帽高为30cm，帽深为22cm，帽檐宽为22cm，帽底的起翘量为3.5cm。

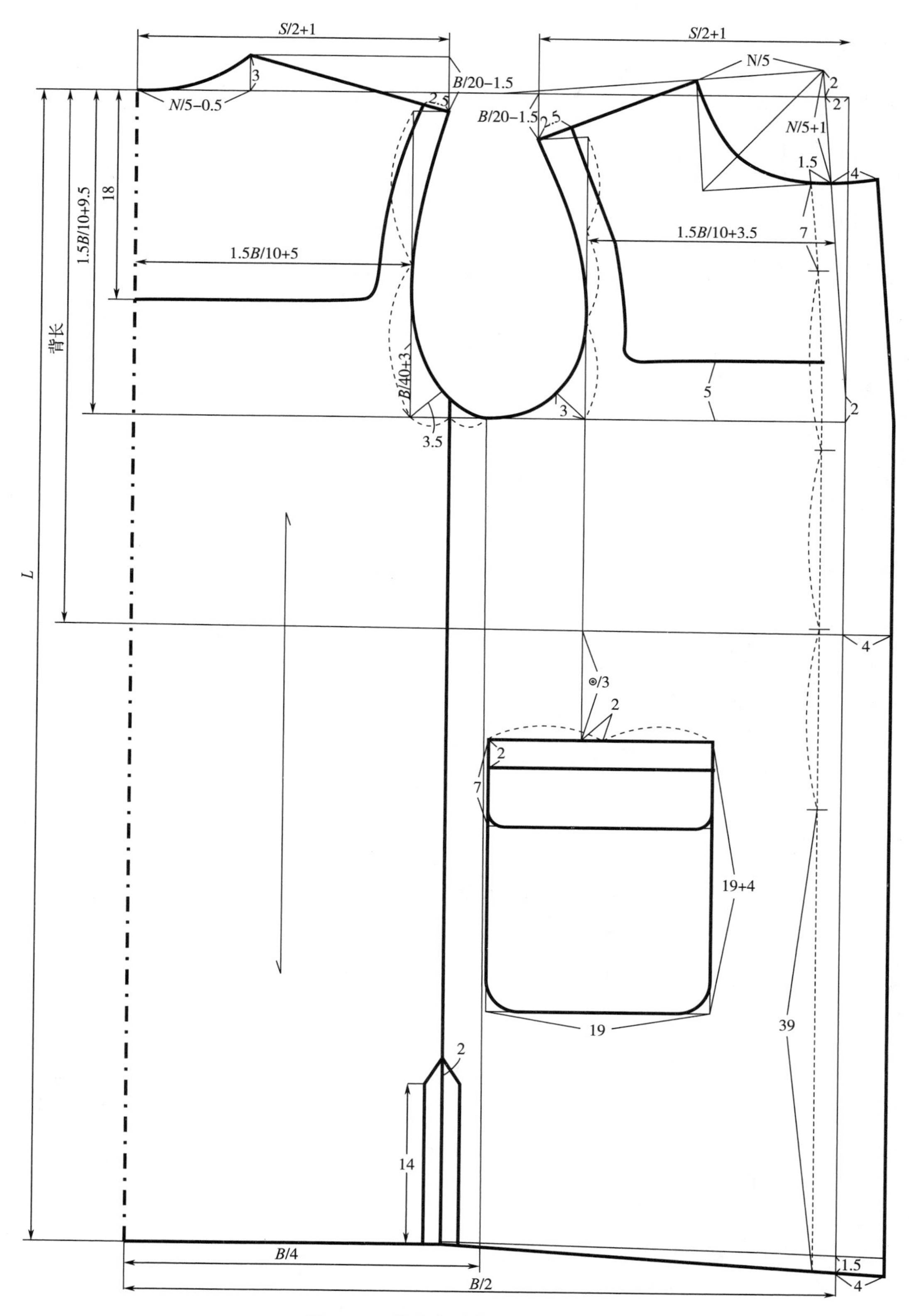

图 3-36　达夫尔外套衣身结构图

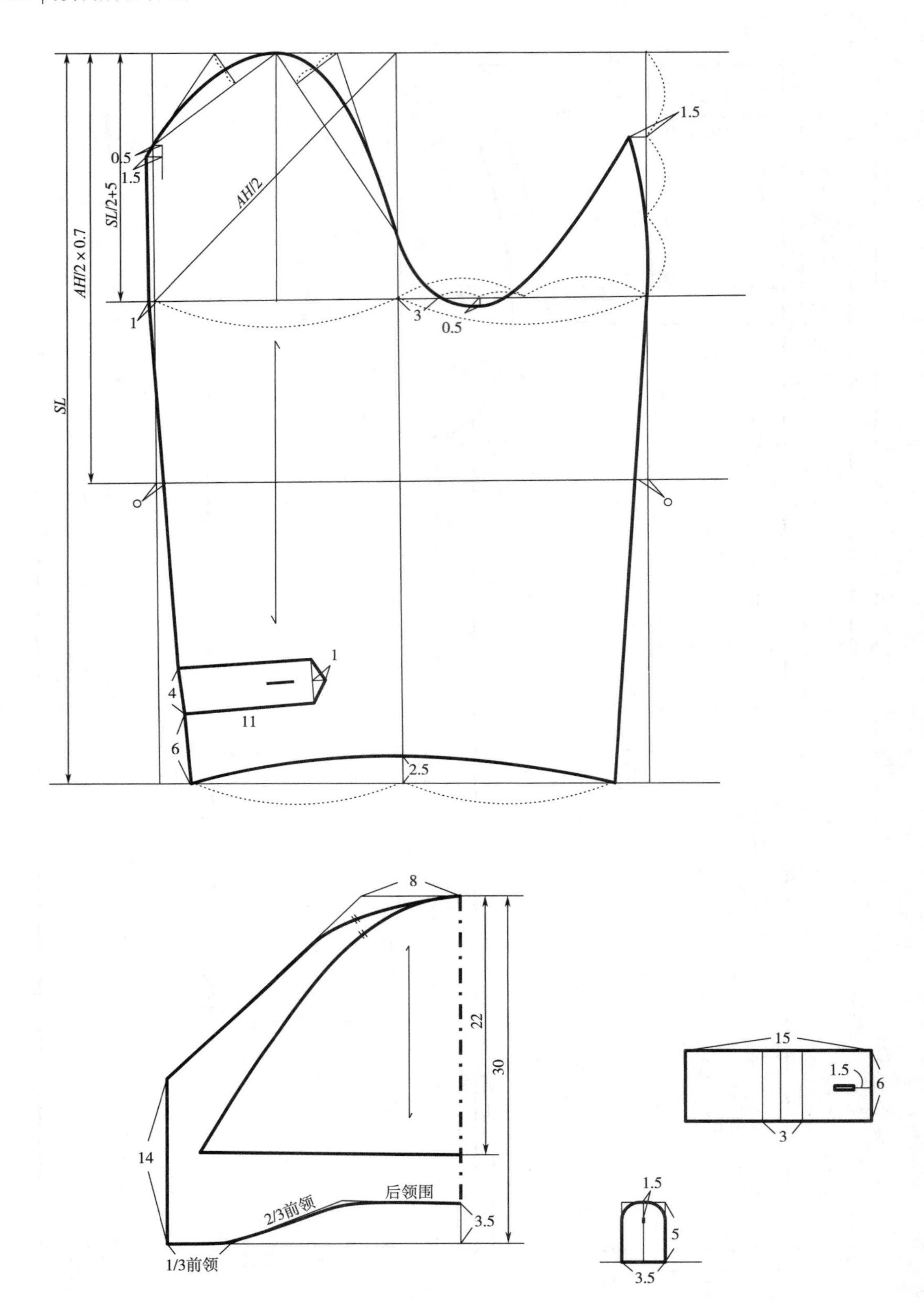

图 3-37　达夫尔外套袖子和帽子结构图

八、宽立领双排扣男风衣

（一）款式图、效果图

宽立领双排扣男风衣款式图和效果图如图 3-38 所示。

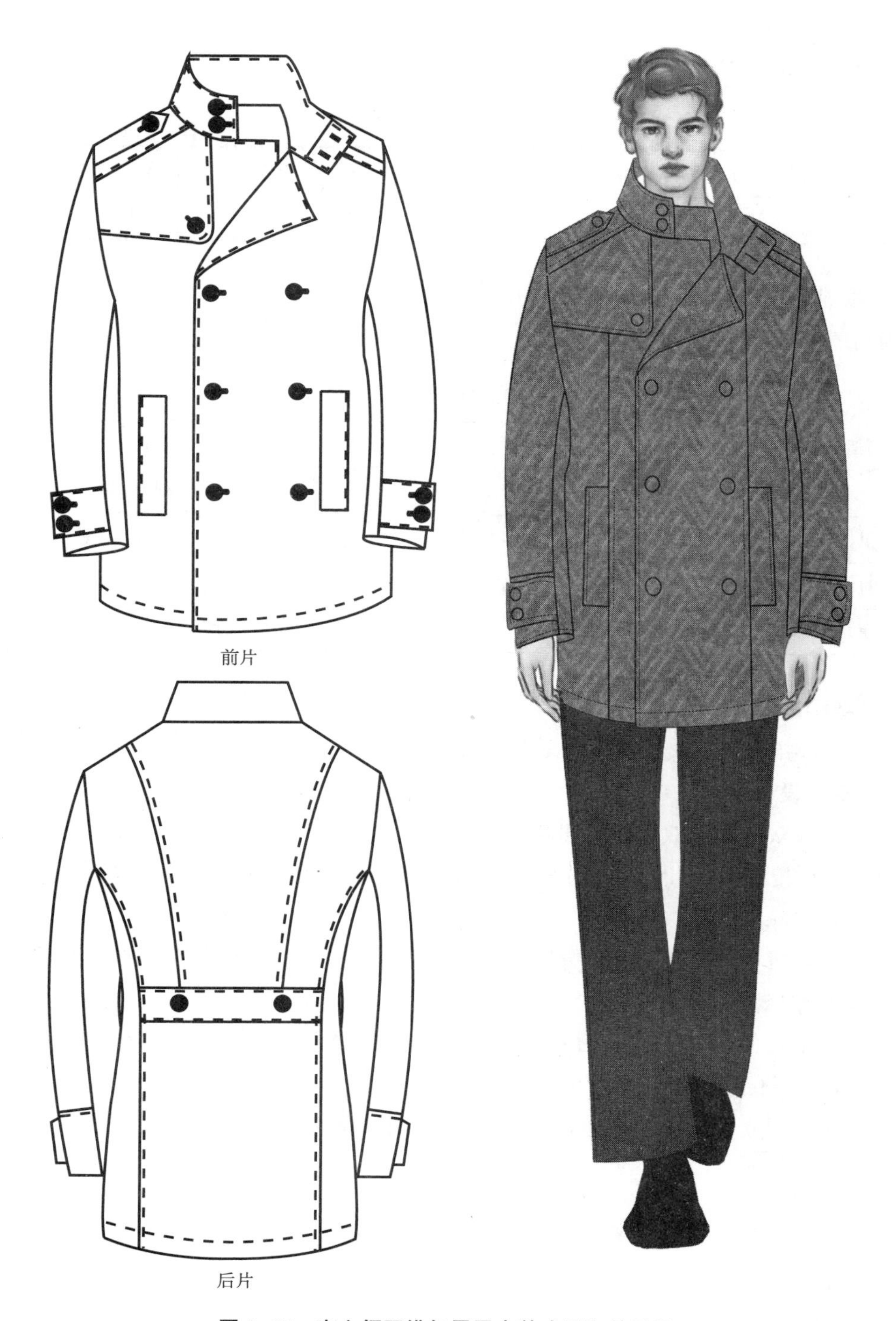

图 3-38　宽立领双排扣男风衣款式图和效果图

（二）款式描述

本款为合体型，八开身，双排扣，领子为宽立领，右胸有前胸盖布，肩部有肩章，腰部左右两侧各有一个插袋，直底摆。后片有刀背缝，左右两侧后腰省连通肩部，后腰镶嵌两个装饰扣，袖子为合体两片袖。

（三）尺寸规格设计

尺寸规格见表3-18。

表3-18 尺寸规格表 单位：cm

号型	后衣长（*L*）	胸围（*B*）	腰围（*W*）	肩宽（*S*）	背长（*WL*）	袖长（*SL*）	袖口（*CW*）
170/88A	78	113	104	46.5	43.5	63	17

（四）面辅料的选配

面辅料的选配见表3-19。

表3-19 面辅料的选配表

类型	材质	使用部位
面料	粗纺羊毛	整个衣身、袖身、领子、口袋
里料	府绸	衣身、袖身，口袋布
衬料	有纺衬、无纺衬	胸部、袋盖、领子、衣身和袖身边缘
纽扣	树脂扣	前中、袖口、后腰

（五）结构图

宽立领双排扣男风衣衣身结构如图3-39所示。

（六）结构设计要点

（1）此款为双排扣，双排扣的门襟宽为10cm，前片过肩宽度为5cm，前片分割线位于侧缝线与前中线在腰围上中点的垂线，分割线起于前肩斜线的中点，止于底摆。斜插袋位于分割线腰围以下5cm。

（2）腰部收省量的位置和比例分别为后背缝：后公主线：后侧缝分割线：后侧缝：前侧缝：前分割线=1.5cm：2cm：1cm：2cm：2cm：1cm。

（3）后公主线位于腋下点至后背缝之间的右三等分点，起于后肩斜线的中点，止于底摆。后侧缝分割线位于侧缝线与后公主线之间二等分处。

（4）领子为宽立领，立领高为8.5cm，立领前中为两粒扣。

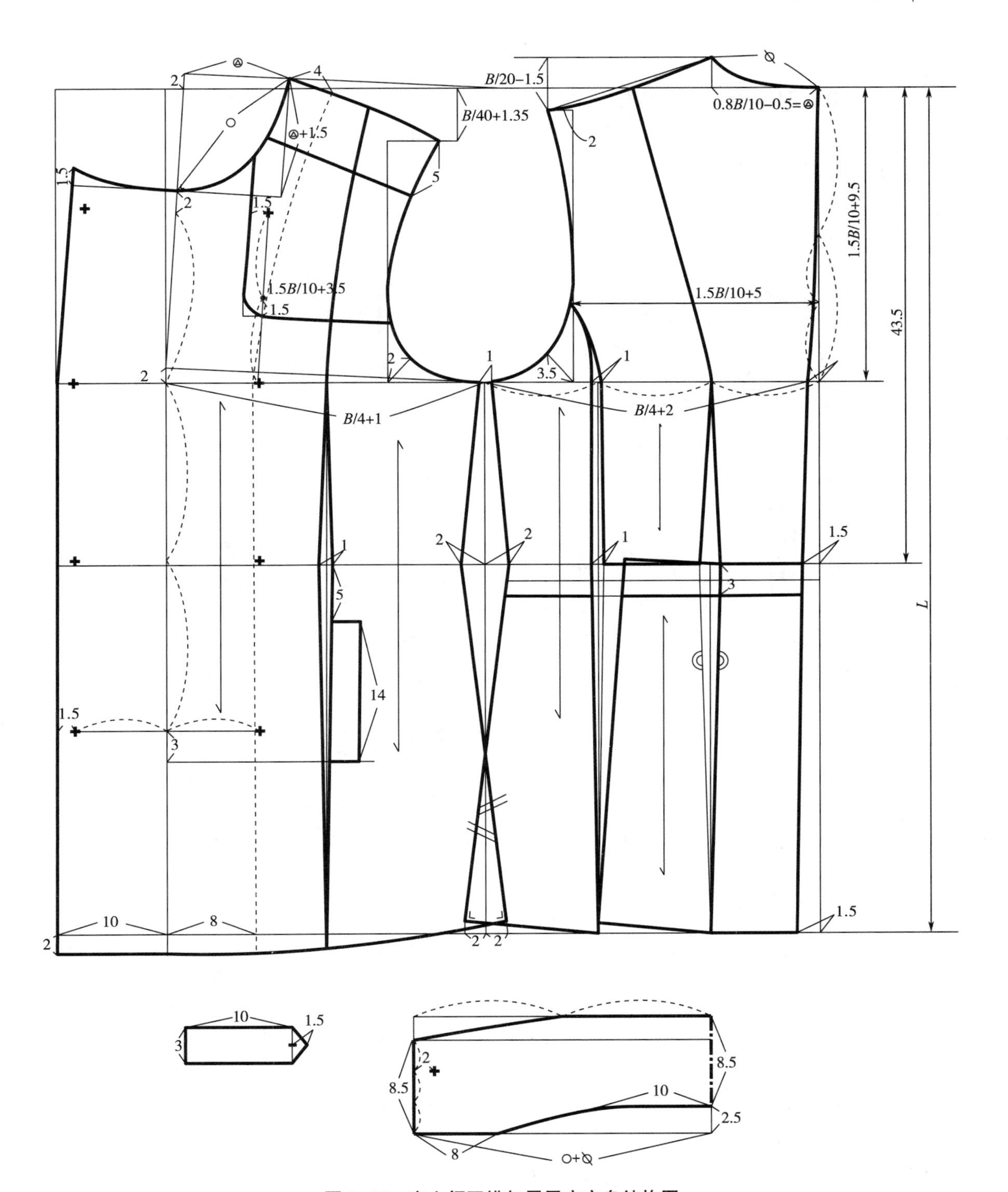

图 3-39　宽立领双排扣男风衣衣身结构图

九、大翻领双排扣分割男大衣

（一）款式图、效果图

大翻领双排扣分割男大衣款式图及效果图如图 3-40 所示。

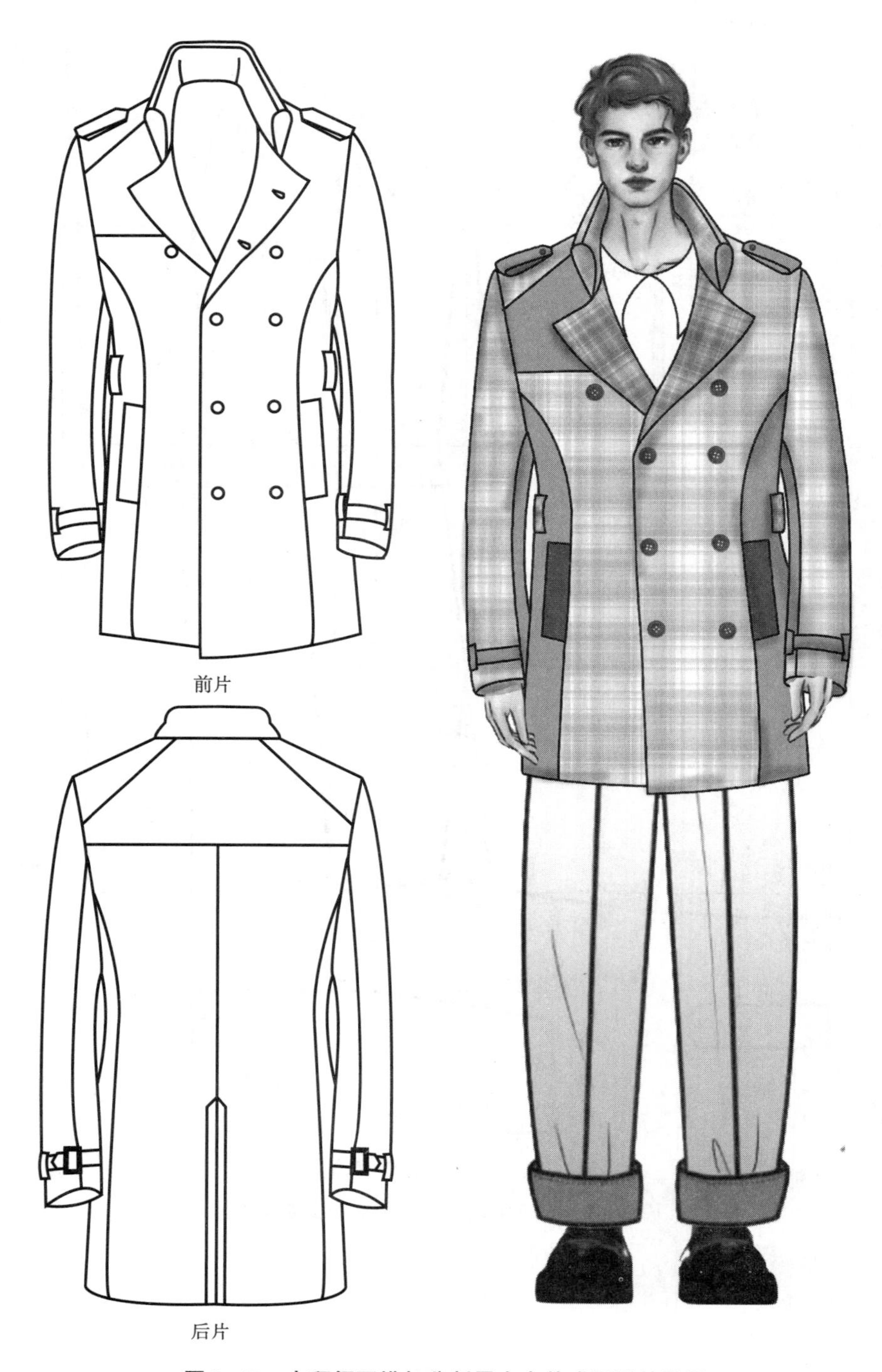

图 3-40 大翻领双排扣分割男大衣款式图及效果图

（二）款式描述

本款为较合体型，八开身，双排扣，领子为风衣领，前后肩部有斜向分割线，前片右侧有拼接前挡，前片有刀背缝，刀背缝腰部左右两侧各有一个斜插袋，直底摆。后片有后育克，后中有开衩，袖子为合体两片袖，袖口配袖带。

（三）尺寸规格设计

尺寸规格见表 3-20。

表 3-20　尺寸规格表　　单位：cm

号型	后衣长（L）	胸围（B）	肩宽（S）	袖长（SL）	袖口（CW）
170/88A	94	112	43.5	61	15

（四）面辅料的选配

面辅料的选配见表 3-21。

表 3-21　面辅料的选配表

类型	材质	使用部位
面料	棉涤混纺	整个衣身、袖身、领子、口袋、肩章、袖带等
里料	涤纶	衣身、袖身、口袋布
衬料	有纺衬、无纺衬	领子、衣身和袖身边缘等
纽扣	树脂扣	前中
固定环	金属	袖带

（五）结构图

大翻领双排扣分割男大衣衣身和袖身结构如图 3-41 和图 3-42 所示。

（六）结构设计要点

（1）此款收腰位置和收腰量分配方式为后背缝：后刀背缝：后侧缝：前侧缝：前刀背缝＝1.5cm：2cm：2cm：2cm。

（2）后刀背缝位于腋下点至后背缝的左三分之一点，起于后袖窿符合点，止于底摆。前刀背缝位于前中与侧缝的中点，起于前符合点，止于前底摆。

（3）此款为双排扣，第一排位于领子前中下 2cm，同排扣间距 13cm，最后一排扣位于插袋下边线的水平线向上 3cm，上下两排口之间四等分定其他扣位。

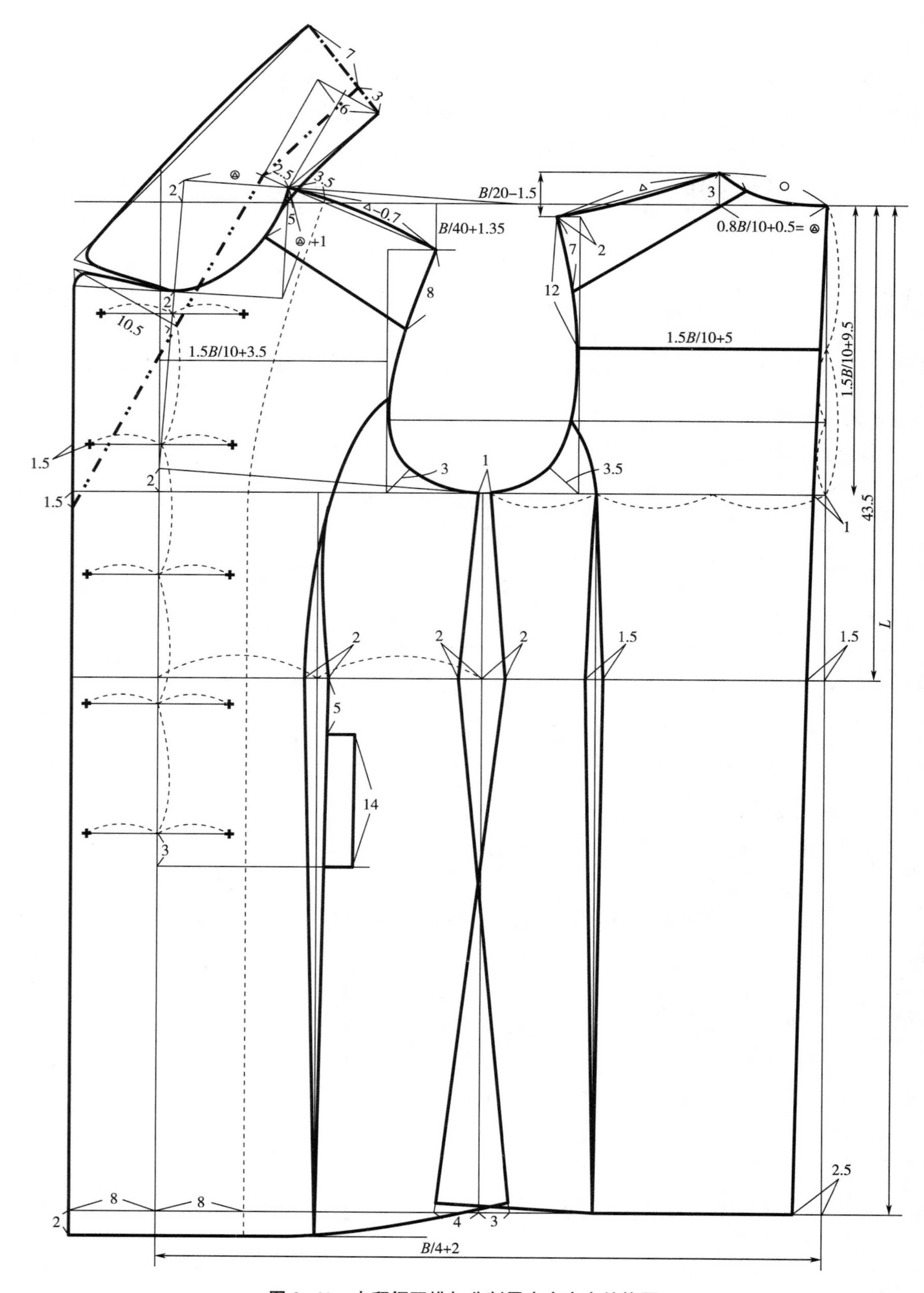

图 3-41　大翻领双排扣分割男大衣衣身结构图

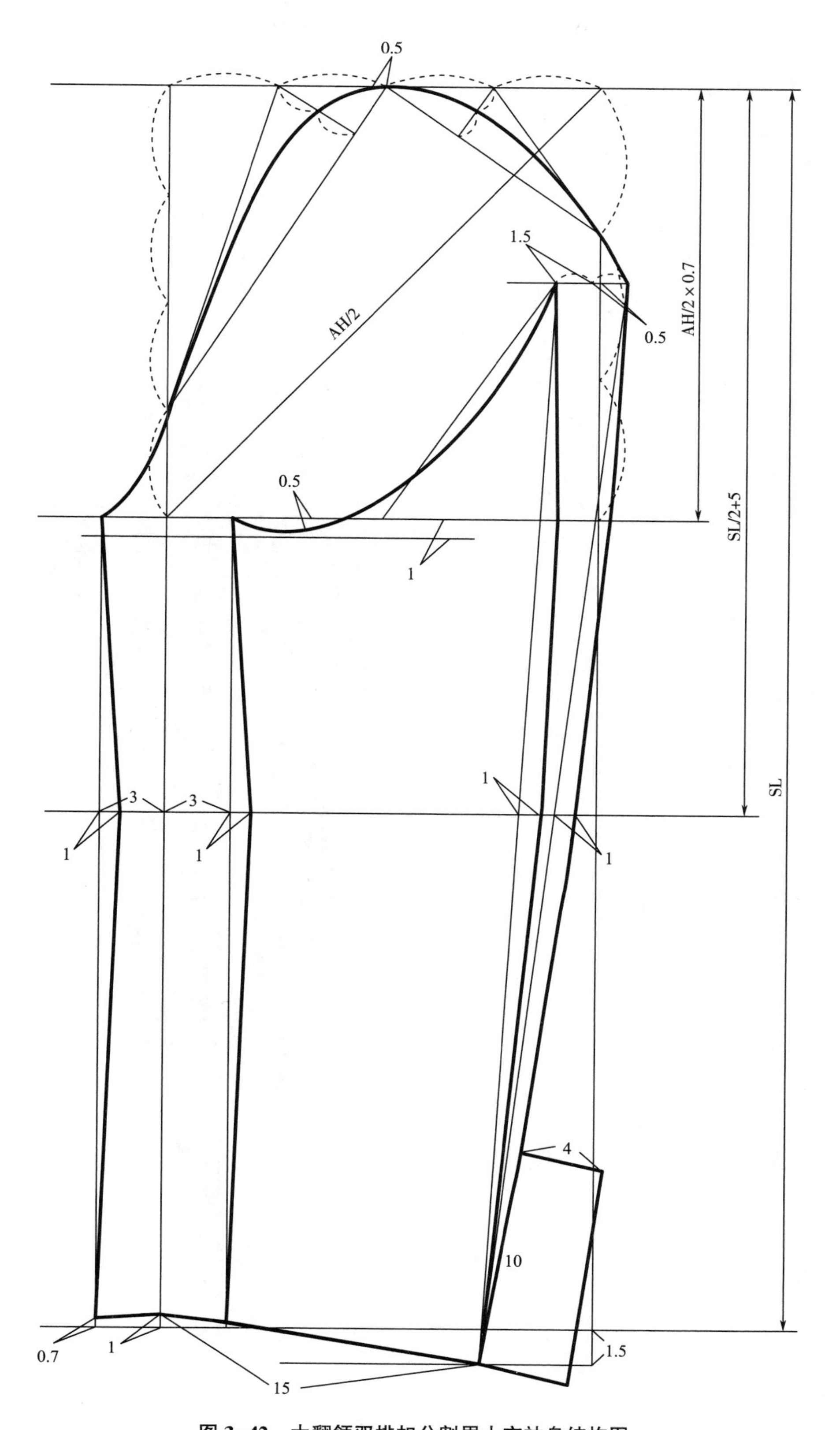

图 3-42　大翻领双排扣分割男大衣袖身结构图

十、平驳领双口袋男大衣

（一）款式图、效果图

平驳领双口袋男大衣款式图及效果图如图3-43所示。

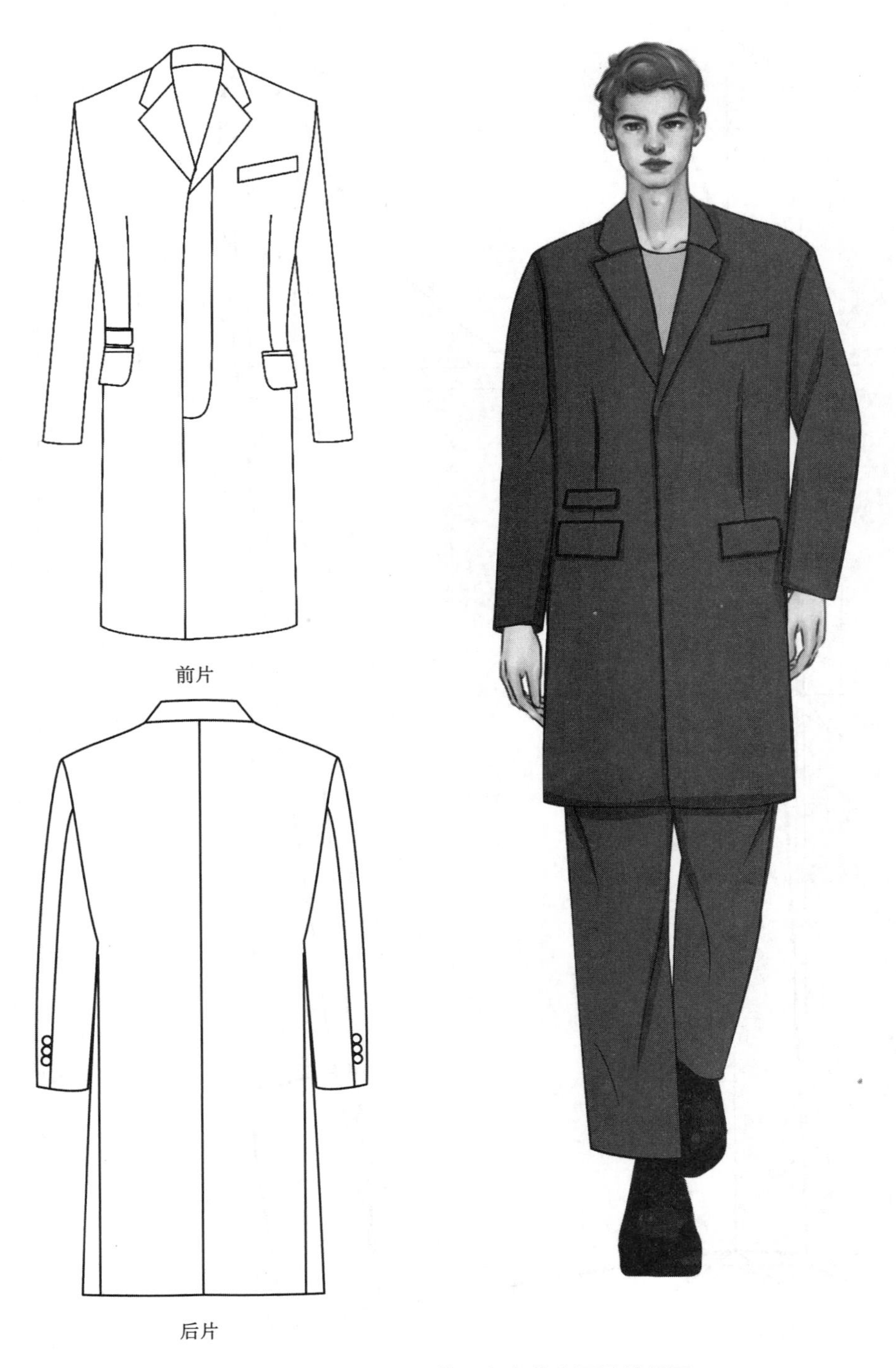

图3-43　平驳领双口袋男大衣款式图及效果图

（二）款式描述

本款为宽松H型，六开身，暗门襟，领子为平驳领，左胸手巾袋，腰部左侧为带袋盖的双嵌线口袋，右侧为两个带袋盖的大小口袋，直底摆，袖子为合体两片袖。

（三）尺寸规格设计

尺寸规格见表3-22。

表3-22　尺寸规格表　　单位：cm

号型	后衣长（*L*）	胸围（*B*）	腰围（*W*）	肩宽（*S*）	领围（*N*）	袖长（*SL*）	袖口（*CW*）
170/88A	108	116	100	49	46	62	17

（四）面辅料的选配

面辅料的选配见表3-23。

表3-23　面辅料的选配表

类型	材质	使用部位
面料	羊绒	整个衣身、袖身、领子、手巾袋、袋盖
里料	美丽绸	衣身、袖身、口袋布
衬料	毛衬、黏合衬	胸部、袋盖、领子、衣身和袖身边缘等
垫料	胸绒、领底呢、垫肩、袖棉条	胸部、领子、肩部等
纽扣	树脂扣	前中、袖口

（五）结构图

平驳领双口袋男大衣衣身和袖身结构如图3-44和图3-45所示。

（六）结构设计要点

（1）此款为暗门襟，门襟宽为6.5cm，门襟内有3粒小扣。

（2）后腰部收省量的分配方法为后背缝：后侧缝：前侧缝：胸腰省＝2.5cm：3cm：1.5cm：1cm。

（3）该款右侧有两个口袋，上口袋为钱袋，钱袋与下口袋间距2cm，钱袋宽5cm，开口长11cm。

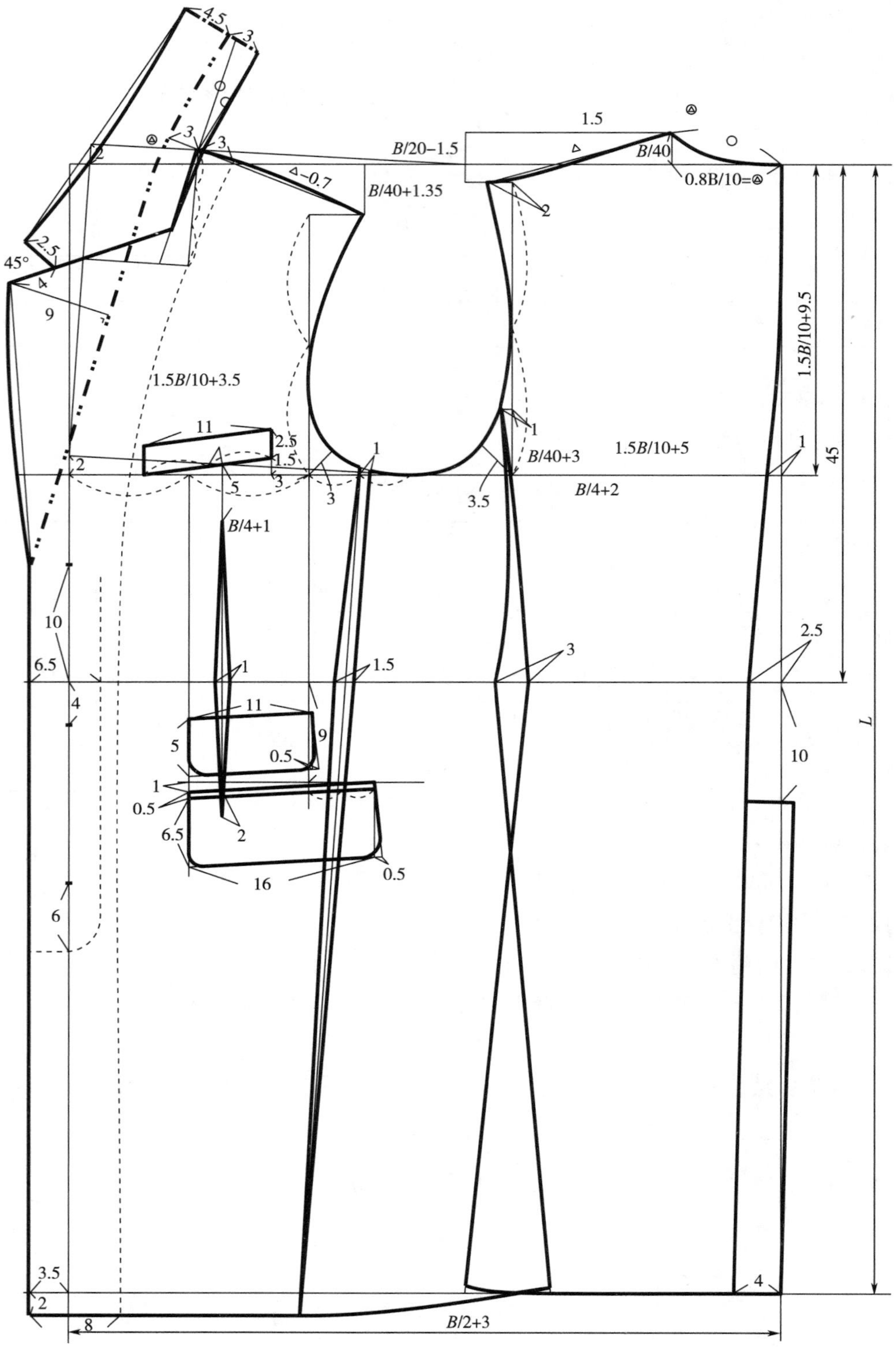

图 3-44 平驳领双口袋男大衣衣身结构图

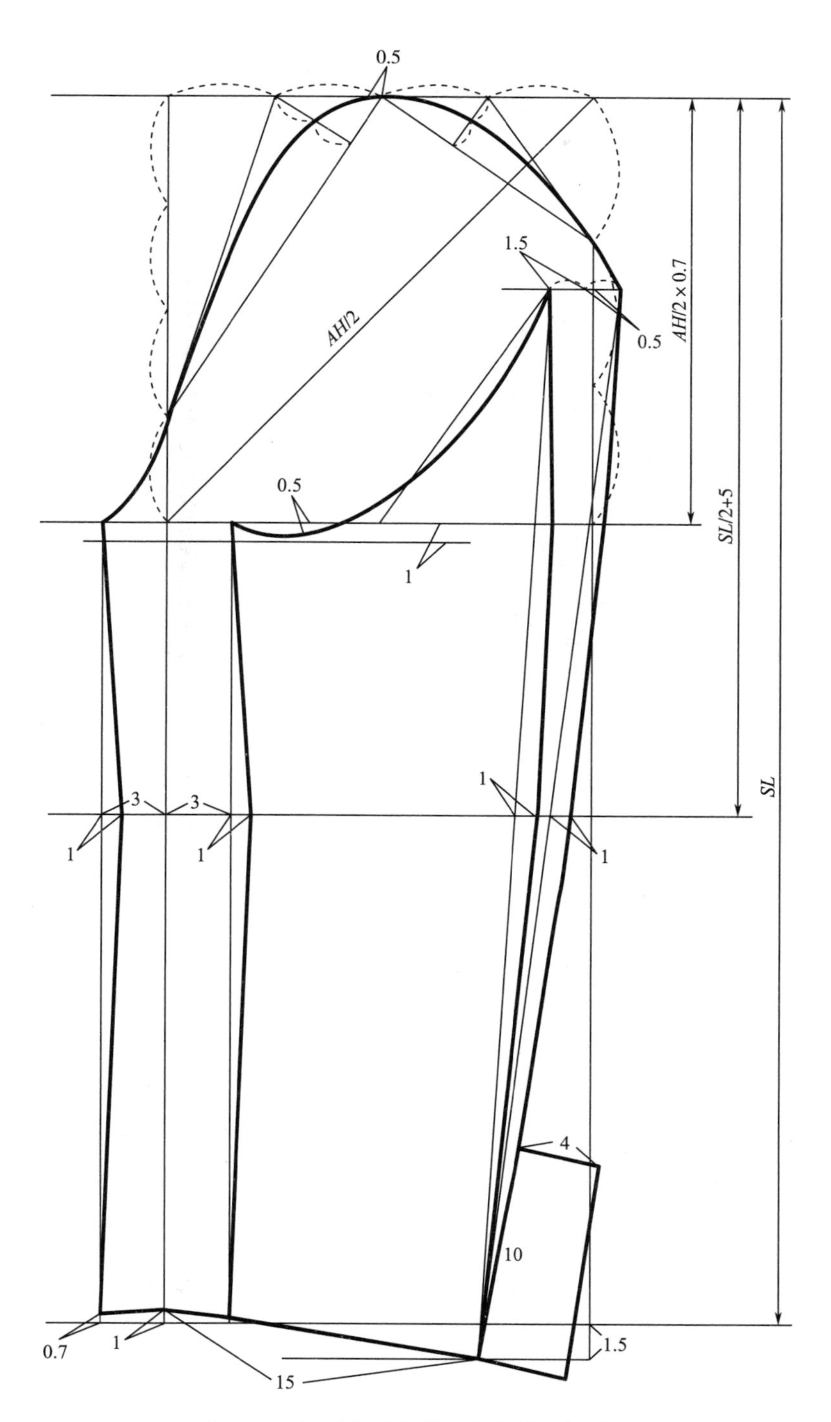

图 3-45　平驳领双口袋男大衣袖身结构图

第四章　男夹克结构设计

第一节　男夹克概述

一、男夹克的分类

夹克（jacket）又称夹克衫，指衣长较短，衣身底摆克夫和袖口克夫收紧的服装。夹克起源于中世纪男子穿着的一种称为Jack的粗布短上衣，15世纪的夹克袖子鼓出，但这种袖子只是装饰袖子，胳膊不穿过袖筒，耷拉到胳膊上。到16世纪，男子的下装裙比Jack长，用带子扎起来，在衣身周围形成褶皱。进入20世纪，男子夹克从胃部往下，扣子打开，袖口有装饰扣，下摆衣褶到臀部上部用扣子固定。再经历长时间的演变，一直发展到如今的男装夹克。夹克在设计时借鉴职业军服的特征，因此具有较强的功能性特点。夹克的造型宽松，尤其胸部的放松量较大、肩宽较宽，袖子为宽松袖型或插肩袖，衣身底摆和袖口均有克夫，克夫可以采用衣身面料，也可采用罗纹面料。因其宽松舒适、造型干练是现代男性穿着的主要品类之一。

男夹克宽松丰富多样，根据夹克的穿着场合分为工装夹克、运动夹克、休闲夹克。工装夹克主要在工作场合穿着的职业工装，其款式干练，衣身周边有各种反光条等警示性面料，前身和袖子上有多个功能性口袋，结构设计中体现功能性。运动夹克如棒球服，主要从事户外运动时穿着的夹克，其领子、袖口、底摆等位置拼接罗纹，强调整体的舒适性。休闲夹克如皮夹克、牛仔夹克等，此类夹克分割线等装饰性的设计较多，体现其休闲和时尚性；根据夹克的款式分为宽松蝙蝠袖夹克、战服式夹克、镶嵌配件的夹克、猎装夹克以及飞行员夹克、运动员夹克、侍者夹克、夏奈尔夹克、爱德华夹克、围巾领衬衫袖夹克、翘肩式偏襟夹克等；根据夹克的穿着季节分单层夹克、双层夹克、夹棉夹克；根据长度夹克可分为长夹克和短夹克。

二、男夹克的面辅料

夹克的面料分为高档面料、中档面料和低档面料。

高档面料包含天然的皮革制品如羊皮、牛皮、马皮等，此外还包含高档的化纤混纺面料，如毛棉混纺、毛涤混纺、其他经过特殊工艺处理的混纺面料。

中档面料包含仿制类的皮革如仿羊皮等，各种府绸类如涤棉防雨的府绸、涤棉府绸、尼龙绸等，此外还有各种中长纤维的花呢等。

低档面料包含各种黏胶混纺面料、纯棉普通面料等。

男夹克的里料有棉、丝绸、涤纶、绒毛等不同的材质。里料的选择通常都是为了保暖、舒适和柔软度。夹克的辅料有拉链、扣子、饰品等，通常会选用质量比较好的配件，以确保整件夹克有足够的耐用性和美观度。

三、男夹克的造型变化

（一）领子的造型变化

夹克的领子变化多样，分为立领、翻领、罗纹领、风衣领、西服领等（图 4-1），翻领常用于春季、秋季、冬季服装，具有很好的防风保暖效果。罗纹领常用于运动夹克的袖口、底摆、领口等位置，其弹力可保证运动的舒适性。立领和西服领常用于休闲夹克。

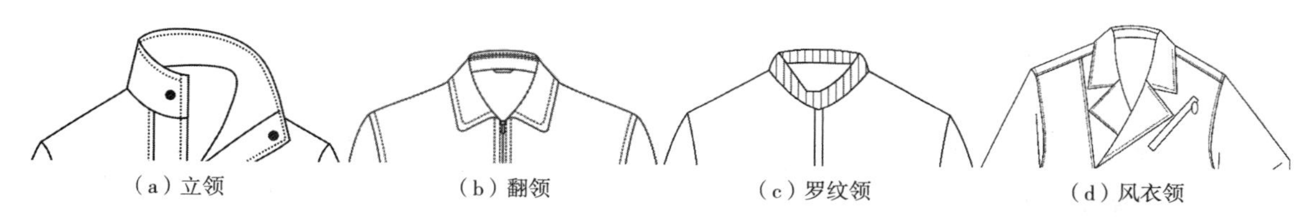

（a）立领　（b）翻领　（c）罗纹领　（d）风衣领

图 4-1　男夹克领子

（二）袖子的造型变化

男夹克袖子运用较为灵活，一般采用一片袖、两片袖和插肩袖（图 4-2）。

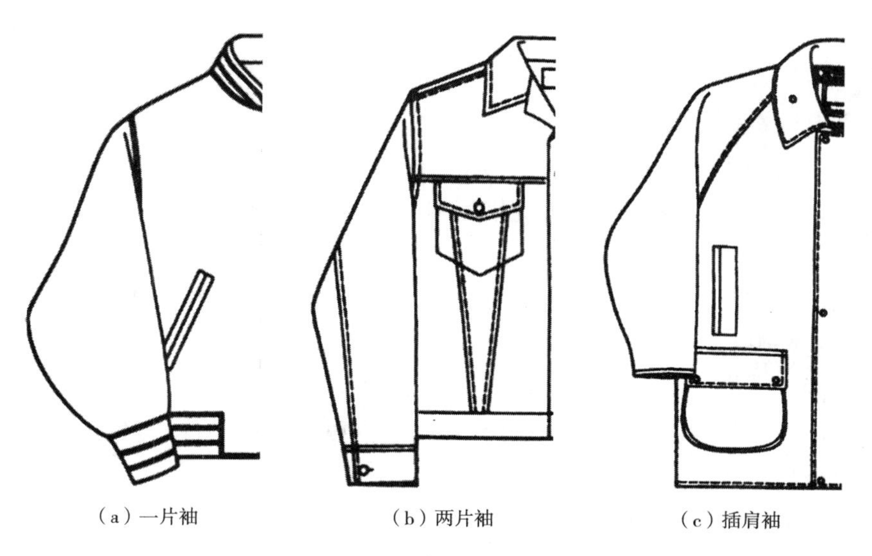

（a）一片袖　（b）两片袖　（c）插肩袖

图 4-2　男夹克袖型

（三）口袋的造型变化

男夹克的口袋多采用插袋、贴袋及各种装饰性口袋，口袋的设计变化是夹克的最大特点之一（图 4-3）。

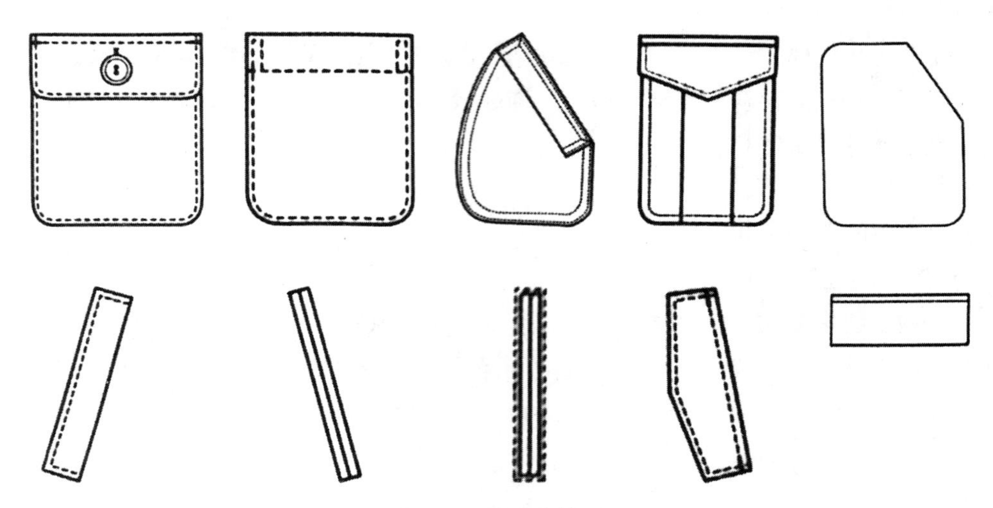

图 4-3　男夹克袋型

四、男夹克的规格制定

男夹克的规格制定依据男子的身高 h、净胸围 B^*、净臀围 H^*，按照线性回归关系公式，并加入适当的放松量和内衬服装的厚度，进行计算获得。以男子的中间号型 170/88A 为例。

（一）长度方向控制部位尺寸

1. 衣长 L　衣长 L 与人体身高 h 相关，不同款式风格的夹克其衣长的加放量不同。

普通夹克衣长 L 计算公式：$L=0.4h+2\text{cm}=70\text{cm}$。

运动夹克衣长 L 计算公式：$L=0.4h-8\text{cm}=60\text{cm}$。

牛仔夹克衣长 L 计算公式：$L=0.4h-6\text{cm}=62\text{cm}$。

2. 背长 WL　背长 WL 随着衣长 L 的增加和缩短可适当的调整。

计算公式：$L=0.25h=42.5\text{cm}$。

3. 袖长 SL　袖长 SL 除与人体身高 h 有关，计算时需考虑垫肩厚度，常规垫肩厚度为 1.2cm。不同款式风格夹克的袖长计算也不相同。

普通夹克袖长计算公式：$SL=0.3h+9\text{cm}+$垫肩厚度$=61.2\text{cm}$。

运动夹克袖长计算公式：$SL=0.3h+10.5\text{cm}+$垫肩厚度$=62.7\text{cm}$。

牛仔夹克袖长计算公式：$SL=0.3h+8.5\text{cm}+$垫肩厚度$=60.7\text{cm}$。

（二）围度方向控制部位尺寸

1. 胸围 B　服装的款式不同，其围度方向加放松量则不同。

计算公式：$B=B^*+$内衣厚度$+$放松量，其中夹克内衣厚度约为 8cm。

普通夹克服装：$B=B^*+$内衣厚度$+24\text{cm}=120\text{cm}$。

运动夹克服装：$B=B^*+$内衣厚度$+20\text{cm}=116\text{cm}$。

牛仔夹克服装：$B=B^*+$内衣厚度$+20\text{cm}=116\text{cm}$。

宽松型插肩袖夹克服装：$B=B^*$+内衣厚度+30cm=126cm。

2. 袖口 CW　夹克袖口尺寸与内衣厚度与胸围 B 存在以下关系。

计算公式：$CW=0.1$（B^*+内衣厚度）+9cm 放松量=18.6cm。

3. 领围 N　不同款式夹克领围不同。

普通夹克领围计算公式：$N=0.25$（B^*+内衣厚度）+19cm=43cm。

运动夹克服装领围计算公式：$N=0.25$（B^*+内衣厚度）+20cm=44cm。

牛仔夹克领围计算公式：$N=0.25$（B^*+内衣厚度）+21cm=45cm。

4. 肩宽 S　夹克款式不同其肩宽 S 的计算方法不同。

普通夹克肩宽计算公式：$S=0.3B^*$+15.4cm=41.8cm。

运动夹克肩宽计算公式：$S=0.3B^*$+14.4cm=40.8cm。

牛仔夹克肩宽计算公式：$S=0.3B^*$+14cm=40.4cm。

（三）成衣尺寸规格表

男夹克成衣尺寸规格见表 4-1。

表 4-1　男夹克成衣尺寸规格表　　单位：cm

牛仔夹克 运动夹克 普通夹克	165/84A			170/88A			175/92A			档差
衣长 L	68	58	60	70	60	62	72	62	64	2
背长 WL	41.5	41.5	41.5	42.5	42.5	42.5	43.5	43.5	43.5	1
胸围 B	116	112	112	120	116	116	124	120	120	4
肩宽 S	40.6	39.6	39.2	41.8	40.8	40.4	43	42	41.6	1.2
领围 N	42	43	44	43	44	45	44	45	46	1
袖长 SL	59.7	61.2	59.2	61.2	62.7	60.7	62.7	64.2	62.2	1.5
袖口 CW	18.1	18.1	18.1	18.6	18.6	18.6	19.1	19.1	19.1	0.5

第二节　基础男夹克结构设计详解

一、基础男夹克的款式及尺寸规格

（一）款式图和效果图

基础男夹克款式图及效果图如图 4-4 所示。

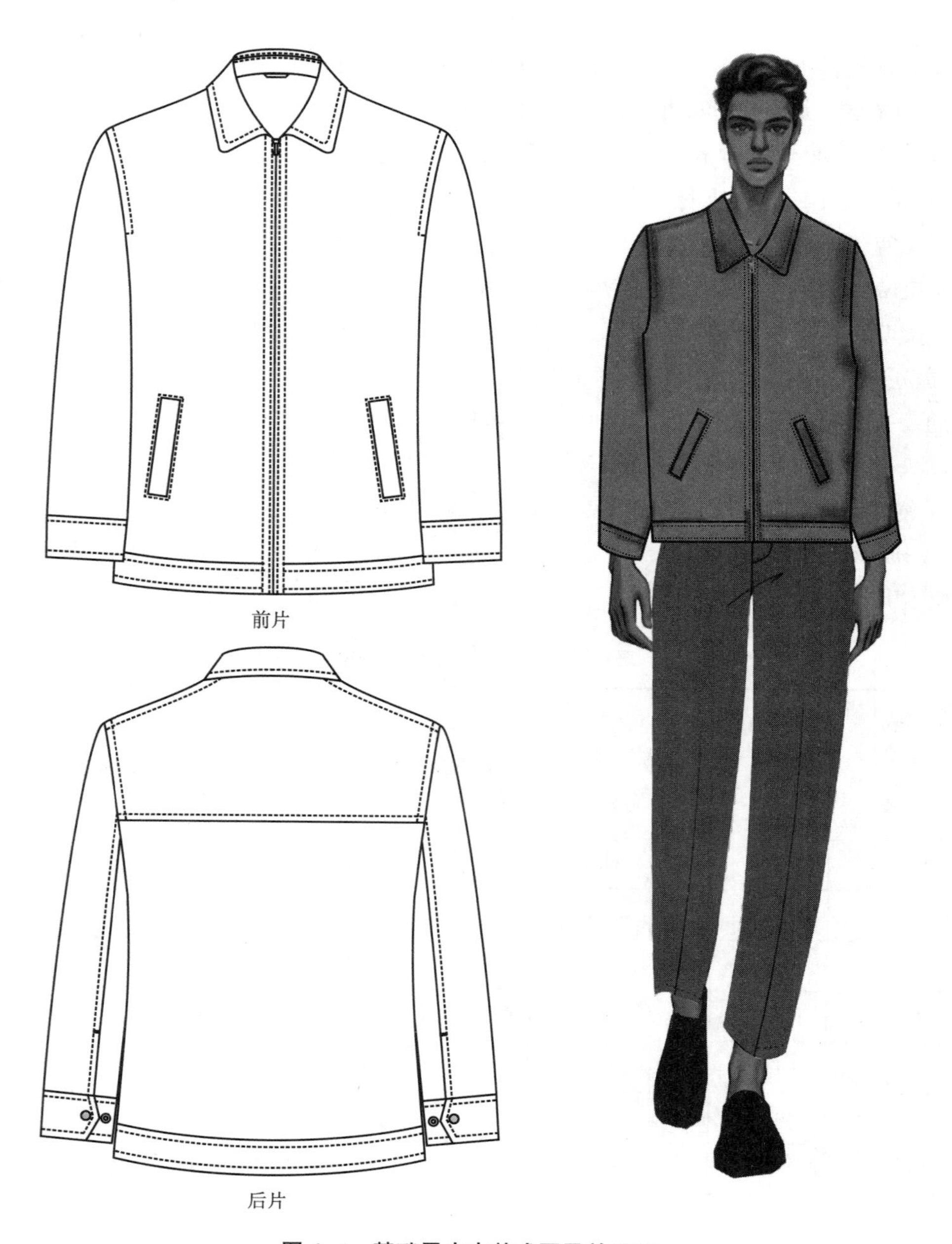

图 4-4　基础男夹克款式图及效果图

（二）款式描述

本款为工装基础款男夹克，领子为一片式立翻领，前胸后背均有育克线，左右两侧有斜插袋，前中有搭门，底摆有拼接罗纹的克夫，袖子为宽松两片袖，袖口有克夫。

（三）尺寸规格

尺寸规格见表 4-2。

表 4-2　尺寸规格表　　单位：cm

号型	后衣长（L）	胸围（B）	肩宽（S）	领围（N）	袖长（SL）	袖口（CW）
170/88A	72	112	47	43	61	13.5

二、基础男夹克结构设计——原型法

（一）男夹克原型法结构设计原理

男夹克原型制图需要在男装标准纸样的基础上进行放量处理，遵循以下的设计原则。

（1）围度方向的放量位置分别为后侧缝、前侧缝、后中线、前中线，其比例分配根据宽松度而决定，常规的比例分配为后侧缝：前侧缝：后中线：前中线为 2cm：2cm：1cm：1cm；2.5cm：2.5cm：1cm：1cm；3cm：3cm：1cm：1cm；3.5cm：3.5cm：1cm：1cm。

（2）前肩的抬高量+后肩抬高量=前中线放量+后中线放量 2cm，其分配原则为后肩抬高量：前肩抬高量=1.5：0.5。若前后肩的抬高量总和小于 2cm，则直接把所有的参数量作为后肩的抬高量。后肩的加宽量=侧缝放量/2+1cm，前肩的加宽量根据后肩的长度截取。

（3）后颈侧点的升高量=后肩的抬高量。

（4）后中的升高量=后肩升高量/2。

（5）袖窿的开深量=侧缝放量-肩抬高量/2+后肩加宽量。

（6）腰线下落量=袖窿的开深量/2。

（7）袖山高=基础袖山高-袖窿的开深量，袖窿弧呈子弹型。

（二）男夹克原型法结构设计步骤

1. 男夹克衣身原型法　制图步骤如下。结构图如图 4-5 所示。

（1）整体围度放量。前后侧缝放量 2cm，前后中线放量 1cm。

（2）画后片。后肩点上抬 1.5cm，并水平外延 3cm，后颈侧点垂直上抬 1.5cm，画后肩斜线，后中上抬 0.7~0.8cm，画后领弧线，取后领宽为□。基础衣长为 72cm，画后衣长，腋下点下落 6cm，重新定袖窿深线，连接后肩点与新腋下点，并取三等分，最下一等分点垂直斜边向内 3cm，画子弹型袖窿弧。

（3）画前片。向上延长前中线，过原型前颈侧点向左画水平线，使两线相交。交点垂直向下取□+1，水平向右取□，画矩形，取矩形的对角线并量出三等分点，过最下方等分点画前领弧。前肩点上抬 0.5cm，并画水平线，从前颈侧点向水平线上量取后肩斜线的长度，画前肩斜线。前袖窿弧作图方法与后袖窿弧一致，不同的是下三等分点垂直内弧 3.5cm。

（4）重新定腰围线。腰围线位于男装标准纸样腰围线向下 3cm。

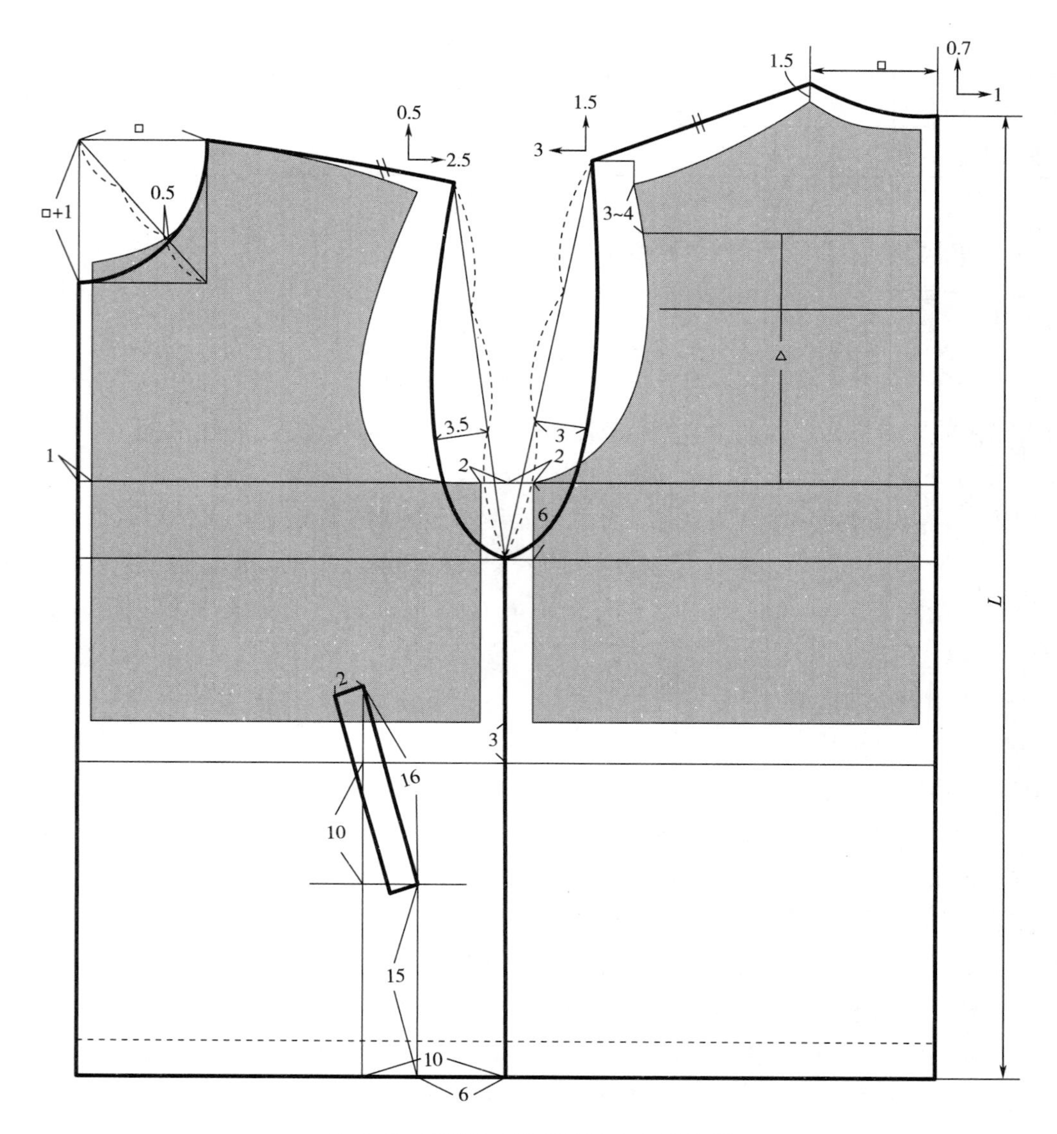

图 4-5　基础男夹克原型法衣身结构图

2. 男夹克袖身原型法　制图步骤如下。袖身结构图如图 4-6 所示。

（1）画基础线。画水平袖山底线和垂直袖长线。两线交点向上取 10cm 为袖山高，定袖山顶点。从袖山顶点向袖山底线左侧取后 *AH*，从袖山顶点向袖山底线右侧取前 *AH*，从袖山顶点向下取袖长 *SL*。从袖口端点画水平线，左右两侧取 *CW*。袖口线向上 5.5cm 定袖克夫，并画袖底线。

（2）画袖山曲线。右侧前 *AH* 斜线取四等分点，一份的量为○，上等分点垂直于斜线向上 1.5cm，下等分点垂直于斜线向下 1cm，袖山曲线的拐点过中间等分点，画前袖山曲线。从袖山点沿着后袖山斜线向下取○，此点垂直于后袖山斜线向上 1.5cm，从袖底点沿后袖山斜线向上取○，取此处○的二等分点，并垂直向内 0.5cm，画后袖山曲线。

（3）画袖子分割线。从袖克夫的上平线由左往右取 5cm 定分割线位置，从此处垂直向上画垂线交于袖山曲线。

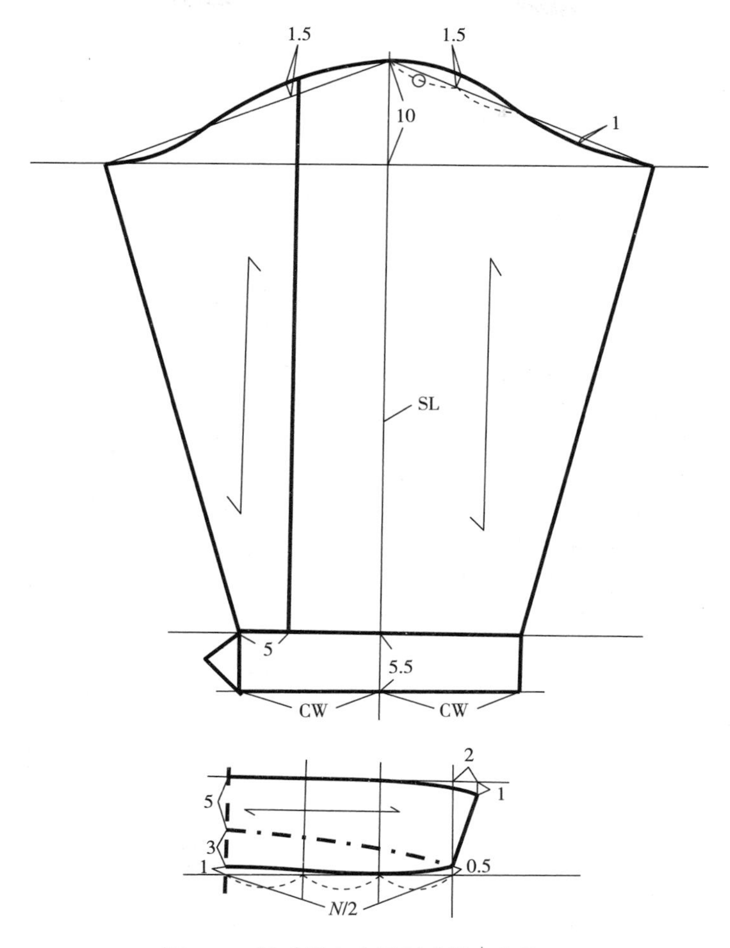

图 4-6 基础男夹克原型法袖身结构图

三、基础男夹克结构设计——比例法

（一）基础男夹克比例制图的公式

（1）袖窿深=$B/5$+5cm。

（2）背宽=1.5$B/10$+4cm，胸宽=1.5$B/10$+3cm，背宽比胸宽大1cm。

（3）后领宽=$N/5$，后领深为2.5cm；前领宽=$N/5$+0.5cm，前领深=$N/5$。

（4）后肩宽=$S/2$，后落肩量=$B/20$-1cm；前肩宽=$S/2$，前落肩量=$B/20$。

（二）基础男夹克衣身比例法制图步骤

1. 画基础框架　长度方向画衣长SL，围度方向画胸围$B/2$，画袖窿深线$B/5+5$，画侧缝线$B/4$。

2. 画后片　量取后领宽=$N/5$，后领深为2.5cm，画后领弧线。量取后肩宽=$S/2$，后落肩量=$B/20-1$，确定后肩点和后肩斜线。取背宽线与袖窿深线所夹直角的角平分线，并取4cm，过此点画后袖窿弧线。后育克线位于背宽横线。

3. 画前片　前中画撇胸斜线，撇胸量围1cm。画前领宽=$N/5+0.5$，前领深=$N/5$，画平行四边形，取对角线的三等分点，过下等分点画前领弧线。取前肩宽 = $S/2$，前落肩量 = $B/20$，画肩斜线和冲肩量。取胸宽线与袖窿深线所夹直角的角平分线，并取 3cm，画前袖窿弧线。斜侧袋的垂直长度为 16cm，宽度为 2cm。

4. 底摆克夫　底摆克夫宽度为 6cm。

基础男夹克比例法衣身结构如图 4-7 所示。

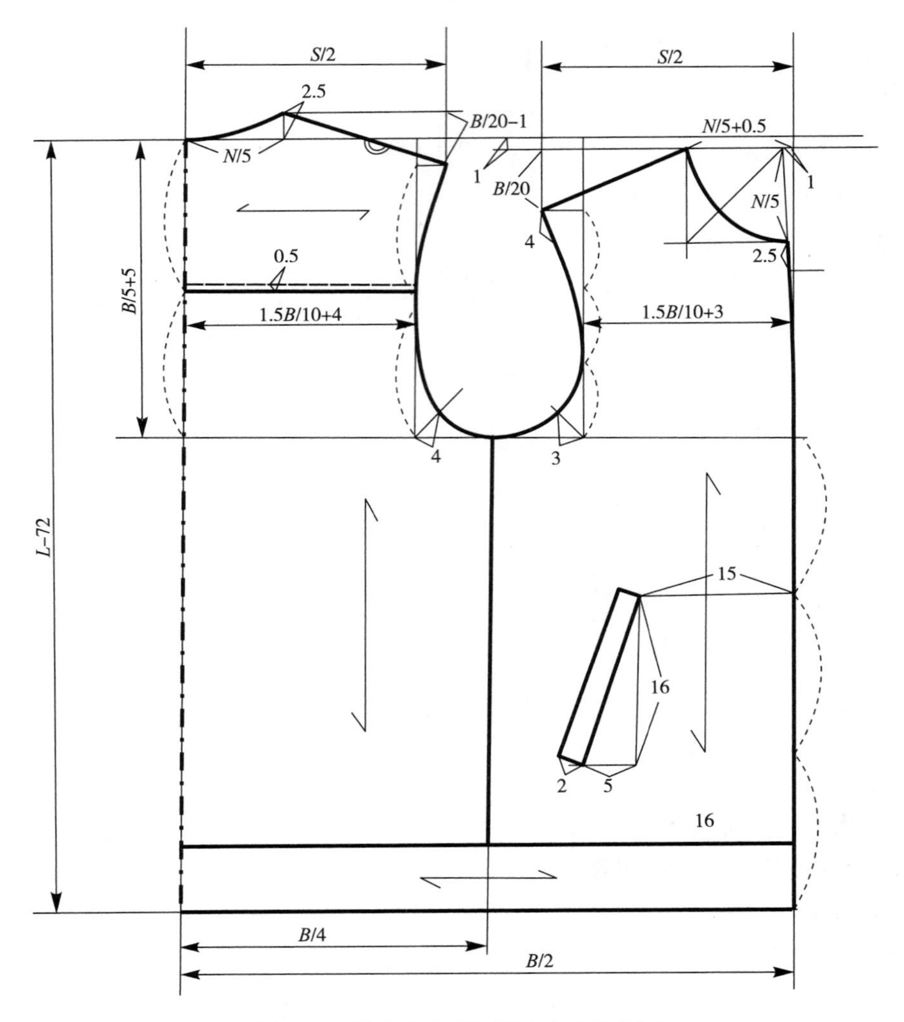

图 4-7　基础男夹克比例法衣身结构图

（三）基础男夹克袖子和领子比例法制图步骤

1. 画基础线　画水平袖山底线和垂直袖长线。两线交点向上取 10cm 为袖山高，定袖山顶点。从袖山顶点向袖山底线左侧取后 BAH+1，从袖山顶点向袖山底线右侧取前 FAH−1，从袖山顶点向下取袖长 SL。从袖口端点画水平线，向左取 $CW+1$，向右取 $CW-1$。袖口线向上 5.5cm 定袖克夫，并画袖底线。

2. 画袖山曲线　右侧前 AH 斜线取四等分点，一等分的量为○，上等分点垂直于斜线向上1.5cm，下等分点垂直于斜线向下1cm，袖山曲线的拐点过中间等分点，画前袖山曲线。从袖山点沿着后袖山斜线向下取○，此点垂直于后袖山斜线向上1.5cm，从袖底点沿后袖山斜线向上取○，取此处○的二等分点，并垂直向内0.5cm，画后袖山曲线。

3. 画袖子分割线　从袖克夫的上平线由左往右取5cm定分割线位置，从此处垂直向上画垂线交于袖山曲线。

4. 画领子　领子为一片式立翻领，领座为3cm，领面为5cm，后中起翘1cm，前中起翘0.5cm。

基础男夹克比例法袖身和领子结构如图4-8所示。

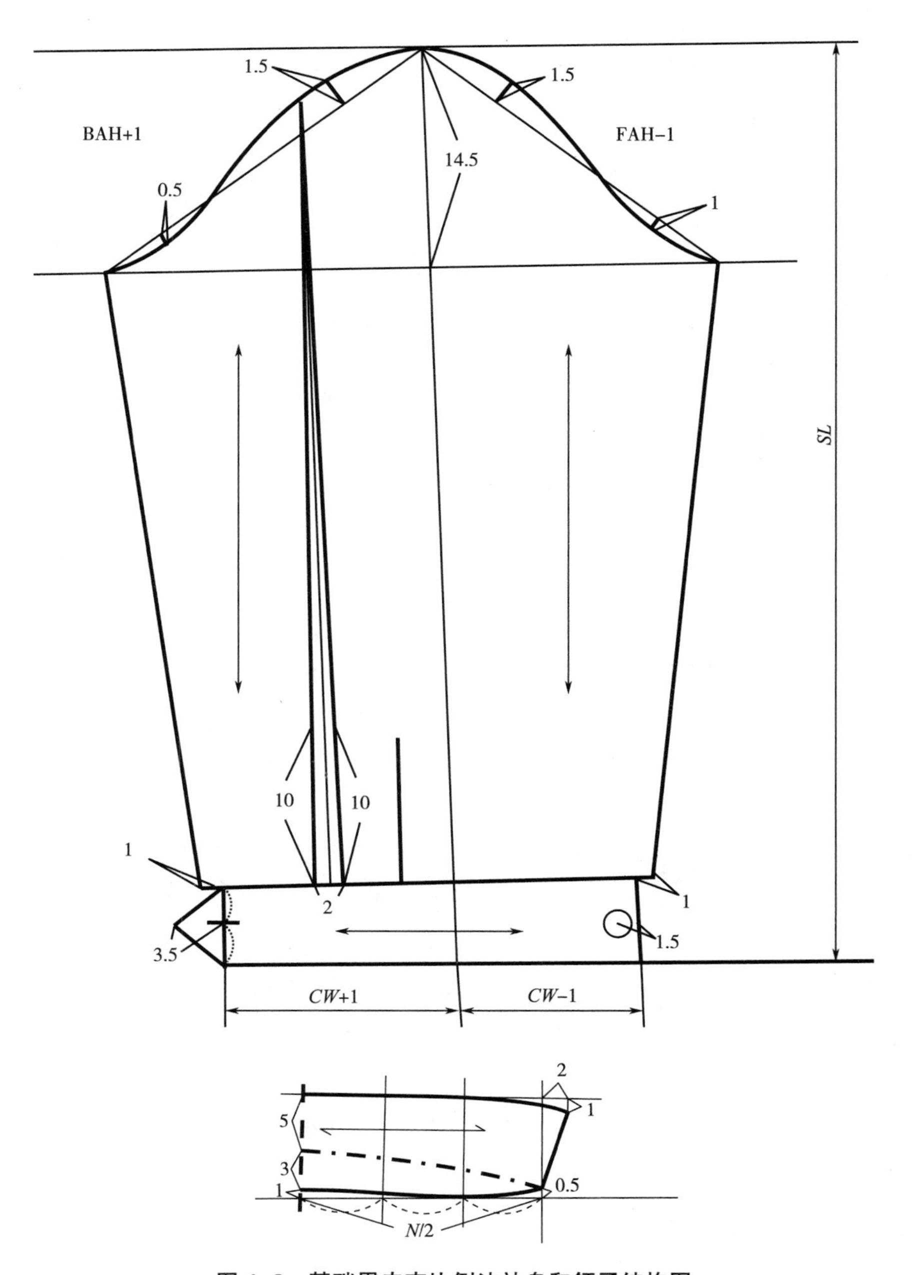

图4-8　基础男夹克比例法袖身和领子结构图

第三节 基础男夹克工业样板

一、基础男夹克工业样板绘制

（一）面料样板的放缝

（1）衣身侧缝、肩缝、袖缝、前中的放缝量为 1，后中连裁，袖窿、袖山、弧线、领弧线等弧线部位的放缝量为 0.6~1cm，基础男夹克面料样板如图 4-9 所示。

（2）下摆和袖头的放缝量为 1cm。

（3）领子四周放缝量为 1cm。

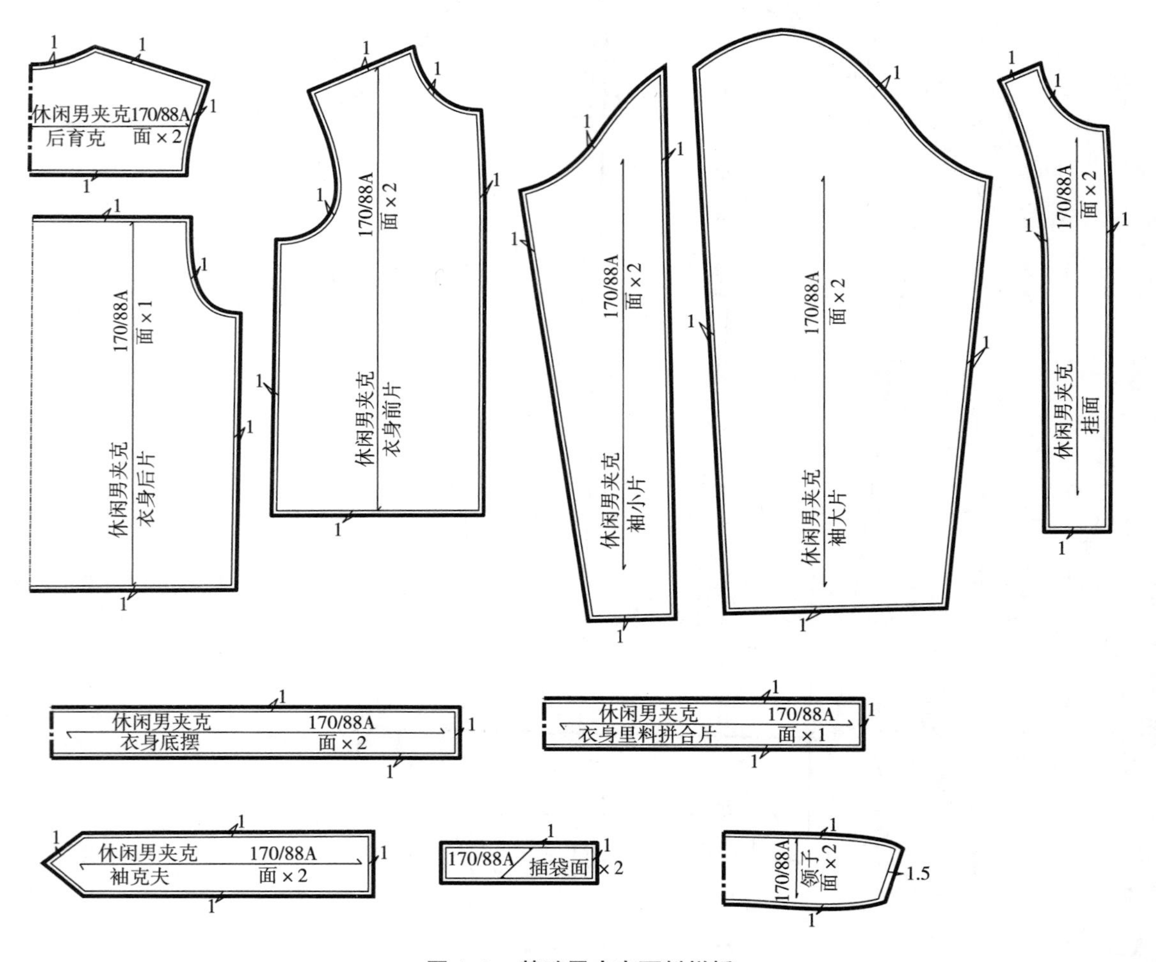

图 4-9 基础男夹克面料样板

（二）里料样板的放缝（图 4-10）

（1）衣身侧缝、肩缝、袖缝、前中的放缝量为 1cm。

（2）袖山曲线放缝 1.5cm，其余各部位放缝 1cm。

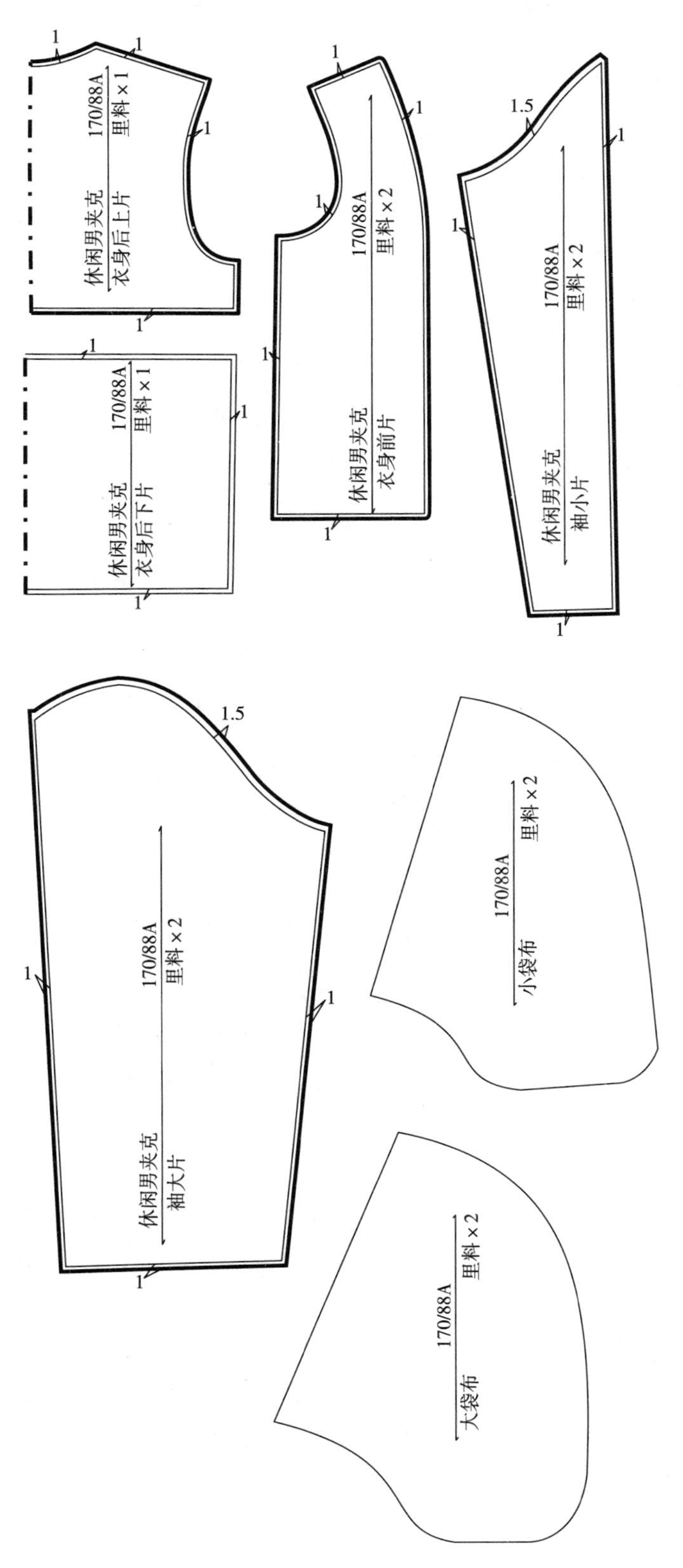

图 4-10　基础男夹克里料样板

(三) 衬料样板的制作

(1) 衬料样板在面料毛板的基础上进行裁剪，整片粘衬部位，衬料样板要比面料样板四周小 0.5cm（图 4-11）。

(2) 整个前片、挂面、领面、肩背、袖笼、下摆、袋口、嵌线、袖口等部位需要粘衬。

(3) 衬料样板的丝缕一般同面料样板丝缕一致，起加固作用。

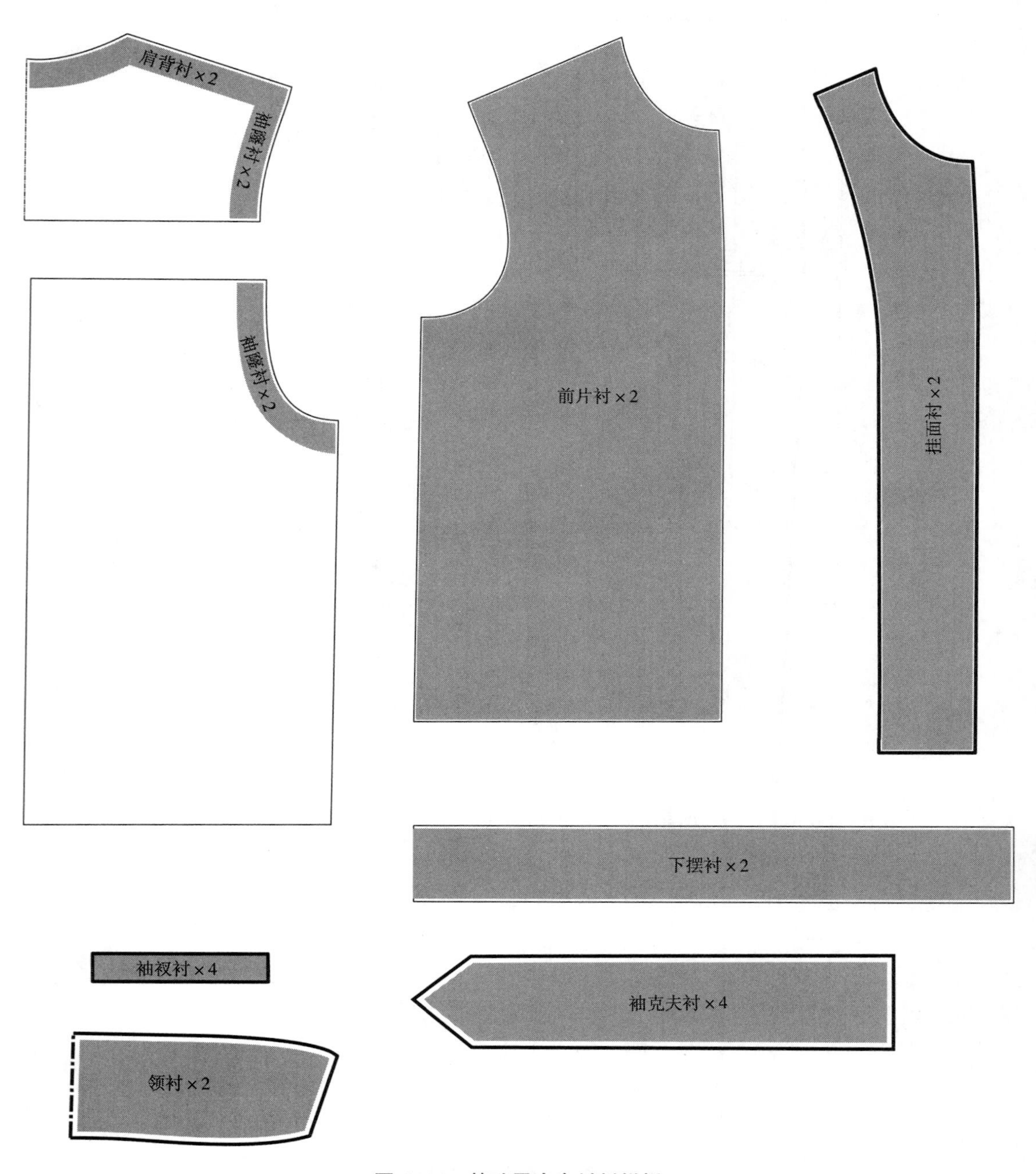

图 4-11 基础男夹克衬料样板

二、基础男夹克工业排板（图 4-12）

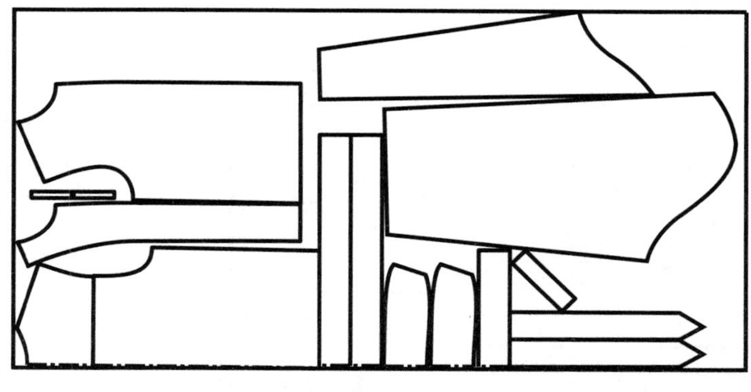

图 4-12　基础男夹克工业排版

第四节　基础男夹克工艺说明

一、面式结构图

基础男夹克面式结构如图 4-13 所示。

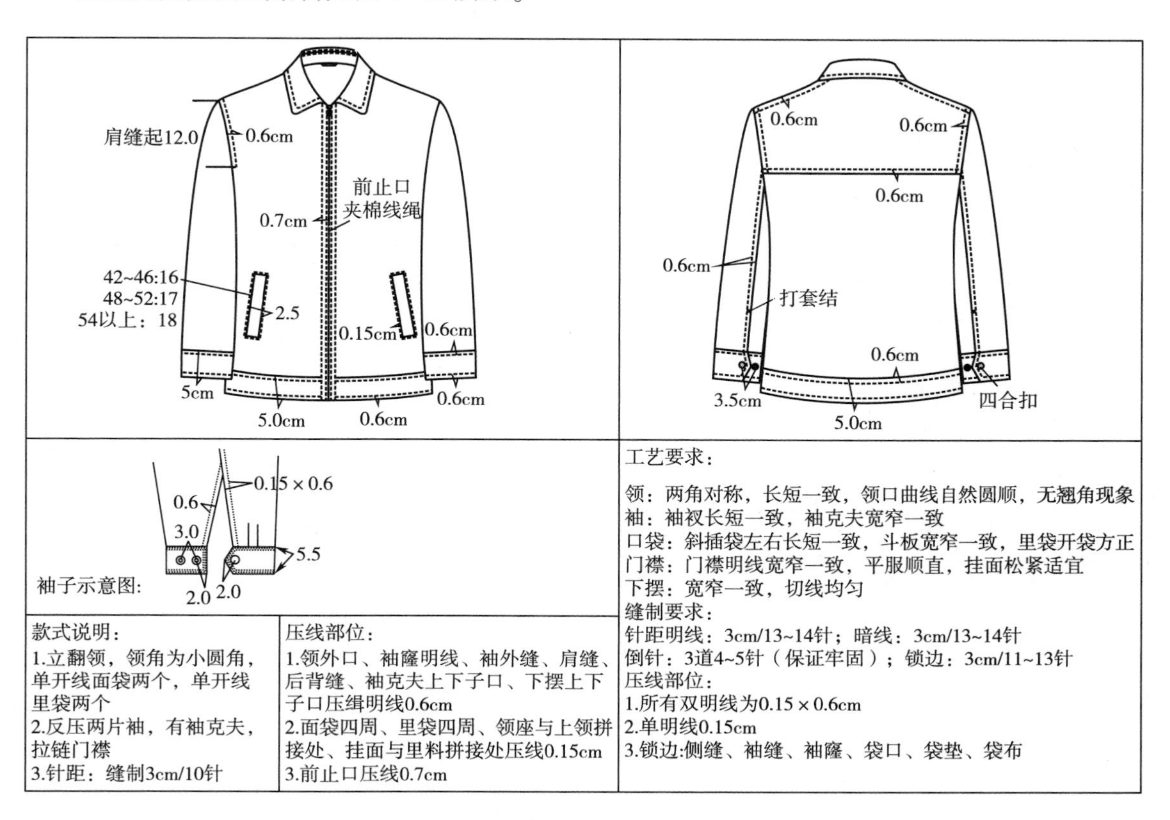

图 4-13　基础男夹克面式结构图

二、里式结构图

基础男夹克里式结构如图 4-14 所示。

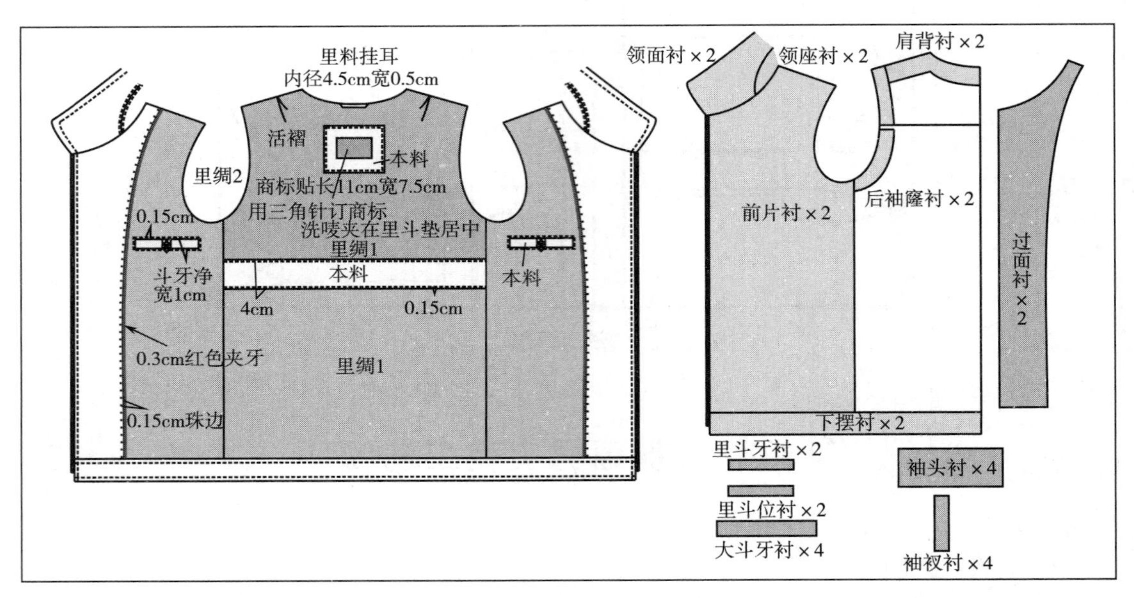

图 4-14 基础男夹克里式结构图

三、面辅料

基础男夹克面辅料见表 4-3。

表 4-3 基础男夹克面辅料一览表

面料				衬料			
序号	部位名称	裁片数量	说明	4	前片衬	2	有纺衬
1	前片	2		5	肩背衬	2	有纺衬
2	后片	2		6	里斗牙衬	2	无纺衬
3	挂面	2		7	挂面衬	2	薄有纺衬
4	大袖	2		净板			
5	小袖	2		1. 后下摆净 2. 前片 3. 袖头净 4. 右下摆净 5. 左下摆净 6. 领修样			
6	侧袋	2					
7	下摆	2					
8	袖头	4					
9	领面	1					
10	领里	1					
衬料							
1	下摆衬	1	无纺衬				
2	领衬	2	有纺衬				
3	袖克夫衬	4	无纺衬				

第五节　男夹克结构设计实例

一、变化款 POLO 衫

（一）款式图、效果图

变化款 POLO 衫款式图及效果图如图 4-15 所示。

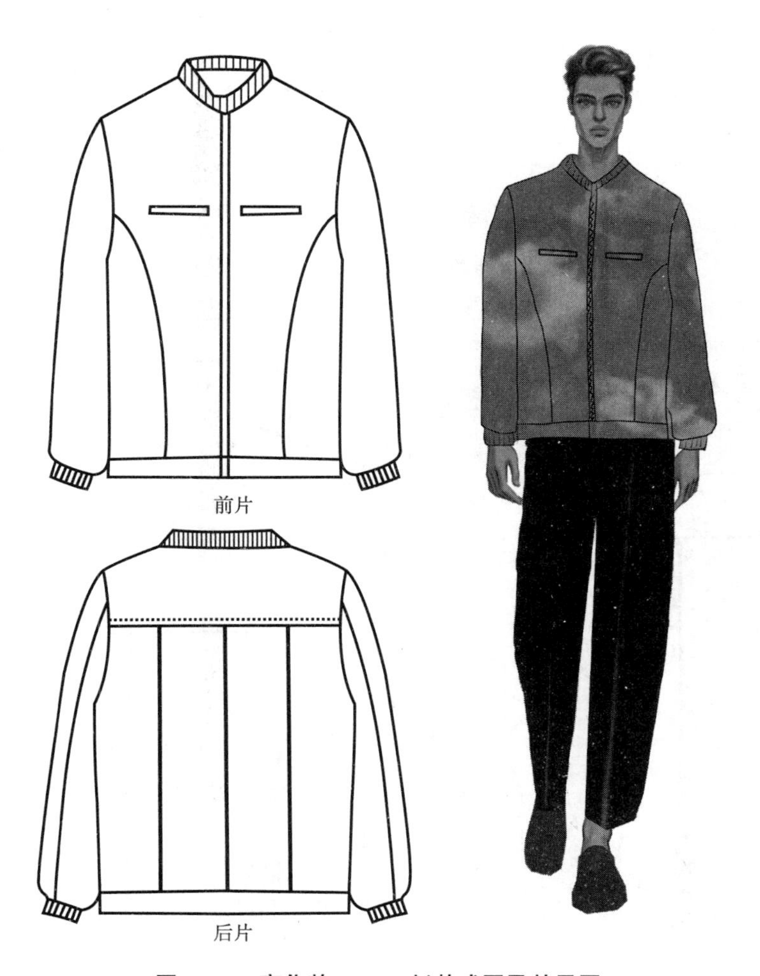

图 4-15　变化款 POLO 衫款式图及效果图

（二）款式描述

本款为较合体型 POLO 衫，八开身，前片胸部左右两侧各一个单嵌线插袋，前片有刀背缝，领子为针织罗纹领，后片有连裁后育克，后育克以下后中分裁，左右两侧有后腰省，袖子为一片袖，袖口有罗纹。

（三）尺寸规格设计

尺寸规格见表 4-4。

表 4-4 尺寸规格表　　单位：cm

号型	后衣长（L）	胸围（B）	肩宽（S）	领围（N）	袖长（SL）	袖口（CW）
170/88A	63	118	48.8	41	63.5	9

（四）面辅料的选配

面辅料的选配见表 4-5。

表 4-5 面辅料的选配表

类型	材质	使用部位
面料	空气棉	整个衣身
辅料	针织罗纹	袖克夫、领子
拉链	金属	前中

（五）结构图

变化款 POLO 衫衣身、领结构和袖身结构如图 4-16 和图 4-17 所示。

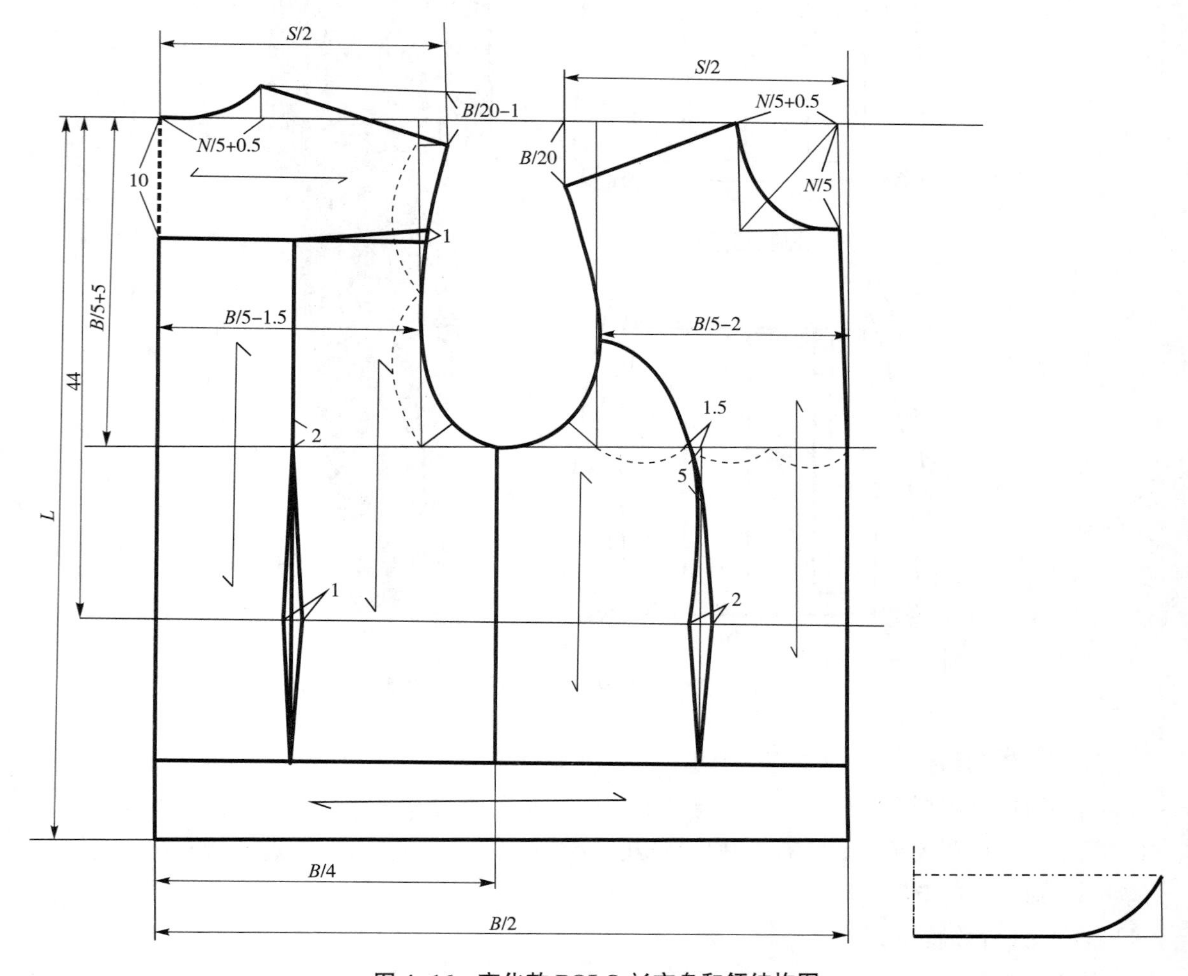

图 4-16 变化款 POLO 衫衣身和领结构图

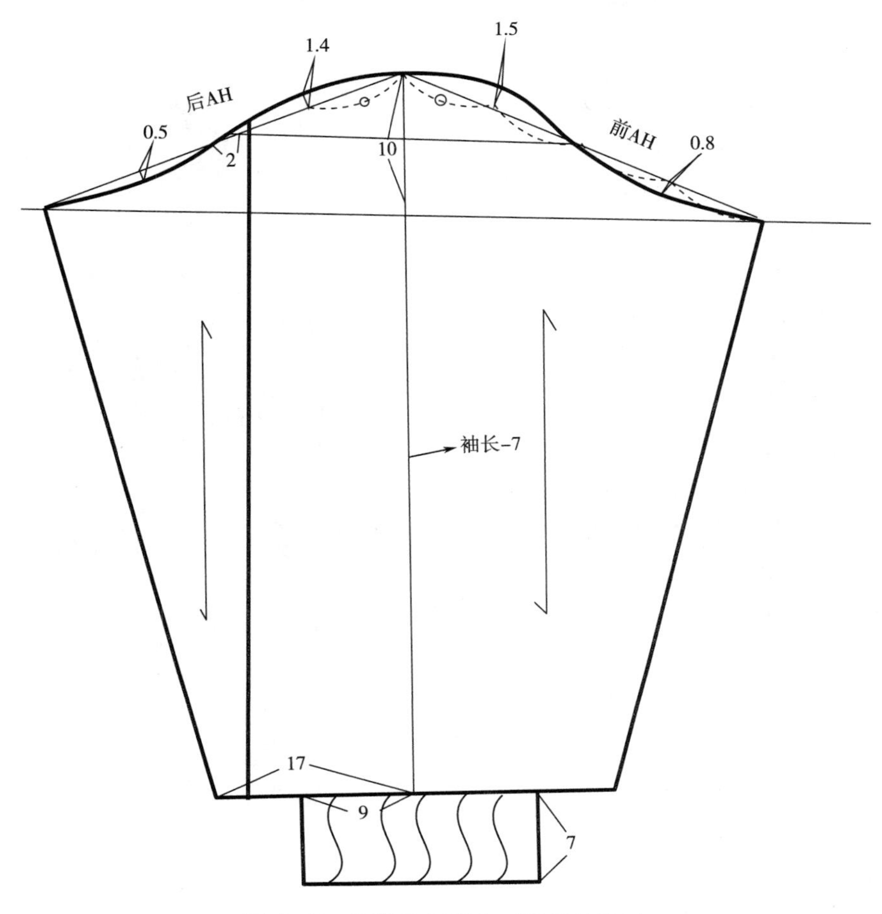

图 4-17　变化款 POLO 衫袖身结构图

（六）结构设计要点

（1）后育克的宽度为后中向下 10cm，后育克在后袖窿弧上收省量为 1cm。

（2）后腰省的省中线位于后中至背宽线的二等分处，后腰省在腰部的收省量为 1cm，省长从后育克通至底摆。

（3）前胸的撇胸量为 1～1.5cm，前片有刀背缝，刀背缝在腰部的收省量为 2cm。

（4）衣身底摆克夫宽度为 6cm。

（5）袖子的袖山高为 1cm，袖口有宽 7cm 的罗纹克夫收紧。

二、牛仔夹克

（一）款式图、效果图

牛仔夹克款式图和效果图如图 4-18 所示。

（二）款式描述

本款为合体型，单排六粒扣，前中有门襟，前片左右两侧有一个带袋盖的宝剑型贴袋，前片左右两侧有分割线，后片有后腰分割线，整个底摆收紧。袖子为较合体型两片袖，袖克夫有搭门。

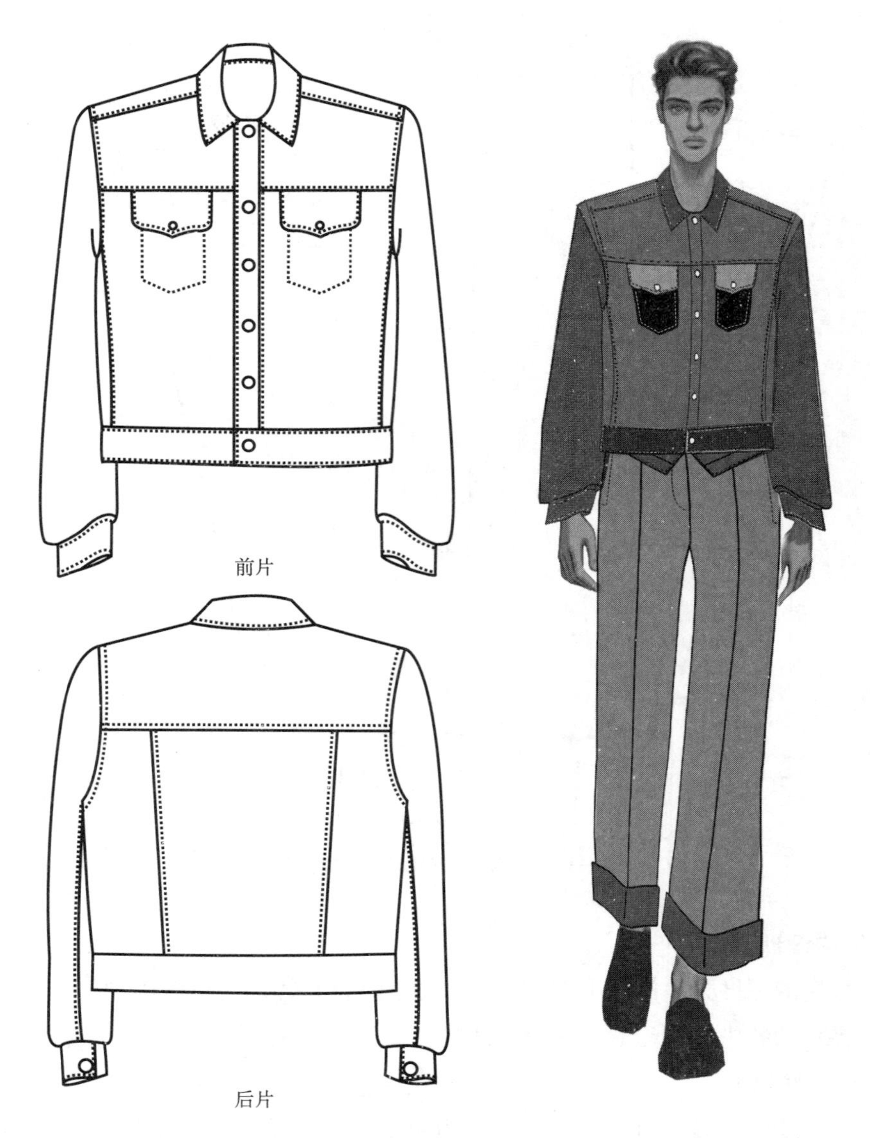

图 4-18 牛仔夹克款式图和效果图

（三）尺寸规格设计

尺寸规格见表 4-6。

表 4-6 尺寸规格表 单位：cm

号型	后衣长（L）	胸围（B）	肩宽（S）	领围（N）	袖长（SL）	袖口（CW）	下摆围
170/88A	65	112	50	48	65	14	102

（四）面辅料的选配

面辅料的选配见表 4-7。

表 4-7　面辅料的选配表

类型	材质	使用部位
面料	牛仔棉	整个衣身、袖身、袋盖、领子等
装饰线	橘色棉线	明线部位
纽扣	金属扣	前中扣子

（五）结构图

牛仔夹克衣身和袖身结构如图 4-19 和图 4-20 所示。

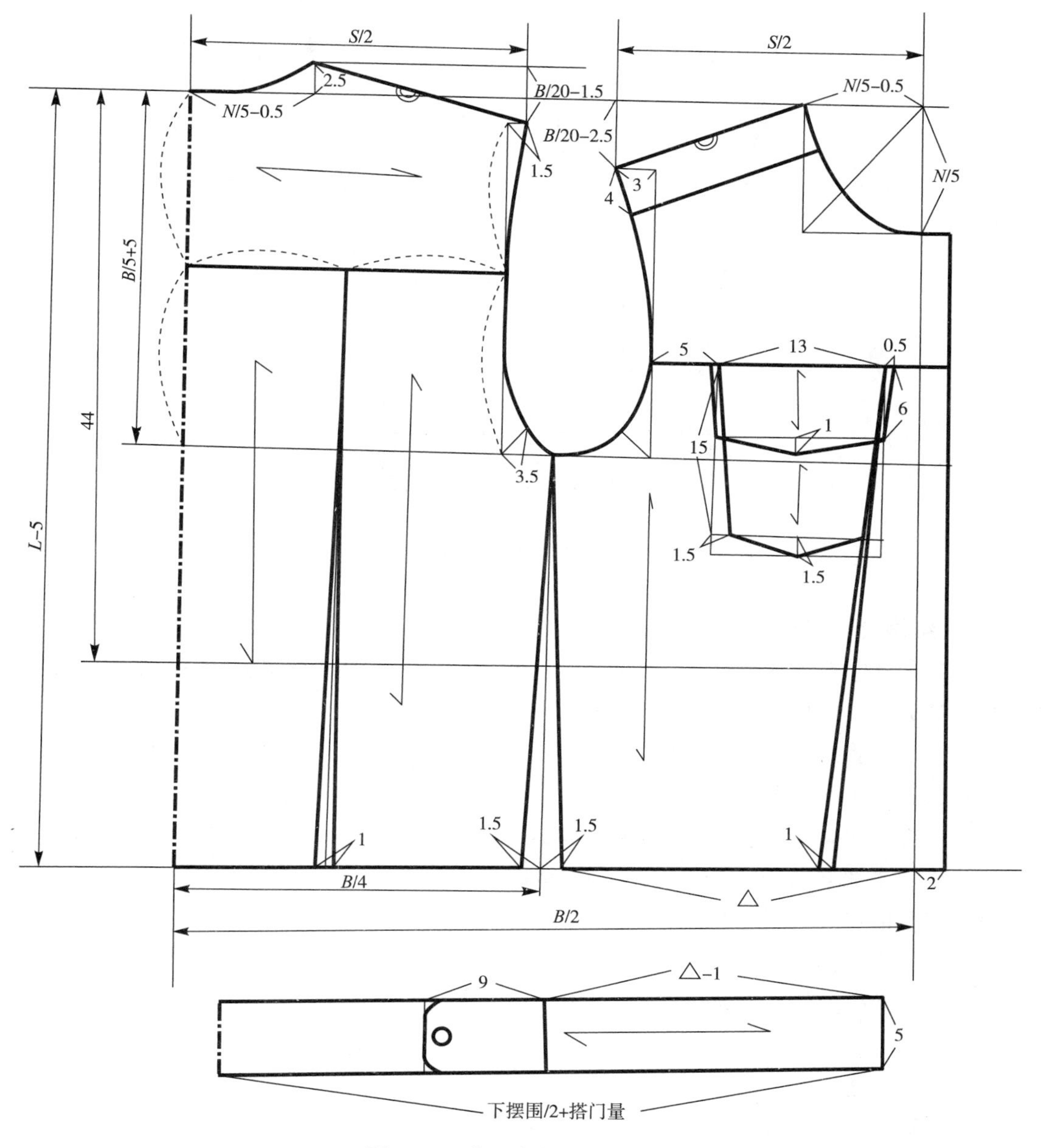

图 4-19　牛仔夹克衣身结构图

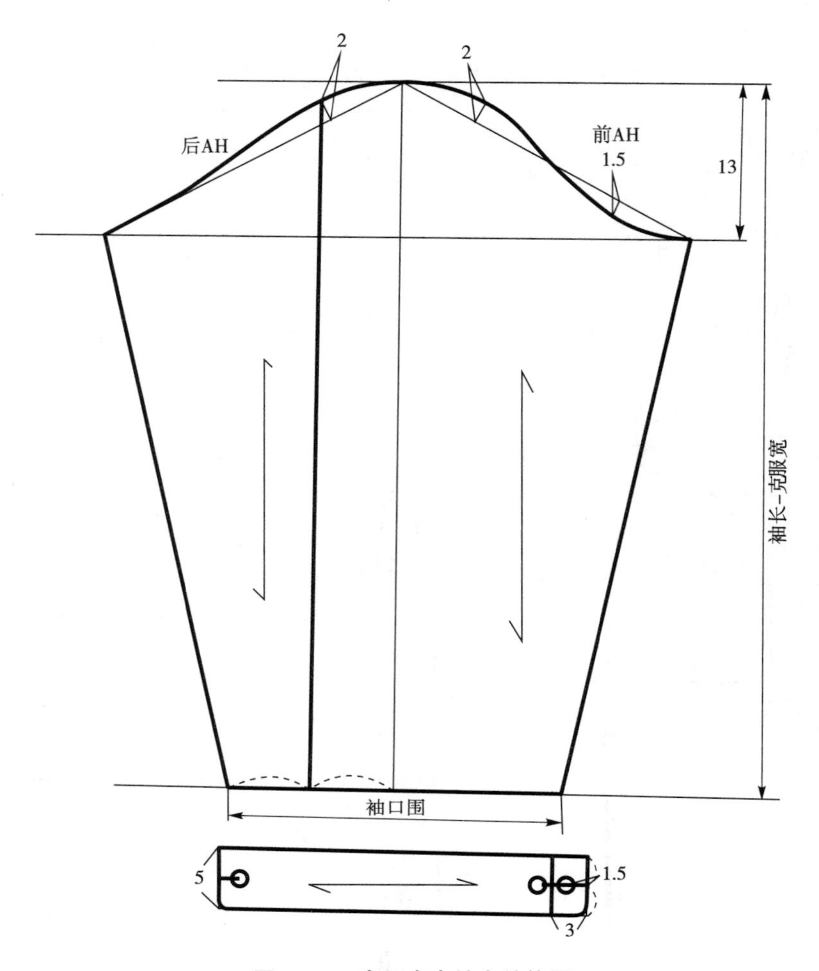

图 4-20　牛仔夹克袖身结构图

（六）结构设计要点

（1）后育克位于背宽横向上，后腰省为三角形省，在底摆的收省量为 1cm，后腰省的位置位于育克横向中点垂直向下。

（2）前后侧缝的收省量为 1.5cm，前片有过肩，过肩的宽度为 4cm，前分割线在腰部的收省量为 1cm，前分割线位于贴袋靠前的边线的延长线。

（3）前育克横向位于前中间量至袖窿深线之间下三分之一点的水平线上，贴袋开口宽度为 13cm，袋盖两端各长出 0.5cm，长为 16.5cm。

（4）底摆袖克夫在侧缝处有搭门，搭门长度为 9cm。

（5）袖子为合体两片袖，两片袖的分割线为后袖口宽的中点向上垂线分割，袖山高为 13cm，袖口是带搭门的袖克夫。

三、机车夹克

（一）款式图、效果图

机车夹克款式图及效果图如图 4-21 所示。

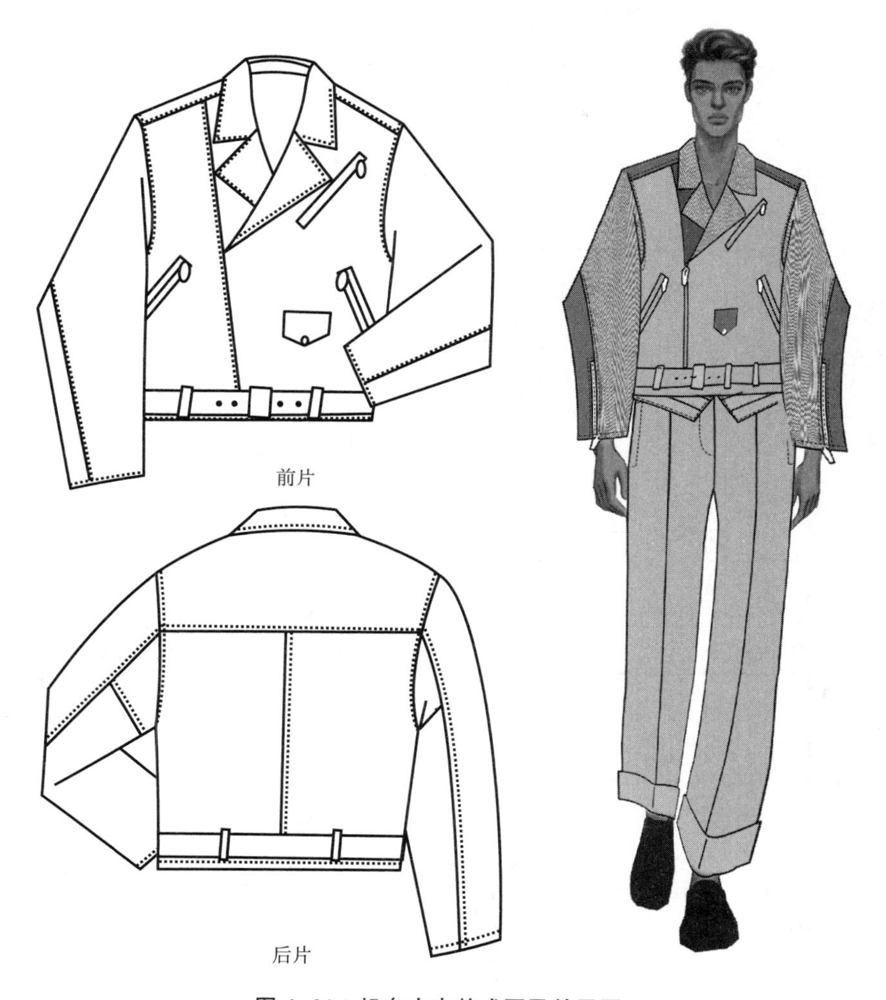

图 4-21 机车夹克款式图及效果图

（二）款式描述

本款为较宽松型，四开身，斜对搭式门襟带拉链，领子为变化型平驳领，前片有过肩，左侧有斜向带拉链插袋和钱袋，左右两侧有双嵌线斜插袋，后片有育克分割，底摆处有腰带，袖子为合体两片式袖型。

（三）尺寸规格设计

尺寸规格见表 4-8。

表 4-8 尺寸规格表 单位：cm

号型	后衣长（L）	胸围（B）	肩宽（S）	领围（N）	袖长（SL）	袖口（CW）	下摆围
170/88A	65	110	48.8	46	62.5	14.5	100

（四）面辅料的选配

面辅料的选配见表 4-9。

表 4-9 面辅料的选配表

类型	材质	使用部位
面料	牛皮	整个衣身、领子、袖子、袋盖
里料	府绸	整个衣身、袖子
纽扣	金属扣	袋盖
拉链	金属	前中、口袋

(五) 结构图

机车夹克衣身和袖身结构如图 4-22 和图 4-23 所示。

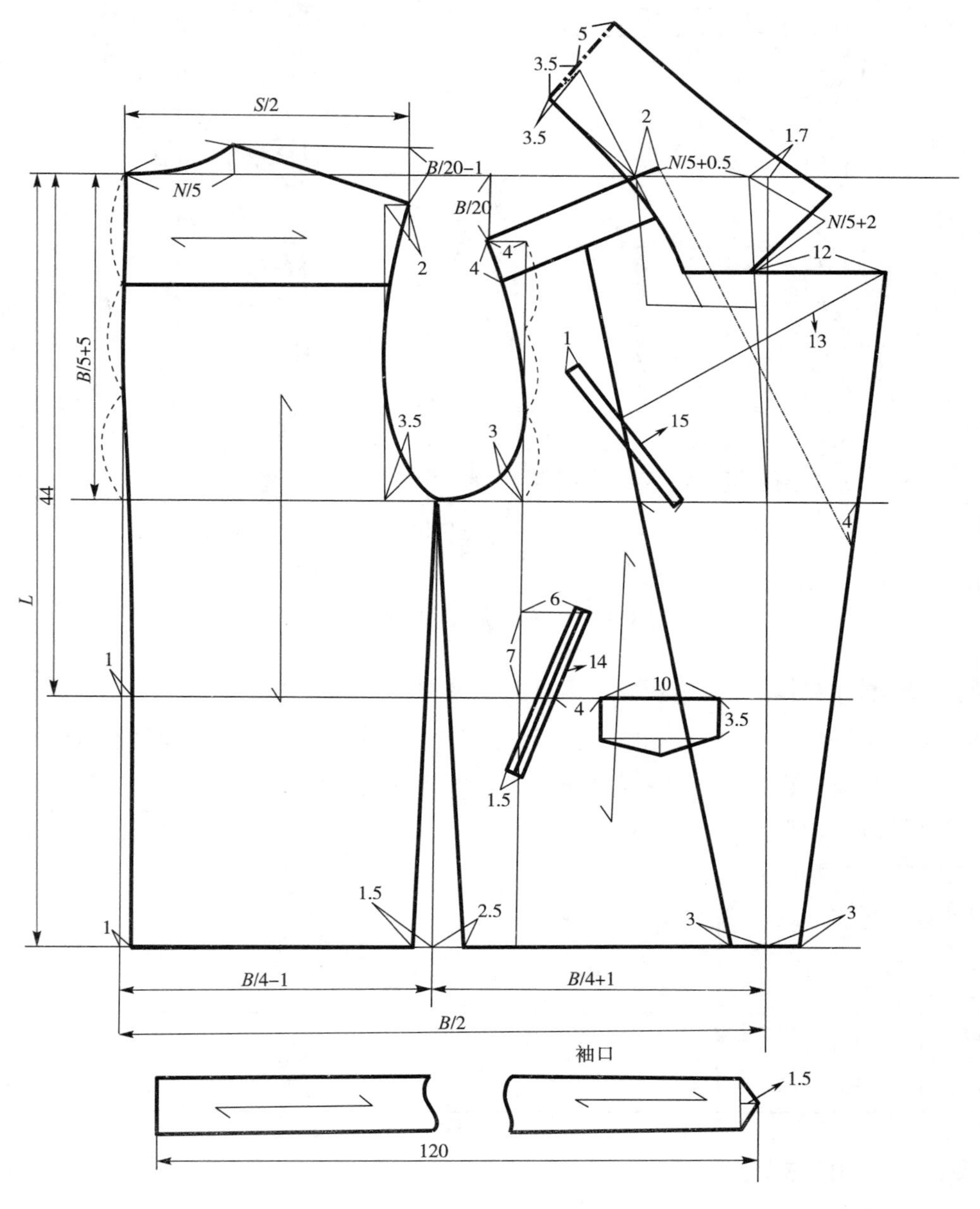

图 4-22 机车夹克衣身结构图

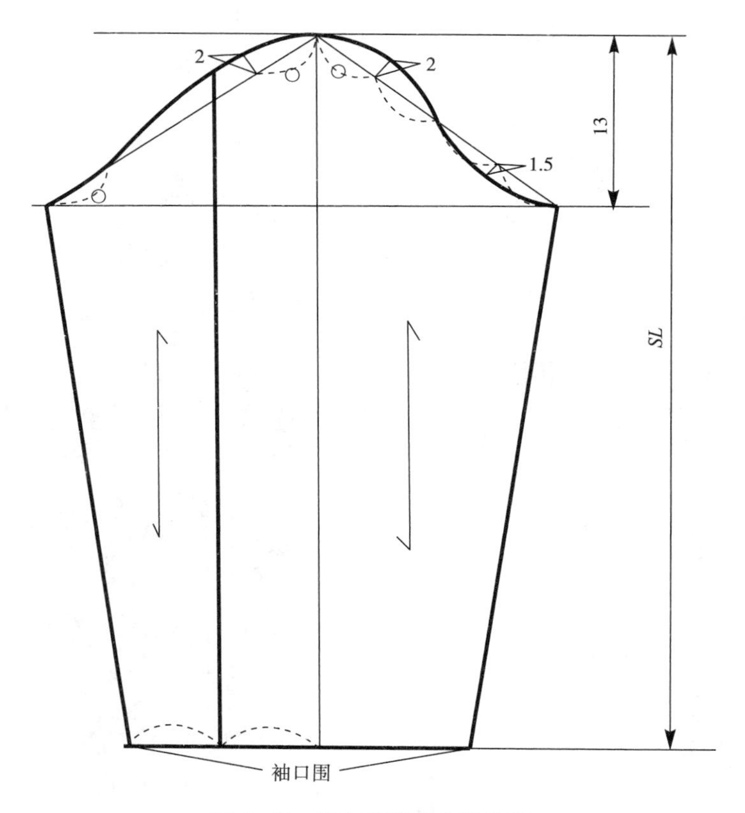

图 4-23 机车夹克袖身结构图

（六）结构设计要点

（1）后育克位于袖窿深线上三等分点的水平位置，后背缝腰部收省量为 1cm，底摆收省量为 1cm，后侧缝的收省量为 1.5cm。

（2）前片有过肩，过肩宽度为 4cm，驳领宽为 13cm，驳领角宽度为 12cm，翻领后中领座宽为 3.5cm，领面宽为 5cm，前片侧缝收腰量为 2.5cm。

（3）前身口袋较多，左侧胸部斜带宽为 1cm，长为 15cm，腰部钱袋长 10cm，宽 4cm 的宝剑型袋盖；左右两侧各有双嵌线斜插袋，插袋的长为 14cm，宽为 1.5cm。

（4）袖子为合体两片袖，两片袖的分割线为后袖口宽的中点向上垂线分割，袖山高为 13cm。

四、立领工装夹克

（一）款式图、效果图

立领工装夹克款式图和效果图如图 4-24 所示。

（二）款式描述

本款为较合体型，四开身，前中有门襟。前后有过肩大育克，采用连体结构，四周明线固定，前片左右两侧各有一个带袋盖的贴袋，腰部有腰带，领子为立领结构，袖子为合体两片袖子。

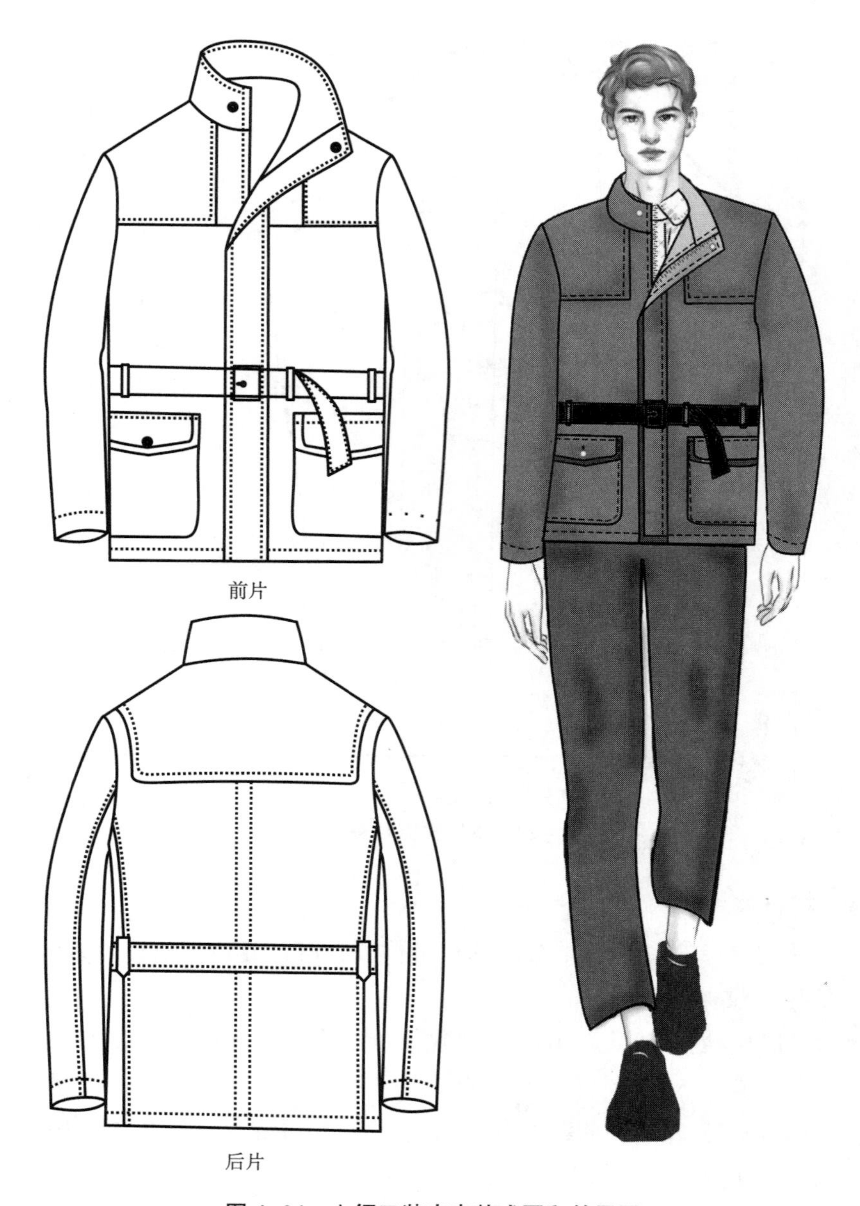

图 4-24 立领工装夹克款式图和效果图

(三) 尺寸规格设计

尺寸规格见表 4-10。

表 4-10 尺寸规格表 单位：cm

号型	后衣长（L）	胸围（B）	肩宽（S）	领围（N）	袖长（SL）	袖口（CW）
170/88A	68	112	47	43	61	13.5

(四) 面辅料的选配

面辅料的选配见表 4-11。

表 4-11　面辅料的选配表

类型	材质	使用部位
面料	涤纶混纺	整个衣身、领子、袖子、口袋、袋盖、腰带
里料	府绸	衣身、袖子、口袋布
衬料	有纺衬、无纺衬	挂面、袋盖、领子等
腰带扣	金属	腰带
纽扣	金属扣	前中、袋盖

(五) 结构图

立领工装夹克衣身和袖身结构如图 4-25 和图 4-26 所示。

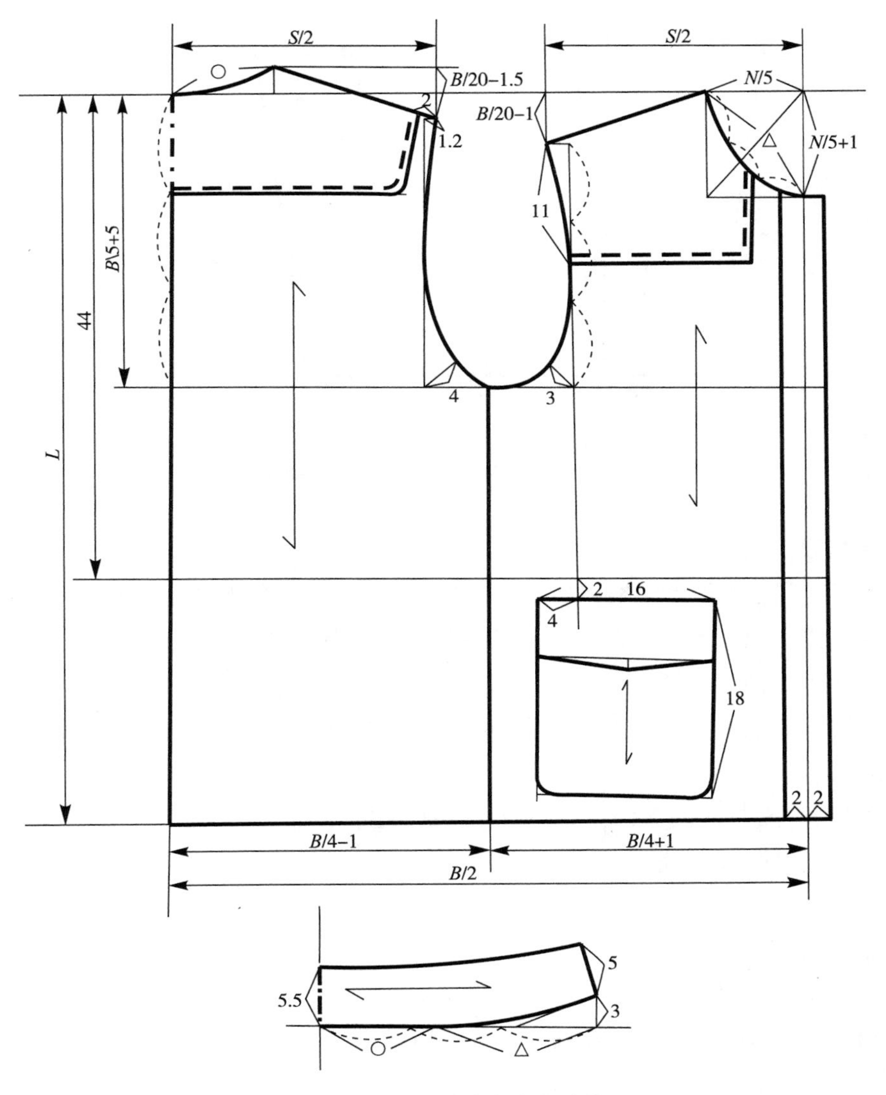

图 4-25　立领工装夹克衣身结构图

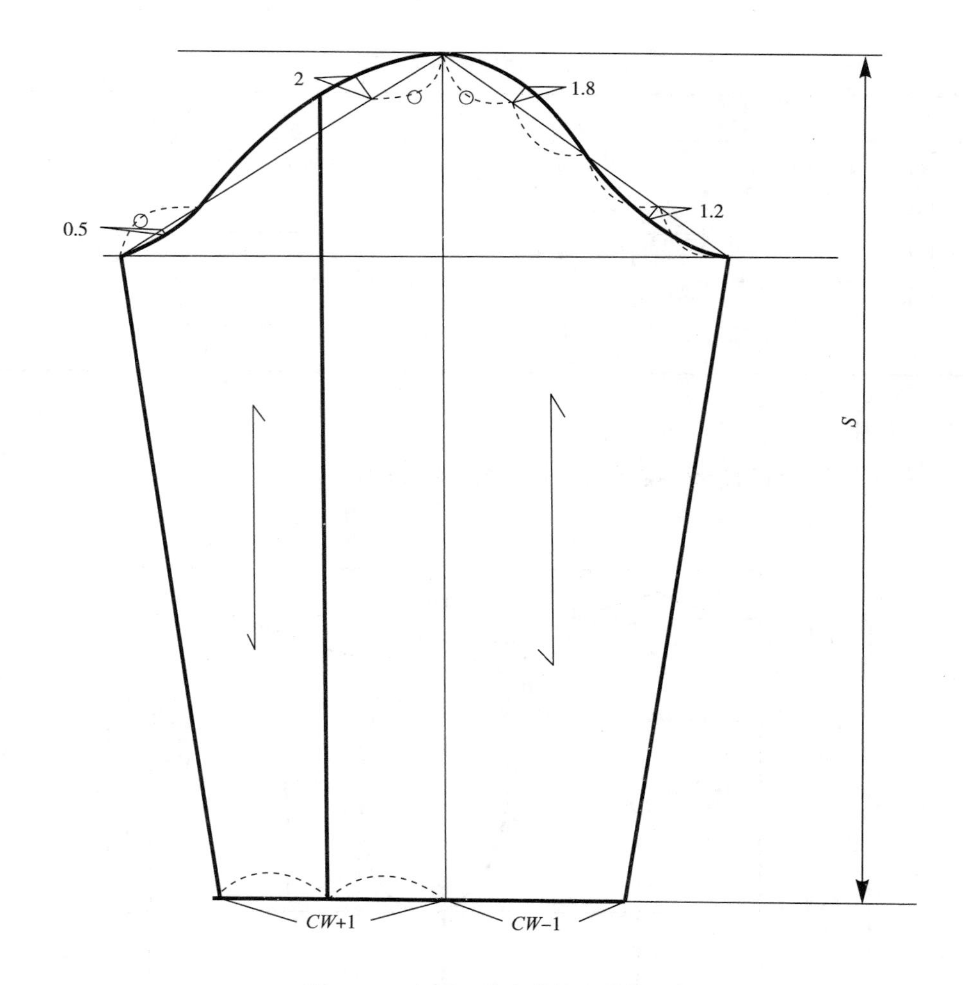

图 4-26　立领工装夹克袖身结构图

（六）结构设计要点

（1）后育克下边缘位于袖窿深线上三分之一的水平线，右侧边缘位于平行于袖窿弧线向后 2cm。前育克下边缘位于前袖窿 11cm 的水平线，右侧边缘位于前领弧下三分之一点的垂线。育克边缘有明线装饰。

（2）前片门襟宽为 4cm，左右两侧的贴袋位于腰围线向下 2cm 的水平线，贴袋开口宽 16cm，长 18cm。

（3）领子为宽 5. 5cm 的立领，立领的起翘量为 3cm。

（4）袖子为合体型两片袖，袖山高为 13cm。

五、斜插袋工装夹克

（一）款式图、效果图

斜插袋工装夹克款式图及效果图如图 4-27 所示。

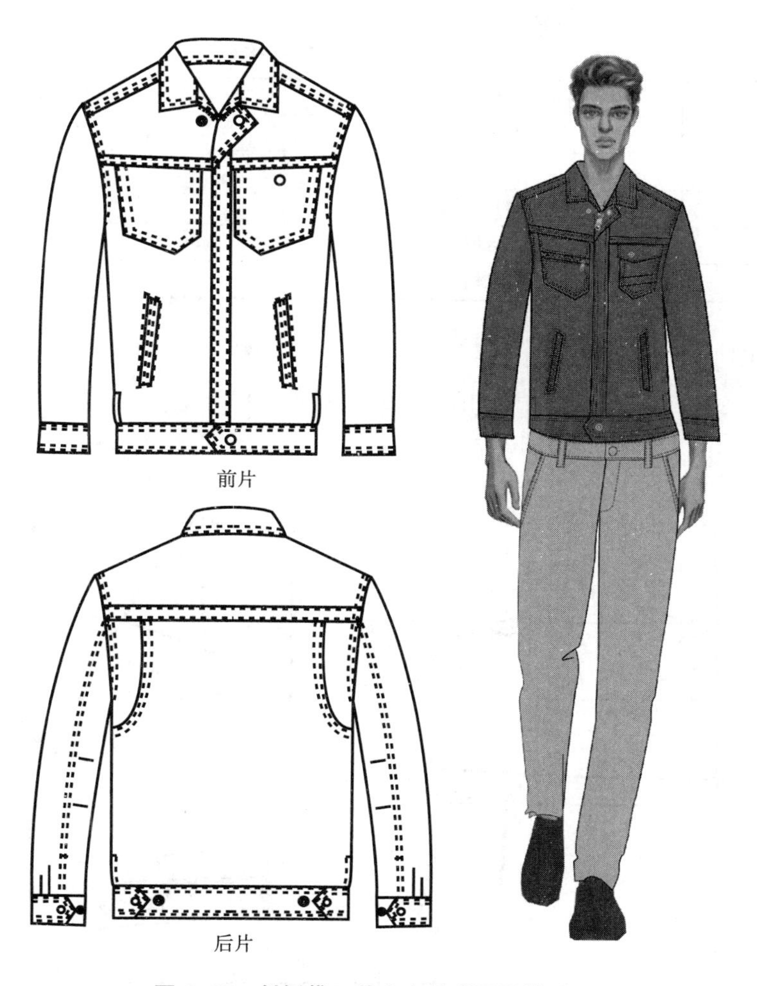

图 4-27　斜插袋工装夹克款式图及效果图

（二）款式描述

本款为较合体型，前中有门襟，后片有育克，育克线上有反光条，后片有弯刀型分割线。前片有过肩，领子为一片式立翻领，前片左右两侧各有育克，育克上带反光条，左右两侧有贴袋和斜插袋。底摆左右两侧和前中均有搭门。袖子为合体两片袖，袖克夫有搭门。

（三）尺寸规格设计

尺寸规格见表 4-12。

表 4-12　尺寸规格表　　单位：cm

号型	后衣长（L）	胸围（B）	肩宽（S）	领围（N）	袖长（SL）	袖口（CW）	下摆围
170/88A	68	112	47	43	61	13.5	106

（四）面辅料的选配

面辅料的选配见表 4-13。

表 4-13　面辅料的选配表

类型	材质	使用部位
面料	涤棉混纺	整个衣身、领子、袖子、口袋等
里料	涤纶	衣身、袖子、口袋布
衬料	有纺衬、无纺衬	挂面、袋盖、领子等
反光条	化纤布	前后育克
纽扣	金属扣	门襟、口袋、袖口

（五）结构图

斜插袋工装夹克衣身和袖身结构如图 4-28 和图 4-29 所示。

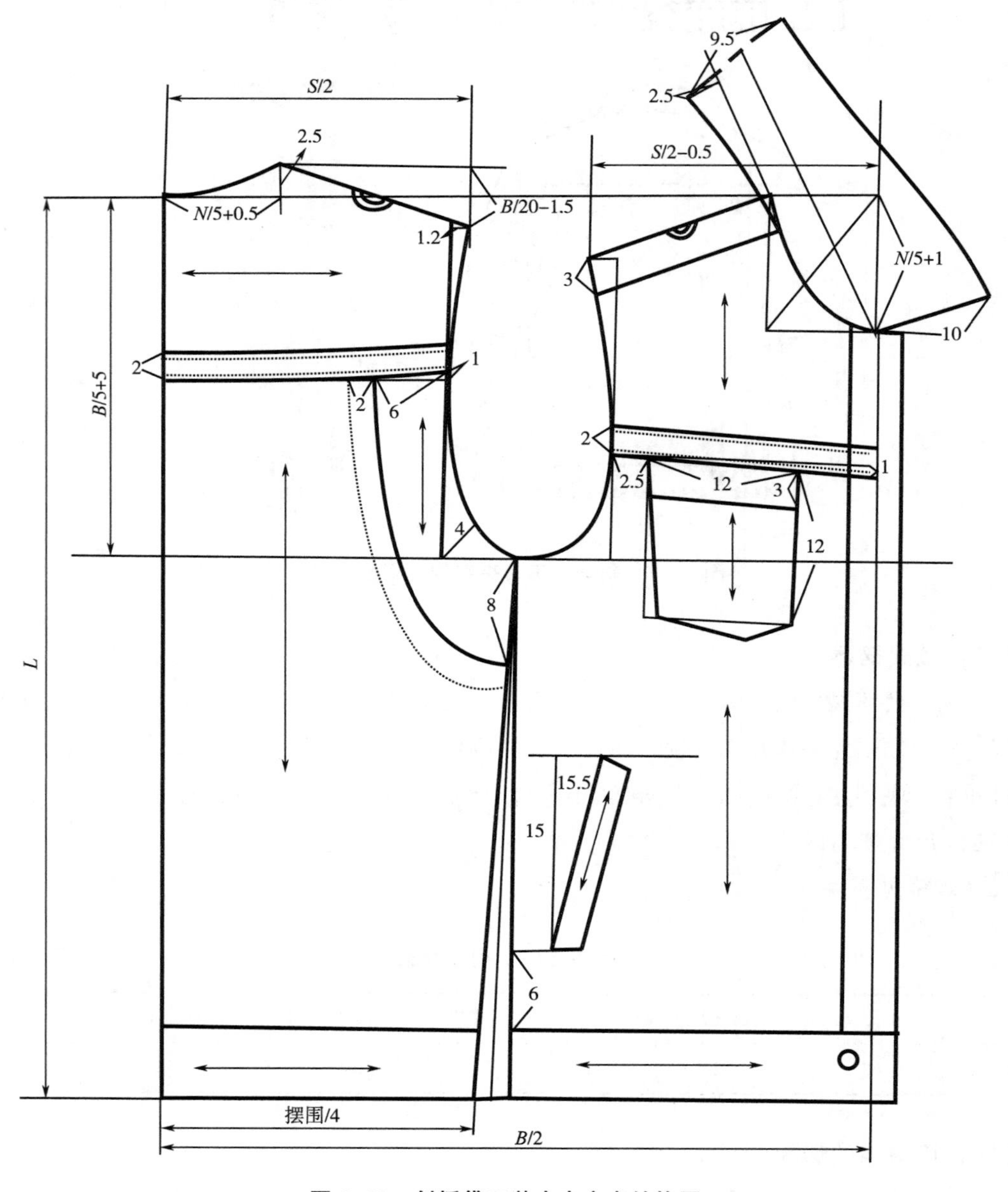

图 4-28　斜插袋工装夹克衣身结构图

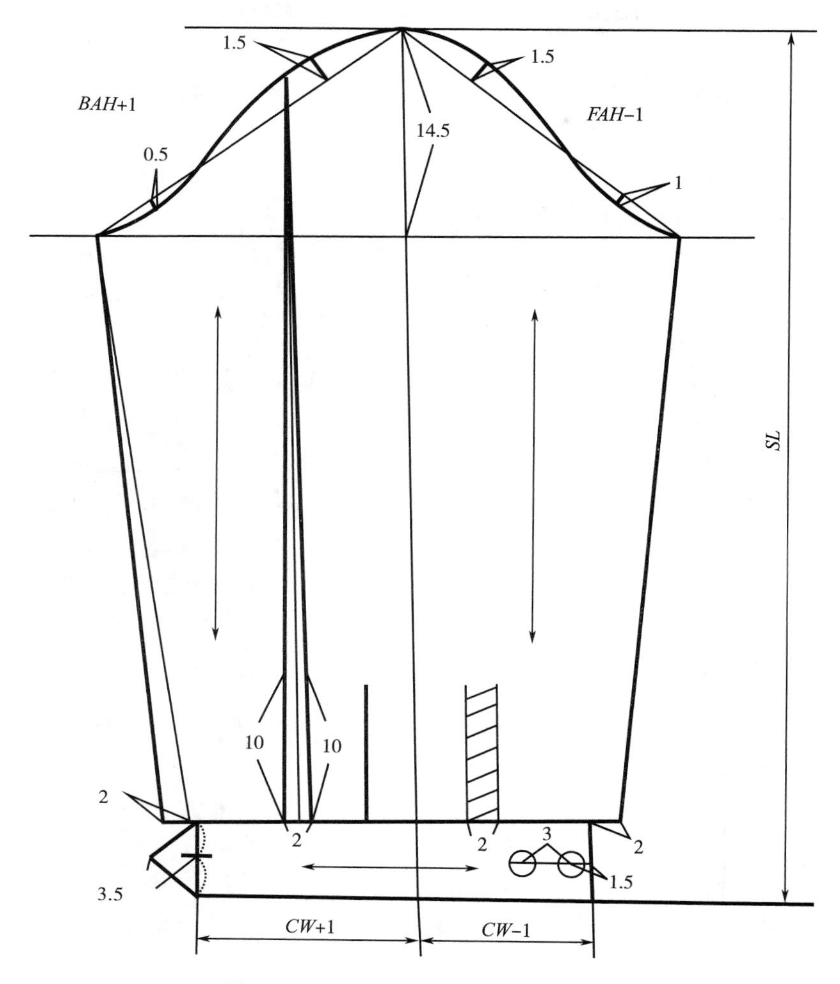

图 4-29　斜插袋工装夹克袖身结构图

（六）结构设计要点

（1）后育克位于背宽横线，并在袖窿弧处收 1cm 省量，反光条的宽度为 2cm。后片分割线位于育克向后 6cm，后侧缝向下 8cm，两点形成的弯刀分割线。

（2）前过肩宽度为 3cm，前育克线为倾斜的斜线，育克线上有 2cm 反光条，左右胸部的插袋为倾斜式宝剑型插袋，插袋开口宽 12cm，长为 12cm，前片腰部左右插袋为宽边内倾式的插袋，长度为 15. 5cm，宽度为 2. 5cm，内倾量为 0. 5cm。

（3）底摆在前后侧缝的收腰量分别为 1. 5cm。

（4）袖子中的褶裥量为 2cm，收省量为 2cm，袖开衩位于袖口向上 10cm，袖克夫带宝剑型搭门，搭门量为 2. 5cm。

六、反插袋工装夹克

（一）款式图、效果图

反插袋工装夹克款式图和效果图如图 4-30 所示。

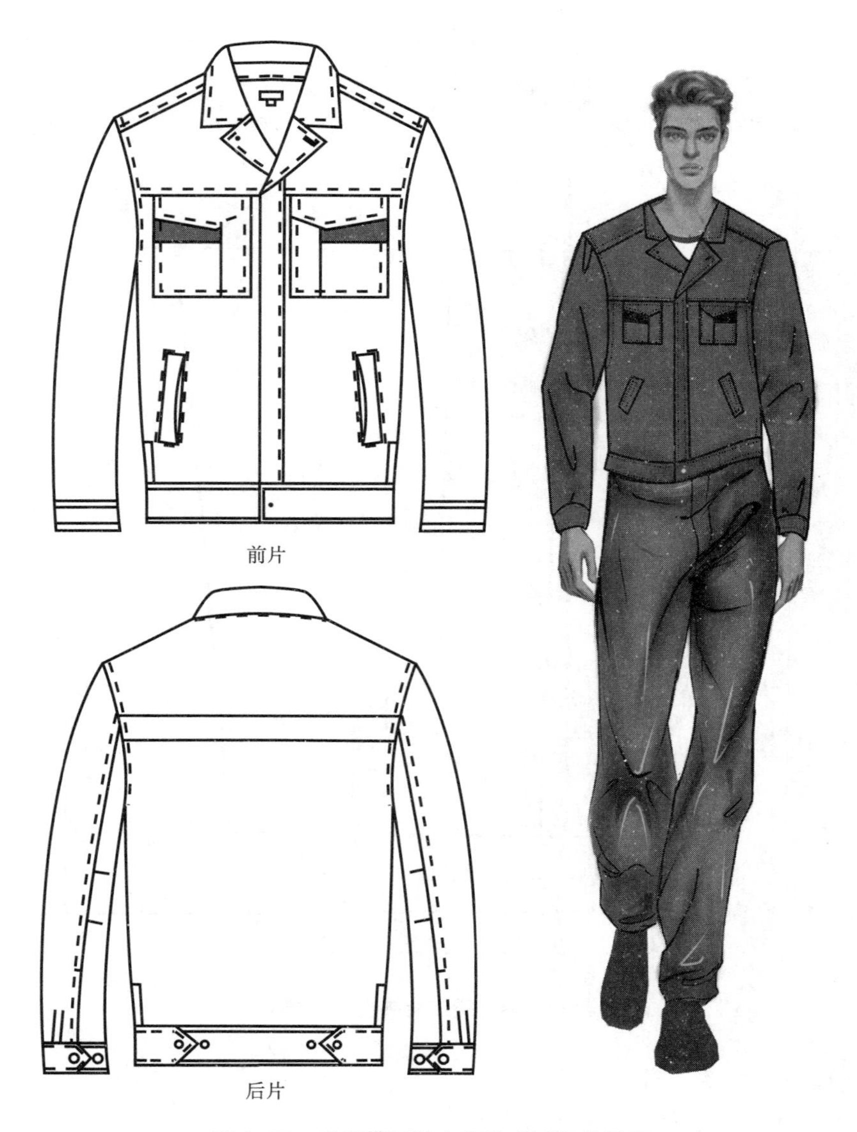

图 4-30　反插袋工装夹克款式图和效果图

（二）款式描述

本款为较合体型，三开身，前中有门襟，前后片均有育克，育克上有反光条。前片有过肩，领子为一片式立翻领，前片胸部左右两侧各一个带袋盖的矩形贴袋，腰部左右两侧有斜插袋，底摆侧缝处有搭门。袖子为合体两片袖，袖口有褶裥，袖克夫带宝剑式搭门。

（三）尺寸规格设计

尺寸规格见表 4-14。

表 4-14　尺寸规格表　　单位：cm

号型	后衣长（L）	胸围（B）	肩宽（S）	领围（N）	袖长（SL）	袖口（CW）	下摆围
170/88A	68	112	47	43	61	13.5	106

（四）面辅料的选配

面辅料的选配见表 4-15。

表 4-15　面辅料的选配表

类型	材质	使用部位
面料	涤棉混纺	整个衣身、领子、袖子、口袋等
里料	聚酯纤维	衣身、袖子、袋布
衬料	有纺衬、无纺衬	挂面、袋盖、领子等
反光条	化纤布	后育克、口袋
纽扣	金属扣	门襟、底摆、袖口

（五）结构图

反插袋工装夹克衣身和袖身结构如图 4-31 和图 4-32 所示。

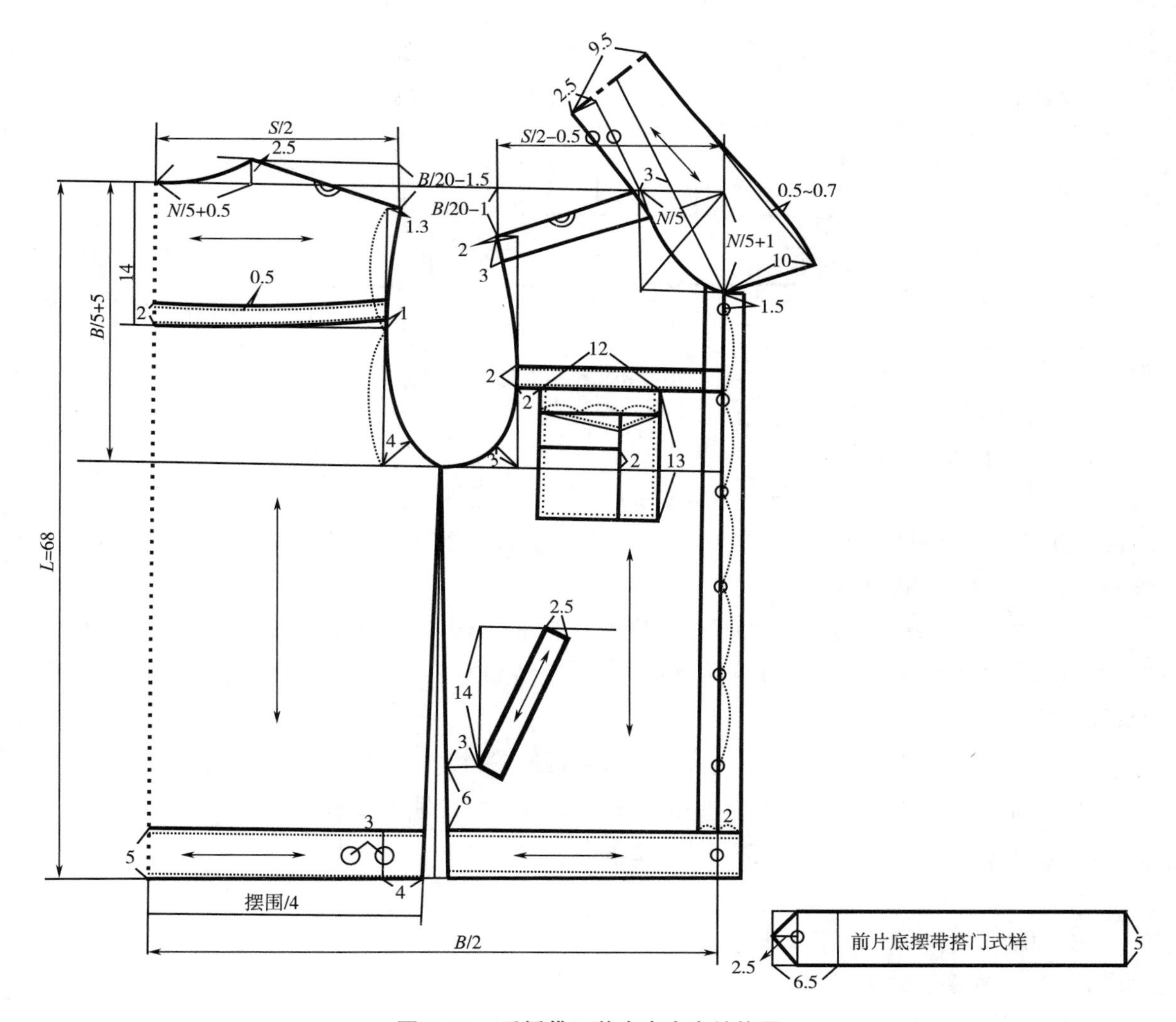

图 4-31　反插袋工装夹克衣身结构图

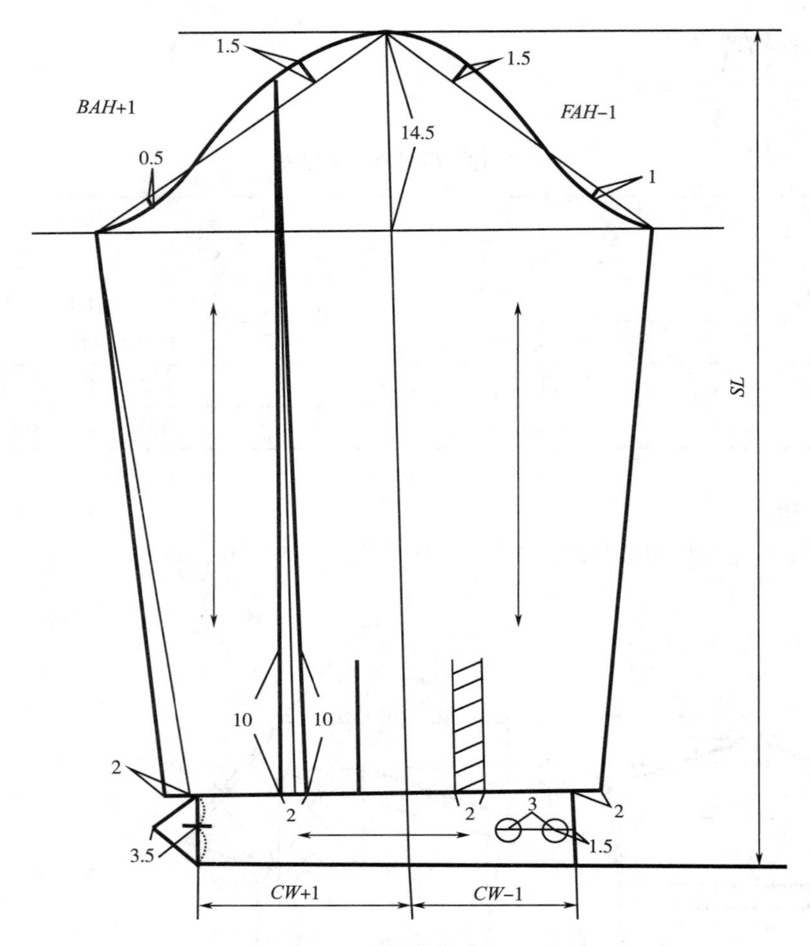

图 4-32　反插袋工装夹克袖身结构图

（六）结构设计要点

（1）后育克的宽度为后中向下 13~14cm，后育克在后袖窿弧处收 1cm 省量，后育克上有 2cm 反光条。前过肩的宽度为肩点向下 3cm，前育克位于前冲肩至袖窿深下三分之一点的水平线，前育克上有 2cm 的反光条。

（2）领子为一片式立翻领，领后中宽度为 9.5cm，前片胸部左右两侧各一个带袋盖的矩形贴袋，贴袋上有分割线，并用明线装饰。前片腰部左右两侧各一个斜插袋，斜插袋长 15cm，宽为 2.5cm。

（3）底摆克夫宽为 5cm，前后克夫位置有宝剑型搭门，并用明线装饰。

（4）袖子为合体一片，袖子中的褶裥量为 2cm，收省量为 2cm，袖开衩位于袖口向上 10cm，袖口克夫带宝剑型搭门，搭门量为 2.5cm。

七、平驳领休闲夹克

（一）款式图、效果图

平驳领休闲夹克款式图及效果图如图 4-33 所示。

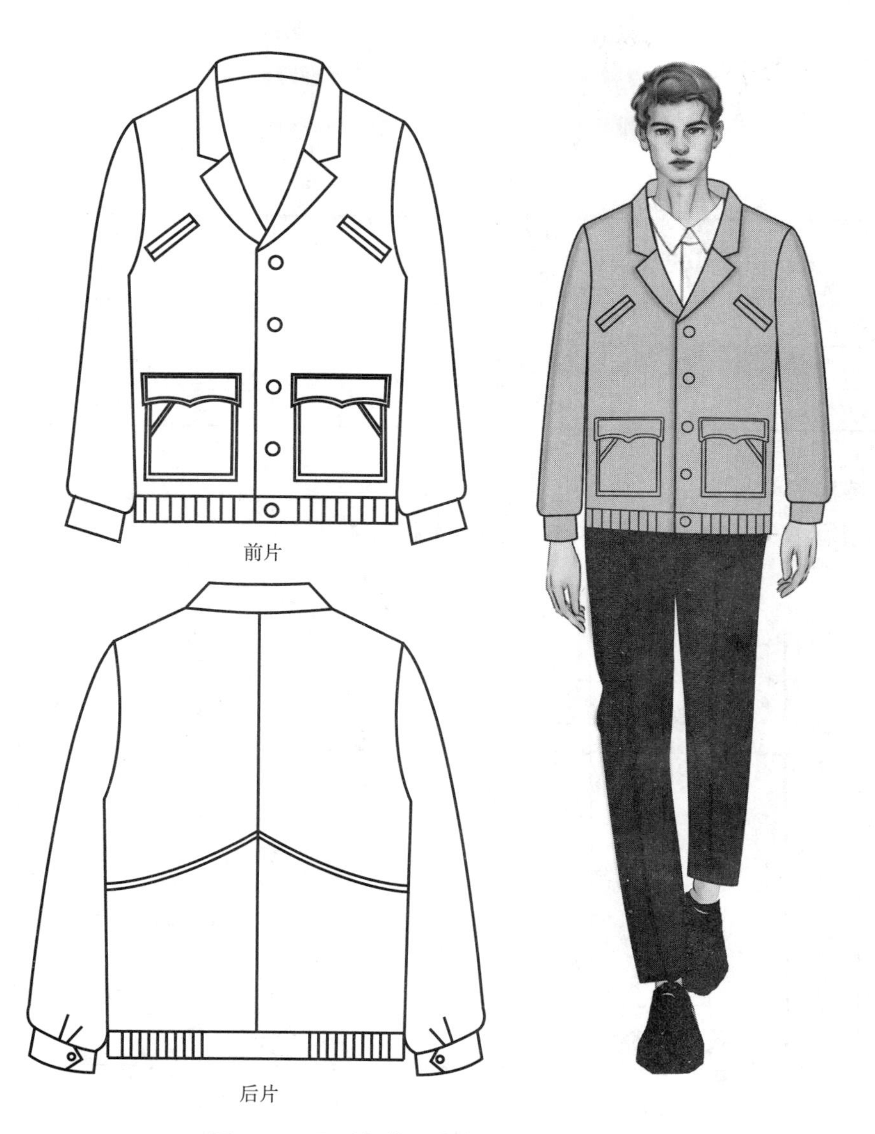

图 4-33　平驳领休闲夹克款式图及效果图

（二）款式描述

本款为较宽松型休闲夹克，四开身，后片有弧形分割。前片领子为平驳领，胸部左右两侧各双嵌线插袋，腰部左右两侧各一个贴袋，衣身底摆克夫拼接罗纹。袖子为宽松两片袖，袖克夫带宝剑型搭门。

（三）尺寸规格设计

尺寸规格见表 4-16。

表 4-16　尺寸规格表　　单位：cm

号型	后衣长（L）	胸围（B）	肩宽（S）	领围（N）	袖长（SL）	袖口（CW）
170/88A	72	116	50	46	60	16.5

(四) 面辅料的选配

面辅料的选配见表 4-17。

表 4-17　面辅料的选配表

类型	材质	使用部位
面料	牛仔布	整个衣身、领子、袖子、口袋
里料	涤纶	衣身、袖子、口袋布
胸衬	无纺衬	口袋、领子
纽扣	树脂扣	前中

(五) 结构图

平驳领休闲夹克衣身和袖身结构如图 4-34 和图 4-35 所示。

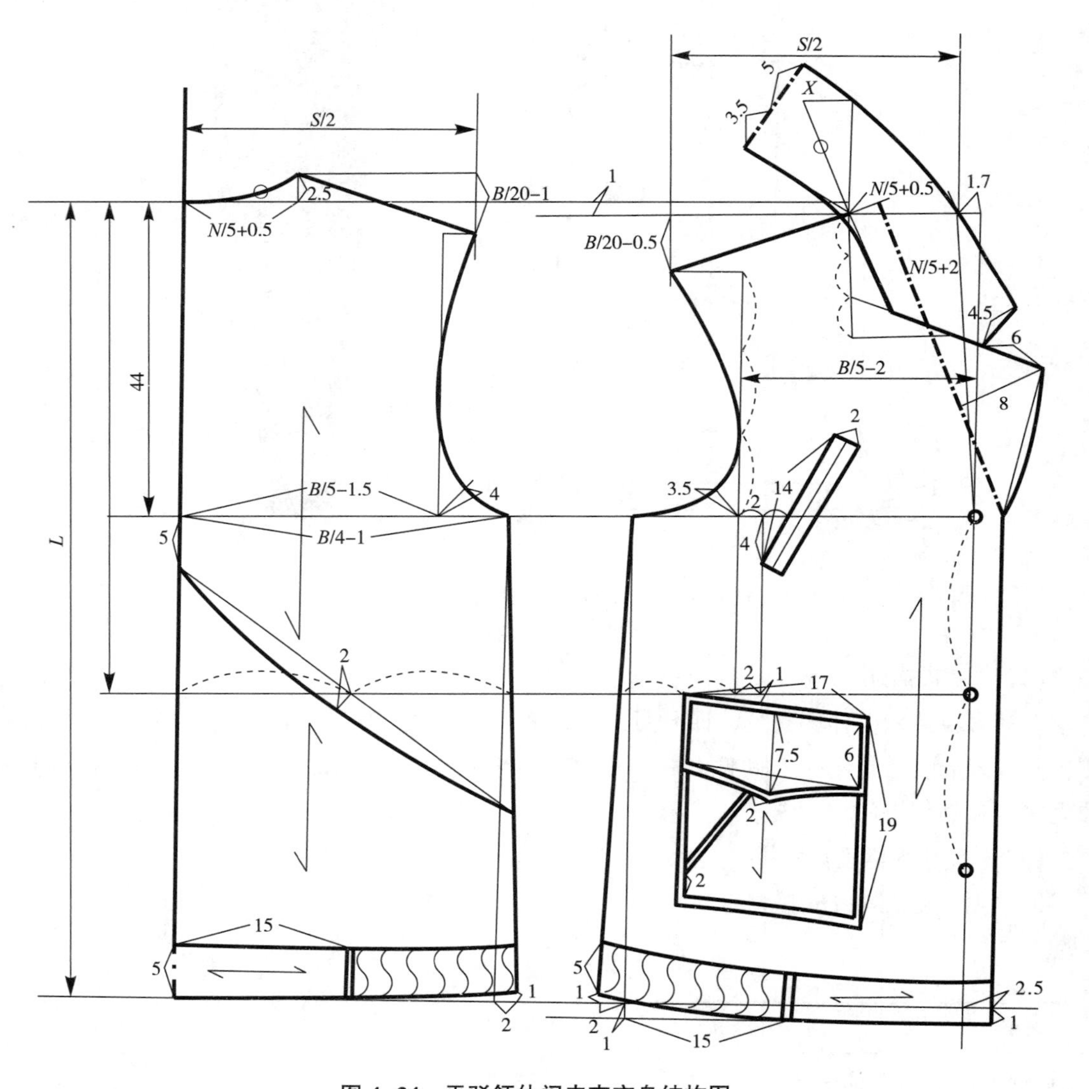

图 4-34　平驳领休闲夹克衣身结构图

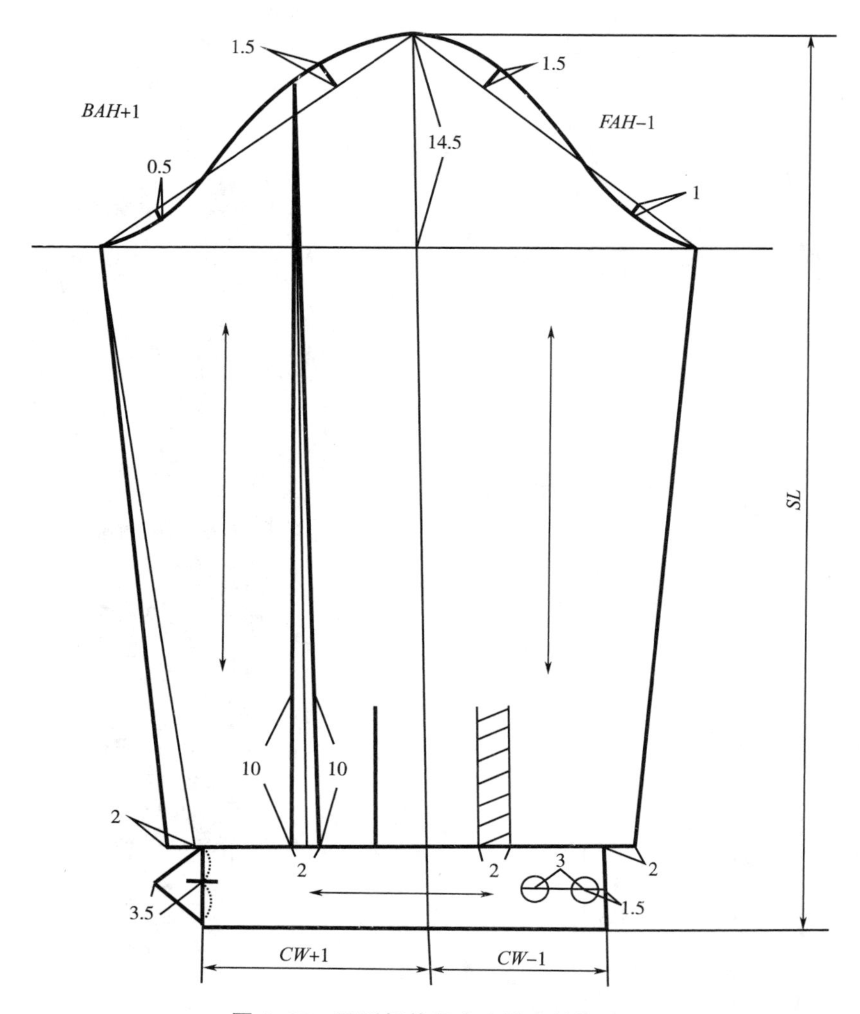

图 4-35　平驳领休闲夹克袖身结构图

（六）结构设计要点

（1）后片双弧线分割，底摆克夫宽度为 5cm，距离后中 15cm 至侧缝之间拼接罗纹，后侧缝底摆外放 2cm。

（2）前片领子为戗驳领，驳领宽为 8，驳口止点位于袖窿深线延长线，门襟宽 2. 5cm，驳领角宽 6cm，翻领角宽 4. 5cm，胸部左右两侧各有一个双嵌线插袋，插袋宽度 2cm，长度 14cm。腰部左右两侧各有一个带袋盖的贴袋，贴袋长 19cm，宽 17cm，贴袋上装饰明线。

（3）前片侧缝底摆外扩 2cm，前中下落 1cm，后侧缝向前 15cm 拼接罗纹。

（4）袖子袖山高为 10cm，克夫宽 5cm，袖口有两个 6cm 的褶裥。

八、青果领休闲夹克

（一）款式图、效果图

青果领休闲夹克款式图及效果图如图 4-36 所示。

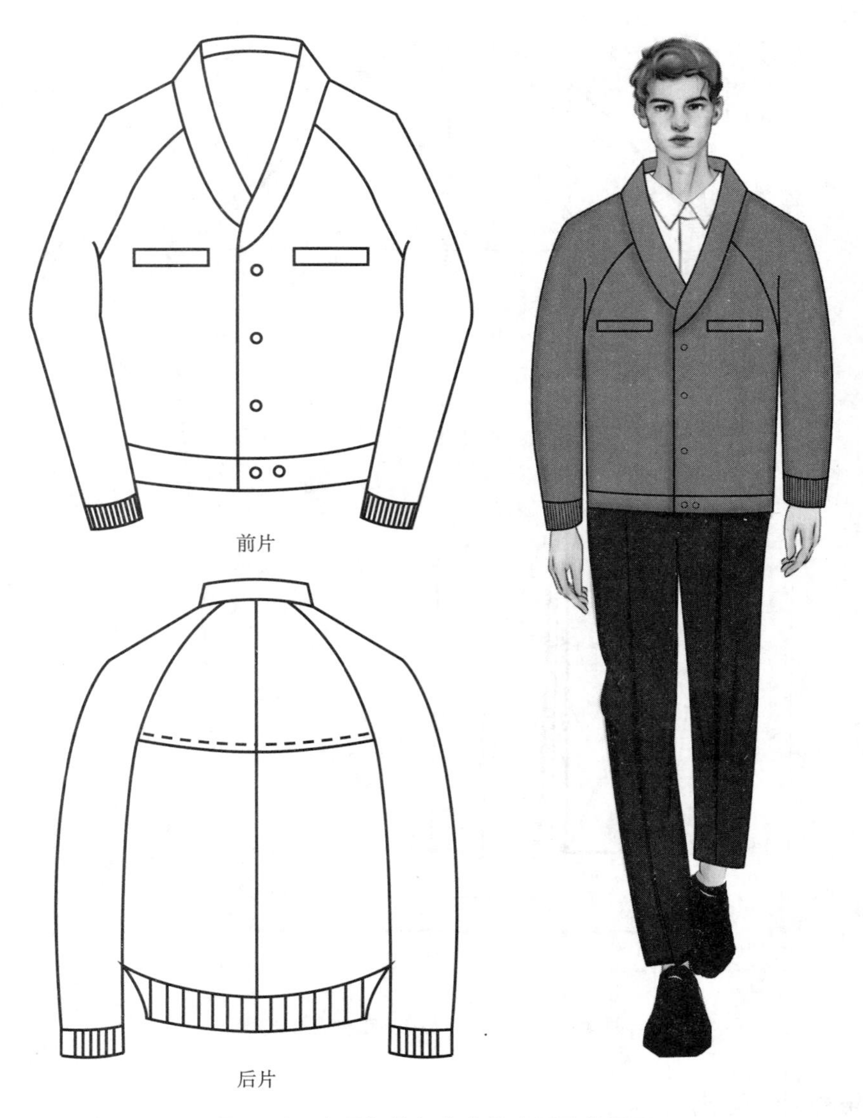

图 4-36　青果领休闲夹克款式图及效果图

（二）款式描述

本款为较宽松型休闲夹克，袖子为插肩袖。后片有育克，装饰明线。前片为青果领，胸部左右两侧各有一个插袋，腰部左右两侧各一个不规则形贴袋，并有袋盖，明线装饰。底摆克夫处和袖克夫处均为罗纹收紧。

（三）尺寸规格设计

尺寸规格见表 4-18。

表 4-18　尺寸规格表　　单位：cm

号型	后衣长（L）	胸围（B）	肩宽（S）	领围（N）	袖长（SL）	袖上口（CW）
170/88A	72	118	48.6	43.6	60	16

（四）面辅料的选配

面辅料的选配见表 4–19。

表 4–19 面辅料的选配表

类型	材质	使用部位
面料	混纺羊毛	整个衣身、袖身、口袋
里料	美丽绸	衣身、袖身、口袋布
衬料	无纺衬	口袋
针织罗纹	弹力罗纹	领子、袖口、底摆
纽扣	树脂扣	前中、袋盖

（五）结构图

青果领休闲夹克后片和前片结构如图 4–37 和图 4–38 所示。

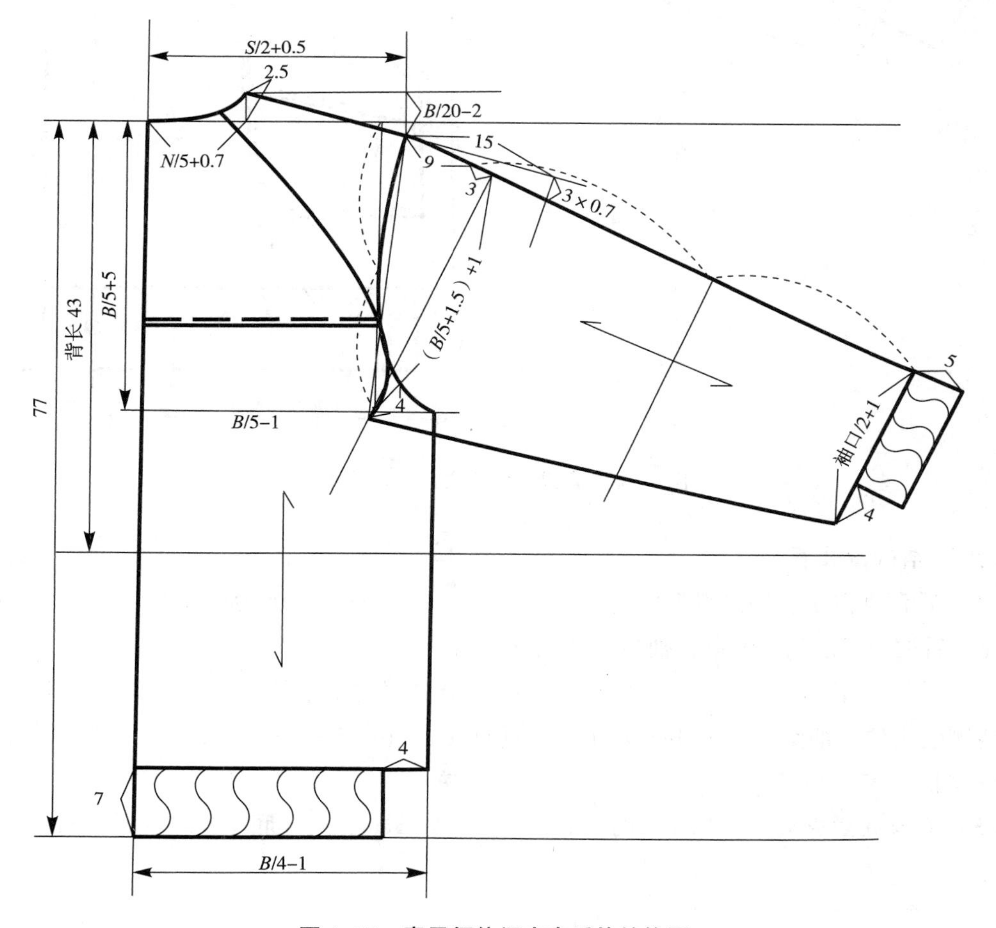

图 4–37 青果领休闲夹克后片结构图

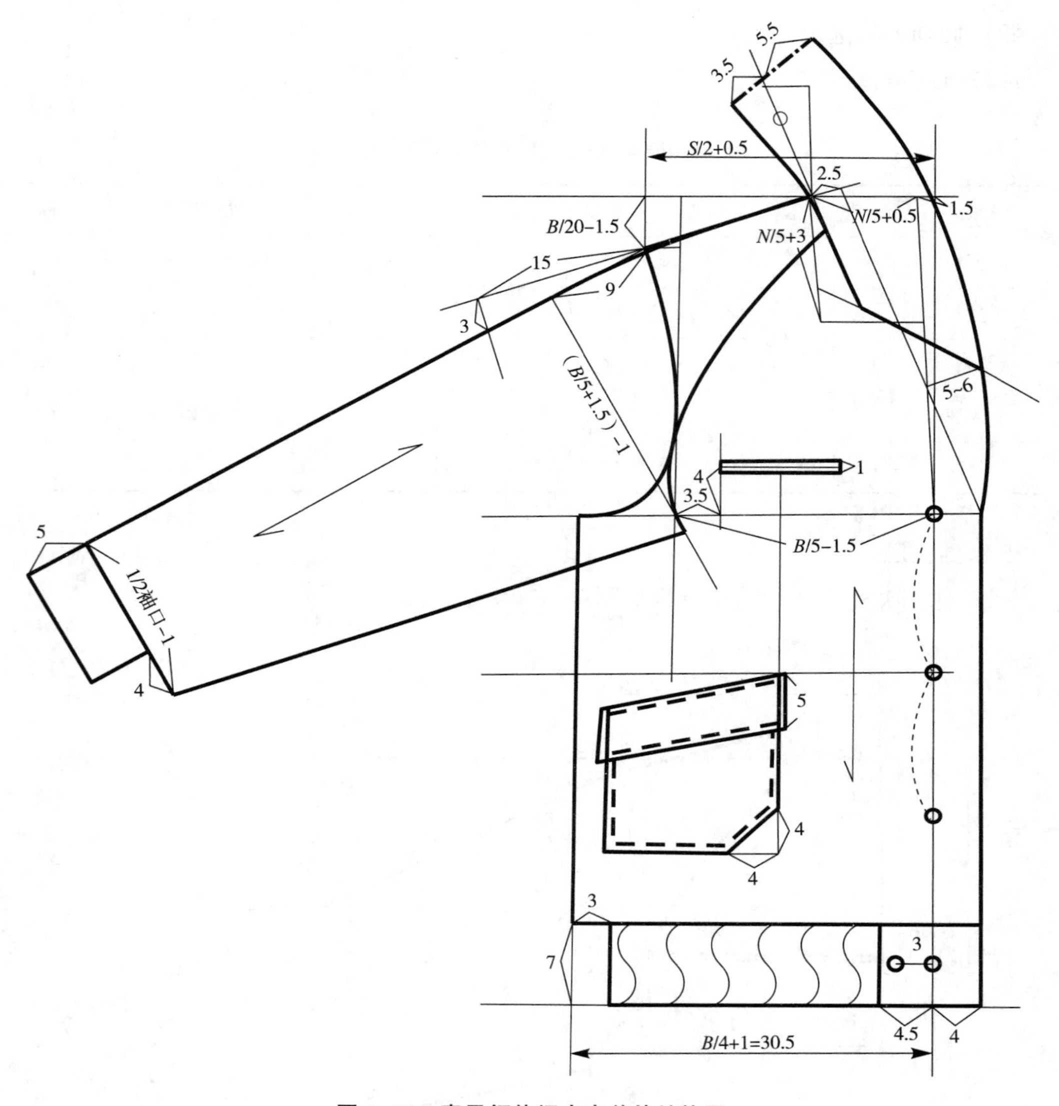

图 4-38 青果领休闲夹克前片结构图

（六）结构设计要点

（1）后育克位于后袖窿弧上符合点的水平线，插肩袖后袖肥为（$B/5+1.5$）+1，袖山高为 9cm，后袖上口的为 CW+1，袖口罗纹收紧 4cm。

（2）前片领子为青果领，领子驳口止点位于袖窿深的水平外延线，门襟宽为 4cm，胸部左右两侧插袋位于袖窿深向上 4cm 水平线，前袖肥为（$B/5+1.5$）−1，后袖上口的为 CW−1，袖口罗纹收紧 4cm。

（3）衣身底摆克夫宽为 7cm，前片底摆罗纹收紧 3cm，后片底摆罗纹收紧 4cm。

第五章　男衬衫结构设计

第一节　男衬衫概述

一、男衬衫的分类

男衬衫分类方式多样，常见的有按穿着场合分类、按领造型分类、按照风格分类。

（一）按穿着场合分类

男衬衫按照穿着场合分为礼服衬衫、正装衬衣和休闲衬衣三大类。

1. 礼服衬衫　又称燕尾服衬衫，是搭配礼服穿着的衬衫。胸前有 U 型胸档设计，并附加小褶裥（牙签褶），领型为双翼领，搭配领结，前、后设有育克，衬衫袖为剑形袖衩、方形双袖头，搭配袖口，以纯白色为主，可选用白色暗纹丝光棉质地的面料。礼服衬衫如图 5-1 所示。

图 5-1　礼服衬衫

2. 正装衬衫　搭配西装外套穿着的衬衣，领子为具有翻领与底领的两片领，前、后设有育克，衬衫袖为剑形袖衩，左胸有一贴袋。正装衬衫如图 5-2 所示。

3. 休闲衬衫　平时穿着的衬衣，样式随流行变化，一般保留过肩，满足结构上的需要。大多款式自由，变化多样，无特定样式和规范的着装要求。休闲衬衫如图 5-3 所示。

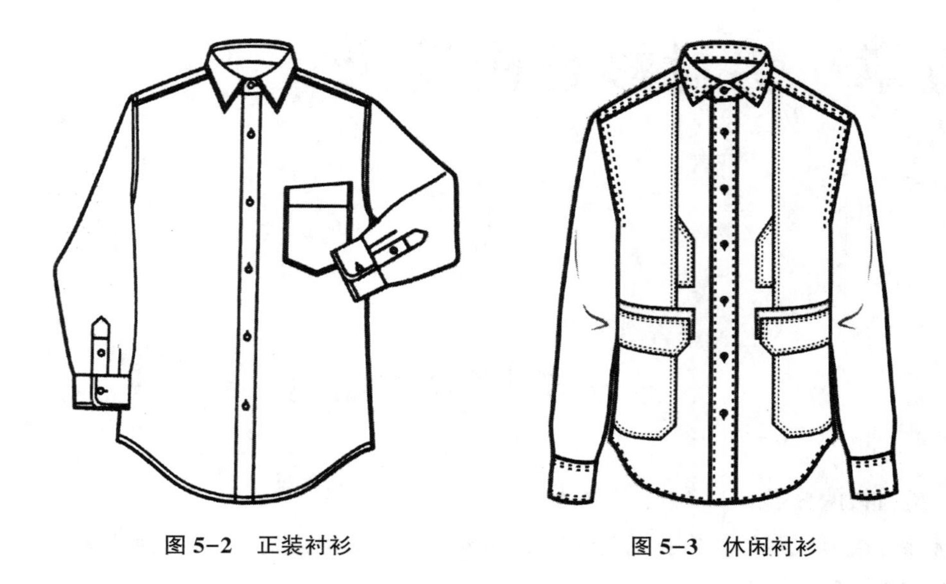

图 5-2　正装衬衫　　　　图 5-3　休闲衬衫

（二）按照领造型分类

男衬衫按照领造型可分为标准领、小方领、温莎领、针孔领、长尖领、纽扣领、立领等。各种领子造型如图 5-4 所示。

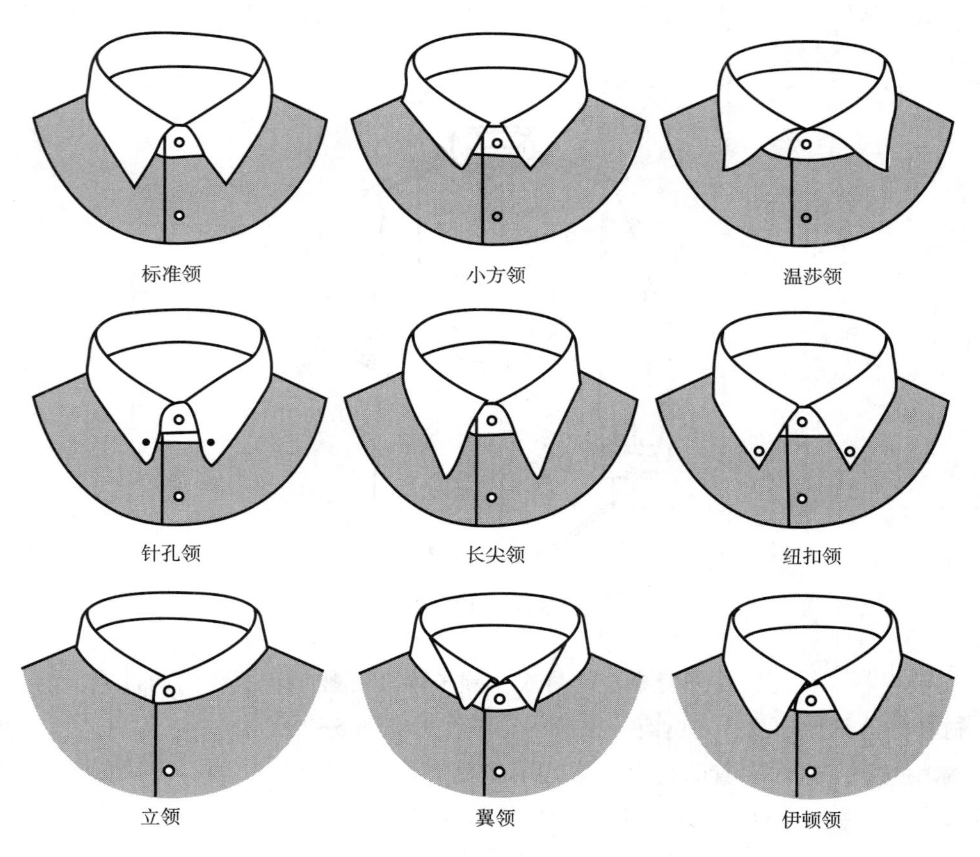

图 5-4　各种领子造型

1. 标准领　适用范围最广、最容易搭配的衬衣领型。左右领尖夹角在75°~90°、领尖长度在7.5~8.5cm比较平缓，常见于商务活动中，适宜各种年龄层的男士穿着。

2. 小方领　领尖接近方形，领尖长比较短，简洁设计，使穿着者显得干练。

3. 温莎领　又称敞角领、宽角领，典型的英式领，左右领尖夹角在120°~180°，使穿着者显得优雅、精致，适合商谈、政界等非常正式场合。

4. 针孔领　又称饰耳领、帝国式领，传统型针孔领左右领面缝有布片，系领带之后，需要二次固定衣领，衬衫领部扣紧，强调领带结构。现代针孔领将布片替换为领针用以固定领带，穿着该类衬衫必须佩戴领带，并打紧密的领带结，使领部显得服帖。

5. 长尖领　在标准领的基础上延长了领尖，左右领尖的夹角较小，线条简洁得体，适用于各类场合，多用作具有古典风格的礼服衬衫，通常为白色或素色。

6. 纽扣领　又称袢扣领、马球领、美式领，运动型领尖以纽扣固定于衣身，随意自然，舒适便捷，变化多、搭配性强，可塑造不同风格，多用于日常或不那么正式的场合。

7. 立领　立领是具有中式特色的领型，是衬衫较为休闲的领型，多用于休闲衬衫。

8. 翼领　又称礼服领、燕子领，因形似鸟翼，因此得名，是燕尾服、塔士多礼服等礼服的标准搭配，需搭配领结，多用于晚宴等场合。

9. 伊顿领　又称圆角领，领尖设计成圆润的形状，彰显男士的温和优雅。

（三）按照风格分类

1. 英式衬衫　英式衬衫从款式上来说属于正装衬衫，是市面上较为常见的款式，大多数衬衫是脱胎于英式衬衫。外观相对简单，十分讲究剪裁。

2. 美式衬衫　美式衬衫从款式上来说不属于正装衬衫，比较宽松，袖肥、身肥，不讲究和身体曲线吻合的剪裁，更适合做休闲度假或家居衬衫。标准美式衬衫的领子有领尖扣，以扣合方式来固定处于视觉中心的领子部位。

3. 法式衬衫　法式衬衫是一种优雅高贵的衬衫款式，以叠袖和袖扣为特点，主要用于搭配正装和礼服。法式衬衫的衣领比普通衬衫高8mm以上，确保衬衫领高于西装领；领尖后有暗槽，用以插入领撑，使领面平整挺括，赋予其重量感；袖口袖头部位比普通衬衫长一倍，穿时翻叠过来，将需要合并的开口处平行并拢，用袖扣固定；贴身合体，后中心无褶；前襟无贴片，扣眼底布加固部分放在里侧；重美观轻功能，左前胸无贴袋设计。

4. 意式衬衫　典型的绅士正装衬衫之一，主要用于搭配正装，意式米兰袖也是叠袖，采用圆角袖头，装饰感强，采用普通纽扣固定袖口，有前襟贴片。

二、男衬衫的面辅料

（一）男衬衣面料

衬衫作为内衣贴身穿着，一般选用吸湿透气、柔软轻薄、易洗快干、耐磨性好的面料。常见的男衬衫面料有各类棉织物、细麻织物及真丝、仿真丝的纺类、绉类织物。

1. 府绸　属于细特高密的平纹织物，经向紧度在65%~80%，纬向紧度在40%~50%，经纬向紧度之比为5∶3，布面外观呈现菱形颗粒，织纹清晰，质地细密，平滑有光泽，手感柔软滑糯，净色的府绸衬衫给人严肃庄重的感觉，可适用于正式场合穿着的男衬衫。

2. 牛津布　又称牛津纺，属于平纹织物，经纬纱线粗细及颜色不同，布面外观有明显颗粒感，色泽柔和，有双色效应。一般采用tex（40英支）双股或tex（20英支）单纱线，织物手感厚实，舒适透气，主要用作休闲衬衫面料。精细牛津布使用（80英支）甚至更高支的纱线，布面观感和普通牛津布有所区别，颗粒感明显减弱，质地更轻薄，是全棉成衣免烫衬衫常用面料。

3. 牛仔布　又称靛蓝劳动布，为色经白纬的斜纹织物，经纱多为靛蓝色，纬纱多为本白色，织物正反异色。织物纹路清晰、质地紧密、厚实。生产牛仔布的原料可用棉及棉与丝、黏胶、天丝等的混纺，织物重量实现了从轻到重的系列化，可适用于不同风格品类的男衬衫。

4. 青年布　为色经白纬的平纹织物，经纬纱线粗细相当，织物色泽柔和，质地轻薄，滑爽柔软，常规配色有蓝/灰两种，一般作为水洗休闲衬衫面料。

5. 麻纱　平纹织物，织物表面条纹清晰，挺爽如麻，轻薄透气，质地细腻轻薄，柔软舒适，适宜作为夏季男衬衫面料。

6. 纯麻细纺　采用苎麻、亚麻纤维制成的纯麻细纺布，紧密度低，织物细密轻薄、柔软凉爽，有良好的透气性能，适宜作为夏季男衬衫面料。

7. 纺类　平纹织物，经纬纱不加捻或弱捻，用桑蚕丝、绢丝、再生纤维素丝等为原料织成，布面平整细密，质地轻薄柔软，色泽柔和自然，电力纺、杭纺是常用男衬衫面料。

8. 绉类　平纹织物，用桑蚕丝为原料织成，布面呈现皱纹，织物光泽柔和、质地柔软，手感糯爽，富有弹性、抗折皱性能良好。

（二）男衬衫的辅料

男衬衫所用辅料主要包括衬料、纽扣、领撑等。

1. 衬料　男衬衫常用衬料为麻衬及机织聚乙烯黏合衬。麻衬多用于男衬衫领、袖口部位，机织聚乙烯黏合衬结构稳定性好，耐水洗性好常用于男衬衫门襟、领、袖等部位。

2. 纽扣　男衬衫常用纽扣有贝母扣、金属扣、树脂扣、塑料扣等，具体见表5-1。

表5-1　衬衫纽扣

扣子名称	图示	用途
贝母扣	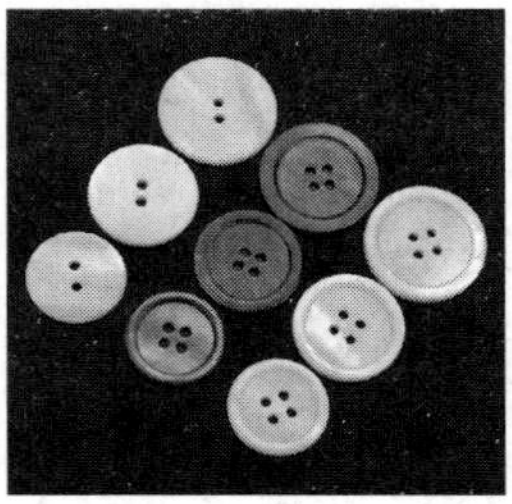	高档男衬衫

续表

扣子名称	图示	用途
竹扣		复古夏威夷男衬衫
椰子壳扣		夏威夷男衬衫
金属扣		休闲男衬衫
树脂扣		各类男衬衫
塑料扣		各类男衬衫

续表

扣子名称	图示	用途
鱼眼扣		工装男衬衫

3. 领撑　领撑又名领插、领插片、领插竹、领尖插条等，现代的领撑通常由塑料、金属或天然材质制成的一头尖、一头圆弧的薄片。领撑的作用是将领撑置于领面里面，用以给领子增重，并使衬衫领面平整，领子造型挺拔。领撑常见的材料有塑料、金属、木、竹、动物角等。如图 5-5 所示。

图 5-5　领撑

（1）塑料。塑料是比较常见的领撑材料，容易制作，价格低廉且具有良好的耐洗性，但塑料领撑刚性较差、重量低，无法满足领子挺拔造型的要求。塑料领撑主要使用聚酯薄膜和聚氯乙烯（PVC）两种材质。

聚酯薄膜比较薄，不易弯折，可熨烫、可机洗、可应用于不可拆卸领撑，但其刚性差，质量轻，适合较柔软的大领。PVC 刚性优于聚酯薄膜，厚度可选择度高，但易弯折受损，寿命较低。

（2）金属。金属领撑主要使用不锈钢、铜、金、银等材质。

金属领撑中，不锈钢是最为常见的材质，重量适中，可使领面外观平整，并且成本较低。铜也是比较常见的金属领撑材质，质地稍软，具有独特质感。金银质地领撑功能与其他金属材质领撑相仿。

（3）天然材质。天然材质领撑主要使用木、竹、鱼骨、牛角、珍珠贝等材质。木制、竹制领撑厚度不能做到很薄，只适合部分领衬和面料较厚硬的衬衫。鱼骨、牛角、珍珠贝这类动物材质领撑在市面上比较少见，功能上并不优于其他材质领撑，主要用于收藏。

三、男衬衫的造型变化

（一）领子造型

男衬衫领造型变化主要是指领角的设计变化，尖角领、直角领、钝角领、圆角领、立领都是常用款式。领子造型如图 5-6 所示。

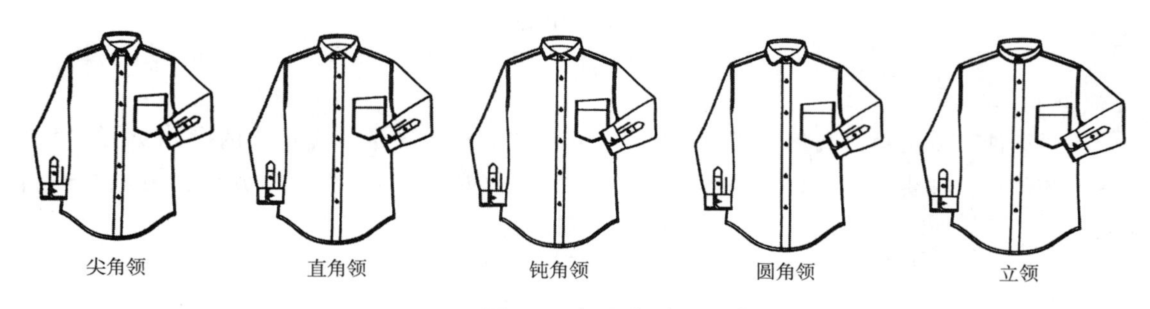

图 5-6　领子造型

（二）背褶设计

男衬衫后中位置的褶是为了容入人体手臂前屈时所需的活动量，其造型可分为单明褶、双明褶和缩褶，礼服衬衫因活动量较小可不设背褶。背褶造型如图 5-7 所示。

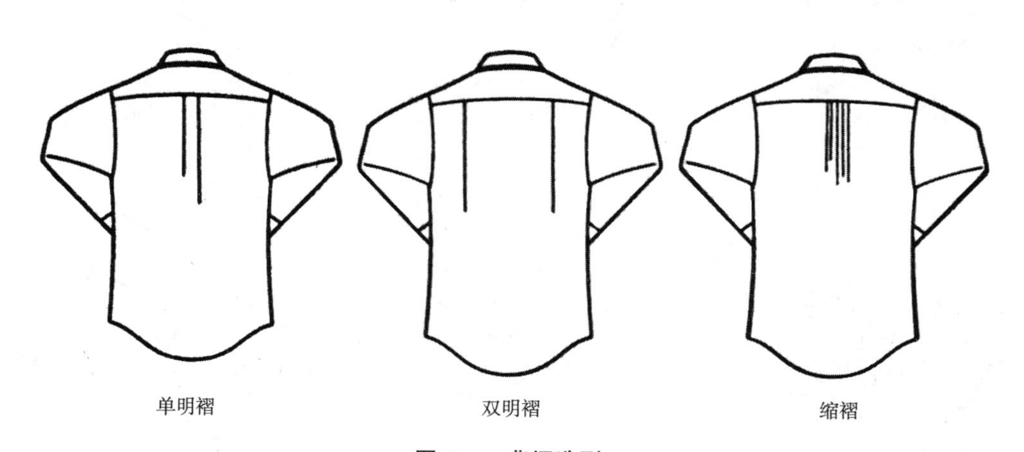

图 5-7　背褶造型

（三）门襟设计

男衬衫门襟主要包括明门襟、暗门襟及半门襟，半门襟常用于休闲衬衫。门襟造型如图 5-8 所示。

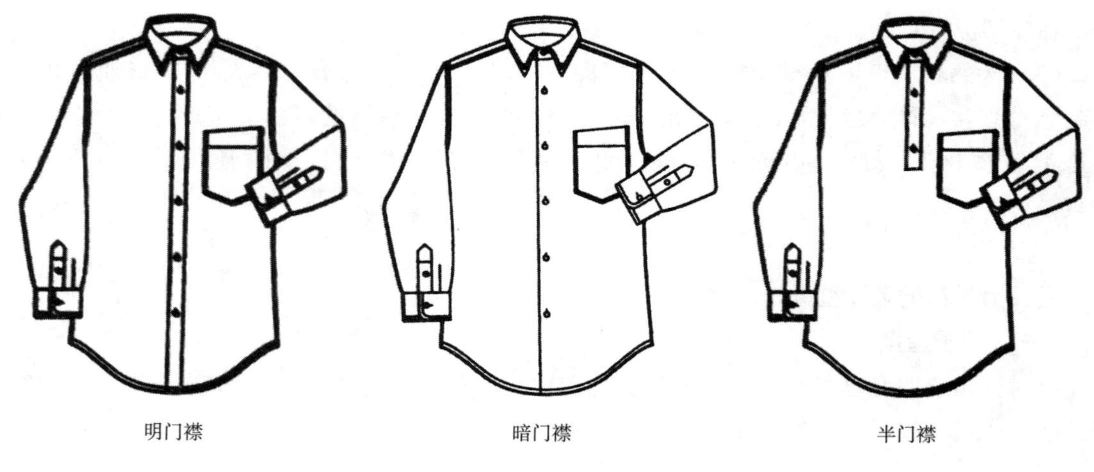

图 5-8 门襟造型

（四）袖头设计

男衬衫袖头有直角、圆角、切角三种变化；袖头宽度有普通和宽袖头的设计变化；袖衩有方形和剑形，袖头还有双层和单层之分。袖头、袖衩、双层袖头造型如图 5-9～图 5-11 所示。

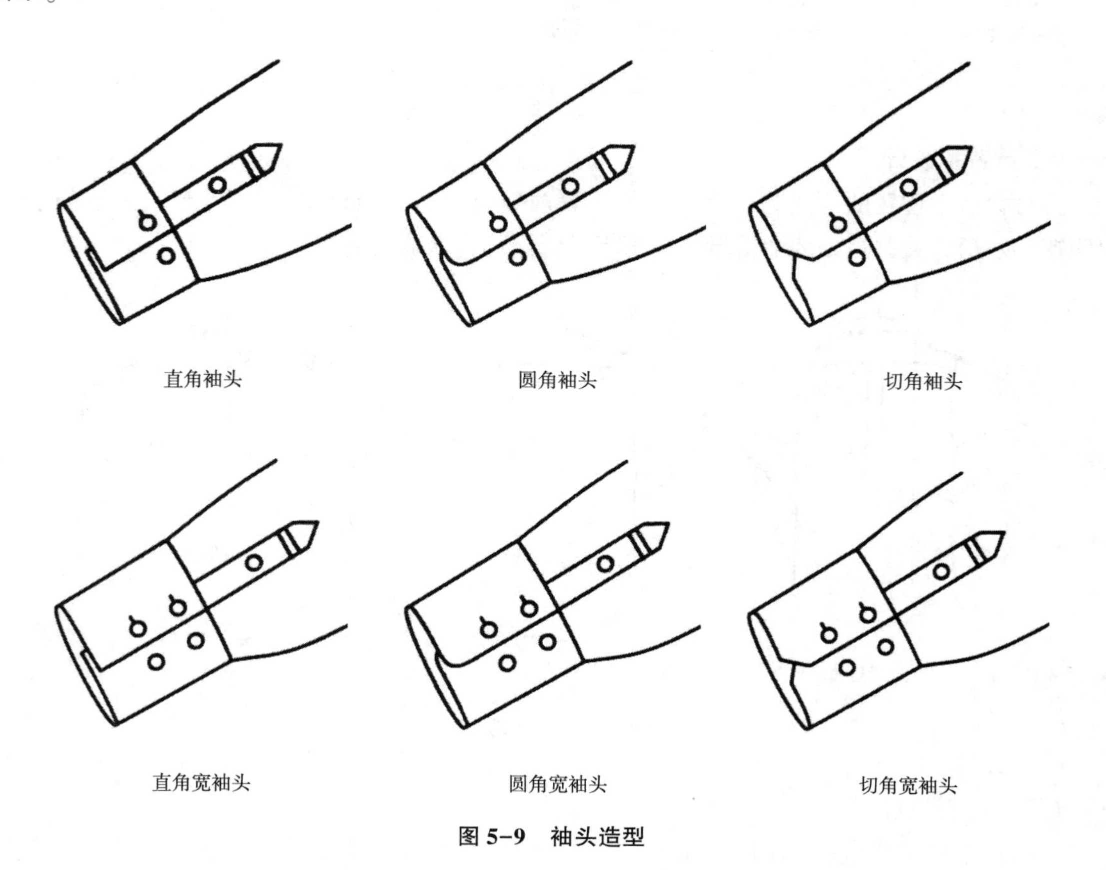

图 5-9 袖头造型

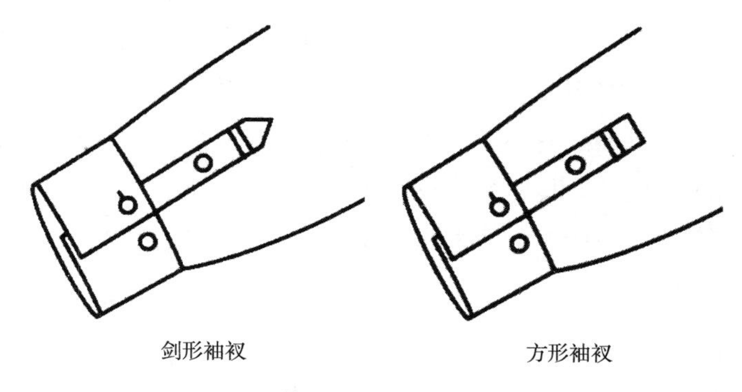

图 5-10　袖衩造型

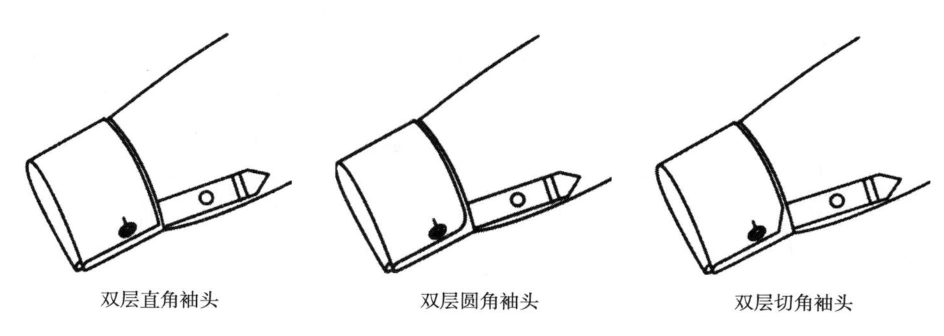

图 5-11　双层袖头造型

四、男衬衫的规格制定

男衬衫的规格制定依据男子的身高 h、净胸围 B^*，按照线性回归关系公式，并加入适当的放松量，进行计算获得。以男子的中间号型 170/88A 为例。

（一）长度方向控制部位尺寸

1. 衣长 L　衣长 L 与人体身高 h 相关，根据成衣长短，加放 0~8cm。

计算公式：$L=0.4h+(0\sim8)$ cm=0.4×170+(2~8) cm=68~76cm。

2. 背长 WL　背长 WL 随着衣长 L 的增加和缩短可适当地调整。

计算公式：$WL=0.25h+(1\sim2)$ cm=0.25×170+(0~2) cm=42.5~44.5cm。

3. 袖长 SL　袖长 SL 除与人体身高 h 有关。

计算公式：$SL=0.3h+(7\sim9)$ cm=58~60cm。

（二）围度方向控制部位尺寸

1. 胸围 B　服装的造型不同，其维度方向加放松量则不同。

计算公式：$B=B^*$+内衣厚度+放松量，其中衬衫内衣厚度约为 1cm，放松量 12~18cm。

2. 袖口 CW　西装袖口尺寸与内衣厚度与胸围 B 存在以下关系。内衣厚度约为 2cm。

计算公式：$CW=0.05B+20$cm。

3. 领围 N　另外可根据领子的造型的加宽和挖深量适当调整。

计算公式：$N=0.25B+(12\sim13)$ cm。

4. 肩宽 S　肩宽 S 的计算方法多种。可根据人体的净胸围 B^*，也可根据成品胸围 B，还可以根据总肩宽进行计算。

根据 B^* 计算公式为：$S=0.3B^*+17.6+(2\sim4)$ cm。

根据 B 计算公式为：$S=0.3B+(12\sim14)$ cm。

根据总肩宽计算公式为：S=总肩宽+$(1\sim2)$ cm。

（三）成衣规格设置表

参照 GB/T 2667—2017 衬衫规格制定，见表 5-2。

表 5-2　衬衫尺寸规格　　单位：cm

部位	165/84A	170/88A	175/92A	档差
L	69	74	73	2
B	104	108	112	4
WL	42	43	44	1
S	44.8	46	47.2	1.2
N	38	39	40	1
SL	58.5	60	61.5	1.5
CW	23	24	25	1
袖头宽	5	5	5	0

第二节　基础男衬衫结构设计详解

一、基础男衬衫的款式及尺寸规格

（一）款式图和效果图

基础男衬衫款式图及效果图如图 5-12 所示。

（二）款式描述

本款为企领长袖男衬衫，前门襟七粒扣，圆底弧摆，有过肩，领口、过肩、袖窿缉明线。

（三）尺寸规格

衬衫尺寸规格见表 5-3。

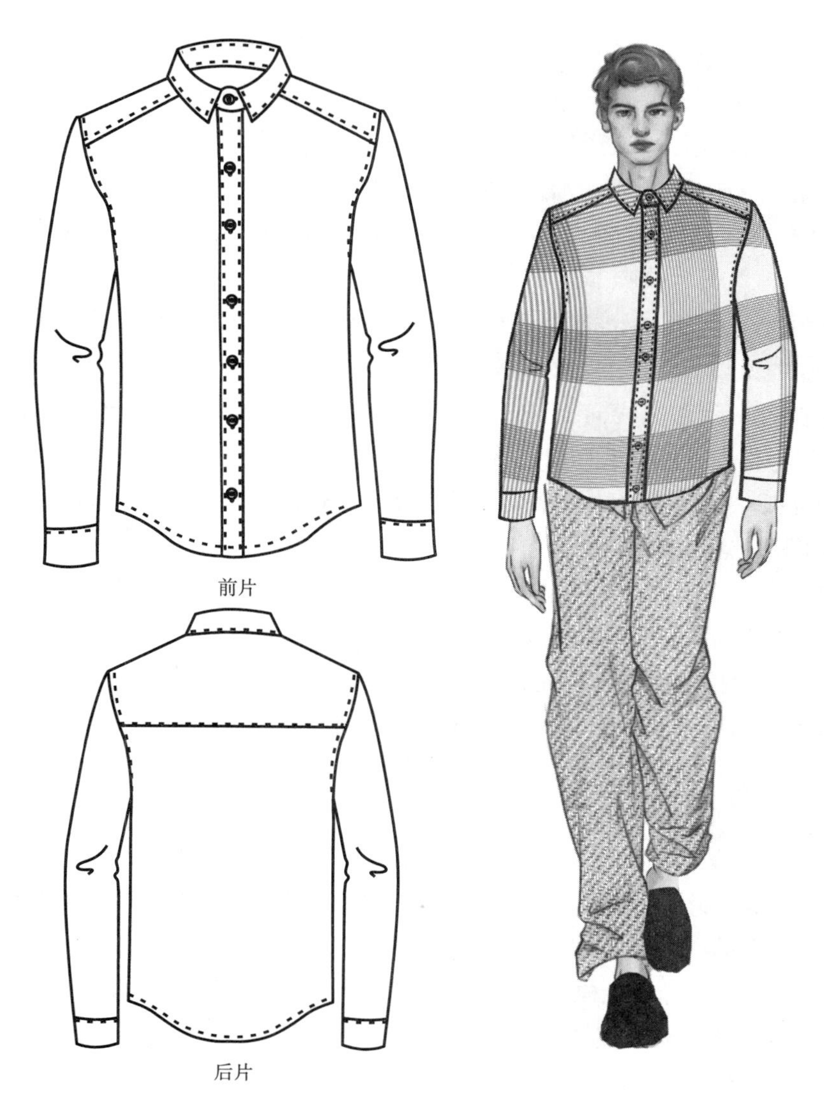

图 5-12 基础男衬衫款式图及效果图

表 5-3 衬衫尺寸规格

单位：cm

号型	后衣长（*L*）	胸围（*B*）	肩宽（*S*）	领围（*N*）	袖长（*SL*）	袖口（*CW*）	袖头宽
170/88A	74	108	46	39	60	24	5

二、基础男衬衫结构设计——原型法

（一）男衬衫原型法结构设计原理

1. 男衬衫的长度为标准纸样腰围线向下追加背长+4cm，即基础后衣长为 74cm。
2. 收量集中于前侧缝约为 1.5～3cm。
3. 后领宽在标准纸样后领宽的基础上减 1cm。
4. 后肩斜线抬高 1cm。

5. 前后袖笼弧的宽度适当缩小。

6. 育克线在后颈点至背宽横线的二等分处。

(二）男衬衫原型法结构设计步骤

男衬衫衣身（图 5-13）原型法结构制图步骤如下。

1. 画后背缝　拓印男装标准纸样，从后中点向下量取后衣长 74cm，画后背缝，作底摆辅助线。

2. 画后领弧线　沿男装标准纸样后横开领线量取 $N/5=○$，向上作竖直线与标准纸样后领弧线相交，确定新侧颈点，作后领弧线。

3. 画后肩斜线　后背宽线向上延长，长度过标准纸样肩线 1cm，连接新侧颈点及 1cm 点，作新肩斜线，长度至标准纸样肩点正上方。

4. 画后袖窿弧线　标准纸样袖窿弧线下三分之一处向左 1.3cm 为对位点，连接新肩点、对位点、标准纸样腋点作新袖窿弧线。

5. 画后侧缝　标准纸样腰围线向下 1cm 为新腰围线，延长标准纸样侧缝线至底摆线，在新腰围线处内收 1.5cm，作后侧缝线。

6. 画后底摆　底摆辅助线向上 6cm 作水平辅助线，作后片底摆弧线。

7. 画后过肩　从后中心点向下 6cm 作水平线为过肩线。

8. 画前领弧线　从标准纸样侧颈点向左作水平线，与前中线延长线相交，从交点量取前领宽长度为“○”，确定新侧颈点，前领深长度为“○+1”，确定新前中心点，作前领弧线。

9. 画前门襟线　从前中心线向左量取门襟宽/2=1.7cm 作门襟线。

10. 画后肩斜线　量取后肩斜线长度，记为“△”，连接新侧颈点与标准纸样肩点，在此线上自新侧颈点起量取“△”，确定新肩斜线。

11. 画前袖窿弧线　标准纸样袖窿弧线下三分之一处向右 1.5cm 为对位点，连接新肩点、对位点、标准纸样腋点作新袖窿弧线。

12. 画前侧缝　在新腰围线处内收 1.5cm，作前侧缝线。

13. 画前底摆线　参照后底摆线画法绘制前底摆线。

14. 画前过肩　自肩点起沿袖窿弧线向下 3cm 作肩斜线平行线与前领弧线相交，为前过肩线。

15. 定扣位　前中心点向下 6cm 为第一粒扣，最后一粒扣距离底摆长度为 $L/4$，将中间长度五等分，等分点为其他四粒扣位置。

男衬衫袖画法为一片袖标准画法，如图 5-14 所示。

男衬衫领画法为标准衬衣领画法，如图 5-14 所示。

三、基础男衬衫结构设计——比例法

(一）基础男衬衫比例制图的公式

(1) 衣长=基本衣长。

(2) 围度=$B/2$。

(3) 袖窿深=$B/10+13$cm。

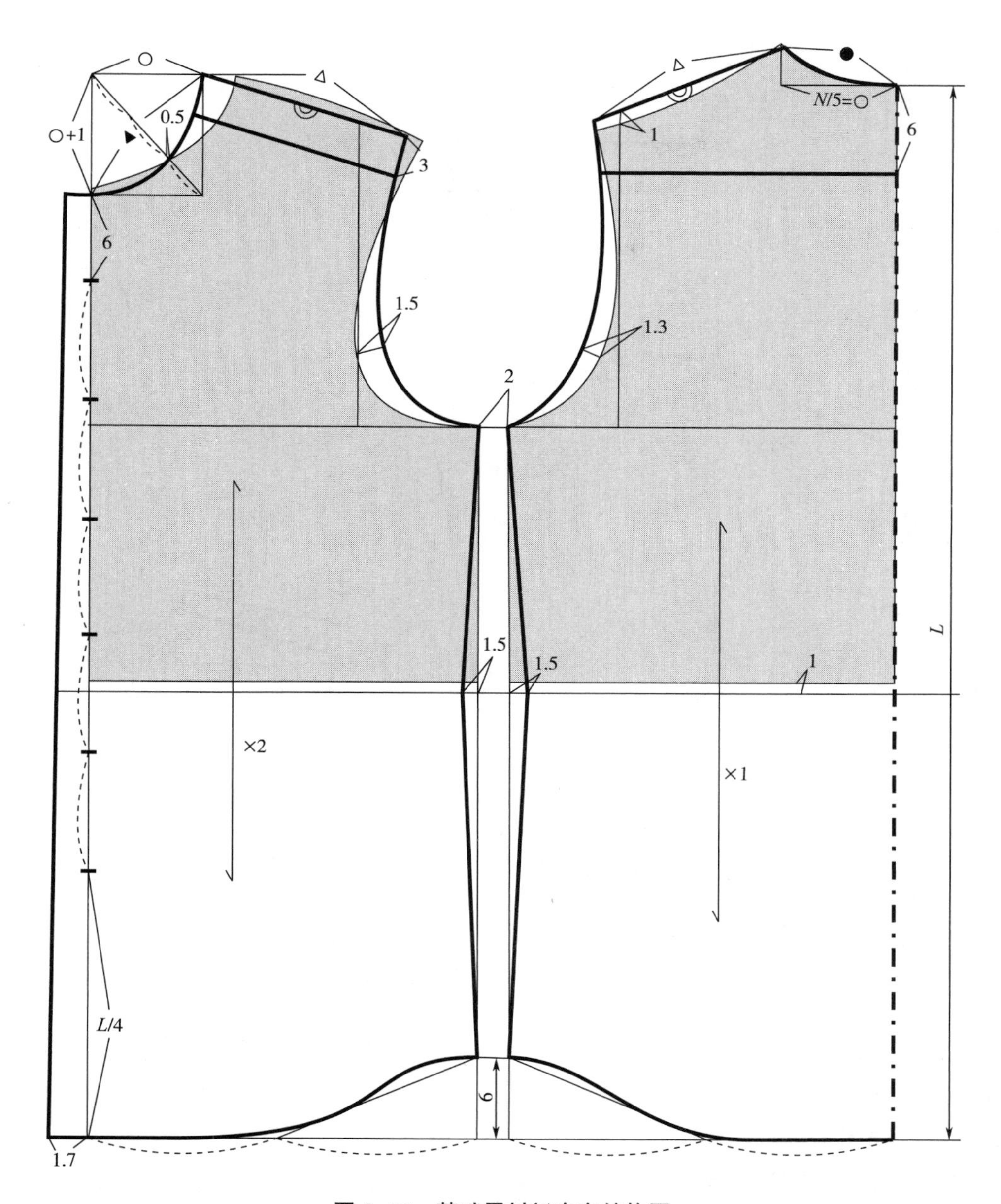

图 5-13　基础男衬衫衣身结构图

（4）背宽=1.5B/10+5cm，胸宽=1.5B/10+4cm，背宽比胸宽大 1cm。

（5）后领宽=N/5-0.5cm，后领深为 2.3cm；前领宽=N/5-0.5cm，前领深=N/5+0.3cm。

（6）后肩宽=S/2。

（二）基础男衬衫比例法制图步骤

1. 画基础框架　长度方向画衣长 L，确定上、下平线，画背长 43cm，确定腰围线。

2. 画后片　后领宽 N/5-0.5cm，后领高 2.3cm，作后领弧线；后肩宽 S/2，从后颈侧点向左画水平线与后肩宽垂线相交，后落肩 B/20-0.8cm，确定肩点和肩斜线；自后落肩线向下 B/10+13cm 作胸围线；确定背宽线 1.5B/10+5cm，肩点所在水平线与背宽线交点至胸围线

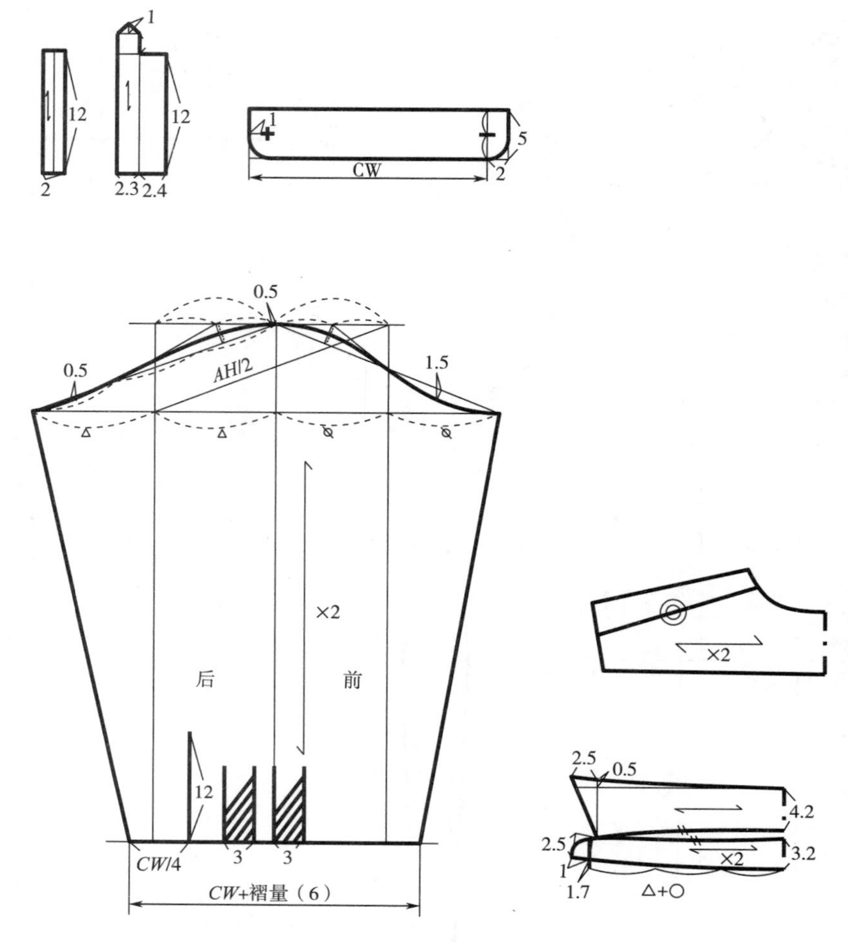

图 5-14 基础男衬衫袖子及其他零部件结构图

长度二等分，中点为后袖窿弧线对位点，后袖窿底部凹量为 3cm，作后袖窿弧线；后侧缝省量为 1.5cm，下平线向上 6cm 作水平辅助线，辅助线与侧缝辅助线交点为侧缝线下端点，作后侧缝线，参照图示作后片底摆弧线；从后中心点向下 6cm 作水平线为过肩线。

3. 画前片 确定前中心线，从前中心线向左量取门襟宽/2 = 1.7cm 作门襟线；前领宽 $N/5-0.5$cm，前领深 $N/5+0.3$cm，作前领弧线；量取前落肩 $B/20-0.3$cm，作水平辅助线，量取后肩线长度，记为“●”，从前侧颈点到落肩辅助线上量取“●”，作前肩斜线；确定胸宽线 $1.5B/10+4$cm，肩点所在水平线与胸宽线交点至胸围线长度二等分，中点为前袖窿弧线对位点，前袖窿底部凹量为 3cm，作前袖窿弧线；前侧缝省量为 1.5cm，参照后片底摆绘制方式绘制前片底摆线；自肩点起沿袖窿弧线向下 3cm 作肩斜线平行线与前领弧线相交，为前过肩线；前中心点向下 6cm 为第一粒扣，最后一粒扣距离底摆长度为 $L/4$，将中间长度五等分，等分点为其他四粒扣位置。

基础款男衬衫的袖子结构图与原型法袖子制图方法一致，参照衬衫原型法的袖子及其他零部件的结构制图，基础男衬衫衣身比例制图如图 5-15 所示。

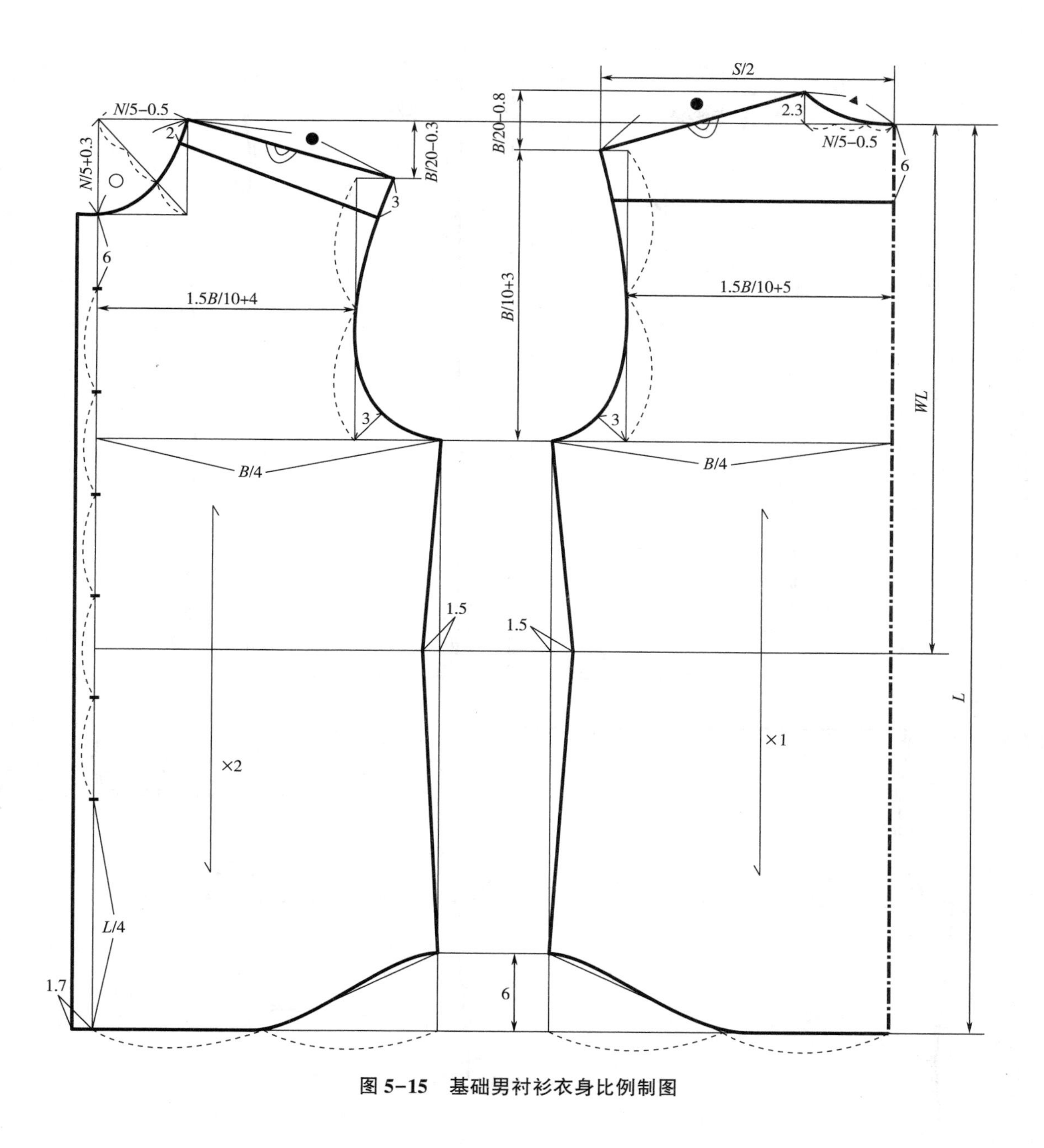

图 5-15 基础男衬衫衣身比例制图

第三节 基础男衬衫工业样板

一、基础男衬衫工业样板绘制

（一）面料样板的放缝

基础男衬衫衣身和袖身面料样板如图 5-16 和图 5-17 所示。

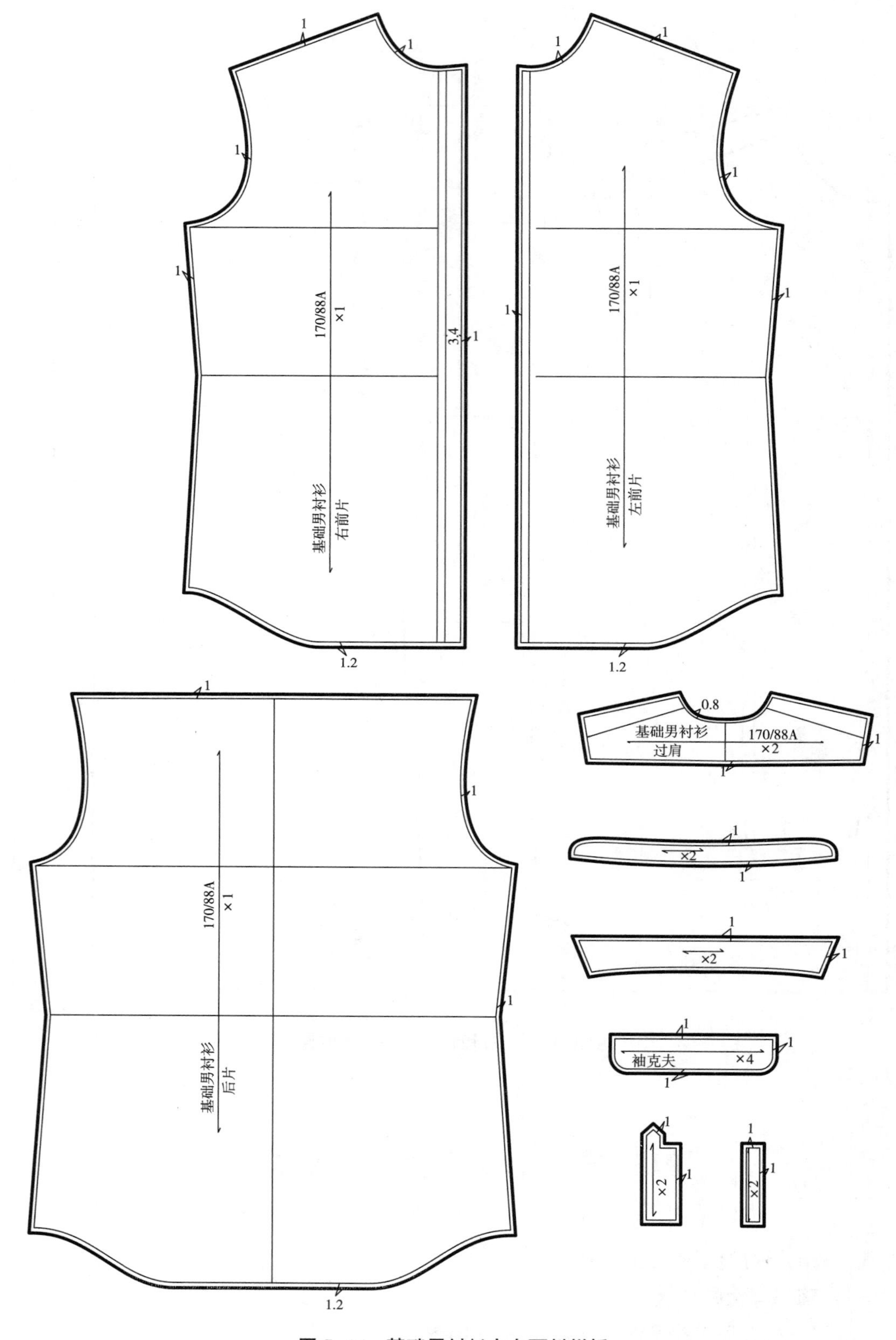

图 5-16　基础男衬衫衣身面料样板

（1）后衣身底摆放缝 1.2cm，其余位置各放量 1cm。

（2）左前片底摆放缝 1.2cm，其余位置各放量 1cm，右前片前门襟位置首先放出门襟宽 3.4cm，再放缝 1cm，其余位置各放量 1cm，门襟贴边底摆放缝 2.5cm，其余位置各放量 1cm，过肩放缝 1cm。

（3）底领、翻领放缝 1cm。

（4）袖片、袖衩门襟、里襟、袖头放缝 1cm。

（二）衬料样板的放缝

衬衫衬料用到的样板包括门襟贴边衬、底领衬、翻领衬、袖头衬，可用净板、也可在面料放缝的基础上向内 0.2~0.3cm。

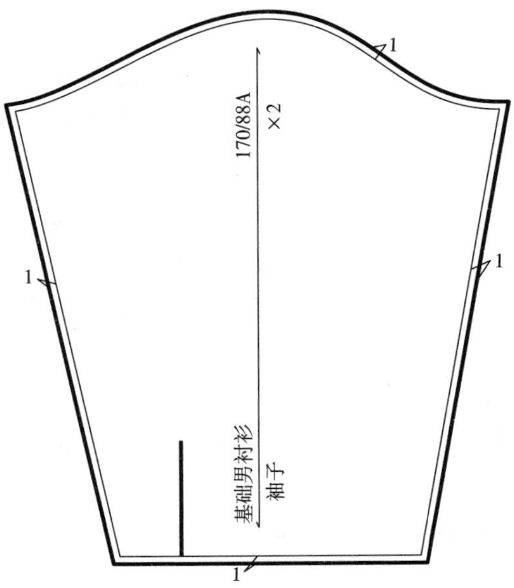

图 5-17　基础男衬衫袖子样板

二、基础男衬衫工业排板

基础男衬衫工业排板如图 5-18 所示。

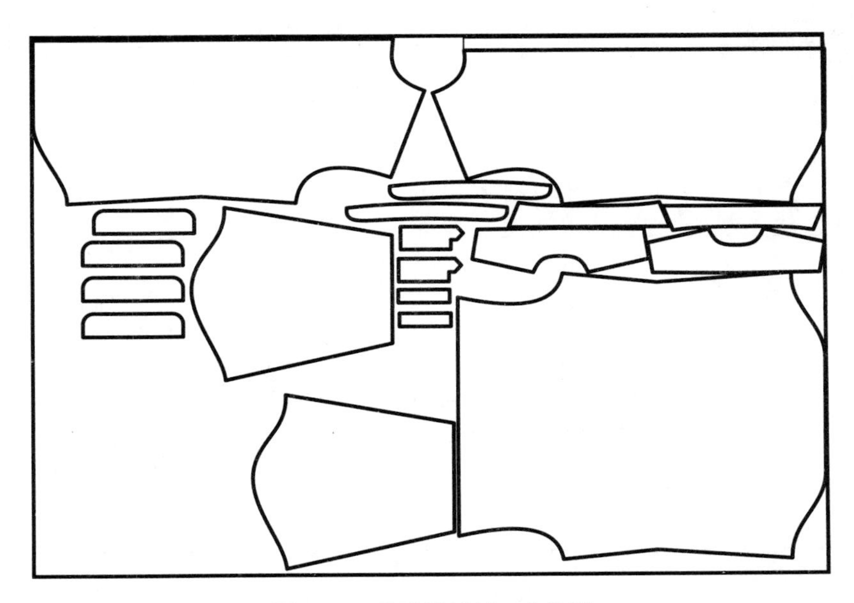

图 5-18　基础男衬衫工业排板

第四节　基础男衬衫工艺要求

一、面式结构图

基础男衬衫面式结构如图 5-19 所示。

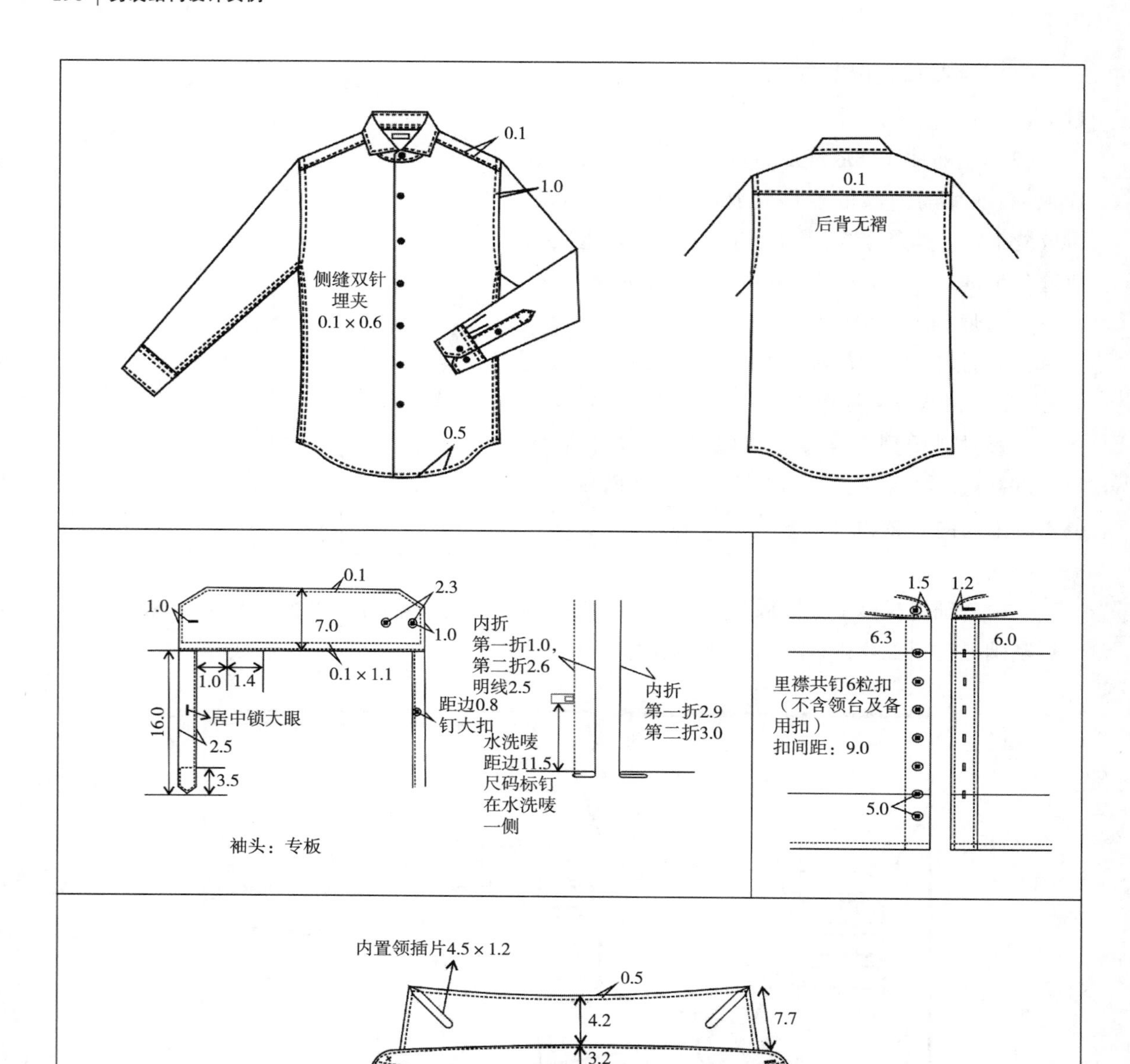

款式描述：一字领，门襟为三折门襟，7粒扣，圆摆，后背无褶，长袖大切角袖头单眼双扣

缝制要求：
1.严格按照常规工艺要求制作
2.各部位缝份：肩缝，后过肩1cm，上下领组合，前后领口0.6cm
3.注意各部位缝份及吃量
钉扣要求：
钉扣：十字钉扣，每扣眼8针
锁眼：123针立体锁大眼1/2刀

裁剪要求：

前片 × 2，后片 × 1，过肩 × 2，上领 × 2，领底 × 2，袖片 × 2，袖头 × 4，大小袖衩各 × 2

图 5-19　基础男衬衫面式结构图

二、尺寸测量示意图

基础男衬衫尺寸测量示意图如图 5-20 所示。

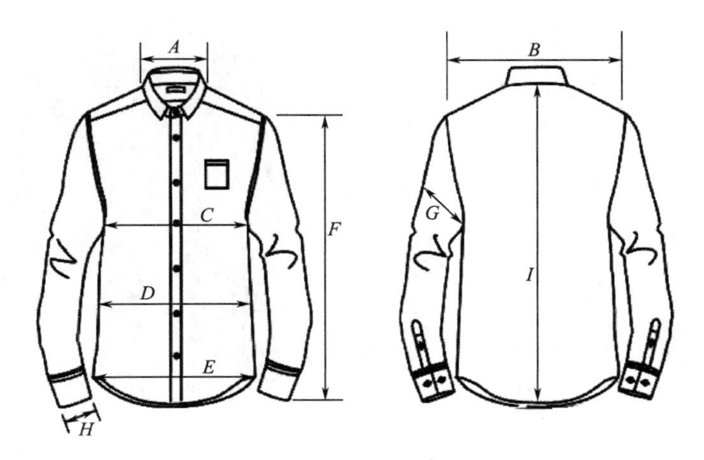

图 5-20　基础男衬衫尺寸测量示意图

三、面辅料

面辅料见表 5-4。

表 5-4　面辅料表

面料			辅料			
序号	部位名称	裁片数量	序号	部位名称	裁片数量	说明
1	左前片	1	1	底领衬	1	有纺衬
2	右前片	1	2	翻领衬	1	有纺衬
3	后片	1	3	袖头衬	2	有纺衬
4	过肩	2	4	门襟贴边衬	1	有纺衬
5	袖片	2				
6	袖克夫	4				
7	袖衩门襟	2				
8	袖衩里襟	2				
9	门襟贴边	1				
10	底领	2				
11	翻领	2				

第五节　男衬衫结构设计实例

一、立领半开襟男衬衫

（一）款式图、效果图

立领半开襟男衬衫款式图和效果图如图 5-21 所示。

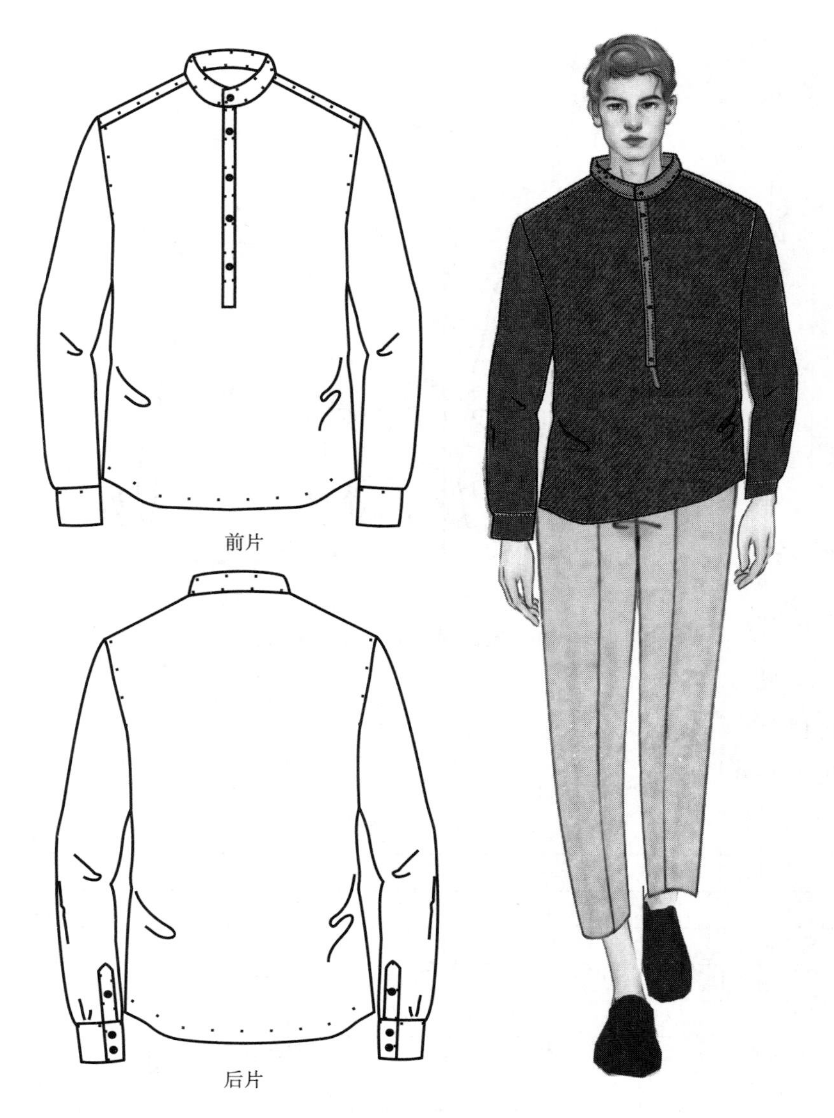

图 5-21　立领半开襟男衬衫款式图和效果图

（二）款式描述

本款为立领长袖男衬衫，半门襟，门襟五粒扣，圆底弧摆，有过肩，领口、过肩、袖窿缉明线。

（三）尺寸规格设计

尺寸规格见表 5-5。

表 5-5　尺寸规格表　　　　单位：cm

号型	后衣长（L）	胸围（B）	肩宽（S）	领围（N）	袖长（SL）	袖口（CW）	袖头宽
170/88A	70	110	46	39	59	25	7.2

（四）面辅料的选配

面辅料的选配见表 5-6。

表 5-6　面辅料的选配表

类型	材质	使用部位
面料	牛津布	整个衣身、袖身
衬料	黏合衬	领子、袖克夫
纽扣	贝母扣	门襟、袖口

（五）结构图

立领半开襟男衬衫衣身、袖身及其他零部件结构如图 5-22 和图 5-23 所示。

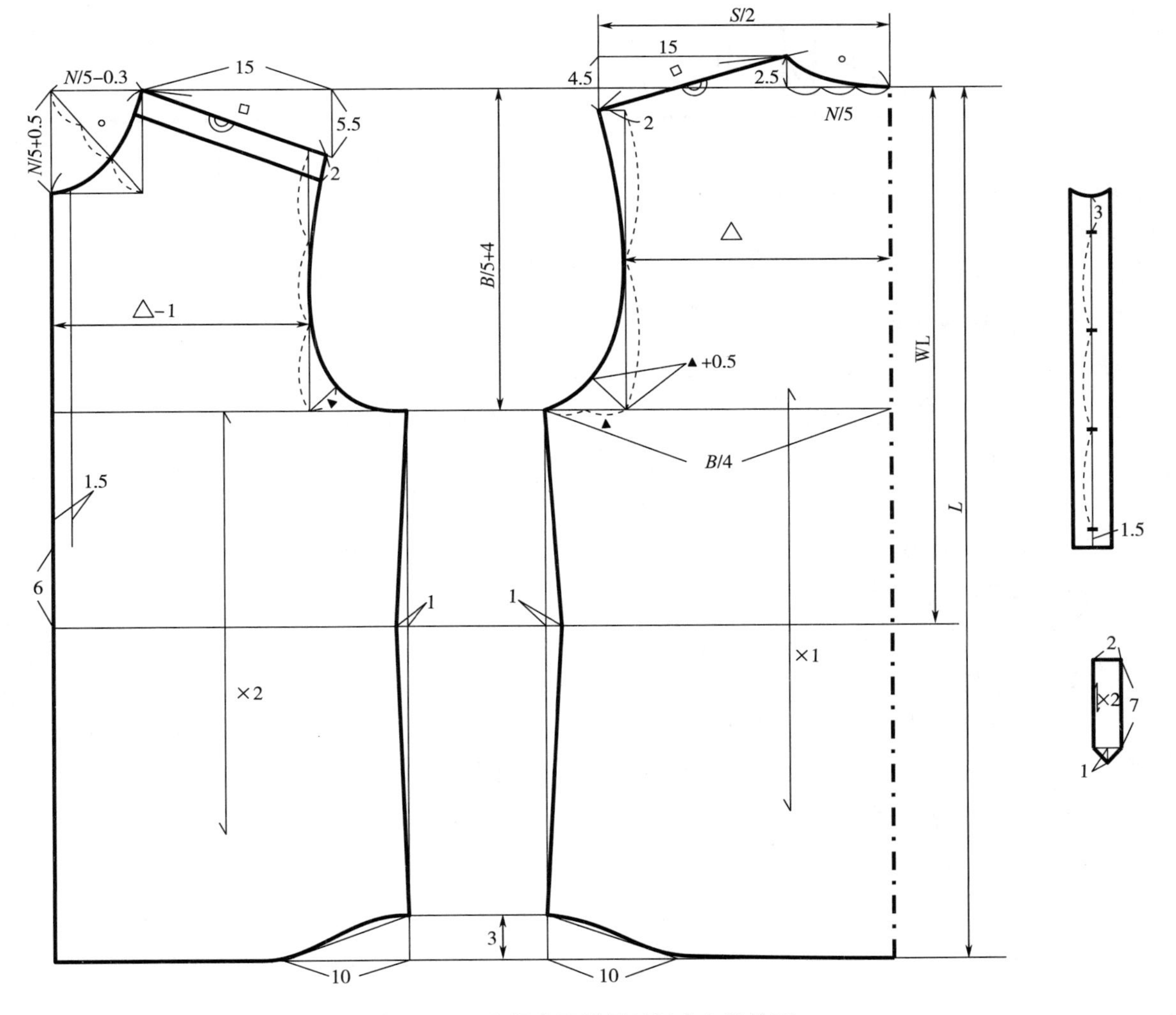

图 5-22　立领半开襟男衬衫衣身结构图

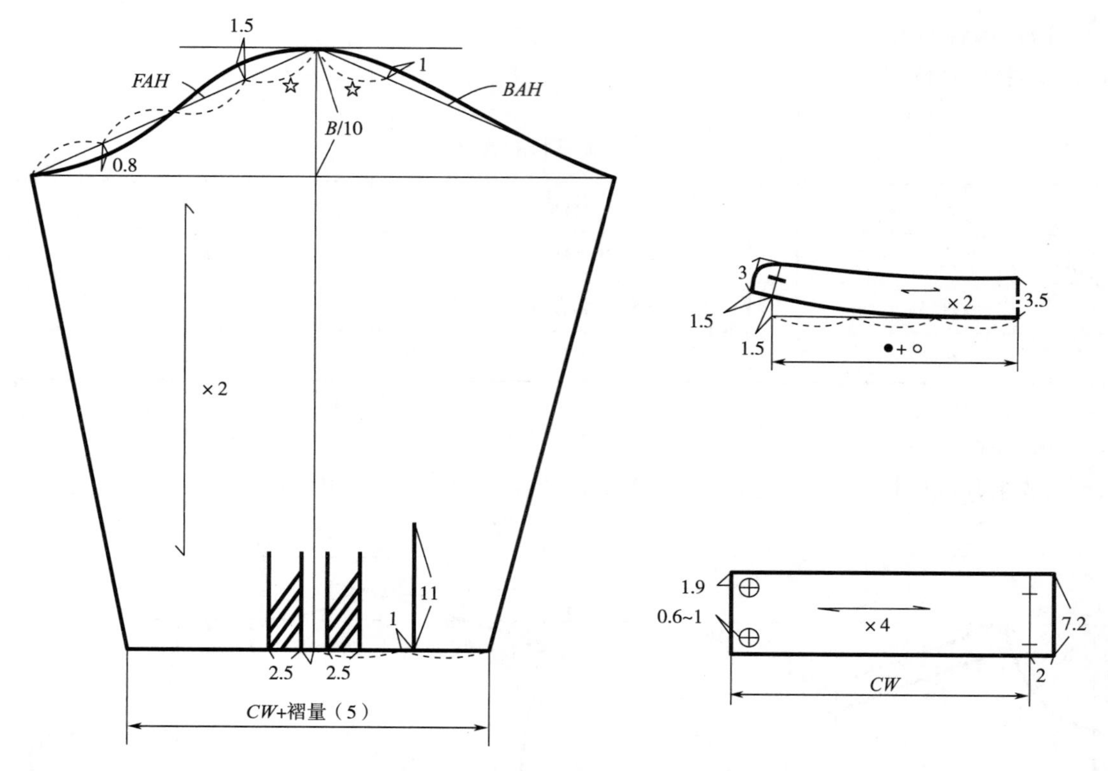

图 5-23　立领半开襟男衬衫袖身及其他零部件结构图

（六）结构设计要点

（1）前中为半开门襟，半开门襟的止点位于腰围线以上 6cm，门襟四粒扣。

（2）前片过肩宽为 3cm，前后侧片为半弧形，起弧高度为 3cm。

（3）袖子为较合体一片袖，袖子有宝剑型开衩，袖口有 2 个褶裥，袖克夫搭门宽 2cm。

二、立领双袋男衬衫

（一）款式图、效果图

立领双袋男衬衫款式图和效果图如图 5-24 所示。

（二）款式描述

本款为立领长袖男衬衫，左右前胸各有一袋盖为宝剑型的贴袋，前门襟七粒扣，圆底弧摆，有过肩，后片过肩中心位置收一个褶裥，领口、过肩、袖窿缉明线。

（三）尺寸规格设计

尺寸规格见表 5-7。

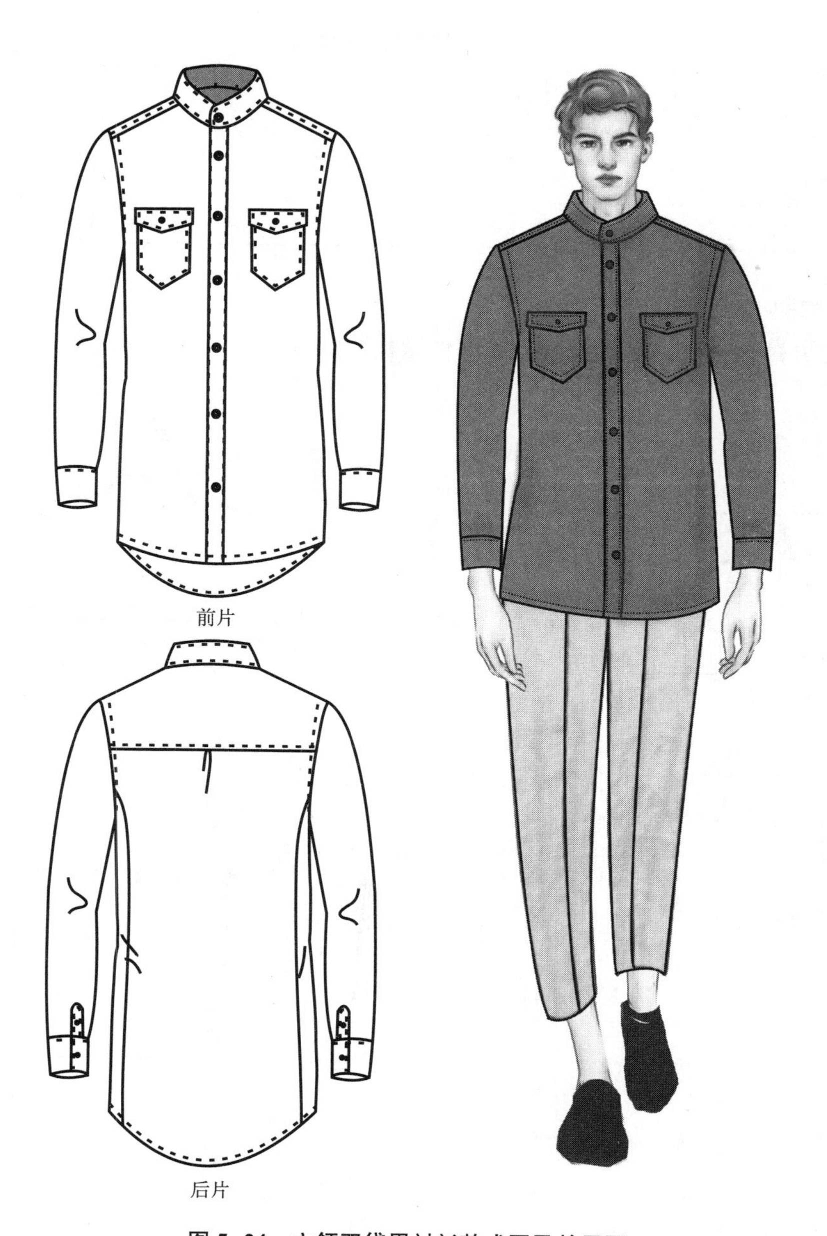

图 5-24 立领双袋男衬衫款式图及效果图

表 5-7 尺寸规格表

单位：cm

号型	后衣长（L）	胸围（B）	肩宽（S）	领围（N）	袖长（SL）	袖口（CW）	袖头宽
170/88A	80	108	46	40	60	25	6

（四）面辅料的选配

面辅料的选配见表 5-8。

表 5-8　面辅料的选配表

类型	材质	使用部位
面料	青年布	整个衣身、袖身
衬料	黏合衬	领子、袖口、门襟、袋盖
纽扣	树脂扣	门襟、袖口

（五）结构图

立领双袋男衬衫衣身、袖身及其他零部件结构图如图 5-25 和图 5-26 所示。

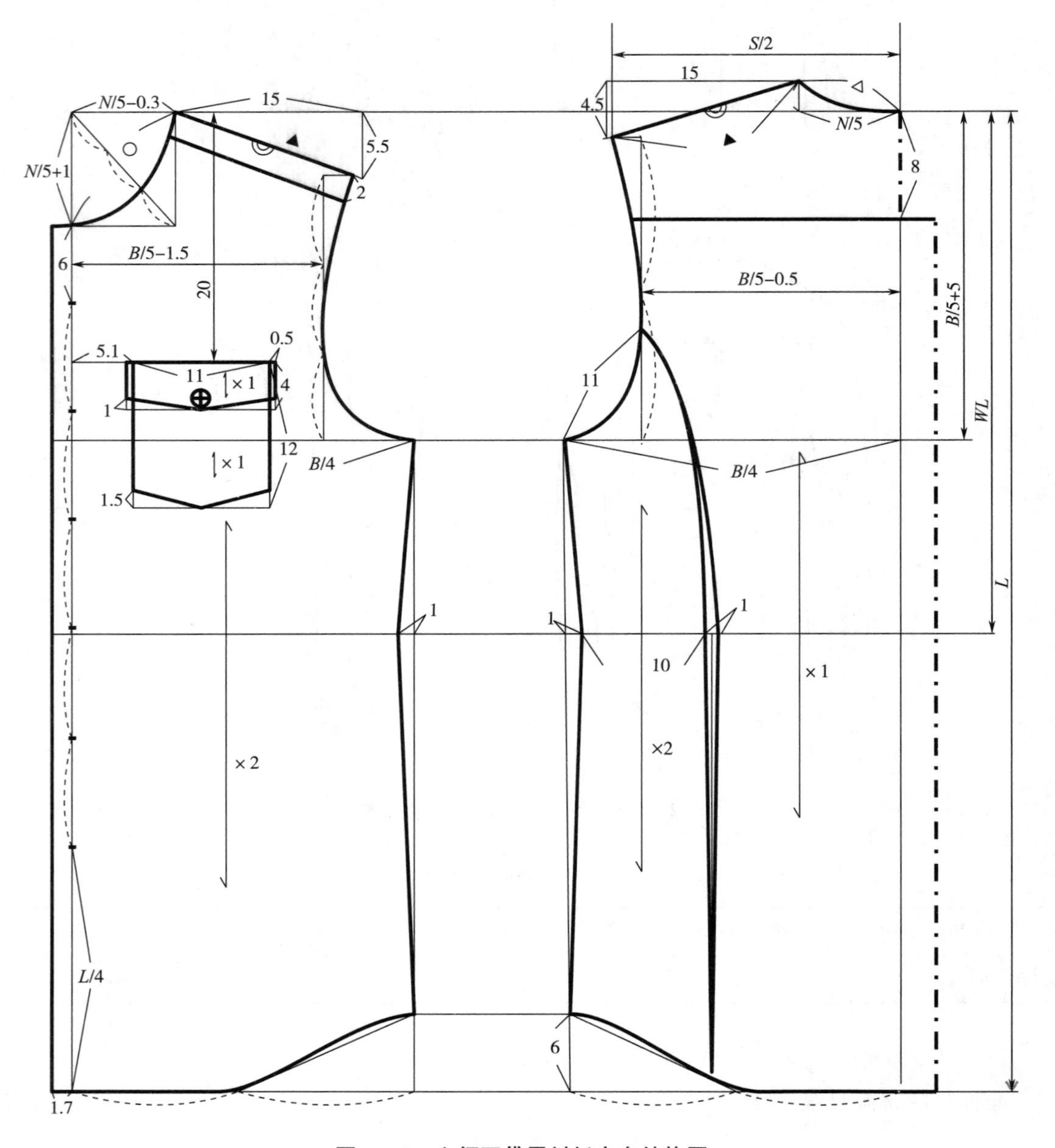

图 5-25　立领双袋男衬衫衣身结构图

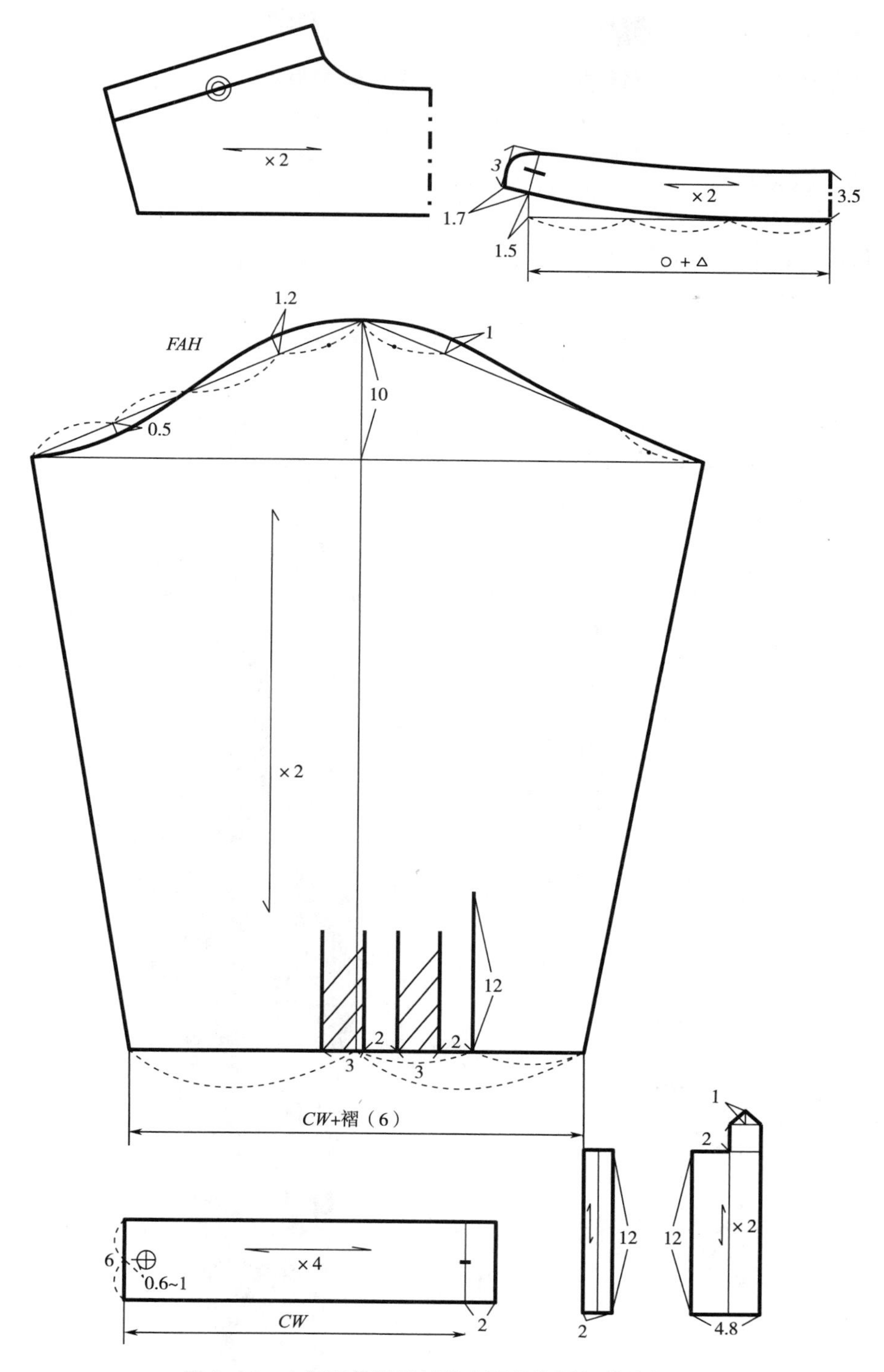

图 5-26 立领双袋男衬衫袖身及其他零部件结构图

（六）结构设计要点

（1）前中分裁门襟，门襟宽 1.7cm，前中六粒扣，前过肩宽 3cm。

（2）后育克位于后颈点以下 8cm，育克以下的后中有褶裥。后片刀背缝位于后侧缝向前

10cm，起于腋下点顺着袖窿弧往上 11cm，直通底摆。

（3）领子为立领结构，领后中宽 3.5cm，起翘 1.5cm。

（4）袖子为较合体一片袖，袖子有宝剑型开衩，袖口有两个褶裥，袖克夫宽 6cm，克夫搭门宽 2cm。

三、企领后背横向分割男衬衫

（一）款式图、效果图

企领后背横向分割男衬衫款式图和效果图如图 5-27 所示。

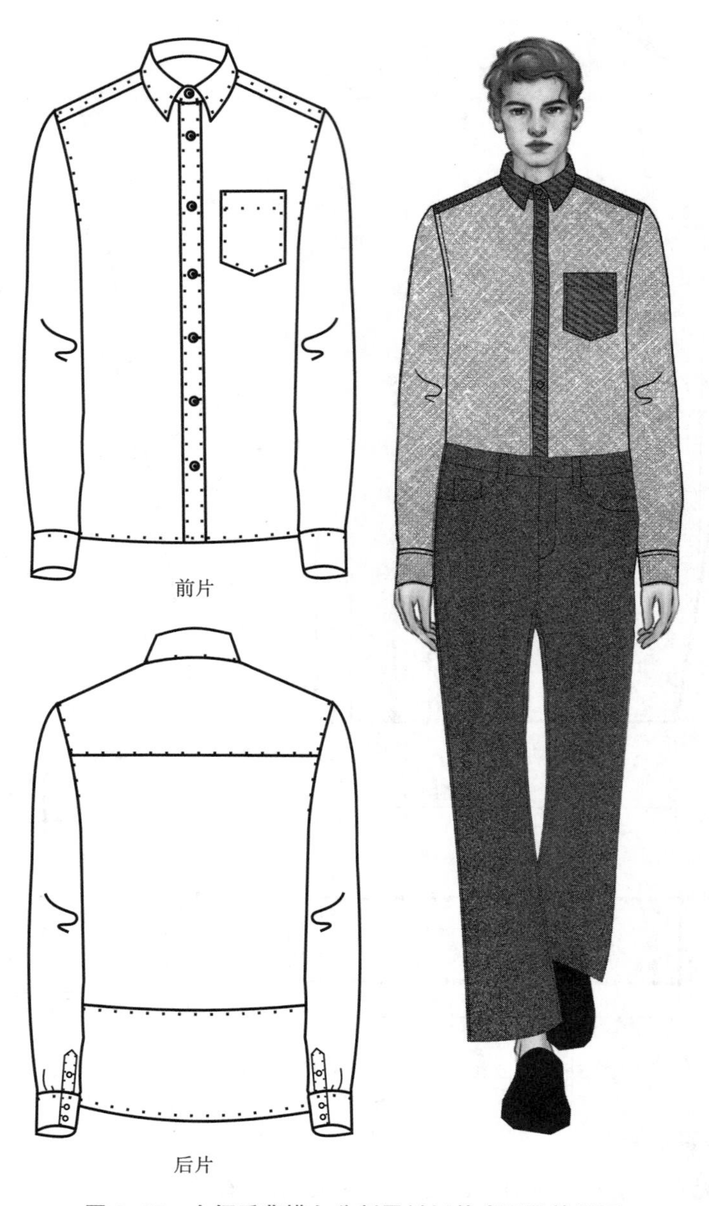

图 5-27 企领后背横向分割男衬衫款式图及效果图

（二）款式描述

本款为企领长袖男衬衫，左前胸有一宝剑型贴袋，前门襟七粒扣，微弧下摆，有过肩，领口、过肩、袖窿缉明线。

（三）尺寸规格设计

尺寸规格见表 5-9。

表 5-9 尺寸规格表　　单位：cm

号型	后衣长（L）	胸围（B）	肩宽（S）	领围（N）	袖长（SL）	袖口（CW）	袖头宽
170/88A	71	106	46	40	60	24	7

（四）面辅料的选配

面辅料的选配见表 5-10。

表 5-10 面辅料的选配表

类型	材质	使用部位
主面料	青年布	整个衣身、袖身
辅面料	牛仔布	过肩、领子、门襟、贴袋
衬料	黏合衬	领子、门襟、袖口
纽扣	树脂扣	门襟、袖口

（五）结构图

企领后背横向分割男衬衫衣身、袖身及其他零部件结构如图 5-28 和图 5-29 所示。

（六）结构设计要点

（1）领子为立翻领，领座宽 3.5cm，领面宽 4.8cm，底翘 1.3cm，面翘 2.9cm。

（2）门襟为分裁式，门襟宽 1.7cm，宝剑型贴袋的开口宽为 11cm，长为 11cm，宝剑头下落 1.5cm。

（3）后育克宽为 11cm，后片底摆以上 15cm 位置画水平分割线。

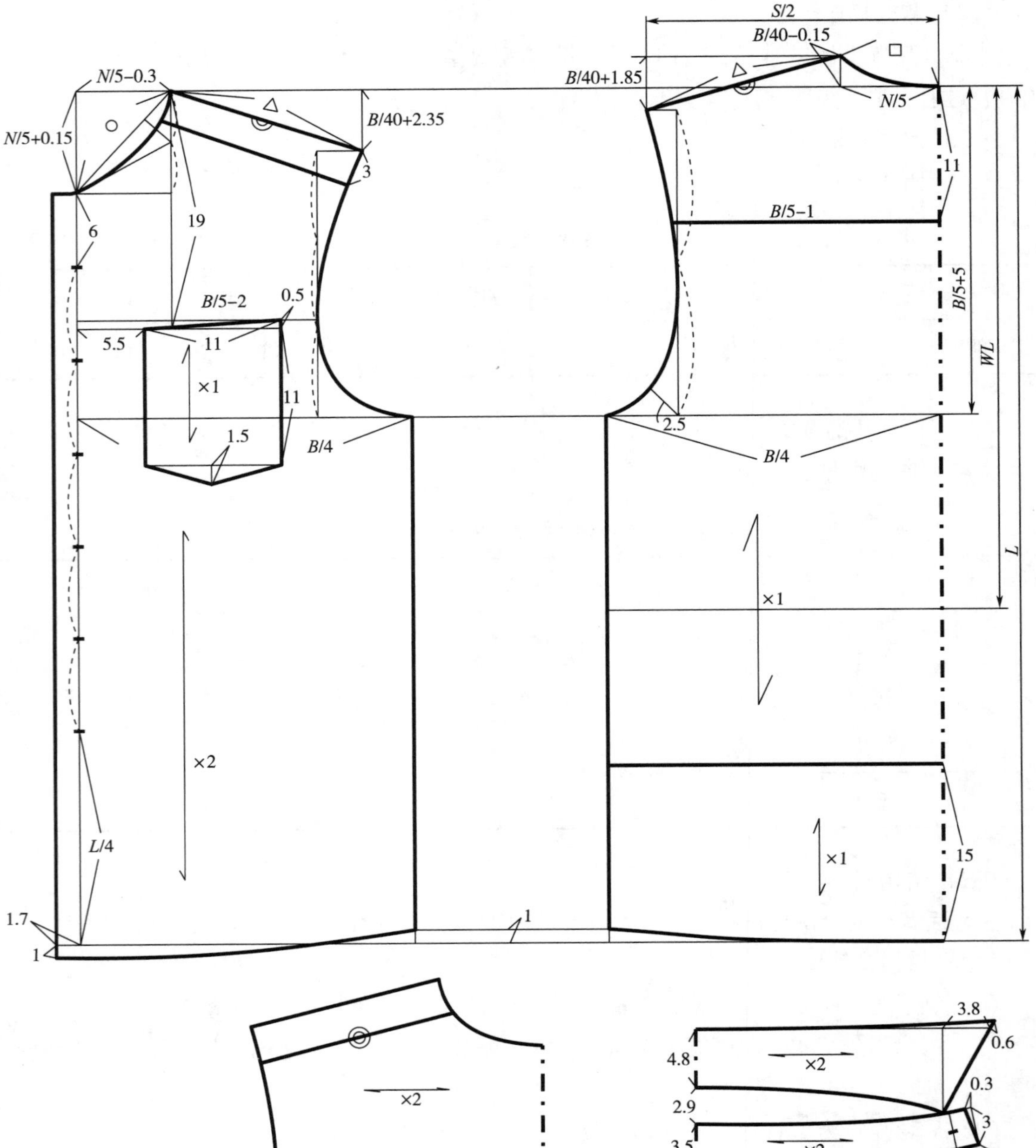

图 5-28　企领后背横向分割男衬衫衣身结构图

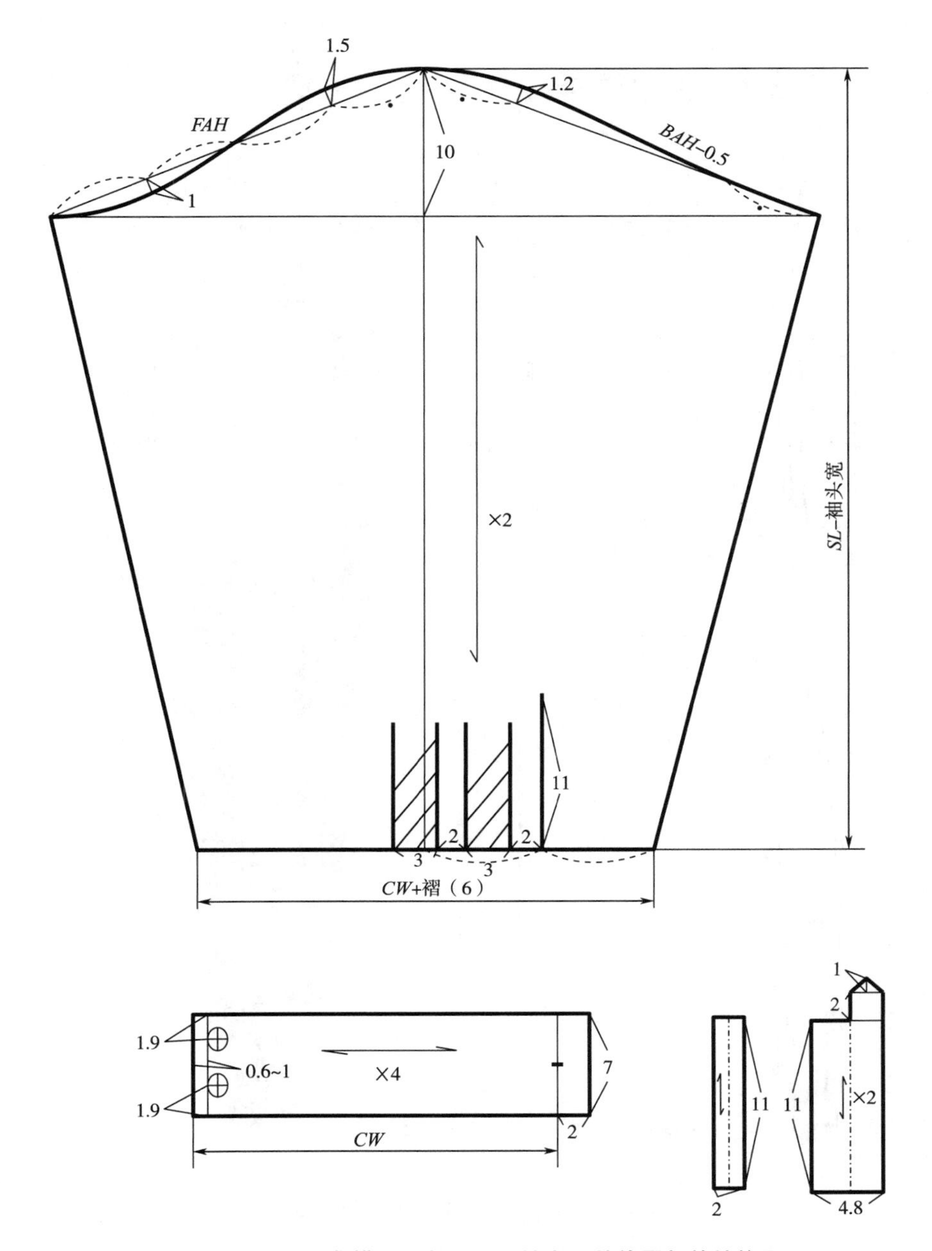

图 5-29　企领后背横向分割男衬衫袖身及其他零部件结构图

四、企领半门襟男衬衫

（一）款式图、效果图

企领半门襟男衬衫款式图和效果图如图 5-30 所示。

（二）款式描述

本款为企领长袖男衬衫，左右前胸各有装饰袋盖，半门襟，门襟三粒扣，圆底弧摆，有过肩，后片过肩为三角形，领口、过肩、袖窿缉明线。

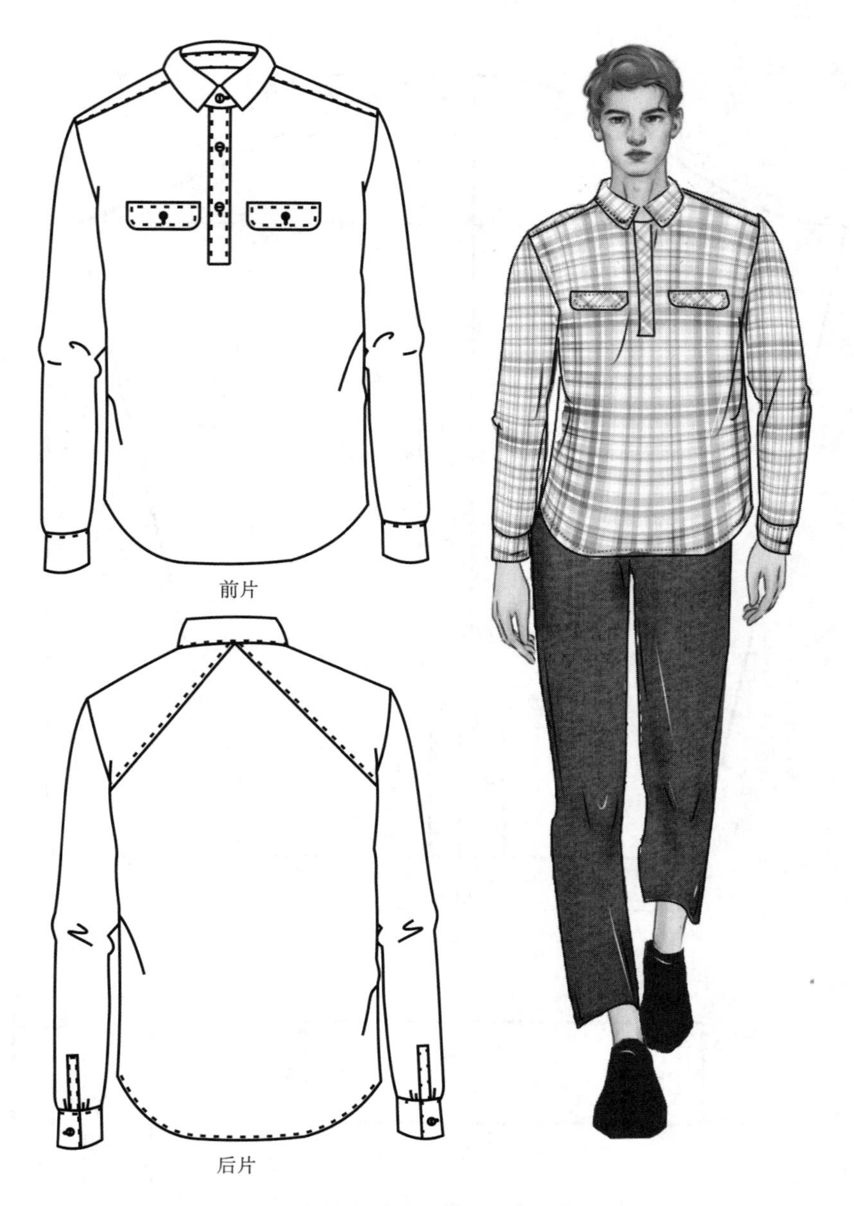

图 5-30 企领半门襟男衬衫款式图及效果图

（三）尺寸规格设计

尺寸规格见表 5-11。

表 5-11 尺寸规格表 单位：cm

号型	后衣长（L）	胸围（B）	肩宽（S）	领围（N）	袖长（SL）	袖口（CW）	袖头宽
170/88A	71	112	45	39	60	25	6

（四）面辅料的选配

面辅料的选配见表 5-12。

表 5-12　面辅料的选配表

类型	材质	使用部位
面料	棉麻	整个衣身、袖身
衬料	黏合衬	领子、袖口、袋盖
纽扣	金属扣	门襟、袖口

(五) 结构图

企领半门襟男衬衫衣身、袖身及其他零部件结构如图 5-31 和图 5-32 所示。

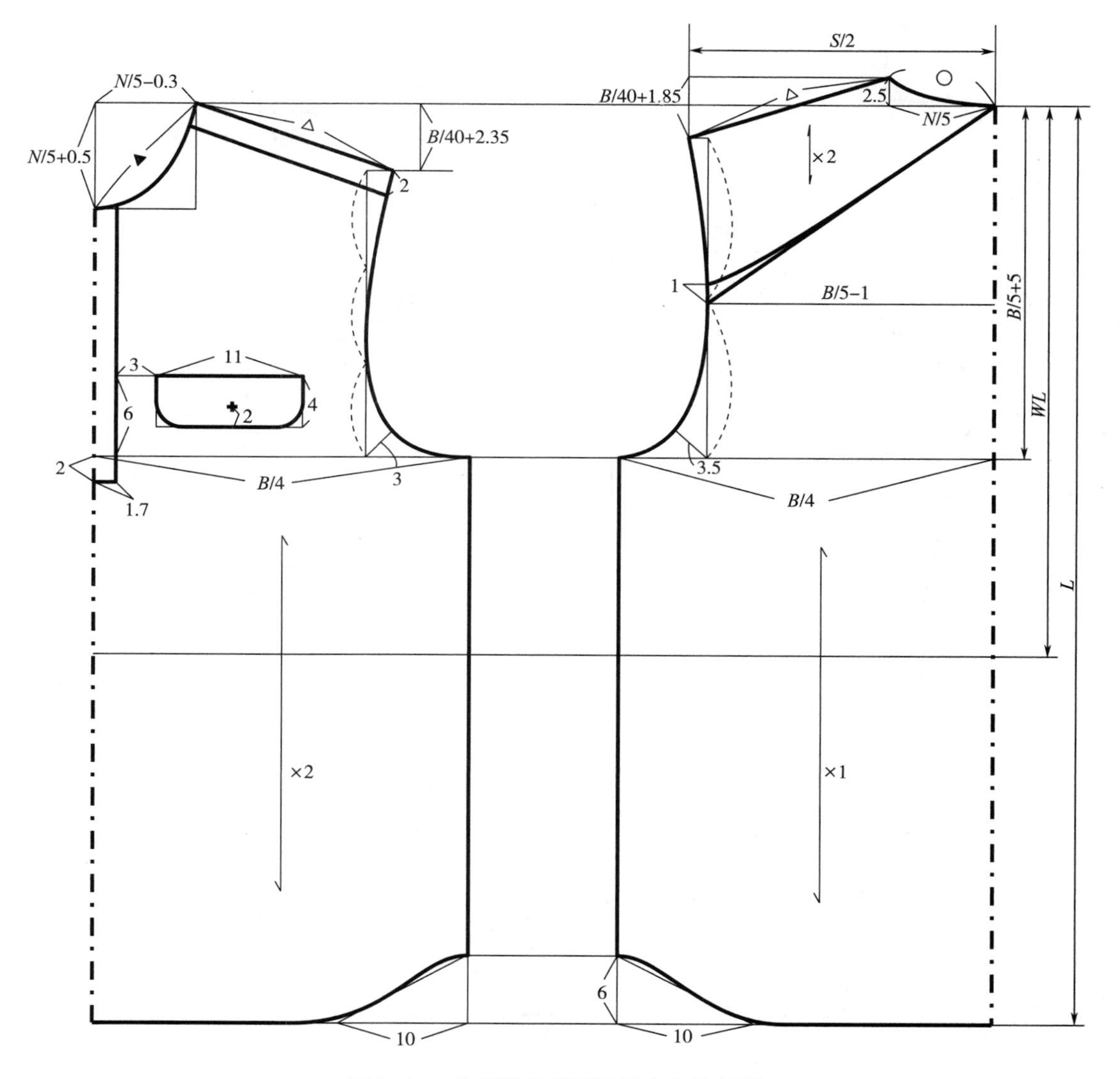

图 5-31　企领半门襟男衬衫衣身结构图

(六) 结构设计要点

(1) 门襟为半开门襟，门襟止口位于袖窿深线以下 2cm，前片胸部左右有装饰型袋盖，袋盖开口长 11cm，宽 6cm。

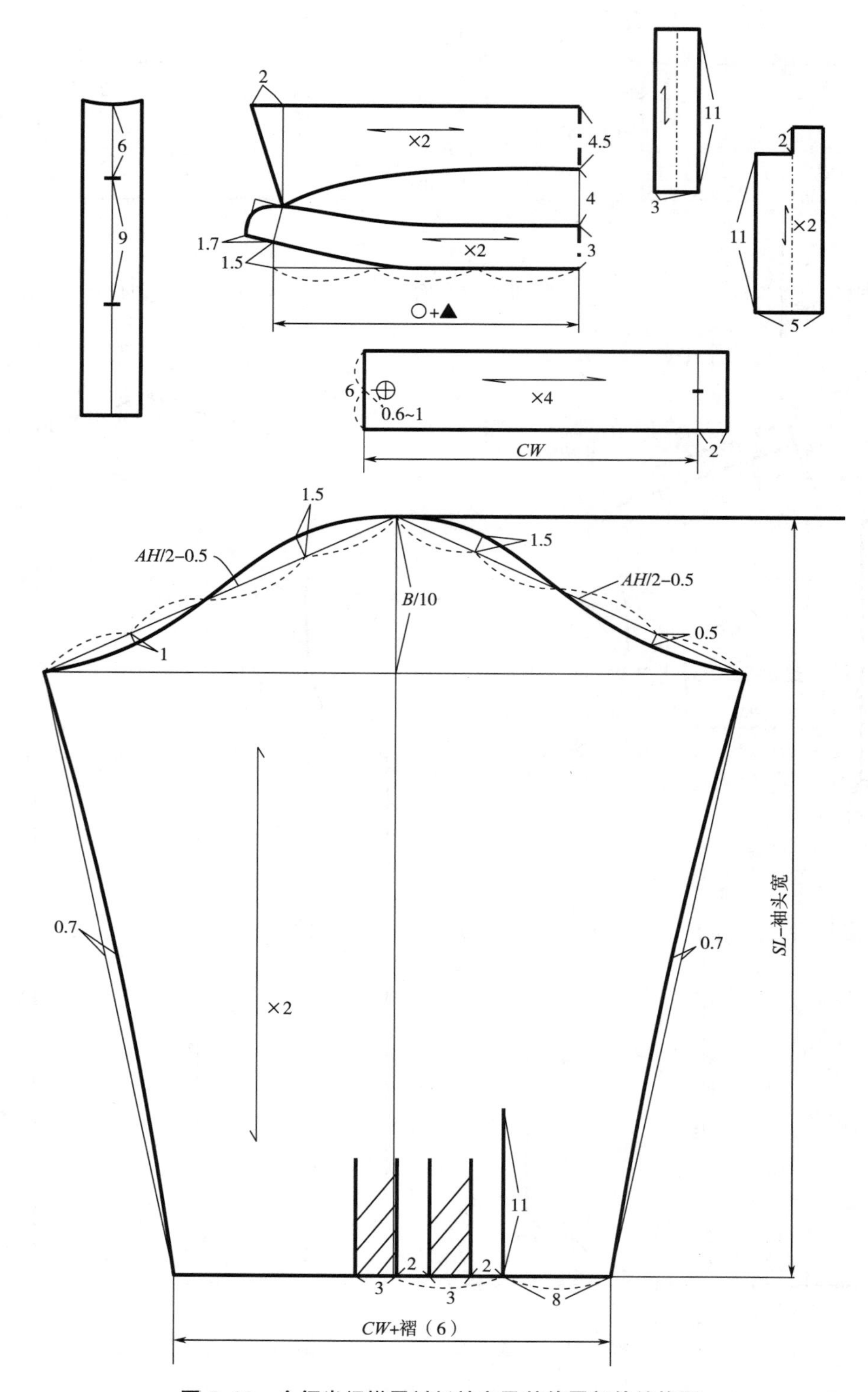

图 5-32　企领半门襟男衬衫袖身及其他零部件结构图

（2）后片背部有斜向分割，分割线在后袖窿弧收 1cm 省量。

（3）前后底摆侧缝处是内弧型，起弧量为 6cm。

五、企领双袋男衬衫

（一）款式图、效果图

企领双袋男衬衫款式图和效果图如图 5-33 所示。

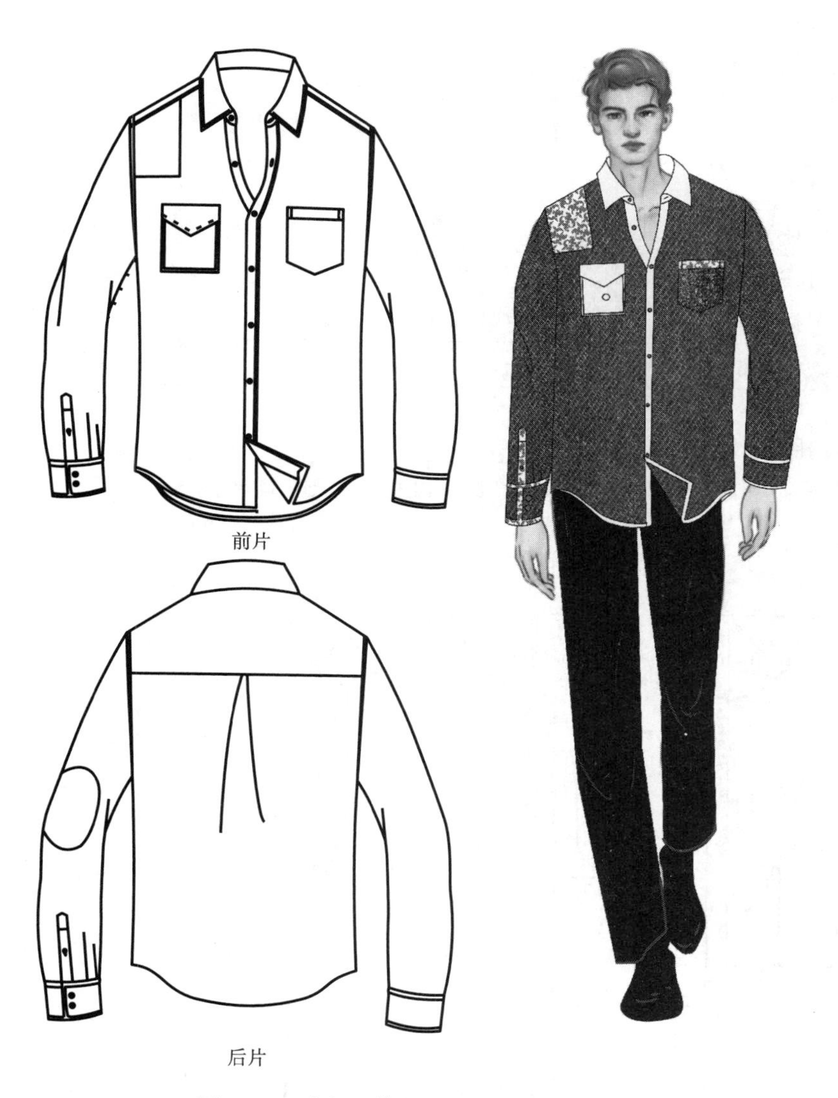

图 5-33　企领双袋男衬衫款式图及效果图

（二）款式描述

本款为企领长袖男衬衫，左前胸有一宝剑型贴袋，右前胸有一带袋盖方形口袋，前门襟七粒扣，圆弧底摆，有过肩，右前肩有一方形拼接，后片过肩中心位置收一个褶裥，领口、过肩、袖窿缉明线。

（三）尺寸规格设计

尺寸规格见表 5-13。

表 5-13 尺寸规格表 单位：cm

号型	后衣长（L）	胸围（B）	肩宽（S）	领围（N）	袖长（SL）	袖口（CW）	袖头宽
170/88A	76	108	46	42	60	22	6.5

（四）面辅料的选配

面辅料的选配见表 5-14。

表 5-14 面辅料的选配表

类型	材质	使用部位
主面料	牛仔布	除辅料之外的衣身和袖身部位
副面料	涤棉混纺	领子、贴袋、前中、拼接片、包边条
衬料	黏合衬	领子、袖口、门襟
纽扣	树脂扣	门襟、袖口

（五）结构图

企领双袋男衬衫衣身、袖身及其他零部件结构如图 5-34 和图 5-35 所示。

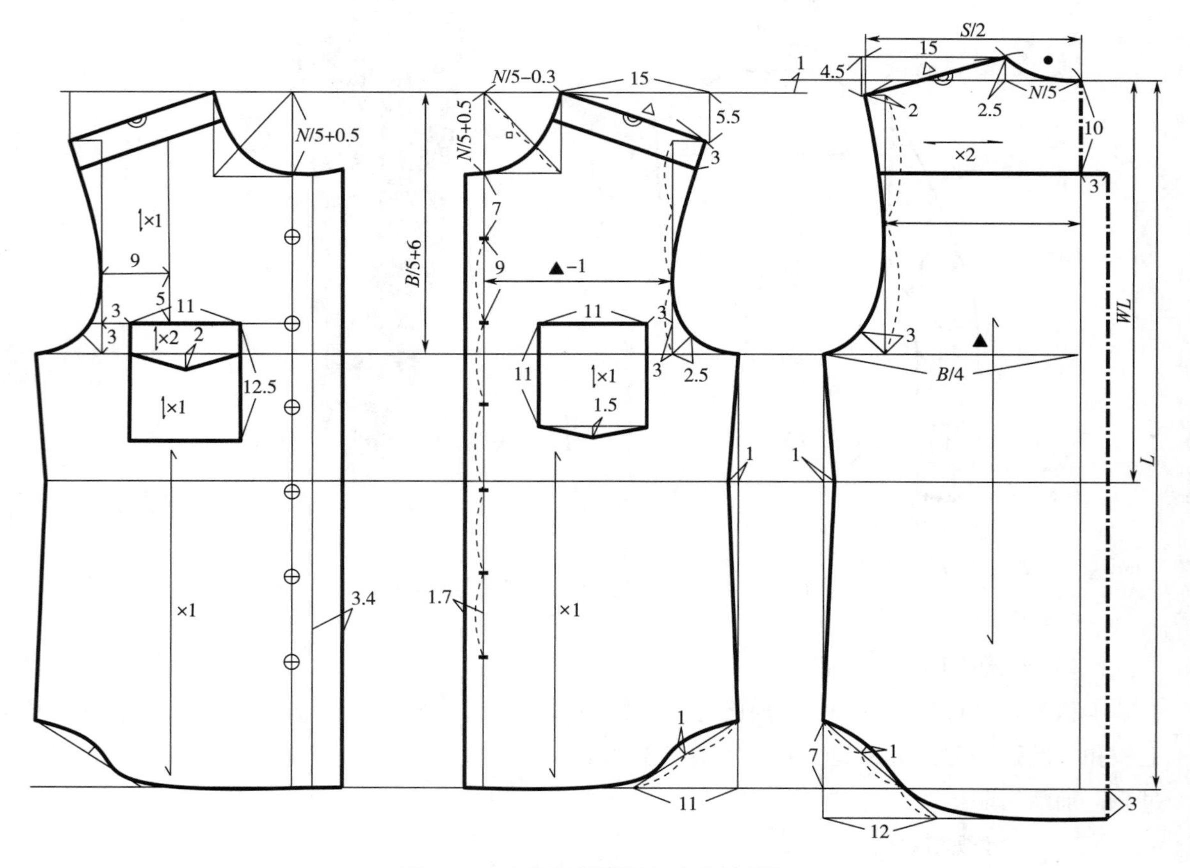

图 5-34 企领双袋男衬衫衣身结构图

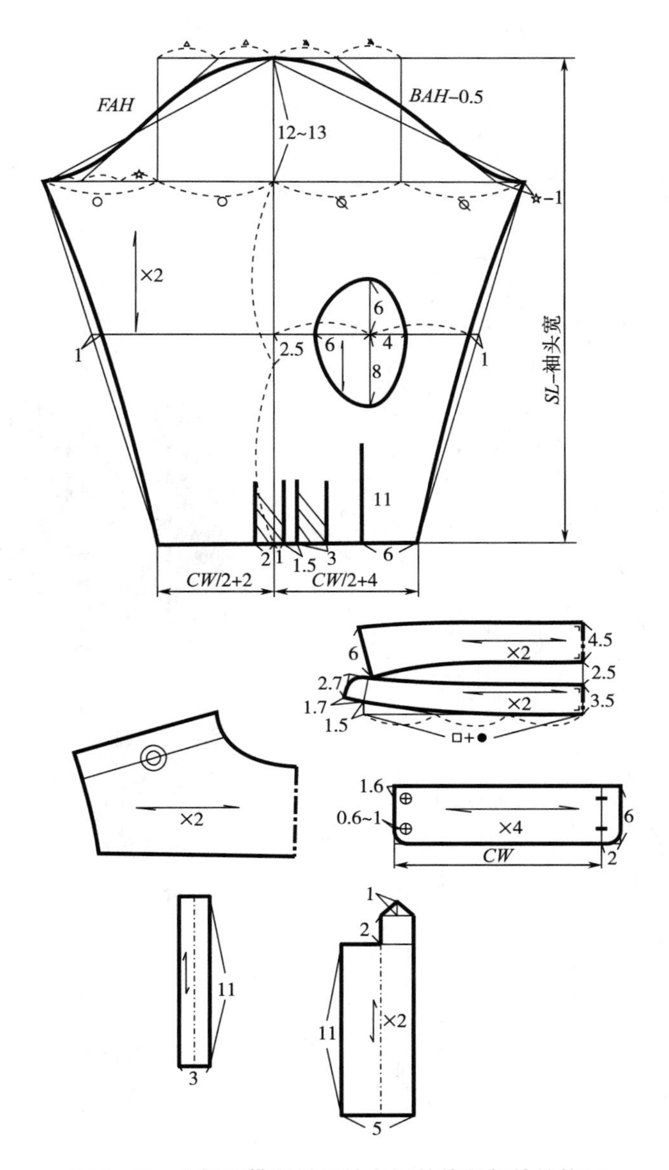

图 5−35　企领双袋男衬衫袖身及其他零部件结构图

（六）结构设计要点

（1）企领的领座宽 3. 5cm，领面宽 4. 5cm，领底起翘 1. 5cm，面翘为 2. 5cm。

（2）前中门襟为连裁式，门襟宽为 1. 7cm，前片胸部左右两侧为不对称口袋，左侧口袋为宝剑型贴袋，贴袋长 11cm，开口宽 11cm；右侧口袋为矩形带袋盖的贴袋，贴袋长 12. 5cm，开口宽度为 11cm，袋盖开口宽 11cm，长 3cm。

（3）后育克宽 10cm，育克以下后中有褶裥，后中底摆下落 3cm，前后底摆在侧缝处起内弧，起弧量为 7cm。

（4）袖子为合体一片袖，袖口有长 11cm 的宝剑型开衩，袖口 2 个褶裥，袖后片有圆形的防磨贴布。

六、企领分割双袋男衬衫

（一）款式图、效果图

企领分割双袋男衬衫款式图及效果图如图 5-36 所示。

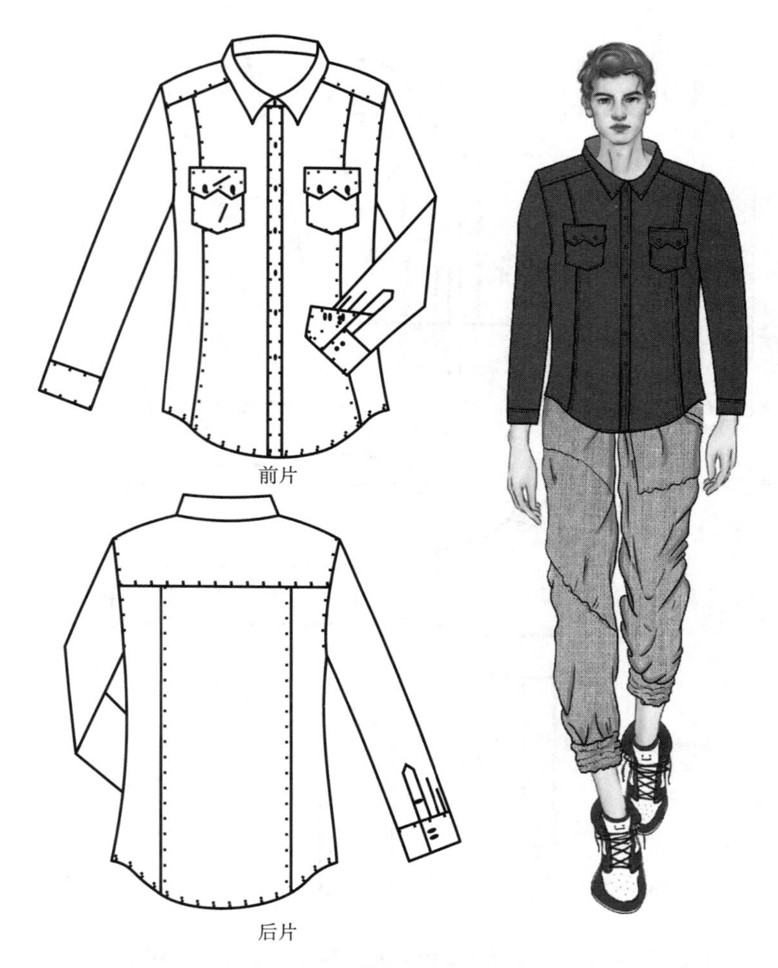

图 5-36　企领分割双袋男衬衫款式图及效果图

（二）款式描述

本款为企领长袖男衬衫，左右前胸各有一宝剑型贴袋，前、后片做纵向分割，前门襟七粒扣，圆弧底摆，有过肩，领口、过肩、袖窿、分割线缉明线。

（三）尺寸规格设计

尺寸规格见表 5-15。

表 5-15　尺寸规格表　　单位：cm

号型	后衣长（*L*）	胸围（*B*）	肩宽（*S*）	领围（*N*）	袖长（*SL*）	袖口（*CW*）	袖头宽
170/88A	76	106	46	39	60	24	7.2

（四）面辅料的选配

面辅料的选配见表 5-16。

表 5-16　面辅料的选配表

类型	材质	使用部位
面料	牛仔布	整个衣身、袖身
衬料	黏合衬	领座、袖口、门襟、口袋
纽扣	塑料	门襟、袖口

（五）结构图

企领分割双袋男衬衫衣身、袖身及其他零部件结构如图 5-37 和图 5-38 所示。

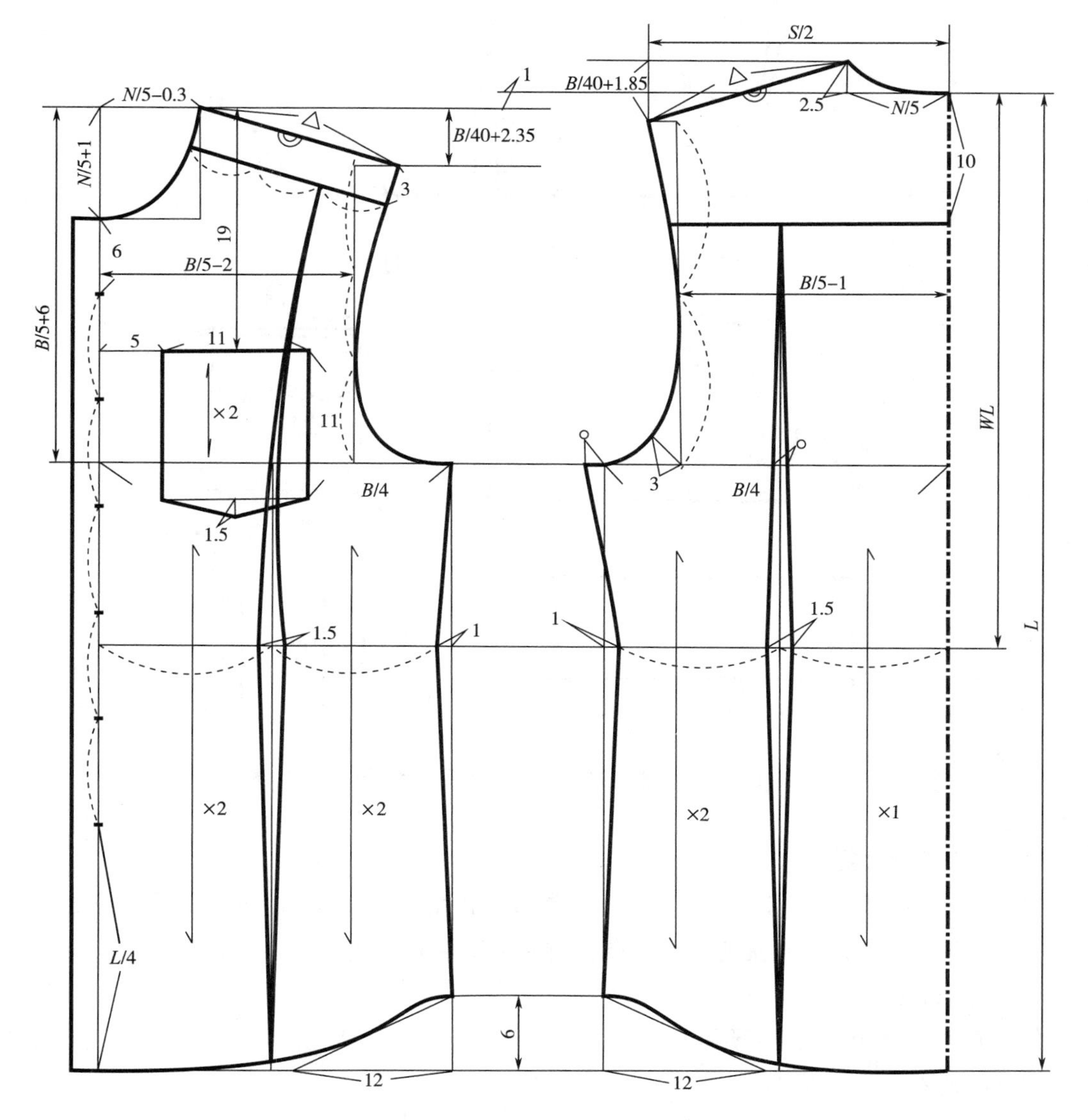

图 5-37　企领分割双袋男衬衫衣身结构图

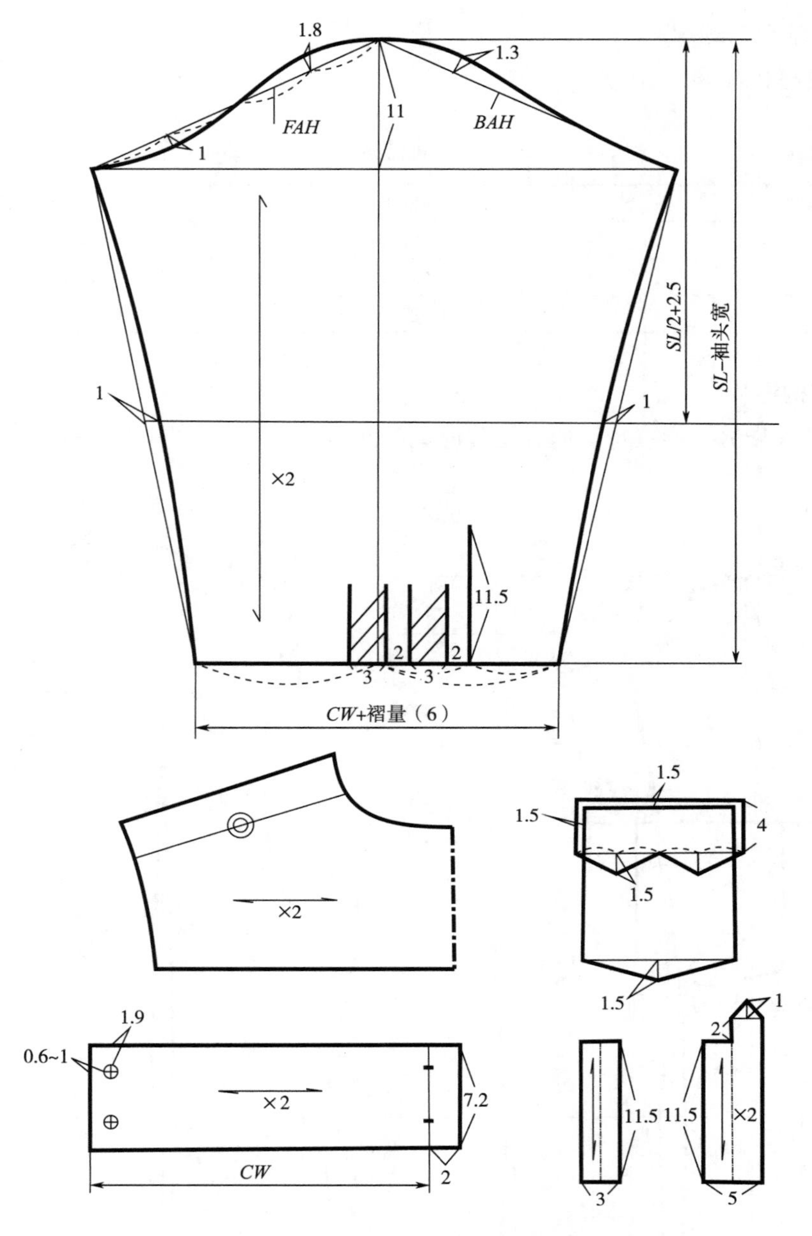

图 5-38　企领分割双袋男衬衫袖身及其他零部件结构图

（六）结构设计要点

（1）前中门襟分裁，门襟宽 1.7cm，六粒扣。前片过肩宽 3cm，过肩线后三分之一点至底摆有分割线，分割线过腰围的二等分点。前片胸部左右两侧为带不规则袋盖的贴袋，贴袋长 11cm，宽 11cm。

（2）后育克宽 10cm，后腰围的中点有垂直分割线，分割线上连至后育克，下通至底摆，底摆侧缝起弧 6cm。

（3）袖子为合体一片袖，袖开衩长 11.5cm，袖克夫宽 7.2cm。

七、企领双排扣男衬衫

（一）款式图、效果图

企领双排扣男衬衫款式图及效果图如图 5-39 所示。

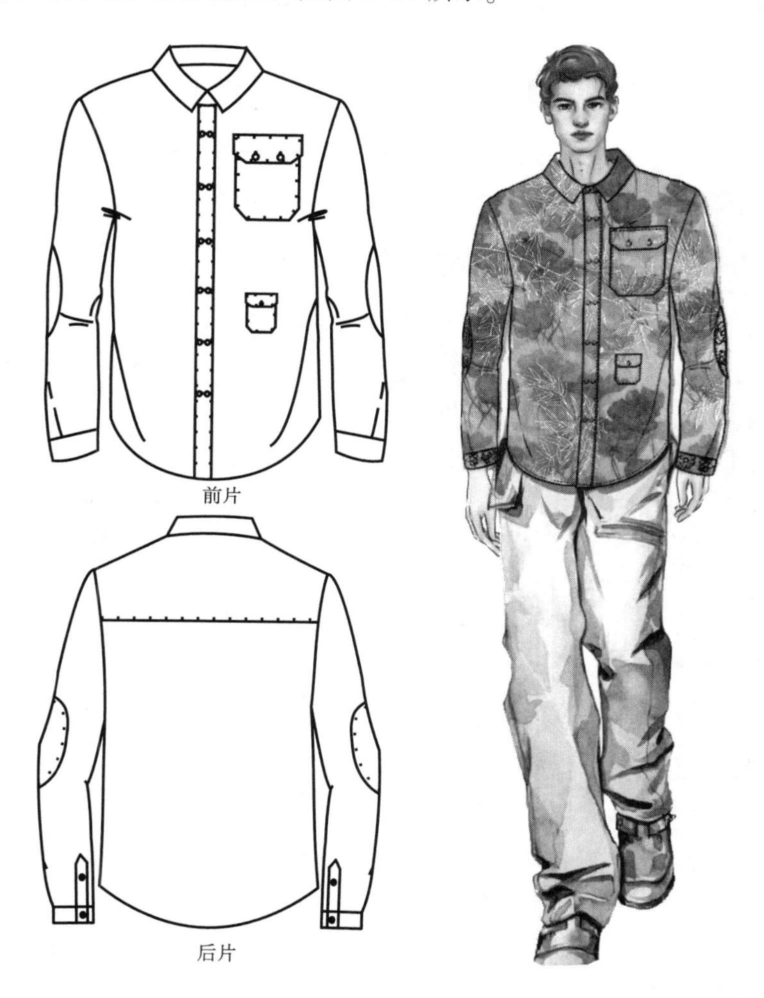

图 5-39　企领双排扣男衬衫款式图及效果图

（二）款式描述

本款为企领长袖男衬衫，左前胸有一折角型贴袋，前门襟双排扣，共七排，每排两粒扣，圆弧底摆，有过肩，领口、过肩、袖窿缉明线。

（三）尺寸规格设计

尺寸规格见表 5-17。

表 5-17　尺寸规格表　　单位：cm

号型	后衣长（L）	胸围（B）	肩宽（S）	领围（N）	袖长（SL）	袖口（CW）	袖头宽
170/88A	76	110	46	40	59.5	26	5

（四）面辅料的选配

面辅料的选配见表 5-18。

表 5-18　面辅料的选配表

类型	材质	使用部位
面料	棉布	整个衣身、袖身
衬料	黏合衬	领子、门襟、袖口
纽扣	金属扣	门襟、袖口

（五）结构图

企领双排扣男衬衫衣身、袖身及其他零部件的结构如图 5-40 和图 5-41 所示。

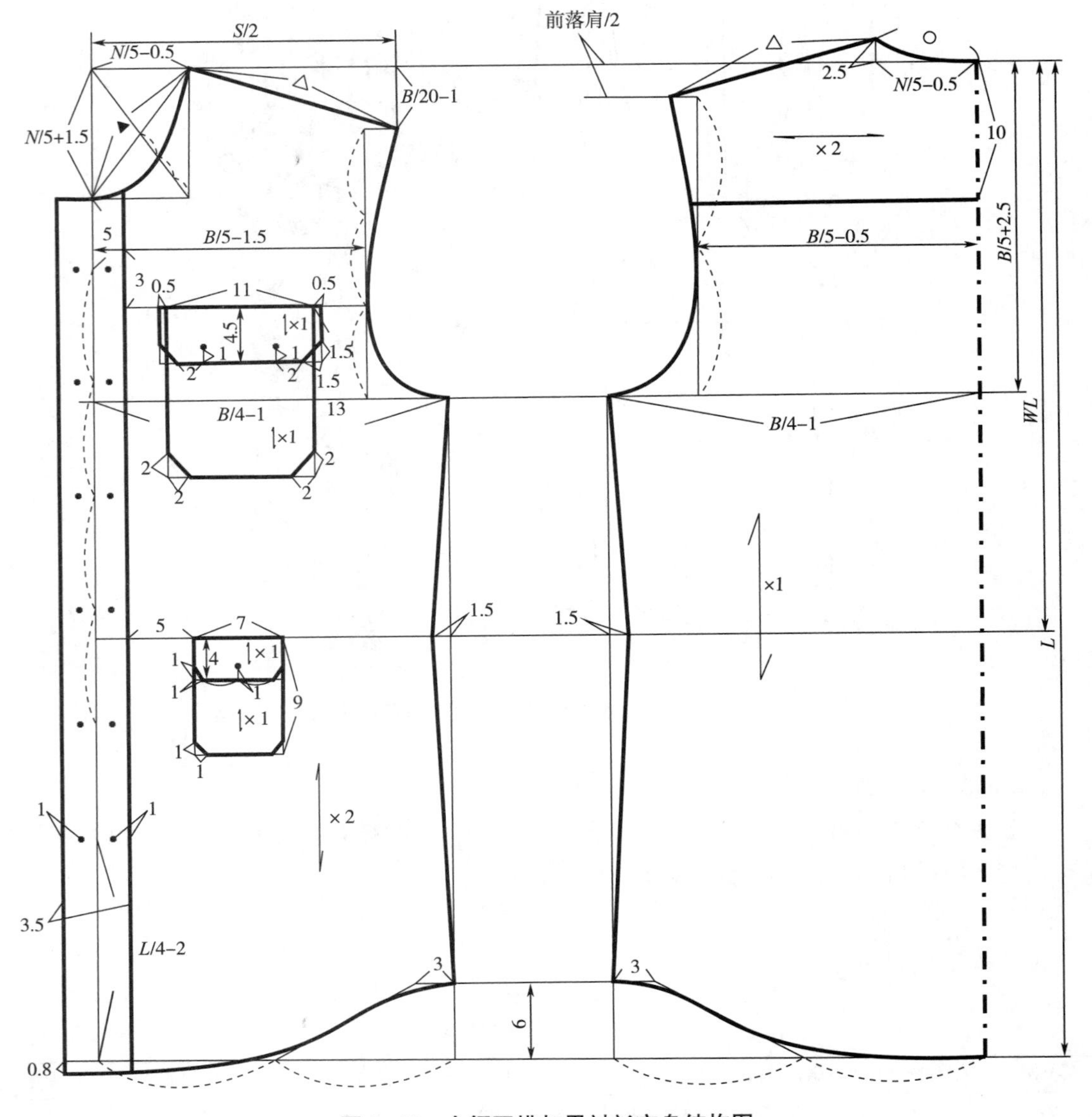

图 5-40　企领双排扣男衬衫衣身结构图

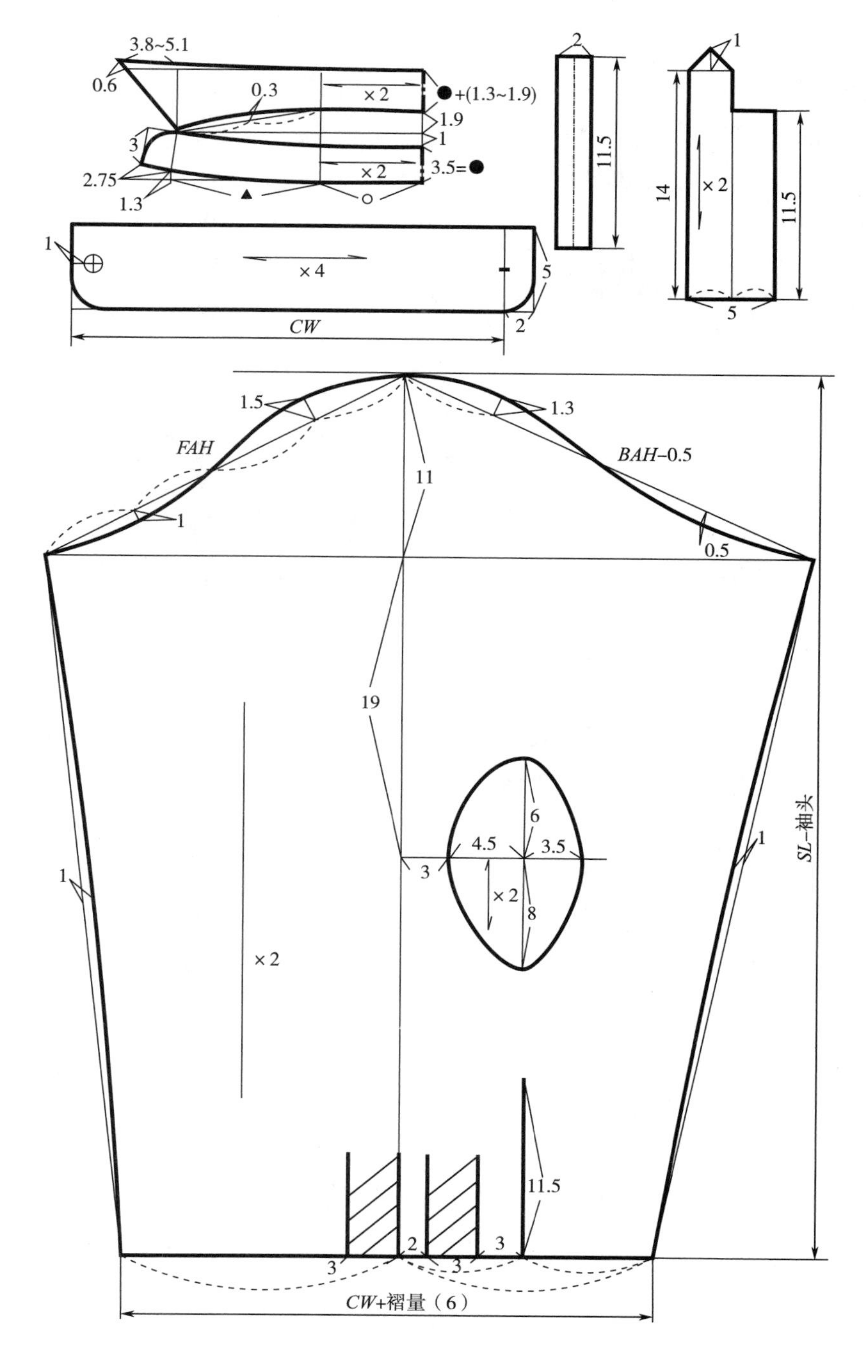

图 5-41　企领双排扣男衬衫袖身及其他零部件结构图

（六）结构设计要点

（1）门襟为双排扣，门襟宽为 3.5cm，每排扣子间距 1.5cm。

（2）前片胸部左右两侧为带袋盖的折角型贴袋，袋盖同样为折角型，贴袋长 13cm，宽 11cm。前片腰部左右两侧各一个小折角型贴袋，贴袋宽 7cm，长 9cm。

（3）后育克宽 10cm，前后底摆侧缝处内弧量为 6cm。

八、礼服衬衫

（一）款式图、效果图

礼服衬衫款式图及效果图如图 5-42 所示。

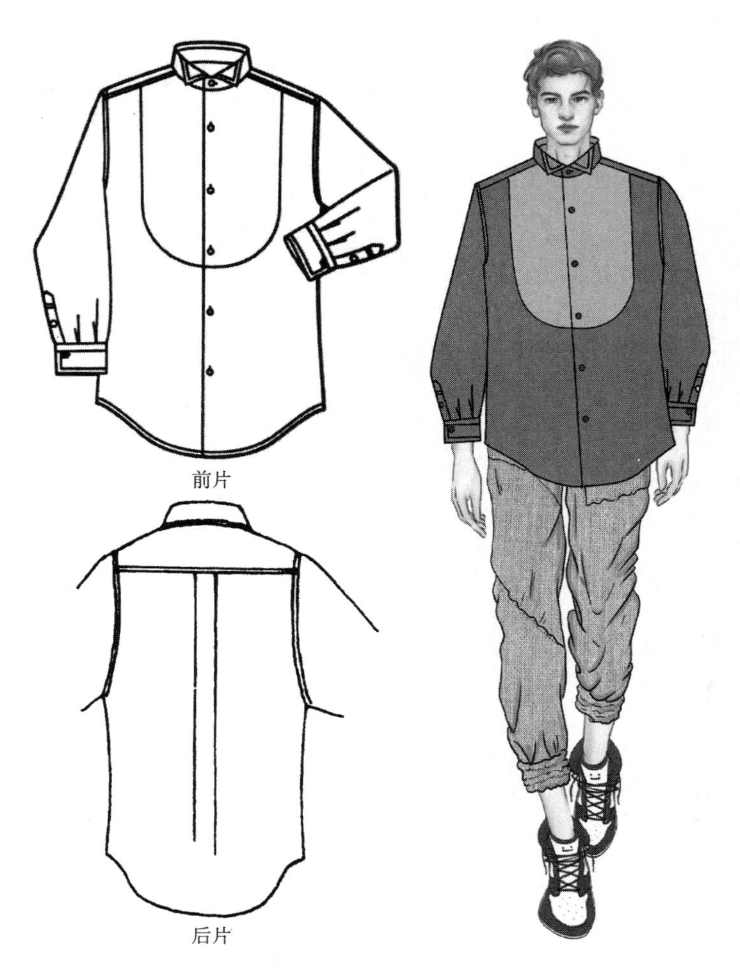

图 5-42 礼服衬衫款式图及效果图

（二）款式描述

本款为礼服衬衫，前门襟采用暗贴边，前胸设 U 型胸挡，门襟六粒扣，圆弧底摆，领型为双翼领，有过肩，后中做明褶，袖头采用双层复合型结构，领口、过肩、袖窿缉明线。

（三）尺寸规格设计

尺寸规格见表 5-19。

表 5-19 尺寸规格表 单位：cm

号型	后衣长（*L*）	胸围（*B*）	肩宽（*S*）	领围（*N*）	袖长（*SL*）	袖口（*CW*）	袖头
170/88A	74	108	46	39	60	25	6.5

（四）面辅料的选配

面辅料的选配见表 5-20。

表 5-20 面辅料的选配表

类型	材质	使用部位
面料	涤棉混纺	整个衣身
衬料	黏合衬	领子、袖口、门襟、U 型前胸
纽扣	树脂	门襟、袖口

（五）结构图

礼服衬衫衣身、袖身及其他零部件的结构如图 5-43 和图 5-44 所示。

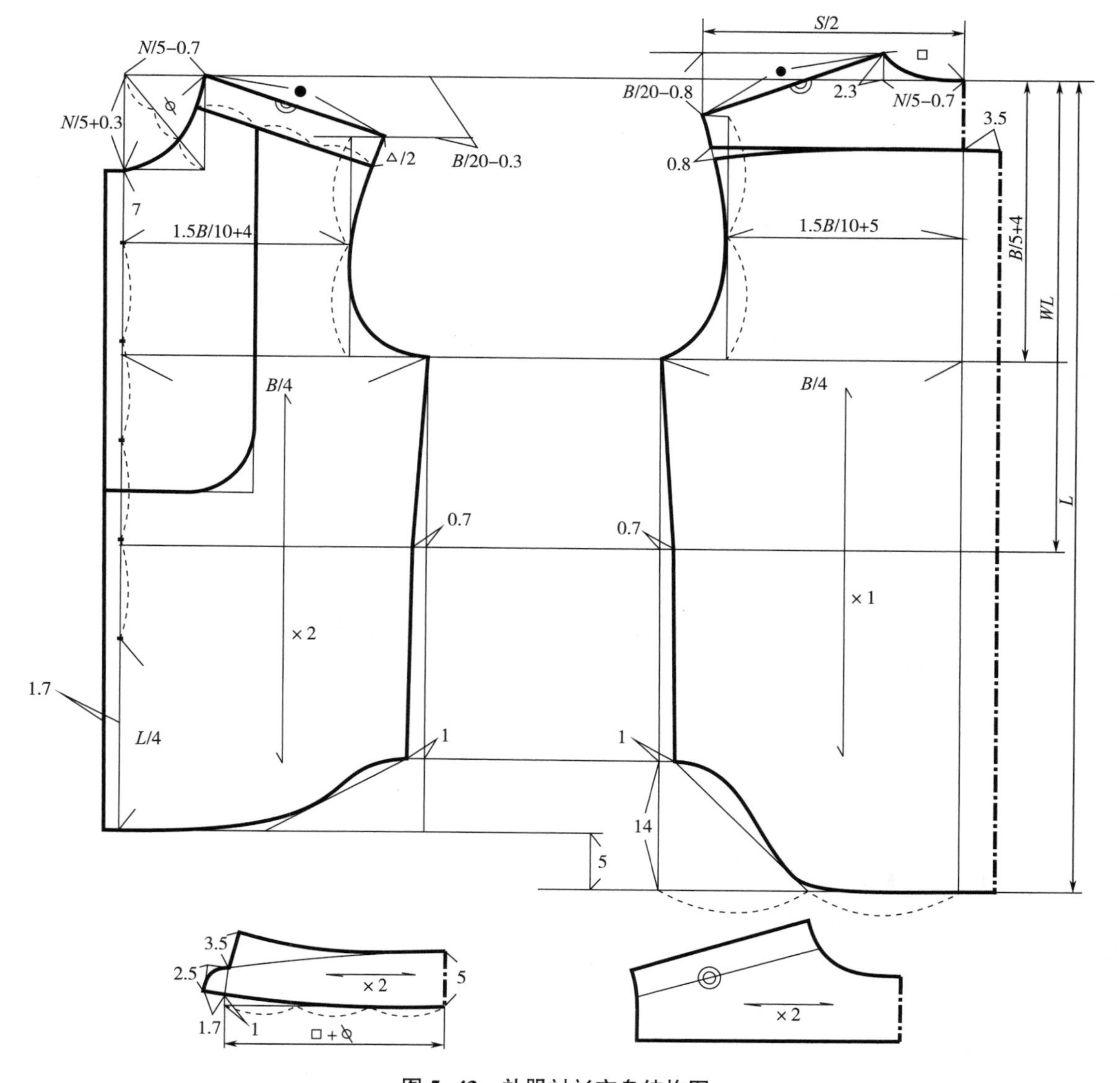

图 5-43 礼服衬衫衣身结构图

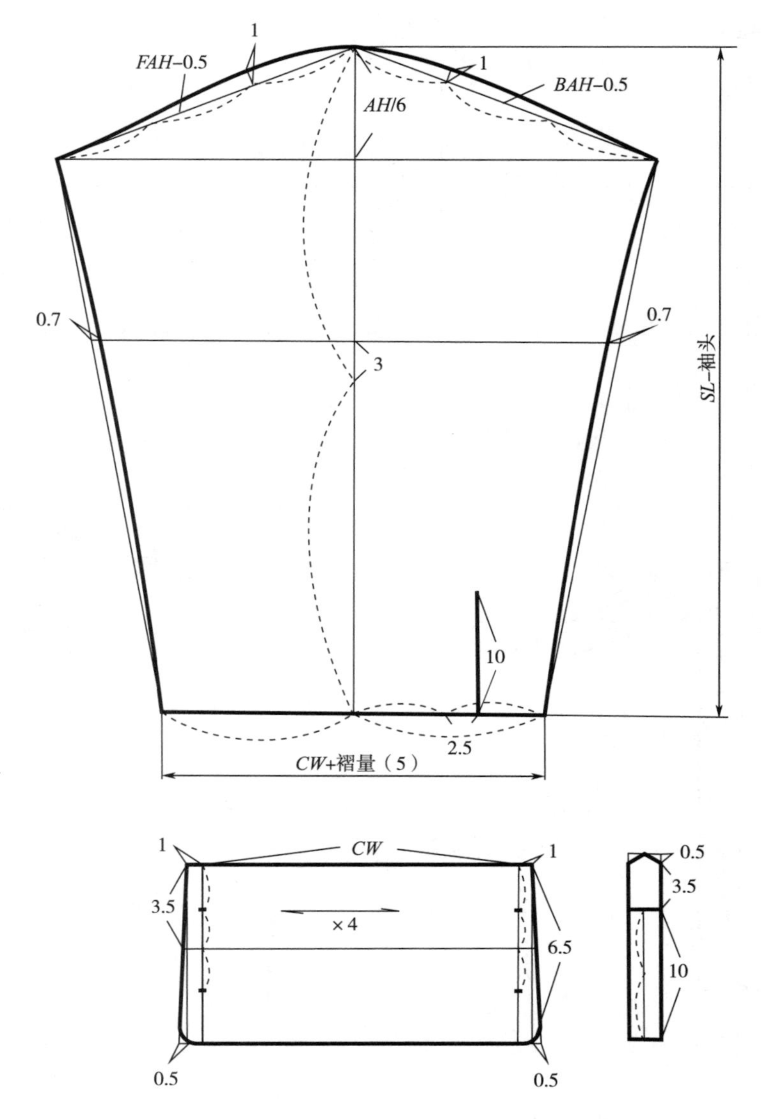

图 5-44 礼服衬衫袖身及其他零部件结构图

（六）结构设计要点

（1）领子为双翼领，领后中宽 5cm，翼领折角宽 3. 5cm，领底起翘 1cm。

（2）前片 U 型胸衬起于前过肩的前三分之一点，止于第三和第四粒扣的中间水平线位置，直角用弧线修正。

（3）后育克线在袖窿处收省量为 0. 8cm。

（4）袖子为较合体一片袖，袖开衩长 10cm，袖克夫宽 6. 5cm。

九、企领休闲短袖男衬衫

（一）款式图、效果图

企领休闲短袖男衬衫款式图及效果图如图 5-45 所示。

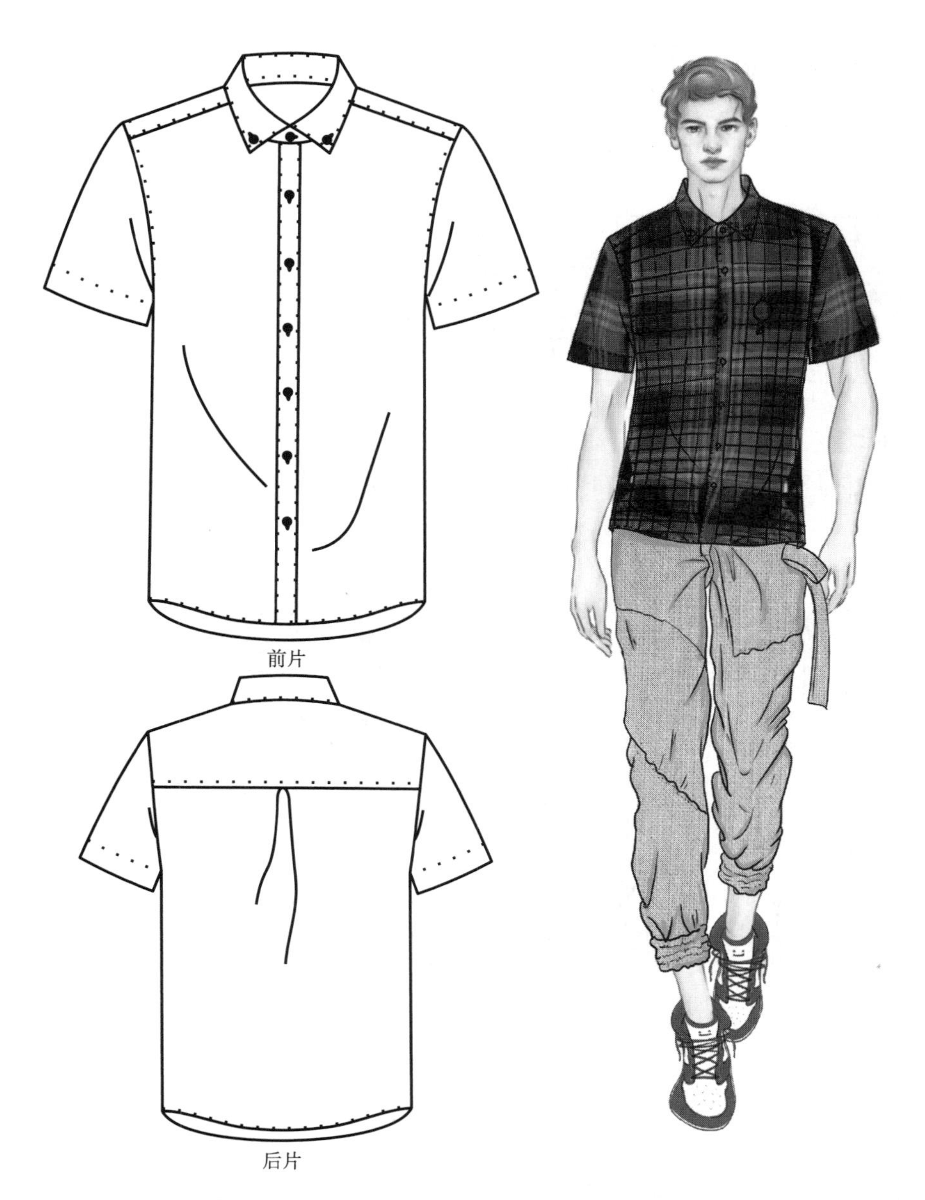

图 5-45　企领休闲短袖男衬衫款式图及效果图

（二）款式描述

本款为企领短袖男衬衫，前门襟七粒扣，微弧下摆，有过肩，后片过肩中心位置收一个褶裥，领口、过肩、袖窿缉明线。

（三）尺寸规格设计

尺寸规格见表 5-21。

表 5-21　尺寸规格表　　单位：cm

号型	后衣长（L）	胸围（B）	肩宽（S）	领围（N）	袖长（SL）	袖口（CW）
170/88A	74	106	46	40	24	40

（四）面辅料的选配

面辅料的选配见表 5-22。

表 5-22 面辅料的选配表

类型	材质	使用部位
面料	棉麻混纺	整个衣身，袖子
衬料	黏合衬	领子、门襟
纽扣	树脂扣	门襟

（五）结构图

企领休闲短袖男衬衫衣身、袖身及其他零部件结构如图 5-46 和图 5-47 所示。

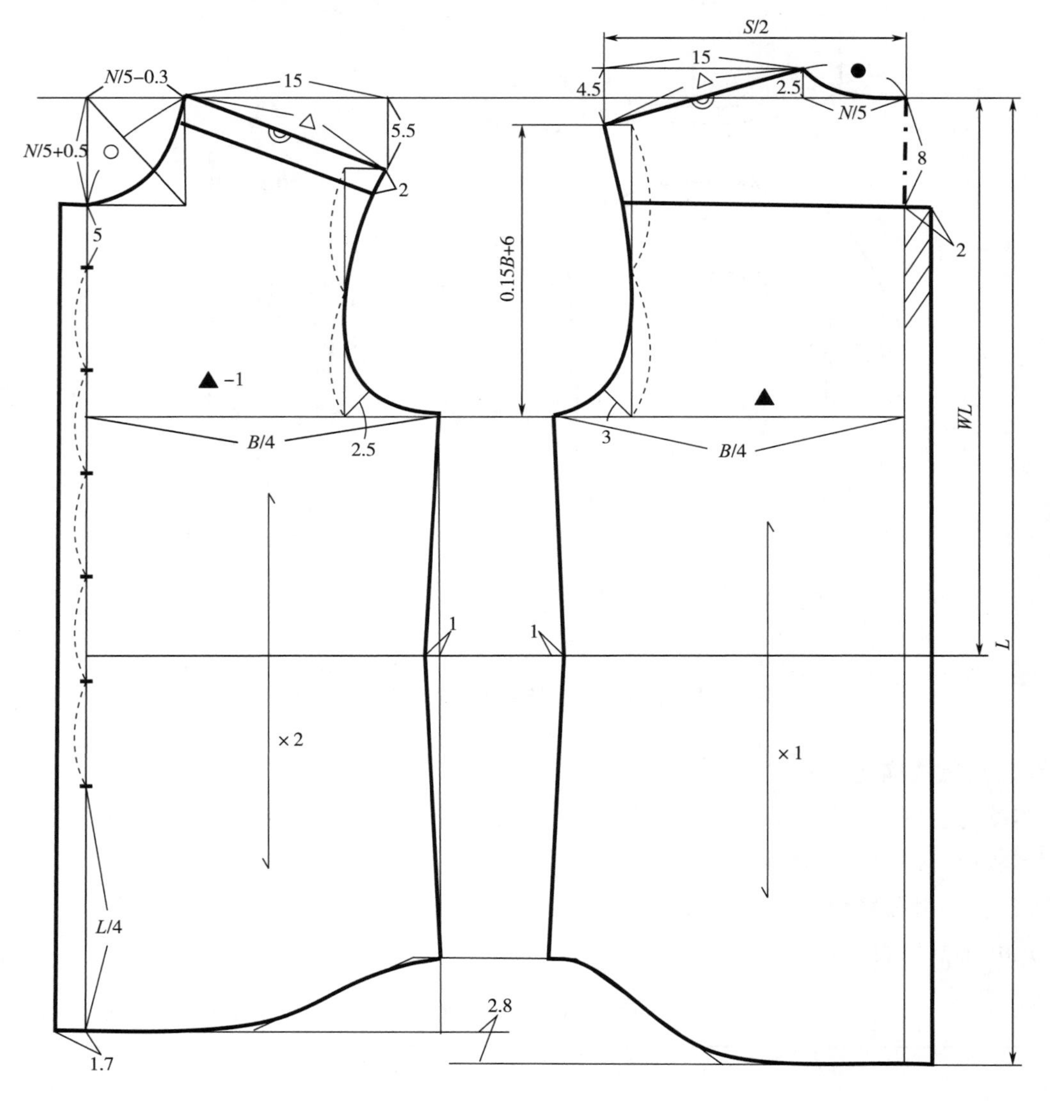

图 5-46 企领休闲短袖男衬衫衣身结构图

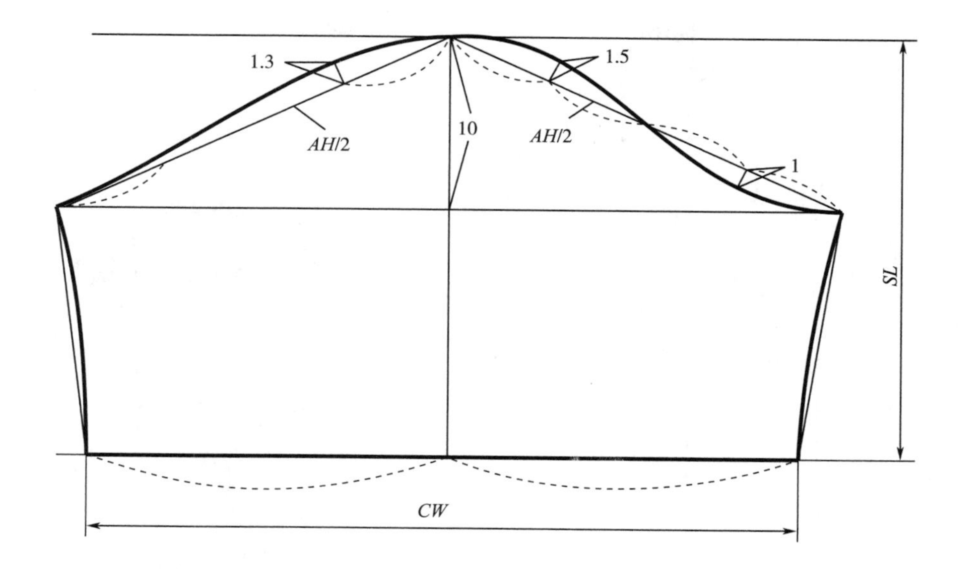

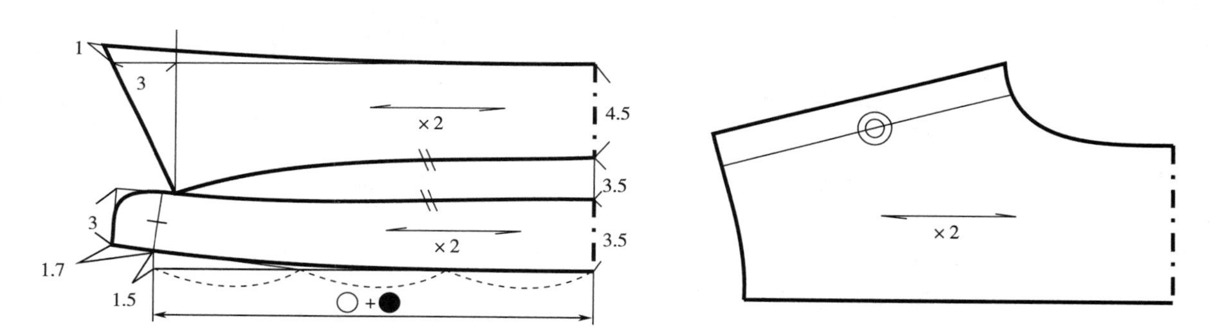

图 5-47　企领休闲短袖男衬衫袖身及其他零部件结构图

（六）结构设计要点

（1）门襟为分裁式，前中六粒扣，前过肩宽 2cm。后育克宽 8cm。后育克以下后中处有褶裥。

（2）袖子为较合体的短袖，袖山高为 10cm。

十、企领弧形分割短袖男衬衫

（一）款式图、效果图

企领弧形分割短袖男衬衫款式图及效果图如图 5-48 所示。

（二）款式描述

本款为企领短袖男衬衫，前胸部做弧形分割，前门襟六粒扣，微弧下摆，后背过肩双层，领口、过肩、袖窿、弧形分割缉明线。

图 5-48 企领弧形分割短袖男衬衫款式图及效果图

(三) 尺寸规格设计

尺寸规格见表 5-23。

表 5-23 尺寸规格表 单位：cm

号型	后衣长（*L*）	胸围（*B*）	肩宽（*S*）	领围（*N*）	袖长（*SL*）	袖口（*CW*）
170/88A	71	110	46	40	24	40

(四) 面辅料的选配

面辅料的选配见表 5-24。

表 5-24　面辅料的选配表

类型	材质	使用部位
面料	棉涤混纺	整个衣身、袖山
衬料	黏合衬	领子、门襟
纽扣	塑料	门襟

（五）结构图

企领弧形分割短袖男衬衫衣身、袖身及其他零部件结构如图 5-49 和图 5-50 所示。

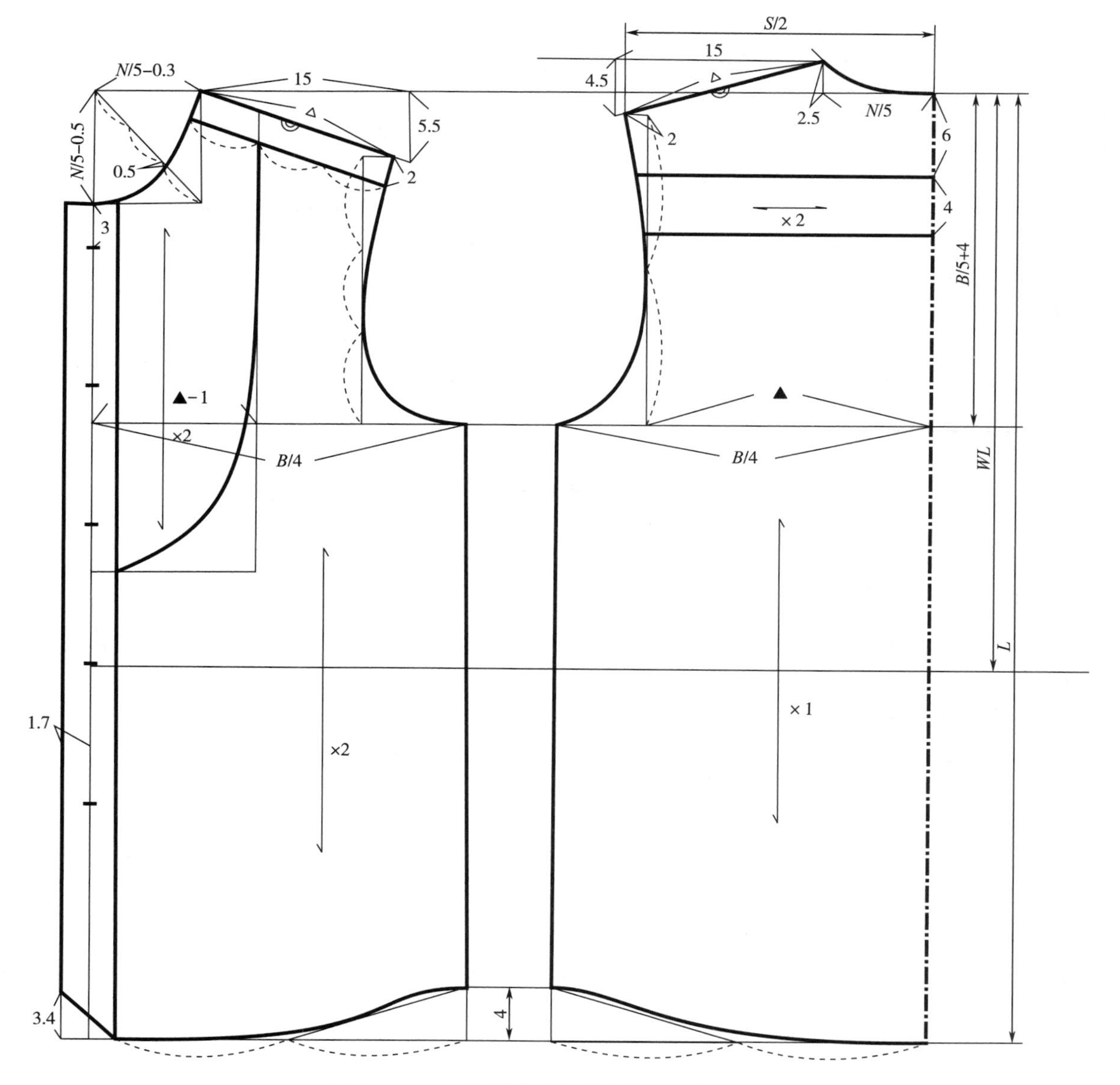

图 5-49　企领弧形分割短袖男衬衫衣身结构图

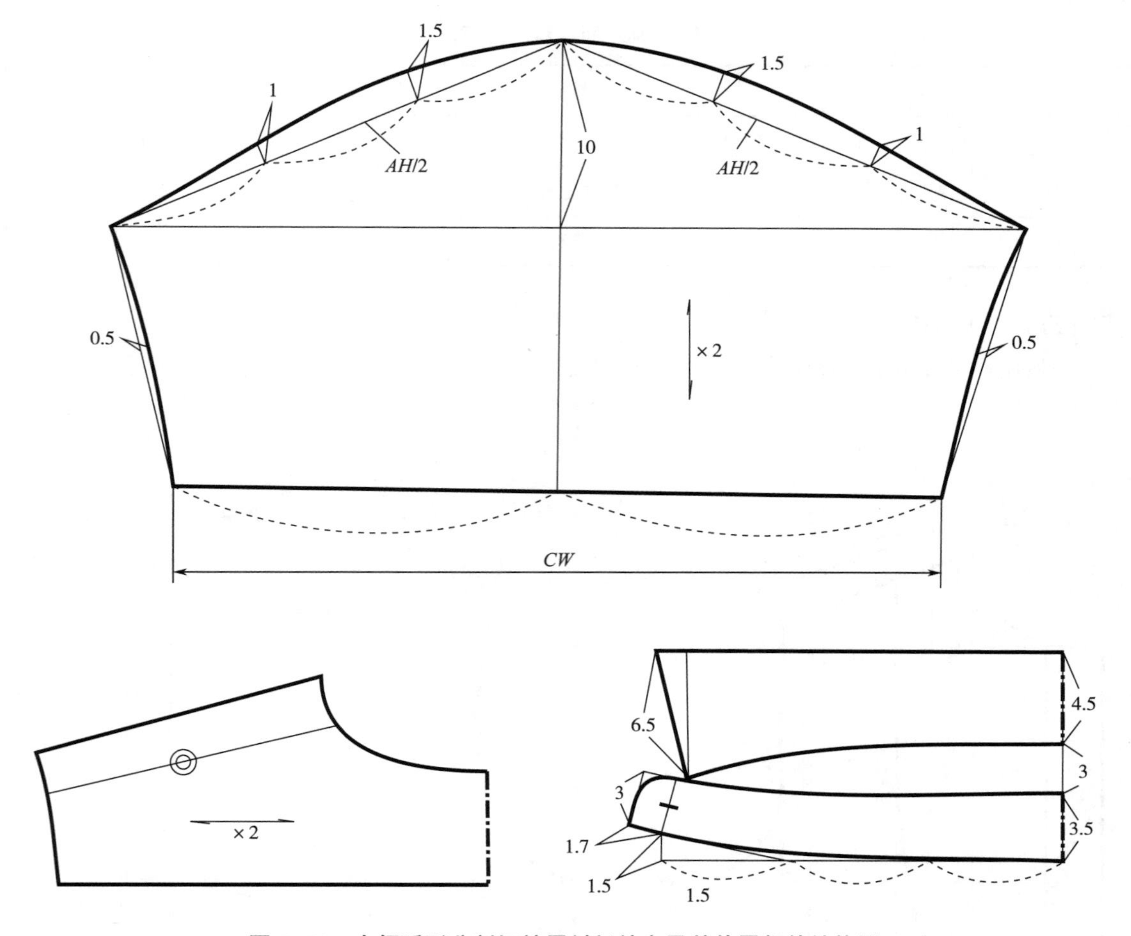

图 5-50 企领弧形分割短袖男衬衫袖身及其他零部件结构图

（六）结构设计要点

（1）门襟为分裁式，门襟摆角为折角型，前片分割线为半弧形。

（2）后育克宽为 6cm，育克线以下 4cm 为横线装饰分割线，前后底摆在侧缝的起弧量为 4cm。

（3）袖子为宽松式短袖，袖山高为 10cm。

第六章　男背心结构设计

第一节　男背心概述

一、男背心的分类及其结构设计要点

背心从男装的类别上是男西装的附属产品，属于内衣配服，在西装搭配礼仪上分为普通背心和礼服背心。具体又可细分为晚礼服背心、日间礼服背心、套装背心和休闲背心四大类。原则上晚礼服背心和日间礼服背心不能混用，因此在背心选择上要熟悉搭配规则与西装的着装礼仪。

背心是配合西装和衬衫穿着，一般不单独作为外衣，但随着社会发展，西装和背心的穿着也普遍起来，有些背心专门为外衣款式而设计，这一类背心是可以外穿的。从结构上看，背心通常采用紧身型设计，这是因为正装背心通常搭配西装，而西装属于贴体型服装，其内搭服饰必然要进行贴体设计。

（一）普通背心及其结构设计要点

普通背心一般配合西服套装、运动西装和休闲西装穿用，因此可分为正装三件套套装背心和休闲背心两个类别，前者与西装同质同色面料，后者与西装采用不同的面料组合。随着社会的发展，社交朝着简约化方向发展，礼服背心穿着场合正在缩减，普通背心的服用范围正在扩大。

1. 套装背心结构设计　套装背心是指和西服、西裤采用同一材质和颜色的配套背心。在形式上有五粒扣和六粒扣的区别，五粒扣背心为现代版，六粒扣背心为传统版。但它们的主体版型变化不大。

背心在总体结构上采用紧身尺寸设计，按照纸样前紧后松的缩量原则，背心的收缩量集中在前身。围度收缩采用胸宽线到原侧缝线之间距离的一半确定为前身的侧缝。长度收缩从前肩线向下平移 2cm。后中缝收腰量比套装稍大些，取 2.5～2.7cm。将后领中点至胸围线距离平分为 2 份，其中 1 份定为△，以此为参考，将背心后身衣长的追加量（即腰围线至后衣长的距离）取△，后底摆线向上 2cm 定前底摆线，则前腰围线至前侧缝底摆止点定为◎。这种尺寸的配比关系在造型上具有美观和实用性。以上尺寸过长或过短都不具有合理性，尺寸过长会导致围度收紧妨碍腰部活动舒适性；尺寸过短在日常活动中可能暴露腰带，影响穿着美观性，这是所有背心结构设计所忌讳的。因此为这些尺寸的设计寻找一个合理的比例关系是至关重要的。运用背宽横线至袖窿深线的距离（△）作为下摆系列尺寸设计的基础数据的

理论依据，主要因为这个尺寸是人体上身长度比例关系的关键，且它是通过胸围的一定比例确定的比值关系，尺寸具有客观性和稳定性，因此在背心的纸样设计中具有广泛的应用价值。在传统背心的整体纸样设计中，后片比前片要长（不包括前三角形衣摆），侧缝开 3cm 短衩设计对腰部的运动起调节作用，可以满足马甲紧身款式的活动量需求。

传统背心后衣身常采用窄领座设计，因为一般前身采用与西装相同的本料，而背心后衣身采用绸缎面料，其保型性、延展性均较差，需要借助背心主面料以及衬料的硬挺性来保证后领处的牢度与贴合度，同时也可提高领窝的作用，以达到内和衬衫领、外与西装翻领的合理配合。在版型设计时，前领口和前肩会合处，以基本纸样前胸宽中分线的延长线为基础延伸出后领台。但是，由于这种版型在缝制工艺上较为复杂，有时为了降低制作工艺难度，就采用在后领窝内层加入嵌条。这种简化的工艺不如前身借领结构讲究，只是现代化工业生产的无奈选择。

套装背心一般采用 V 形领口设计，其深度和袖窿开的深度一致。袖窿开宽的追加尺寸根据款式来定寸，因为内部搭配衬衫穿着，故挖深量与开宽量只要保证背心的背部与人体背部的服帖即可。六粒扣背心的最后一粒扣不设在搭门的扣位上，因为这粒扣不具有实用功能，仅仅作为程式化的象征。实际上，它的功能是使前下摆搭门开口增大，以增加腰部的活动量。一般先确定第一粒和第五粒扣的位置，然后按等分原则找出第三粒、第二粒和第四粒扣的位置，最后按照已确定的扣距确定第六粒扣。设计五粒扣背心，扣位虽都在门襟的位置上，但最后一粒扣也不系上，这和六粒扣背心是同样的着装法则，背心最后一粒扣不系是传统绅士穿着背心的着装礼仪。

2. 休闲背心　因背心外部廓形和内部结构变化不大，所以套装背心可以作为所有背心设计的基本纸样来制版。休闲背心的后身衣长在套装背心基础上进行适当缩短，门襟扣子采用五粒扣款式。前身腰部可设计成断缝，形成上下两片结构，断缝下部的腰省合并，口袋嵌在腰部断缝位置，袋口开在断缝上，并再断缝上嵌入袋盖，这是休闲背心的经典样式。前、后下摆用顺接结构，不设计前后底摆高度差，采用等长底摆设计，在侧缝下端设 3cm 的开衩以满足腰部活动量。

（二）礼服背心及其结构设计要点

礼服背心从功能上看，逐渐从普通背心的护胸、防寒、护腰作用变成以护腰为主的装饰性礼仪作用。因此，在纸样处理时，主要集中在对腰部的处理，甚至完全变成一种特别的腰饰设计。

1. 塔士多礼服背心和燕尾服背心纸样设计　塔士多礼服背心和燕尾服背心同属于晚礼服背心（图 6-1），在功能上有相同的作用。整体纸样在收缩量上和普通背心相同，纸样处理可以直接利用五粒扣套装背心作为基本型完成。衣长和前摆追加量的设计较为保守，采用背宽横线至袖窿深线距离的 1/2 为基数推出后、侧和前摆的相关尺寸。由于整个下摆变短，侧缝下端不必设开衩。袖窿开的深度比普通背心增加 1 倍。后领窝可以采用前领窝延伸的方法，将前领口伸出的领台部分去掉加在后领口上完成，最后订正前肩线小于后肩线 0.5cm，为归拔处理提供条件。前领口开的深度至腰线以上 2cm 处，并设计成 U 形为塔士多礼服背心、V

形加方领的是燕尾服背心。前襟采用三粒扣设计，两者分解后纸样区别在前片。根据流行趋势和个人偏好，前门襟也可设计成四粒扣，但扣距应适当减小，保证领口的深度不能太浅。

图 6-1　塔士多礼服背心和燕尾服背心

在塔士多礼服中，卡玛绉饰带（图 6-2）是该礼服背心的替代品，也是梅斯礼服的必用品。由于它和晚礼服背心的功能完全相同，而且实用方便，成为礼服背心的首选。在结构上也很简单，用丝缎面料折叠成宽 12cm，有 4~5 个等距的平行褶裥，褶的方向采用从下向上折叠。长度采用半腰围，两端用相同材料的带状结构固定，并使用调节卡扣固定两端。卡玛绉饰带主要是和塔士多礼服配合使用，特别是和短款梅斯礼服组合成为一种公式搭配。它也常作为燕尾服背心的替代品，但要用白色丝缎面料制作。

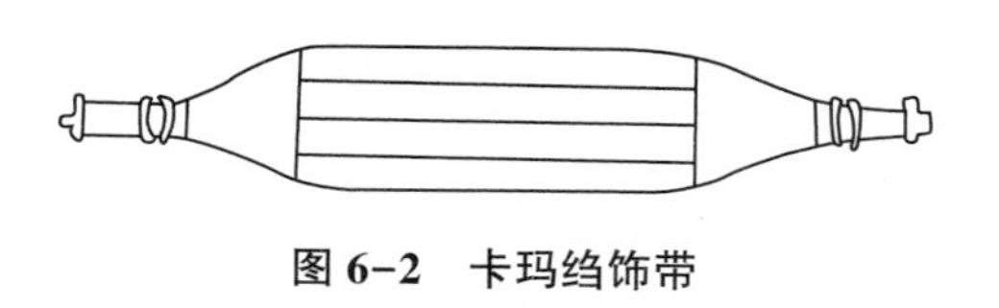

图 6-2　卡玛绉饰带

现代燕尾服背心常采用一种简化的背心造型，其纸样设计是将后身的大部分去掉，简化为与前身连接的带状结构。前身结构向腰部集中，不设口袋。前身的左、右片通过颈部简化成带状连接。V 形领口覆加小青果领或小方领，搭门用三粒扣并且缩短扣距（图 6-3）。若将它进一步简化就成为卡玛绉饰带了。

2. 晨礼服背心纸样设计　晨礼服背心因为穿着于日间的正式场合，它的版型更具有实用性。其纸样设计仍在套装背心的基础上完成，衣长和袖窿结构与普通背心相似。侧缝设 3cm 的开衩。前襟采用平摆双搭门六粒扣，扣距根据前中线采用上宽下窄的形式。前身设四个口袋。领口用 V 型附加翻驳领或青果领。这种结构形式保持了传统的造型风格（图 6-4 的第一、第二款）。现代也常用一种简化的六粒扣小八字领背心或套装背心代替（图 6-4 的第三、第四款）。

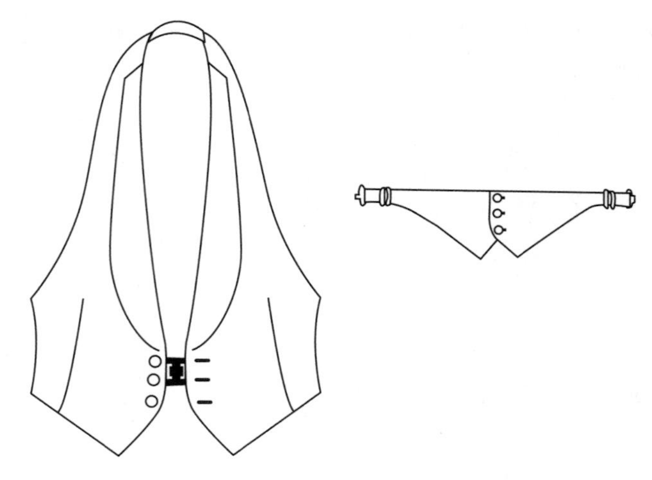

图 6-3　现代简易款背心

图 6-4　传统款背心和现代款背心

二、男背心的面辅料

男背心正面衣身常采用与西装外套同一种面料，一般为高档毛精纺面料，礼服背心的翻驳领可采用真丝绸缎面料，以实现领部光泽度较高的效果。后背常采用双层绸缎面料，也可外层采用前身面料，内层采用里绸。男马甲后腰一般有腰带收紧，采用金属钳将两条腰带固定在一起，可以调节后衣身松紧。前衣身扣子可采用树脂扣，也可采用金属扣，根据款式而定，一般较为正式的礼服马甲采用金属扣来点缀前衣身。

三、男背心的造型变化

在男装中，选择何种背心往往是为了配合主服，马甲主要是作为着装礼仪的一种标志。因此，在不同级别的场合要穿着不同的背心，而且要与其他服饰构成一种标准搭配，在正式场合中原则上不能替换使用。背心在礼服中可以掩盖不宜暴露的隐私部位（如腰带），这也是出于礼节的考虑，即马甲的实用功能逐步演变为礼仪规范。基于这一基本要求，配合礼服的背心也在逐步简化，甚至演变为一种饰带。

燕尾服背心V形领口加方领、四粒扣、两个口袋，U形领口加青果领、三粒扣，两种廓形均是其古典样式。它的现代形式则是将后背和口袋简化，保留三粒扣，形成套穿系带的结构。由此逐渐过渡到塔士多礼服用的三粒扣饰带（图6-5）。无论何种款式的背心，白色是不变的色彩。

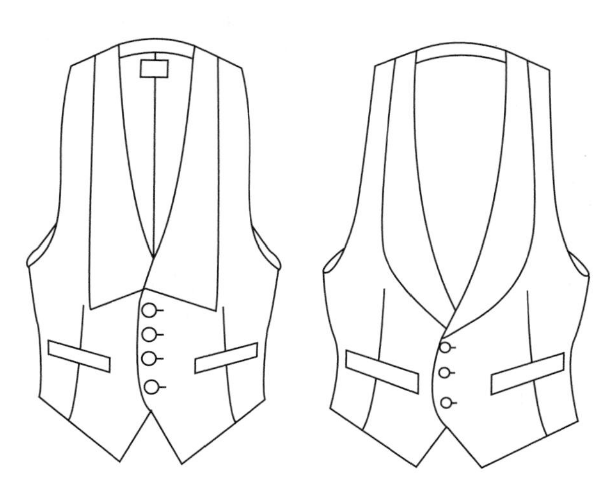

图6-5　古典版燕尾服背心

塔士多礼服内搭背心的款式特点为：U形领、前中四粒扣，左右两侧为对称插袋。卡玛绉饰带也是这种礼服专用的背心替代品，黑色丝光缎是常用的面料。

黑色套装多为双排扣搭门结构，穿着时以系扣方式为标准，一般最下面一粒扣系不上，因此背心在双排扣套装中已不作为配服使用。

晨礼服背心，因在白天使用，通常采用双排六粒扣戗驳领或青果领，四个对称口袋。其简装形式为小八字领，单排六粒扣或采用和普通西装背心相同的形式，也是董事套装最合适的选择，银灰色是标准色。此外，还有运动型和休闲西装背心，主要是搭配休闲风格的西装。这种背心在较为正式的场合不宜和其他礼服搭配使用，因为它是户外和闲暇时穿着的一种休闲背心（图6-6）。在便装中，背心的选择较为自由，可以与正装外套异色搭配。

图6-6　休闲男背心

四、男背心的规格制定

背心内搭衬衫穿着，外搭西服或者燕尾服，因而其款式造型一般要求修身，松量不宜设计过大，即便是休闲背心也不例外。其衣长在腰围线以下 10cm 左右为宜，胸围放松量为 6cm，满足基本的生理与活动需求即可。肩端点自肩头向内收缩 4~5cm，形成窄肩款式，休闲背心可适当放宽肩线，做成宽肩款式（表 6-1）。

设男子中间体身高 $h=170$cm，净胸围 $B^*=88$cm，内衣厚度=2cm。

衣长：$L=0.3h+4$cm$=0.3\times170$cm$+4$cm$=55$cm。

背长：$BWL=0.25h=42.5$cm。

胸围：$B=$（B^*+内衣厚度）+6cm=88cm+2cm+6cm=96cm。

袖窿深：$FBL=0.2B+3$cm$+7.3$cm$=29.5$cm。

全肩宽：$S=0.3B+3.6$cm$=32.4$cm。

领围：$N=0.25$（B^*+内衣厚度）+18.5cm=41cm。

表 6-1　男背心成衣尺寸规格表　　单位：cm

控制部位	165/84A	170/88A	175/92A	档差
衣长（L）	53	55	57	2
背长（BWL）	41.5	42.5	43.5	1
胸围（B）	92	96	100	4
袖窿深（FBL）	29.2	29.5	29.8	0.3
全肩宽（S）	31.9	32.4	32.9	0.5
领围（N）	40.5	41	41.5	0.5

除了以上主要尺寸由身高、胸围的比例计算得来，另有部分零部件尺寸可根据款式图自行设计，常规胸部单嵌线口袋高度为 2cm，袋口大为 10cm，腰侧单嵌线口袋高度 2.5cm，袋口宽 12cm，若腰部为袋盖款式，袋盖宽度常取 5cm。后腰带襻宽度一般为 2~2.5cm。

第二节　基础男背心结构设计详解

一、基础男背心的款式及尺寸规格

（一）款式图

基础男背心款式图和效果图如图 6-7 所示。

（二）款式描述

男背心纸样设计以五粒扣套装背心为基本型。单排扣，V 型领，无翻驳领设计，左胸设一手巾袋。腰侧设有两大袋，前后有腰省收紧，后衣身无腰带襻，侧缝底部开衩，后衣身开衩略长于前衣身开衩。

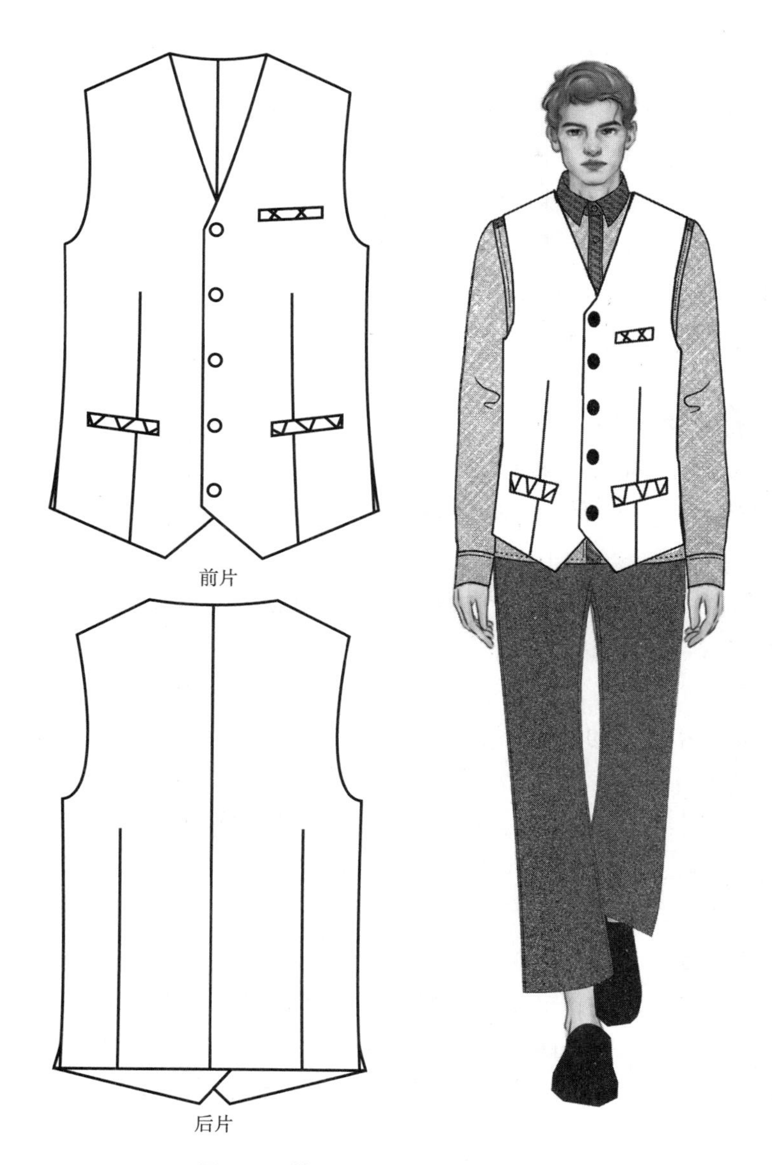

图 6-7　基础男背心款式图和效果图

设计三粒扣、六粒扣背心只做纽扣调节即可完成；设计休闲背心采用五粒扣背心版型基础，做前身断腰夹袋结构处理；设计晚礼服背心，袖窿和下摆向腰部集中，塔士多背心领口用 U 型领，燕尾服背心用 V 型领附加翻领；日间礼服背心是在套装背心的基础上，采用平摆双排六粒扣，四袋设计，领口用 V 型附加翻领。

（三）尺寸规格

基础男背心尺寸规格见表 6-2 所示。

表 6-2　基础男背心尺寸规格表　　单位：cm

号型	后衣长（*L*）	胸围（*B*）	肩宽（*S*）	领围（*N*）	后腰节长（*BWL*）
170/88A	54	96	32.8	41	42.5

二、基础男背心结构设计——原型法

（一）男背心原型法结构设计原理

（1）男背心收量集中于前侧缝，满足前紧后松的收量原理。

（2）前侧缝的收量为胸宽线至原来侧缝线之间距离的二分之一。

（3）袖窿深的下落量等于前侧缝的收量。

（4）前肩斜线向下平移 2cm。

（5）后背缝的收腰量为 2. 5cm。

（二）男背心原型法结构设计步骤

1. 收量处理　侧缝向前移胸宽线至原来侧缝线之间距离的二分之一，画前侧缝线。袖窿深线下落胸宽线至原来侧缝线之间距离的二分之一画袖窿深线。前肩斜线向下平移 2cm，画基础前肩斜线。

2. 画后片　男背心在男装标准纸样的基础上进行收量。后颈点下落 0. 8cm，后颈侧点内收 0. 8cm，画后领弧线。后中腰围收 2. 5cm，后背收 1cm，画刀背缝。肩点位于背宽与颈侧点之间肩斜距离的前三分之一点，连接肩点与颈侧点画肩斜线，长度命名为△。从肩点向下画垂线，垂线与背宽横线的交点向右取 0. 6cm，其肩点过 0. 6cm 点，过原袖窿深与背宽线的交点，止于新腋下点，画后袖窿弧线。侧缝线在腰围处收 0. 7cm，画侧缝线并延长 1cm。从侧缝端点画弧线切于水平底摆画后底摆线。取腰围的中点画垂线为后腰省中线。后腰省中间省量为 2cm，下省量为 1. 5cm，省尖点位于袖窿深线至腰围的上三分之一点，画后腰省。

3. 画前片　前片水平基础底摆位于后片底摆向上 3cm，此点至腰围的距离为▲，前中下落▲，水平向右 2. 5cm，连至 3cm 的点，画前底摆斜线，斜线中点向内 1cm，画底摆弧线。门襟宽 2cm，V 领内弧 0. 6cm. 前肩斜线长度为△-0. 5cm。从颈侧点向下画垂线交于袖窿弧线，交点至胸宽线之间三等分，前等分点连至前肩点画袖窿弧切线，袖窿弧切于斜线，过后三等分点至新腋下点画前袖窿弧。手巾袋开口长 8. 5cm，宽 2cm。斜插袋开口长 12cm，宽 2cm。前腰中间省量为 1. 5cm，下省量为 1cm，画前腰省。

基础男背心原型制图如图 6-8 所示。

三、基础男背心结构设计——比例法

基础男背心衣身比例法制图步骤如下。

（1）衣长=基本衣长 55cm+面料的收缩量。不同类别的面料其面料的收缩量不同，常规羊毛面料的收缩率经纱方向为 0. 8%，纬纱方向为 1%。

（2）前、后衣身维度分别取 $B/4+2$cm、$B/4-2$cm，侧缝线向前衣身偏移。

（3）袖窿深自后片上基础线向下取 $B/5+6$cm，基本上在原型袖窿深向下挖深 3cm 左右。

（4）后领宽取 $B/12+0.3$cm，后领深为 2. 5cm；前领撇胸量取 2cm，然后以撇胸点为基础量取前领宽，前领宽比后领宽略窄，取 $B/12$。

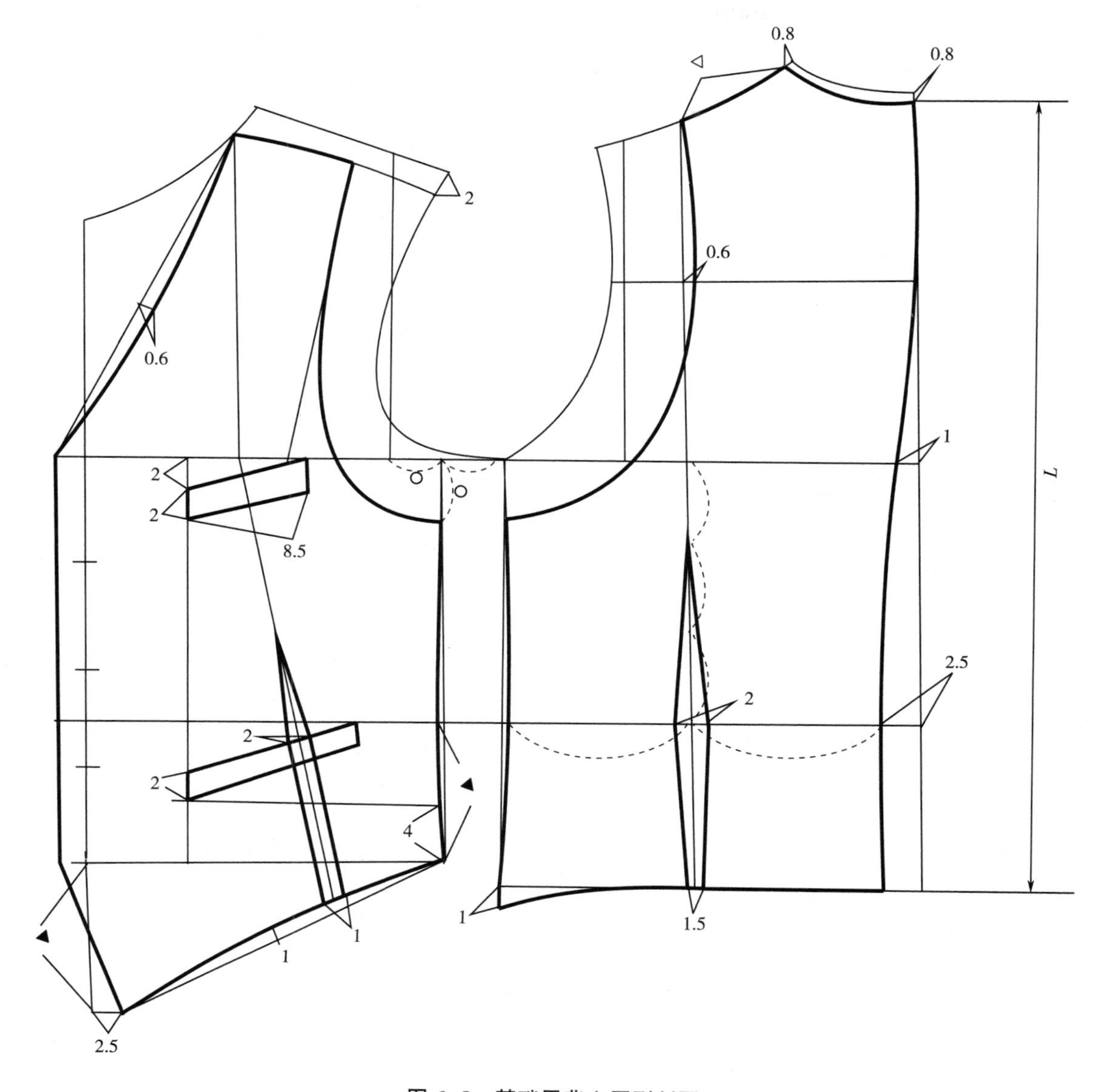

图 6-8　基础男背心原型制图

（5）前肩斜采用 15 : 5. 5 来确定肩斜角，后肩斜采用 15 : 5 来确定肩斜角。也可用角度直接确定，前肩斜角取 20°，后肩斜角取 18°。

（6）前肩线端点由 *S*/2 来确定长度★，后肩线以★+0. 4cm 来确定长度。

（7）以冲肩量来确定前胸宽与后背宽。前冲肩量取 3cm，后冲肩量取 1. 5cm，后背宽比前胸宽大 1. 5cm 左右。

（8）前衣身底摆下落深度由 *L*/6 来确定，后衣身底摆下落 3cm，以保证后长前短款式造型，若无开衩设计，后底摆则无须下落。

（9）后背分割处胸围收进 1. 2~1. 5cm，后腰收进 2. 5~3cm，以实现男背心后背服帖。

基础男背心结构如图 6-9 所示。

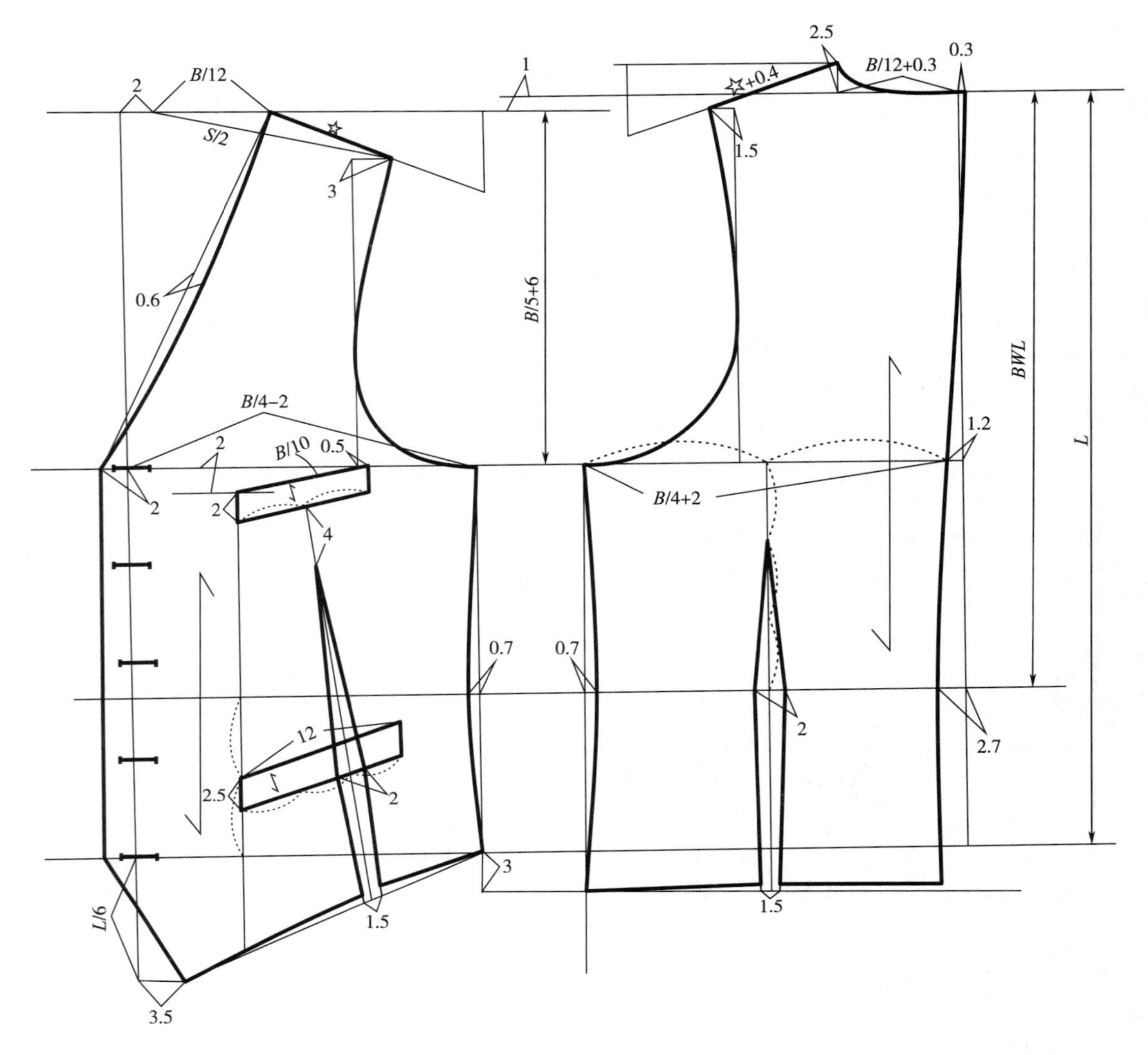

图 6-9　基础男背心结构图

第三节　基础男背心工业样板

基础男背心工业样板绘制时，男马甲分为后背里绸款与后背面料款，基础男背心以后背里绸款为例（图 6-10），挂面与前衣身、手巾袋与大袋牵条需要进行面料放缝，挂面与衣身的底摆部位放 2. 5cm，前衣身袖窿放 0. 8cm，手巾袋、大袋牵条四周放 2cm，制作完成后可进一步修剪。后衣身采用里绸，除袖窿放缝 0. 9cm 之外，其余部位放缝 1. 5cm，手巾袋兜布与大袋布四周各放 2cm。若后背采用面料款式，则底摆放缝 4cm，其他部位放缝不变，面料、里料放缝图如图 6-10 所示。

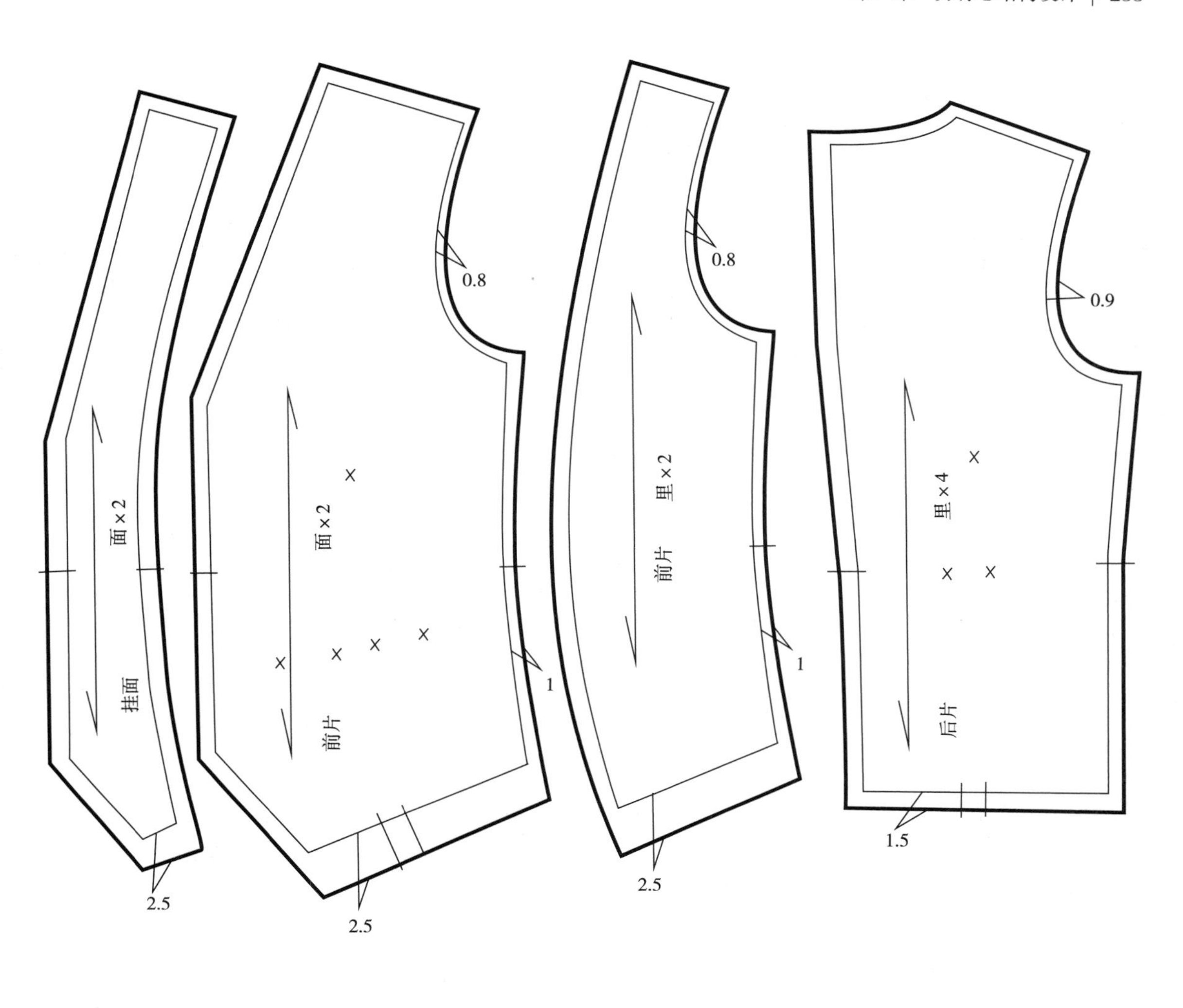

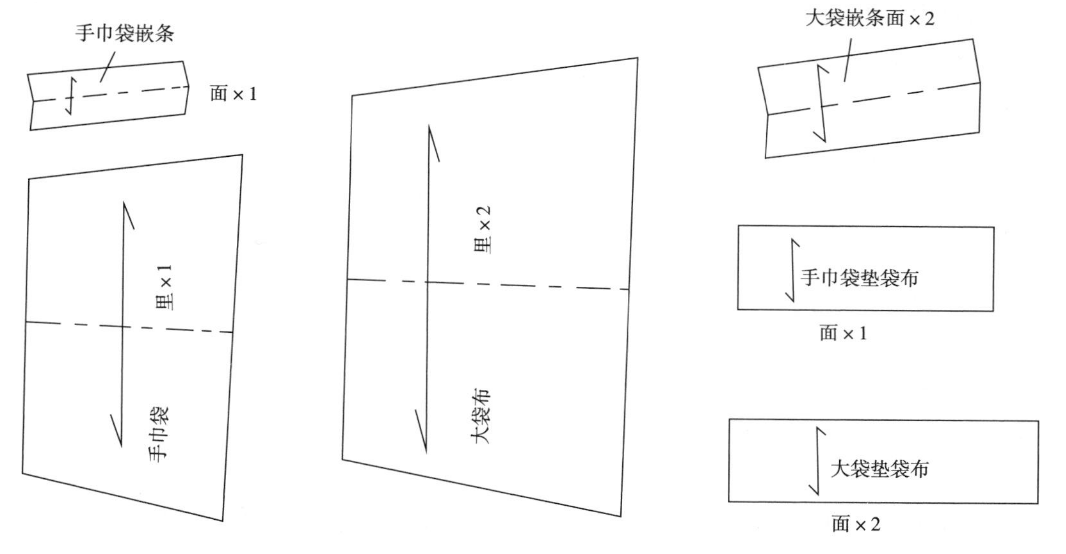

图 6-10　面料、里料放缝图

第四节 基础男背心工艺要求

一、面式结构图

扣眼圆头中心距离止口边缘 1. 5cm，扣位中心距离止口边缘 1. 5cm。侧缝开衩打 0. 6cm 套结，手巾袋口与大袋口打 0. 3cm 套结。面式结构如图 6-11 所示。

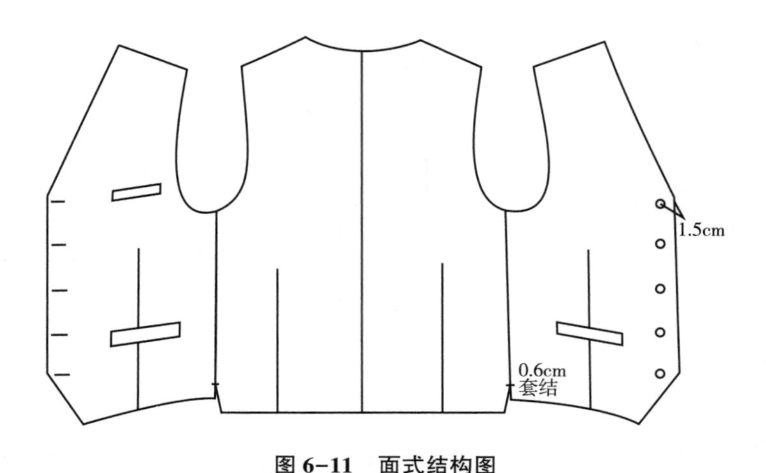

图 6-11 面式结构图

二、里式结构图

挂面与里布拼接处采用 0. 15cm 珠边固定，侧封处手工撬针封口，洗标夹缝在腰侧缝腰线附近。后背中缝里绸缝份采用分缝形式，前里省缝倒向挂面，后背里缝倒向后中缝。前衣身底摆向内折边留 1. 5cm 折边可见，留眼皮量以保证衣身平服。后衣身采用里绸，底摆外层盖过内层 0. 15cm，以防止止口外露。里式结构如图 6-12 所示。

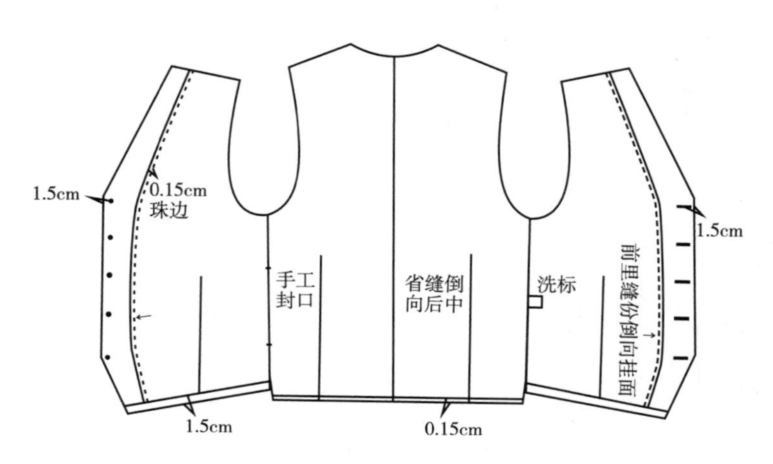

图 6-12 里式结构图

三、粘衬示意图

挂面全部粘薄有纺衬，前衣身粘中等厚度有纺衬，注意衬的经向与衣身、挂面经向一致。前衣身止口、斜摆、肩线与袖窿拉 1cm 牵条。后衣身若采用里料则无须加衬，若后衣身采用面料，则后肩线与袖窿处粘 4cm 宽薄有纺衬，且后袖窿拉 1cm 牵条，后底摆距离止口 2cm 处粘 4cm 宽薄有纺衬（图 6–13）。

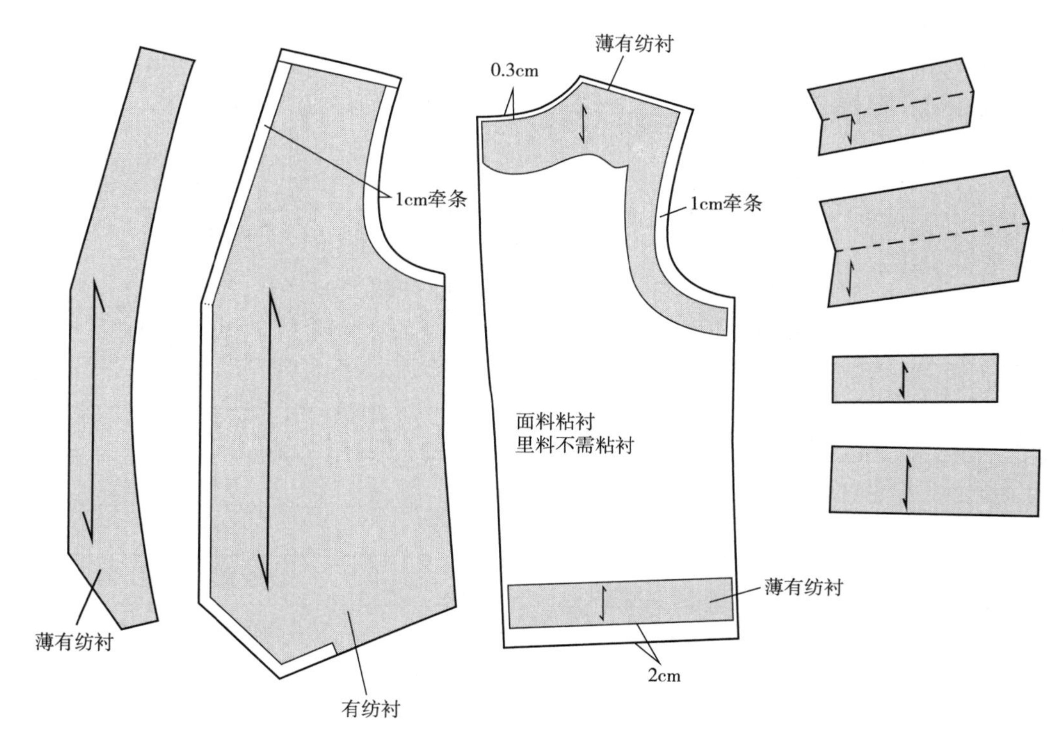

图 6–13　粘衬部位及要求

四、面辅料

背心面辅料见表 6–3。

表 6–3　背心面辅料一览表　　单位：cm

面料			
序号	部位名称	裁片数量	说明
1	前片	2	
2	后片	2	后片面料款式
3	挂面	2	
4	大袋面	2	

续表

面料			
序号	部位名称	裁片数量	说明
5	大袋垫	2	
6	手巾袋面	1	
7	手巾袋垫	2	
里料			
序号	部位名称	裁片数量	说明
1	前片	2	
2	后片里	2	
3	后片面	2	后片里绸款式
4	大袋布	2	
5	手巾袋布	1	
衬料			
序号	部位名称	裁片数量	说明
1	前片衬	2	有纺衬
2	挂面衬	2	薄有纺衬
3	后下摆衬	2	后片面料款式，薄有纺衬
4	后袖窿连肩衬	2	后片面料款式，薄有纺衬
5	手巾袋牵条衬	1	树脂衬
6	大袋牵条衬	2	树脂衬

第五节 男背心结构设计实例

一、三粒扣 V 领男背心

（一）款式图、效果图

三粒扣 V 领男背心款式图及效果图（图 6-14）。

（二）款式描述

本款为合体型，四开身，单排三粒扣，领子为 V 型领，左胸手巾袋，腰部左右两侧各有一个双嵌线带袋盖的侧口袋，斜下摆，后片全里布，自左右两侧缝收尖头腰带袢，金属钳固定。

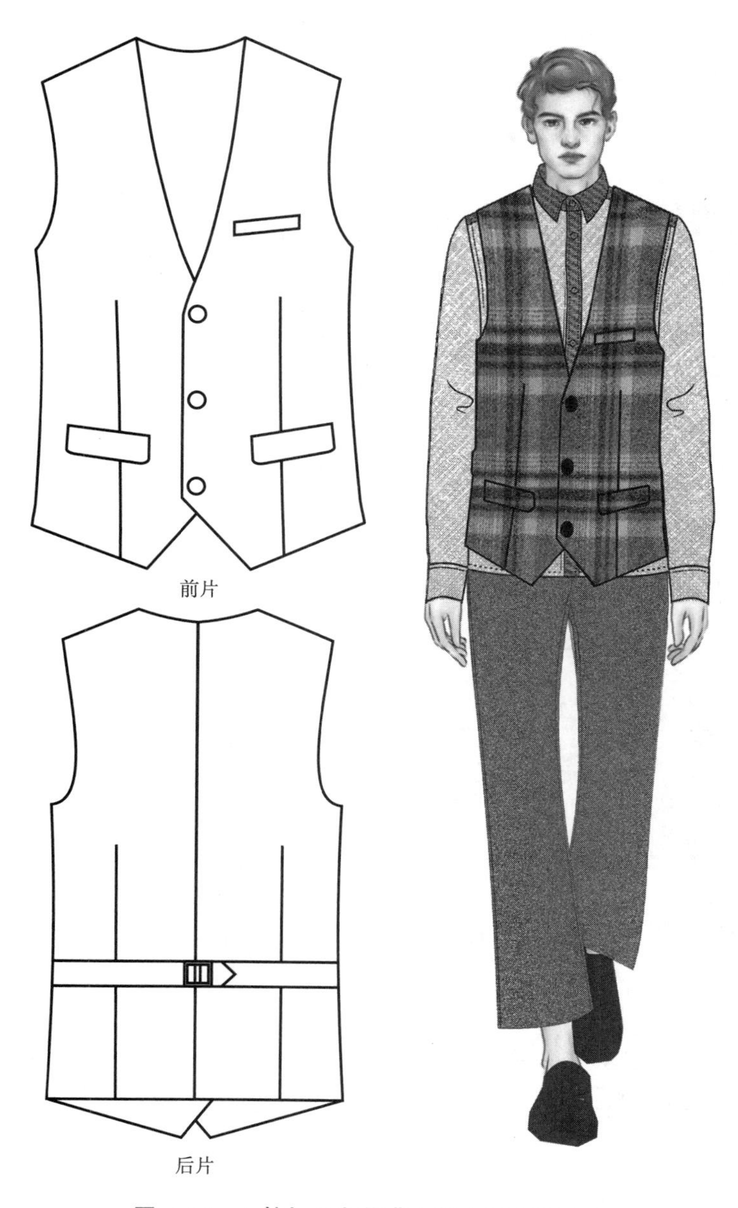

图 6-14　三粒扣 V 领男背心款式图及效果图

（三）尺寸规格设计

尺寸规格见表 6-4。

表 6-4　尺寸规格表　　单位：cm

号型	后衣长（*L*）	胸围（*B*）	肩宽（*S*）	领围（*N*）	后腰节长（*BWL*）
170/88A	54	96	32.8	41	42.5

（四）面辅料的选配

面辅料的选配见表 6-5。

表 6-5　面辅料的选配表

类型	材质	使用部位
面料	精纺羊毛	衣身前片、挂面、手巾袋、袋盖
	真丝缎	衣身后片、腰带襻
里料	醋酯纤维	衣身后片、前片侧片、口袋布
衬料	有纺衬	前衣身
	薄有纺衬	挂面、袋盖、手巾袋嵌线
纽扣	树脂	里襟
钳扣	金属	腰带襻

（五）结构图

三粒扣 V 领男背心结构如图 6-15 所示。

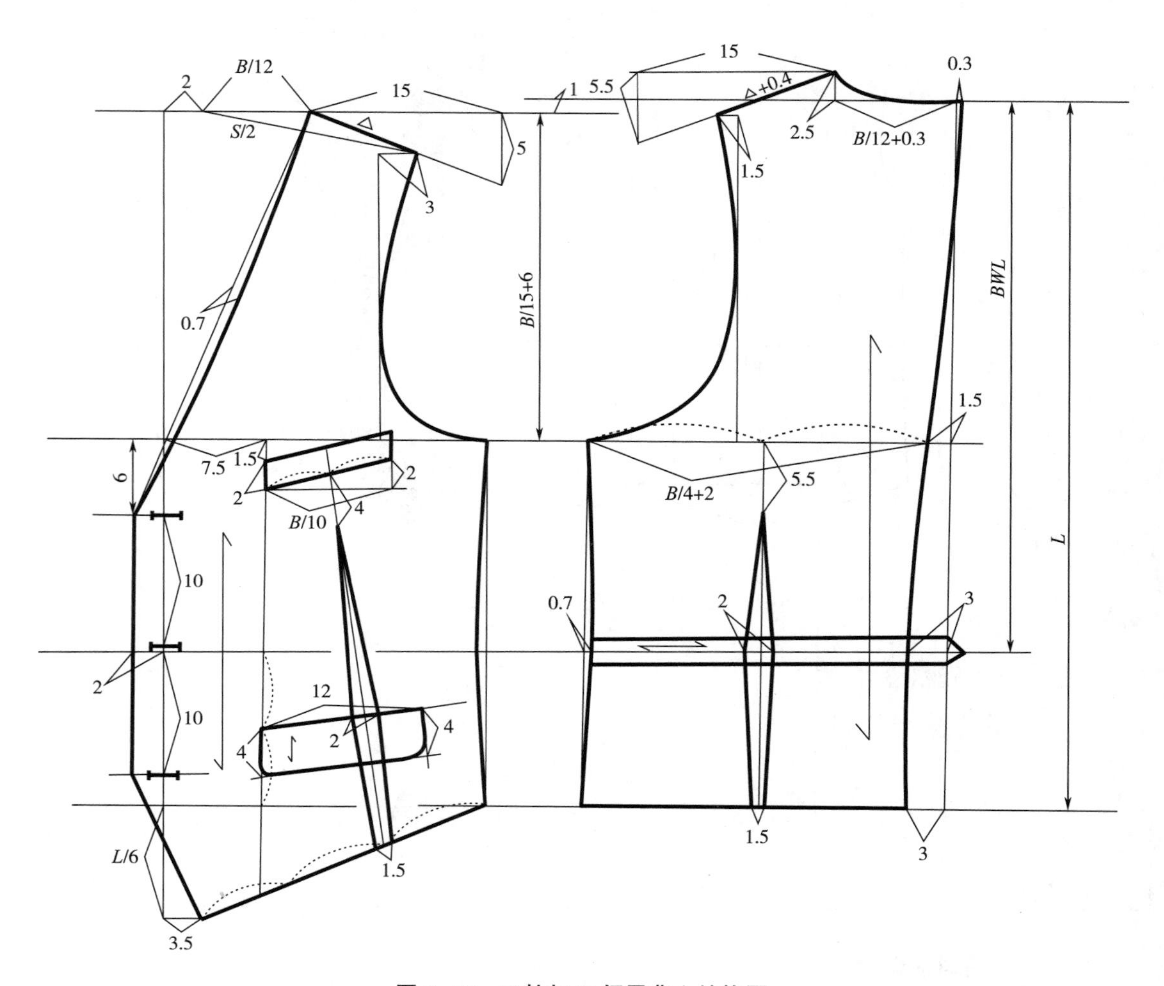

图 6-15　三粒扣 V 领男背心结构图

（六）结构设计要点

（1）此款为单排扣，单排扣的门襟宽为 2cm，扣距 10cm。

（2）手巾袋长度取 $B/10$，前腰省自手巾袋中点连接至底摆线三分之一处，靠近侧缝一端。

（3）前领斜采用 15∶5.5 定角度，后领斜采用 15∶5 定角度。

（4）后领宽采用（$B/12$）+0.3cm，前领宽采用 $B/12$。

（5）撇胸量取 2cm。

二、四粒扣附肩章男背心

（一）款式图、效果图

四粒扣附肩章男背心款式图及效果图如图 6-16 所示。

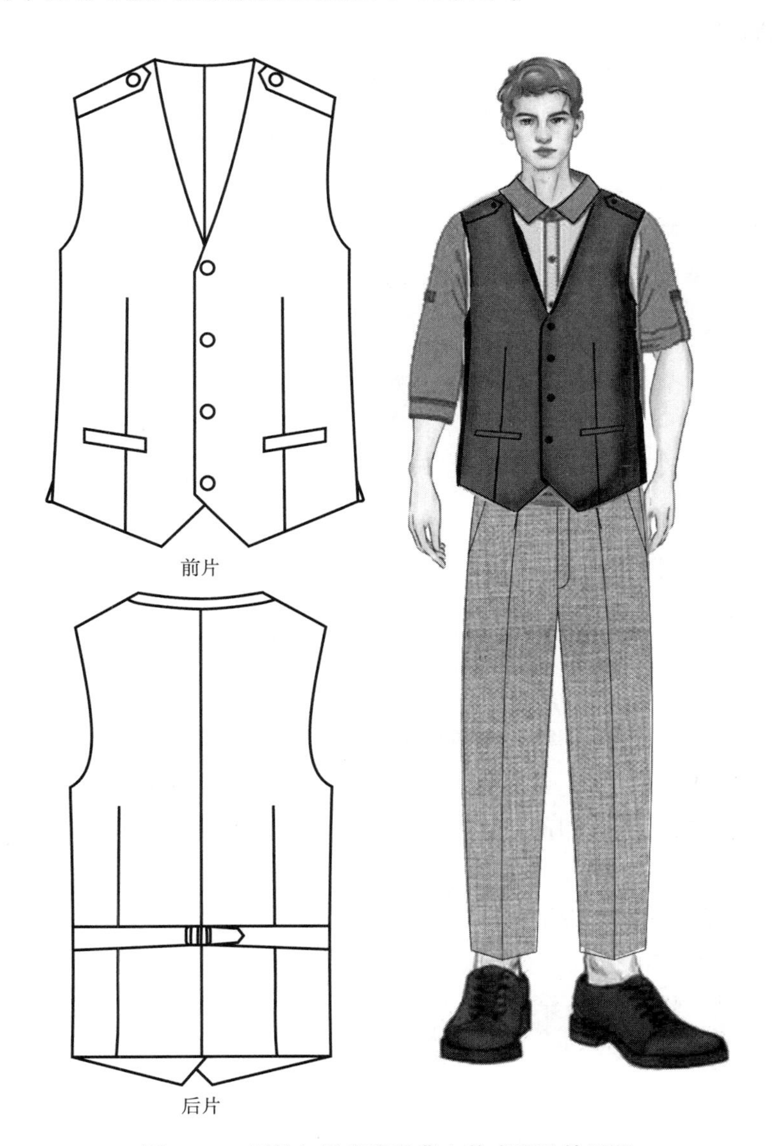

图 6-16　四粒扣附肩章男背心款式图及效果图

（二）款式描述

本款为合体型，四开身，单排四粒扣，领子为V型领，双肩附肩章，腰部左右两侧各有一个单嵌线口袋，斜底摆，左右两侧开衩。

（三）尺寸规格设计

尺寸规格见表6-6。

表6-6　尺寸规格表　　单位：cm

号型	后衣长（*L*）	胸围（*B*）	肩宽（*S*）	后腰节长（*BWL*）
170/88A	55	96	33	40

（四）面辅料的选配

面辅料的选配见表6-7。

表6-7　面辅料的选配表

类型	材质	使用部位
面料	精纺羊毛	衣身前片、挂面、袋盖、后领
	真丝缎	衣身后片、腰带襻
里料	醋酯纤维	衣身后片、前片侧片、口袋布、袋盖里
衬料	有纺衬	前衣身
	薄有纺衬	挂面、袋盖
纽扣	树脂	里襟、肩章
钳扣	金属	腰带襻

（五）结构图

四粒扣附肩章男背心结构如图6-17所示。

（六）结构设计要点

（1）此款为四粒扣，单排扣的门襟宽为2cm，从胸围线至衣长线三等分，确定四粒扣扣距。

（2）腰侧双开衩，后衣身长于前衣身3cm。

（3）前肩斜角度取20°，后肩斜角度取18°。

（4）腰带襻由腰侧向后中逐渐变窄。

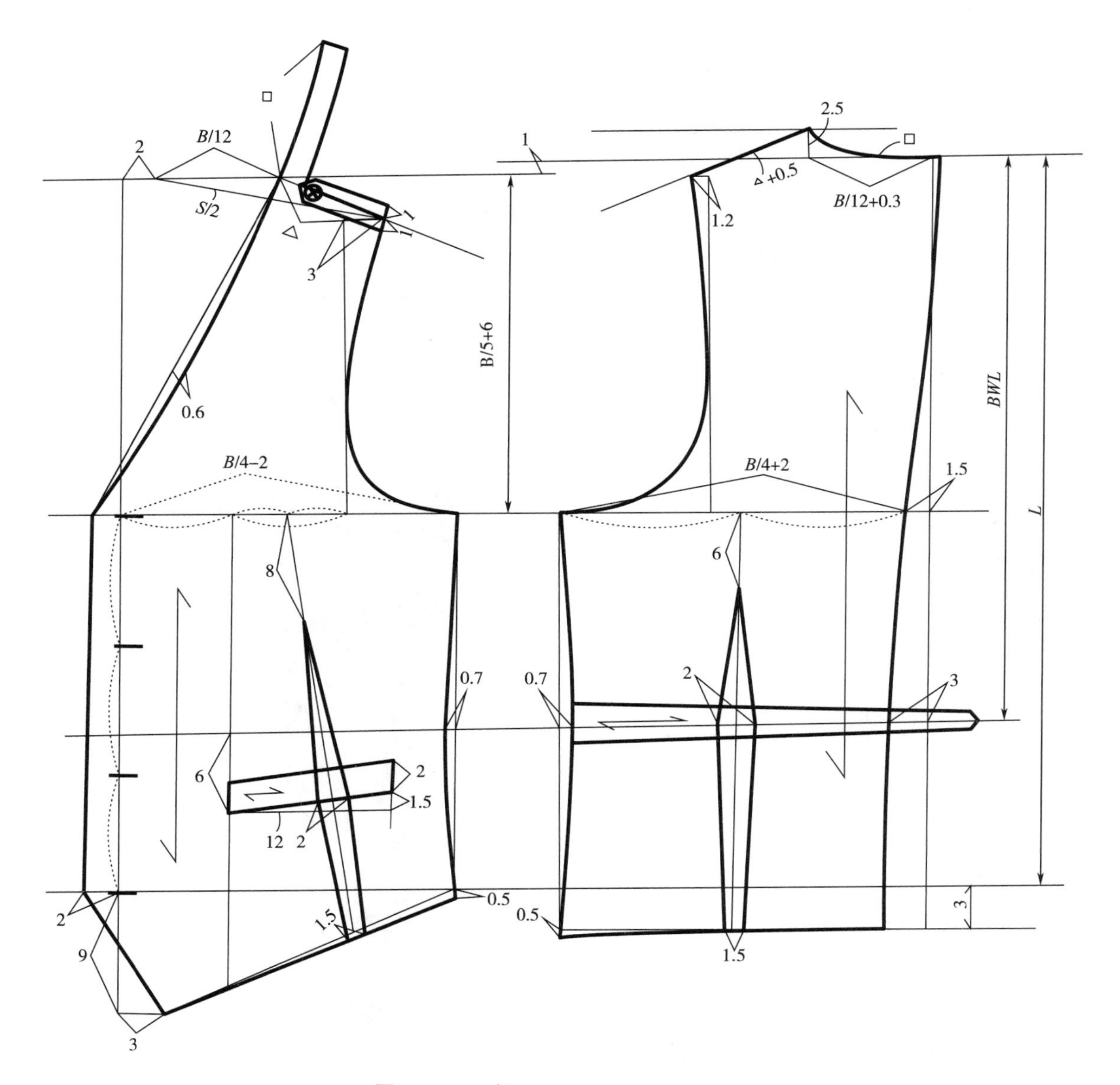

图 6-17　四粒扣附肩章男背心结构图

三、U 型领后育克男背心

（一）款式图、效果图

U 型领后育克男背心款式图及效果图如图 6-18 所示。

（二）款式描述

本款为合体型，四开身，双排扣，领子为 U 型领，腰部左右两侧各有一个双嵌线带袋盖的侧口袋，直底摆，后衣身采用面料，设有肩育克，后下片后中分割。

图 6-18 U 型领后育克男背心款式图及效果图

（三）尺寸规格设计

尺寸规格见表 6-8。

表 6-8 尺寸规格表 单位：cm

号型	后衣长（L）	胸围（B）	肩宽（S）	领围（N）	后腰节长（BWL）
170/88A	57	96	36	41	42.5

（四）面辅料的选配

面辅料的选配见表 6-9。

表 6-9 面辅料的选配表

类型	材质	使用部位
面料	精纺羊毛	衣身前片、衣身后片、挂面、袋盖、嵌线
里料	醋酯纤维	前片侧片、口袋布、后衣身
衬料	有纺衬	前衣身
	薄有纺衬	挂面、袋盖、手巾袋嵌线、肩袖部位、后衣身底摆
纽扣	树脂	搭门

(五) 结构图

U 型领后育克男背心结构如图 6-19 所示。

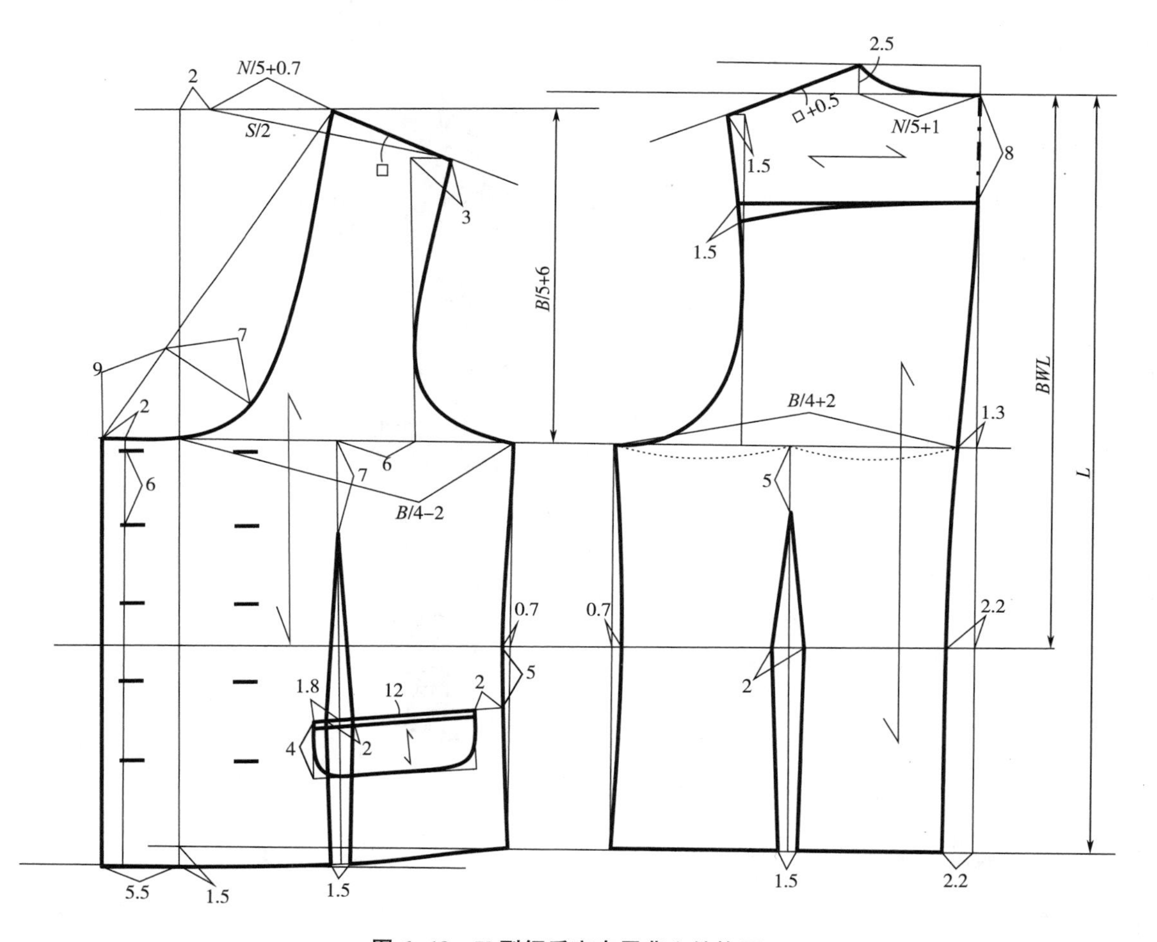

图 6-19 U 型领后育克男背心结构图

(六) 结构设计要点

(1) 此款为双排扣，双排扣的门襟宽为 5.5cm，同一排的两粒扣之间间距为 6cm。

(2) U 型领最凹处距离领斜线 7cm。

(3) 后领宽采用 $N/5+1$cm，前领宽采用 $N/5+0.7$cm。

(4) 后育克袖窿处育克省大取 1.5cm。

四、双贴袋休闲男背心

（一）款式图、效果图

双贴袋休闲男背心款式图及效果图如图 6-20 所示。

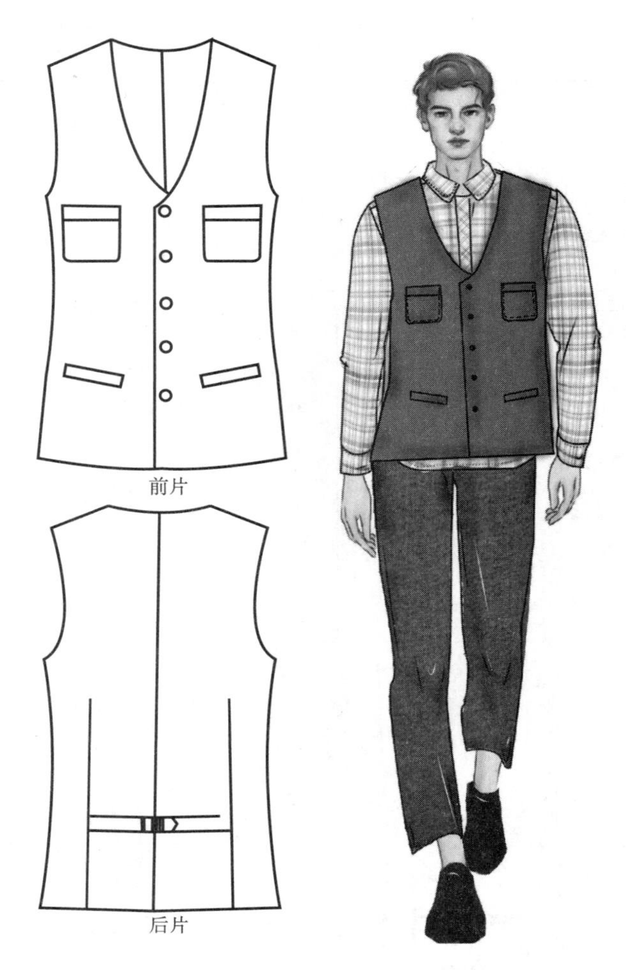

图 6-20　双贴袋休闲男背心款式图及效果图

（二）款式描述

本款为合体型，四开身，单排五粒扣，领子为 V 型领，双胸明贴袋，腰部左右两侧各有一个单嵌线的侧口袋，直底摆，后腰省缝之间夹缝腰带襻。

（三）尺寸规格设计

尺寸规格见表 6-10。

表 6-10　尺寸规格表　　单位：cm

号型	后衣长（*L*）	胸围（*B*）	肩宽（*S*）	领围（*N*）	后腰节长（*BWL*）
170/88A	57	96	36	41	43

（四）面辅料的选配

面辅料的选配见表 6-11。

表 6-11　面辅料的选配表

类型	材质	使用部位
面料	精纺羊毛	衣身前片、挂面、贴袋、嵌线
里料	醋酯纤维	前片侧片、口袋布、后衣身
衬料	有纺衬	前衣身
	薄有纺衬	挂面、明贴袋、嵌线
纽扣	树脂	搭门
钳扣	金属	腰襻

（五）结构图

双贴袋休闲男背心结构如图 6-21 所示。

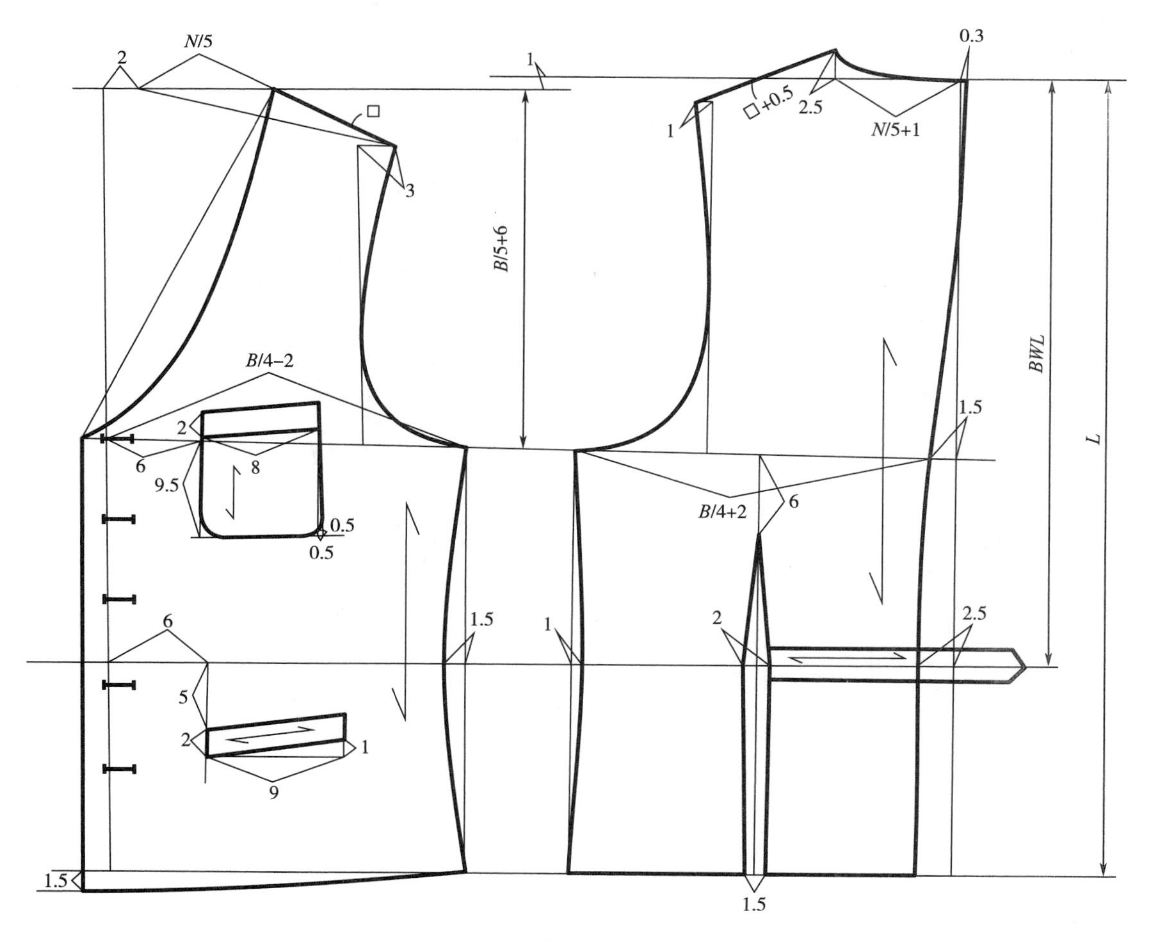

图 6-21　双贴袋休闲男背心结构图

（六）结构设计要点

（1）此款为单排扣，单排扣的门襟宽为2cm，扣距为6cm。

（2）前腰无腰省，故在前侧缝收腰省1.5cm，后腰有腰省2cm，后侧缝收1cm。

（3）前胸贴袋高于胸围线2cm，袋宽8cm，袋深9.5cm，袋口外卷边宽2cm。

（4）腰襻自腰省嵌入省缝中，腰带襻宽度为2.5cm。

五、三开身秋冬男背心

（一）款式图、效果图

三开身秋冬男背心款式图及效果图如图6-22所示。

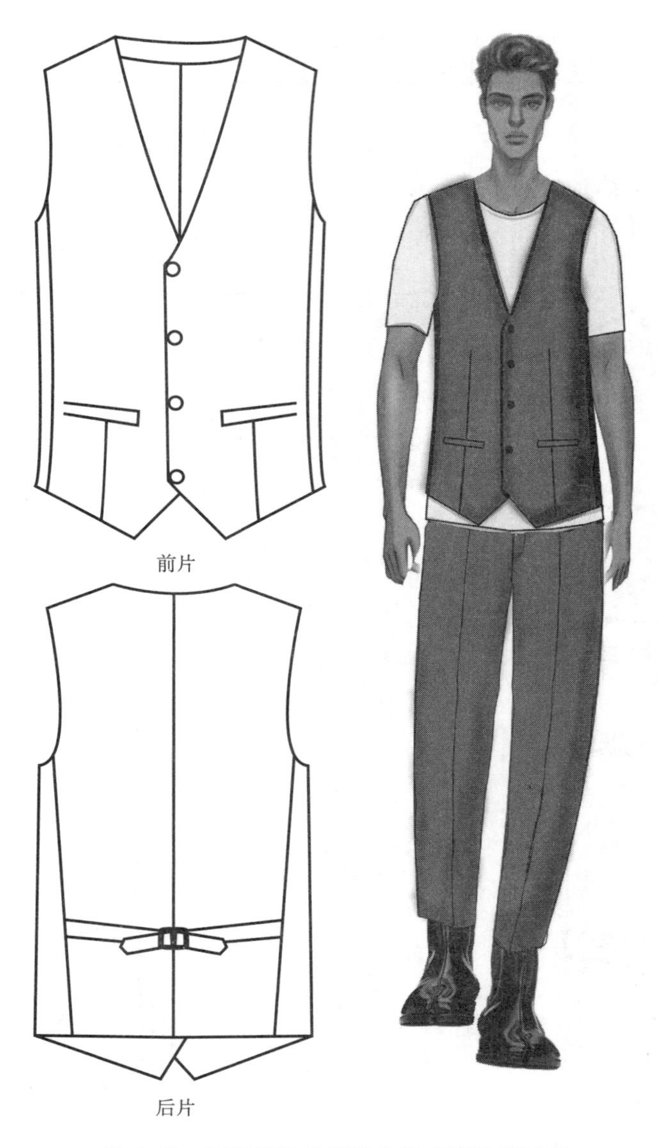

图6-22　三开身秋冬男背心款式图及效果图

（二）款式描述

本款为合体型，六开身，全身采用面料，单排四粒扣，领子为 V 型领，腰部左右两侧各有一个单嵌线的侧口袋，斜底摆，腰带襻嵌入腰侧片与后中片缝合缝中，腰带襻采用面料制作，与衣身外观统一。

（三）尺寸规格设计

尺寸规格见表 6-12。

表 6-12　尺寸规格表　　单位：cm

号型	后衣长（L）	胸围（B）	肩宽（S）	后腰节长（BWL）
170/88A	55	98	36	42.5

（四）面辅料的选配

面辅料的选配见表 6-13。

表 6-13　面辅料的选配表

类型	材质	使用部位
面料	精纺羊毛	衣身前片、衣身后片、挂面、袋盖、嵌线
里料	醋酯纤维	前片侧片、口袋布、后衣身
衬料	有纺衬	前衣身
	薄有纺衬	挂面、嵌线、肩袖部位、后衣身底摆
纽扣	树脂	搭门
钳扣	金属	腰襻

（五）结构图

三开身秋冬男背心结构如图 6-23 所示。

（六）结构设计要点

（1）此款为单排扣，斜摆下落 9.5cm，胸围线与衣长线中间四等分确定扣距。

（2）侧缝线靠近前中 3cm 确定腰侧片前侧缝，前侧缝省大 1.5cm。

（3）侧缝线与后背宽线中点确定侧片后侧缝，后侧缝底摆向后中偏移 2cm 以保证后中片呈倒梯形。

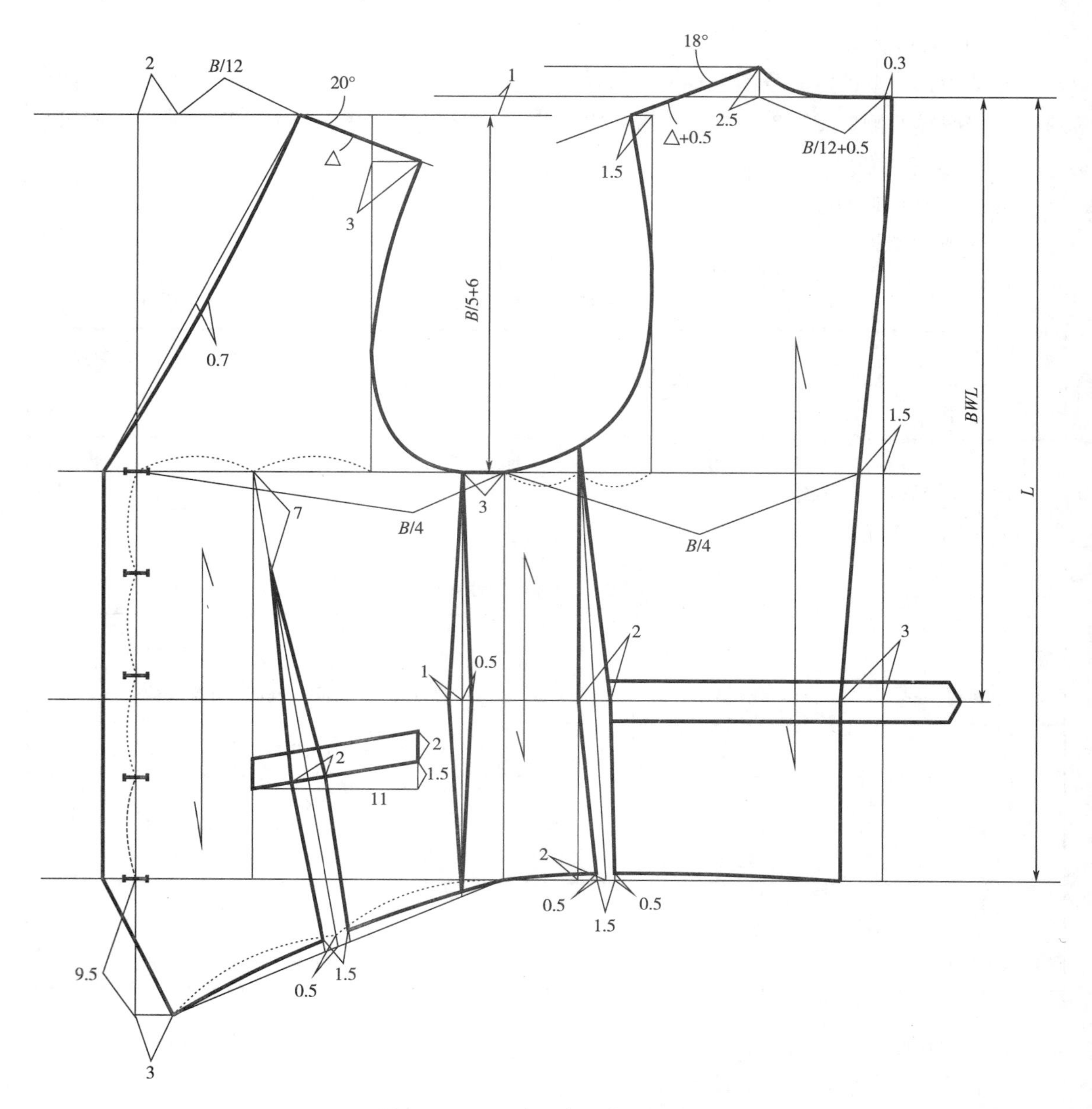

图 6-23　三开身秋冬男背心结构图

六、撞色拼接双嵌线男背心

（一）款式图、效果图

撞色拼接双嵌线男背心款式图及效果图如图 6-24 所示。

（二）款式描述

本款为合体型，四开身，单排三粒扣，领子为 V 型领，腰部左右两侧各有一个双嵌线的侧口袋，前领至前门襟再至斜摆采用面料撞色拼接，且上窄下宽。

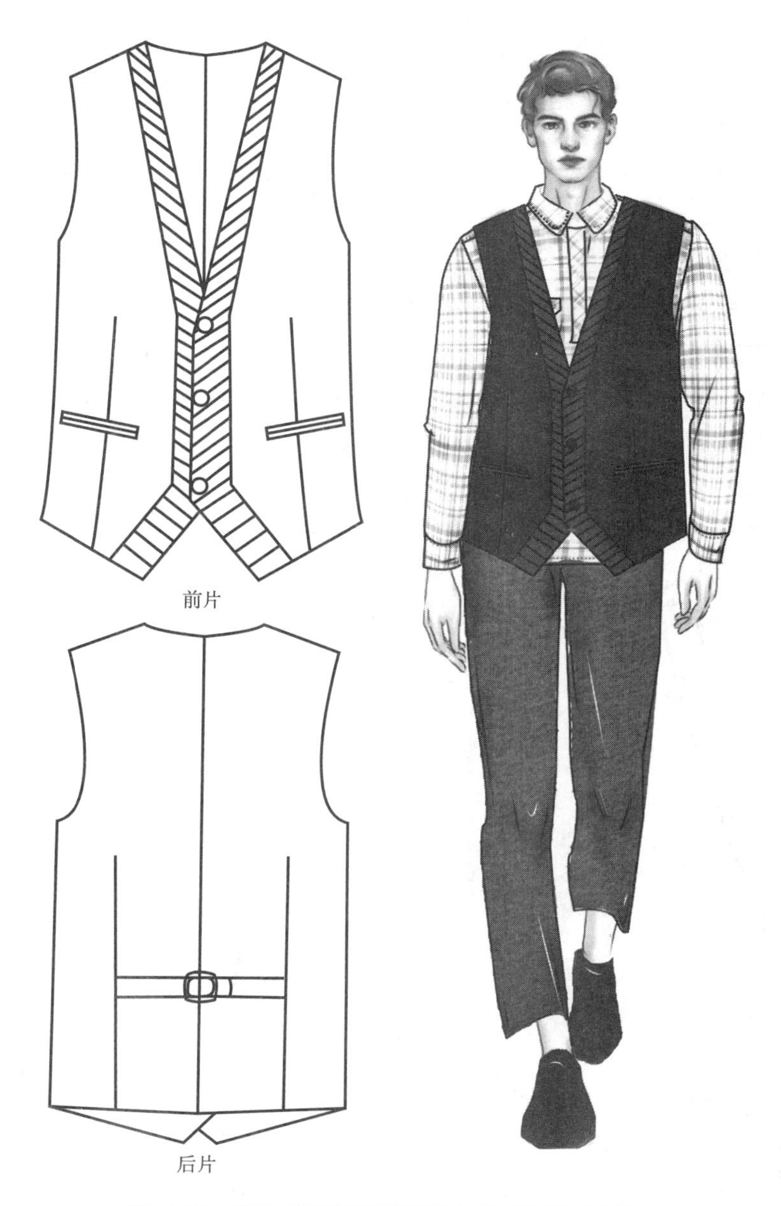

图 6-24　撞色拼接双嵌线男背心款式图及效果图

（三）尺寸规格设计

尺寸规格见表 6-14。

表 6-14　尺寸规格表　　单位：cm

号型	后衣长（L）	胸围（B）	肩宽（S）	领围（N）	后腰节长（BWL）
170/88A	54	96	34	41	42.5

（四）面辅料的选配

面辅料的选配见表 6-15。

表 6-15　面辅料的选配表

类型	材质	使用部位
面料	精纺羊毛	衣身前片、挂面、贴袋、嵌线
里料	醋酯纤维	前片侧片、口袋布、后衣身
衬料	有纺衬	前衣身
	薄有纺衬	挂面、嵌线
纽扣	树脂	搭门
钳扣	金属	腰襻

（五）结构图

撞色拼接双嵌线男背心结构如图 6-25 所示。

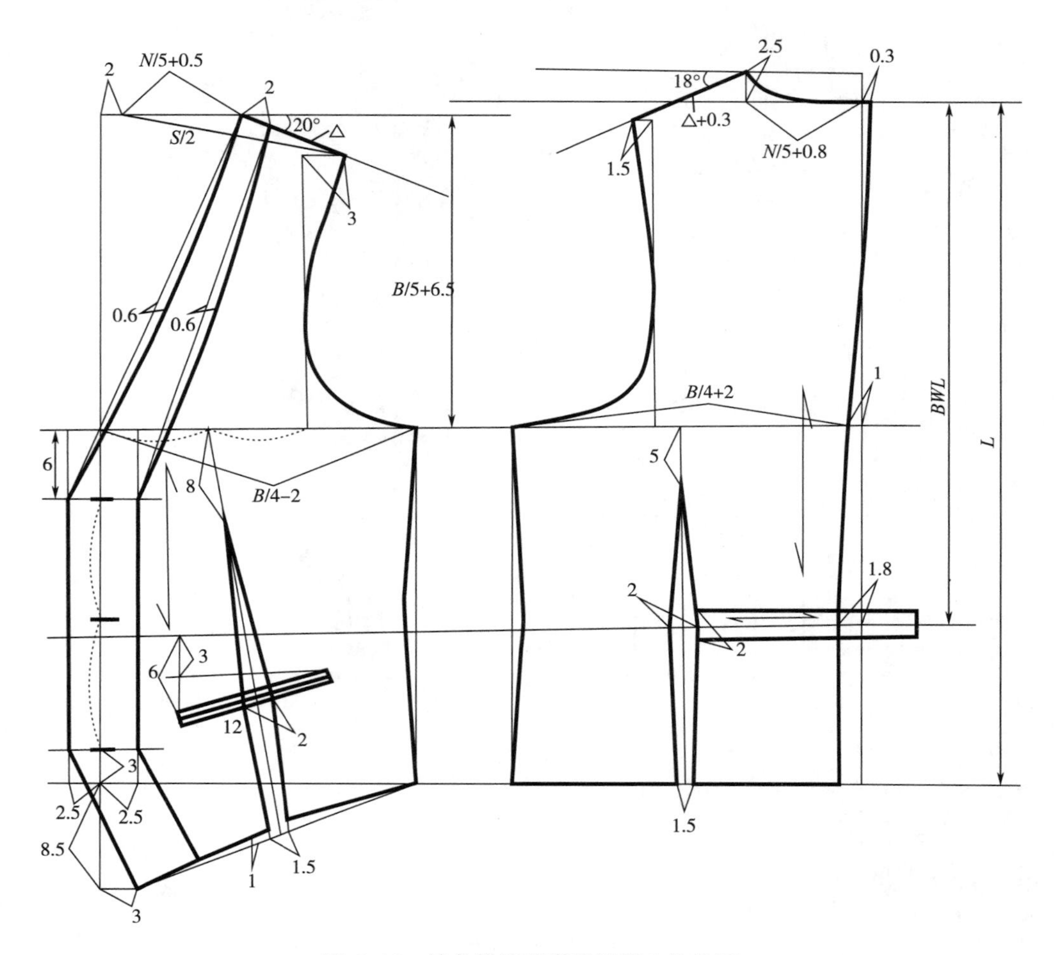

图 6-25　撞色拼接双嵌线男背心结构图

（六）结构设计要点

（1）此款为单排扣，前门襟拼接片宽度上窄下宽，肩线取 2cm，下摆取 5cm。

（2）第一粒扣距离胸围线向下取 6cm，最后一粒扣距离衣长线向上取 3cm。中间等分取第二粒扣。

七、单排扣平驳头男背心

（一）款式图、效果图

单排扣平驳头男背心款式图及效果图如图 6-26 所示。

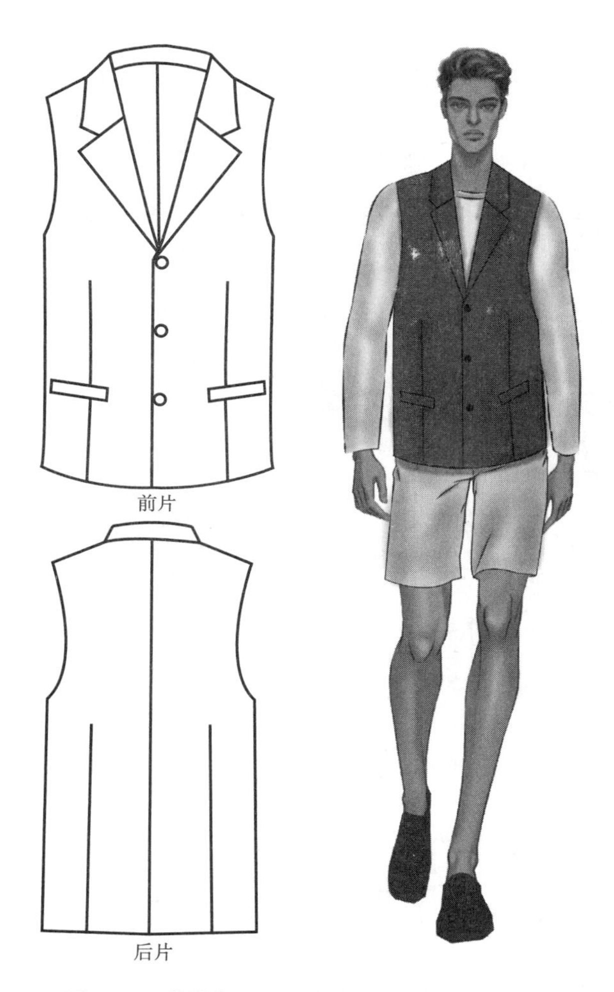

图 6-26　单排扣平驳头男背心款式图及效果图

（二）款式描述

本款为合体型，四开身，单排三粒扣，领子为平驳领，腰部左右两侧各有一个单嵌线侧口袋，直底摆。

（三）尺寸规格设计

尺寸规格见表 6-16。

表 6-16　尺寸规格表　　单位：cm

号型	后衣长（*L*）	胸围（*B*）	肩宽（*S*）	领围（*N*）	后腰节长（*BWL*）
170/88A	58	96	38	41	43

（四）面辅料的选配

面辅料的选配见表 6-17。

表 6-17 面辅料的选配表

类型	材质	使用部位
面料	精纺羊毛	衣身前片、衣身后片、挂面、嵌线、翻领
里料	醋酯纤维	前片侧片、口袋布、后衣身
衬料	有纺衬	前衣身、翻领面
	薄有纺衬	挂面、嵌线、肩袖部位、后衣身底摆
纽扣	树脂	搭门

（五）结构图

单排扣平驳头男背心结构如图 6-27 所示。

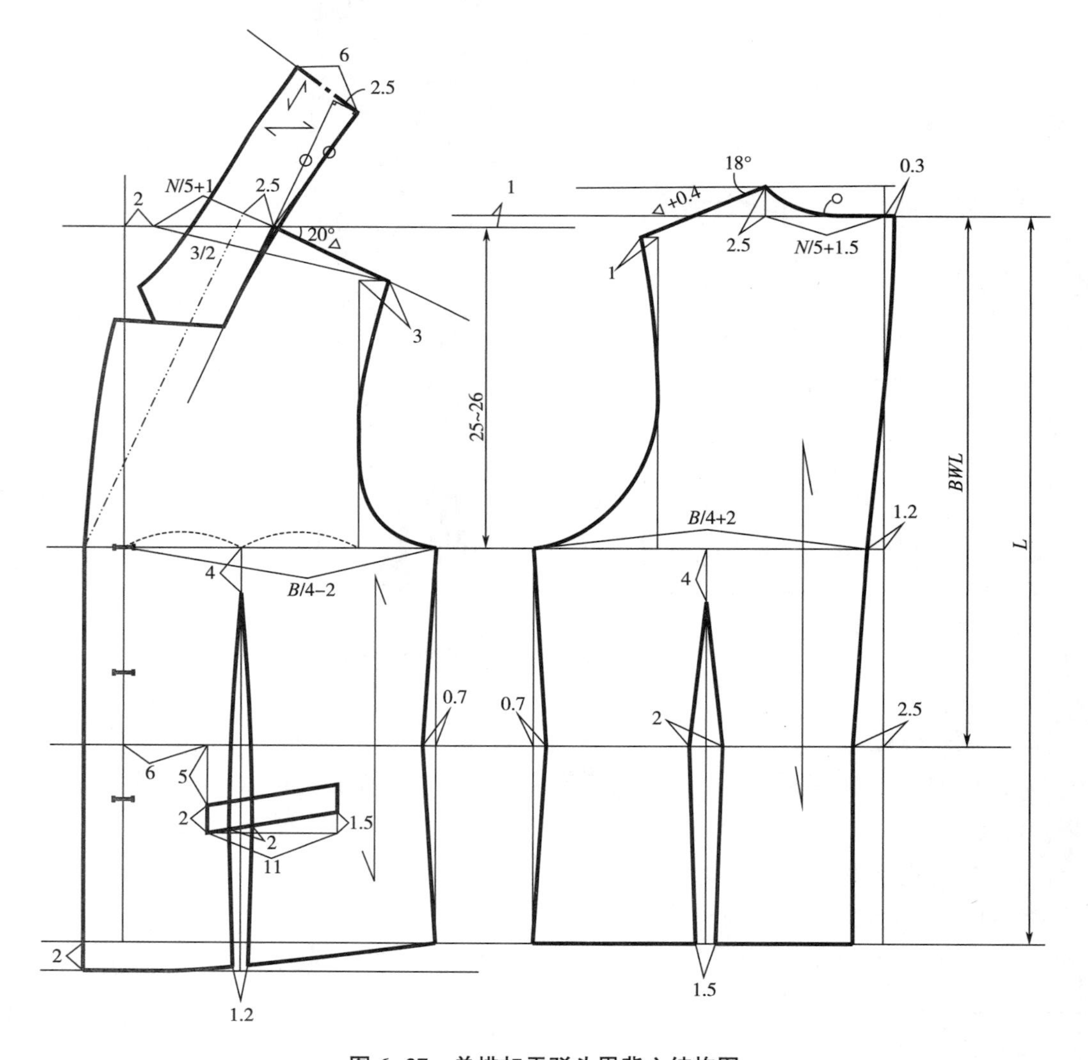

图 6-27 单排扣平驳头男背心结构图

(六) 结构设计要点

(1) 此款为单排扣平驳头背心，翻领倒伏量为2.5cm，翻领宽取6cm。

(2) 袖窿深取25~26cm，也可采用比例法（$B/5$）+6计算得来。

(3) 前底摆为直角摆，底摆线下落2~2.5cm。

八、条纹双排扣戗驳头男背心

(一) 款式图、效果图

条纹双排扣戗驳头男背心款式图及效果图如图6-28所示。

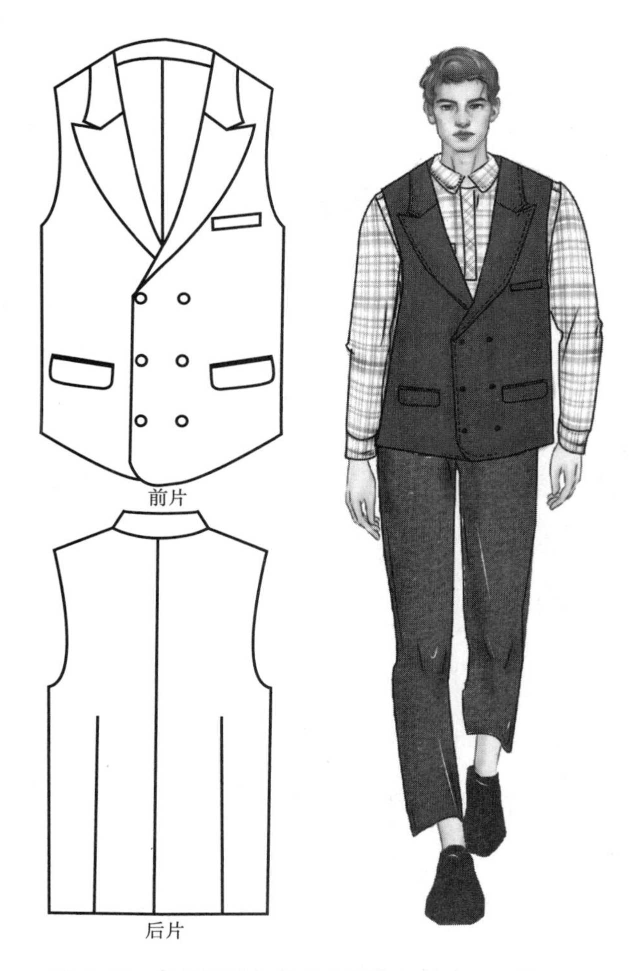

图6-28　条纹双排扣戗驳头男背心款式图及效果图

(二) 款式描述

本款为宽松型，四开身，双排三粒扣，领子为戗驳领，左胸手巾袋，腰部左右两侧各有一个双嵌线带袋盖的侧口袋，圆角底摆。

(三) 尺寸规格设计

尺寸规格见表6-18。

表 6-18　尺寸规格表　　　单位：cm

号型	后衣长（L）	胸围（B）	肩宽（S）	领围（N）	后腰节长（BWL）
170/88A	57.5	98	40	41	43

（四）面辅料的选配

面辅料的选配见表 6-19。

表 6-19　面辅料的选配表

类型	材质	使用部位
面料	精纺羊毛	衣身前片、衣身后片、挂面、嵌线、手巾袋嵌线、翻领
里料	醋酯纤维	前片侧片、口袋布、衣身后片
衬料	有纺衬	前衣身、翻领面
	薄有纺衬	挂面、嵌线、肩袖部位、后衣身底摆、手巾袋嵌线
纽扣	树脂	搭门

（五）结构图

条纹双排扣戗驳头男背心结构图如图 6-29 所示。

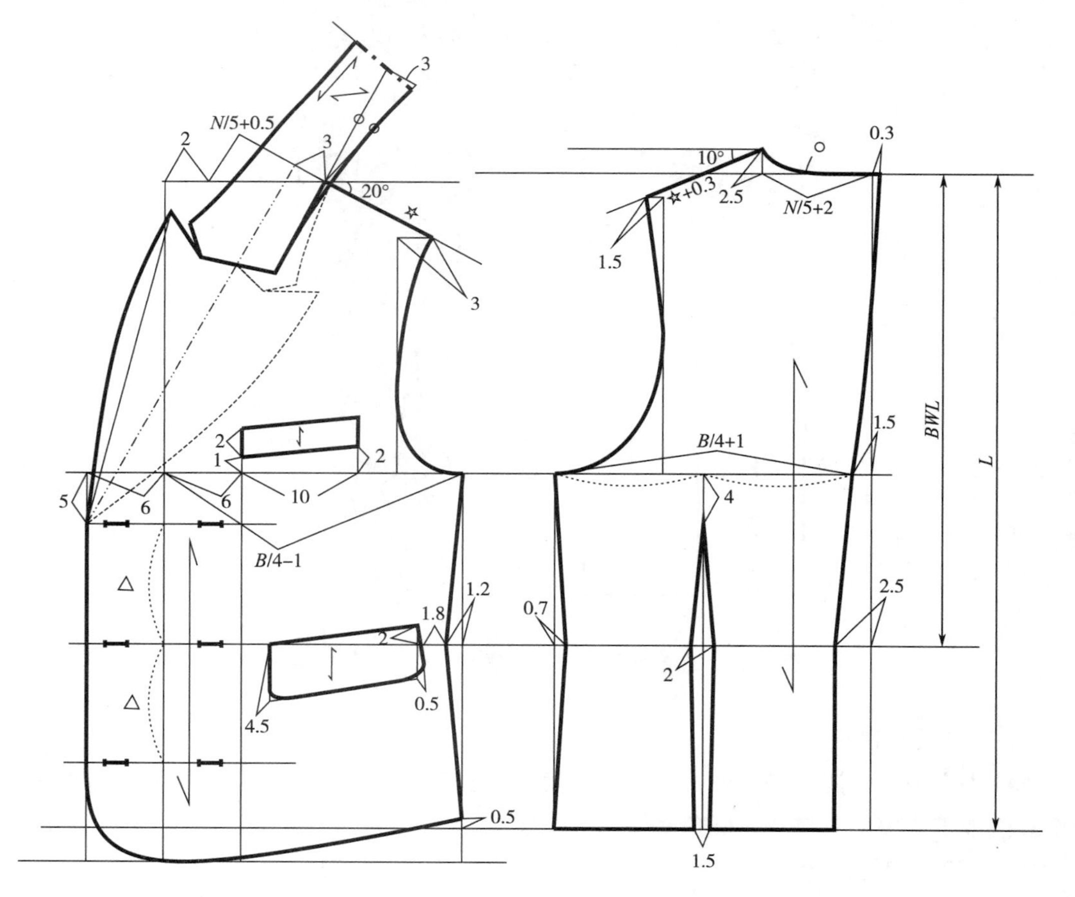

图 6-29　条纹双排扣戗驳头男背心结构图

（六）结构设计要点

（1）此款为双排扣，双排扣的门襟款为 8.5cm，同一排的两粒扣间距为 13cm。

（2）后侧双开衩，开衩的制图方法与基本款男西装后开衩的制图方法一致。

九、无领座平驳领男背心

（一）款式图、效果图

无领座平驳领男背心款式图及效果图如图 6-30 所示。

图 6-30　无领座平驳领男背心款式图及效果图

（二）款式描述

本款为合体型，四开身，单排五粒扣，领子为无领座平驳领，右腰侧大小双口袋设计，腰部左右两侧各有一个双嵌线侧口袋，直底摆，后腰襻嵌入后腰省缝中，腰襻有宽窄设计。

（三）尺寸规格设计

尺寸规格见表 6-20。

表 6-20 尺寸规格表 单位：cm

号型	后衣长（L）	胸围（B）	肩宽（S）	领围（N）	后腰节长（BWL）
170/88A	58	96	38	41	42.5

（四）面辅料的选配

面辅料的选配见表 6-21。

表 6-21 面辅料的选配表

类型	材质	使用部位
面料	精纺羊毛	衣身前片、衣身后片、挂面、嵌线、手巾袋嵌线、翻领
里料	醋酯纤维	前片侧片、口袋布、衣身后片、腰带襻
衬料	有纺衬	前衣身、翻领面
	薄有纺衬	挂面、嵌线、肩袖部位、后衣身底摆、手巾袋嵌线
纽扣	树脂	搭门

（五）结构图

无领座平驳领男背心结构如图 6-31 所示。

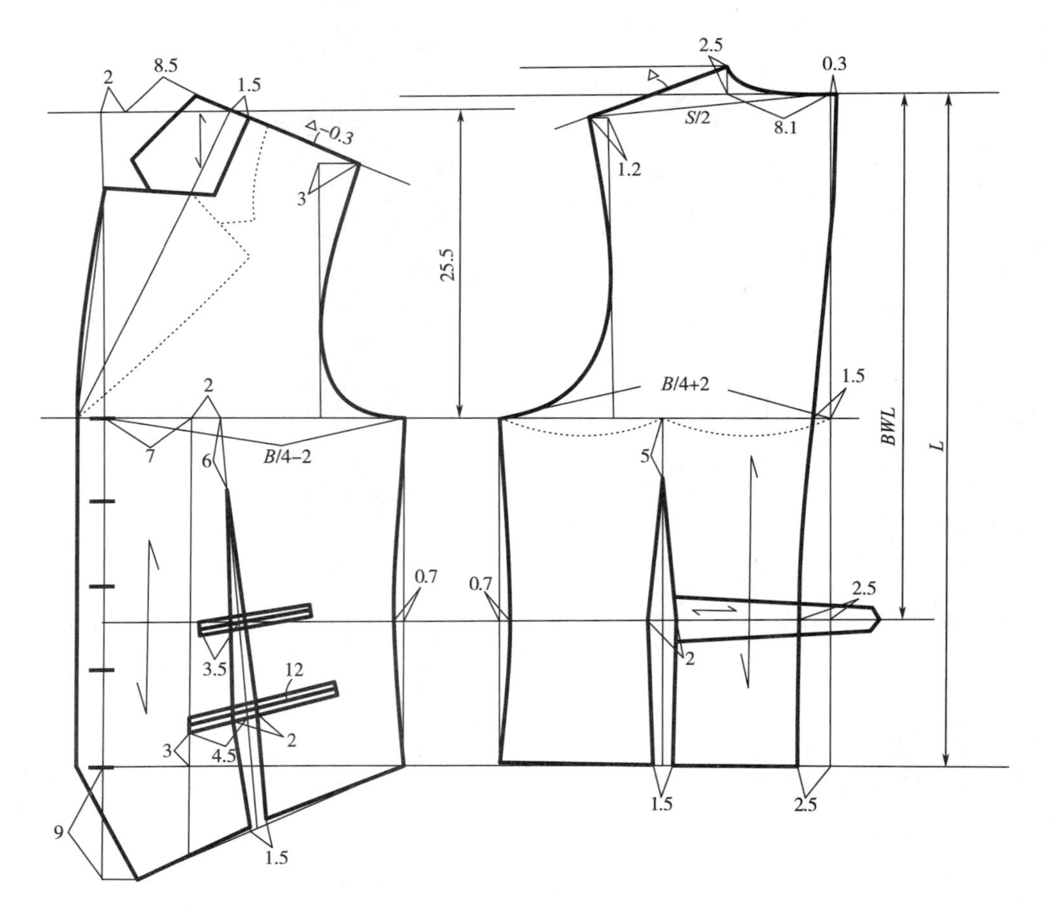

图 6-31 无领座平驳领男背心结构图

（六）结构设计要点

（1）此款为单排五粒扣，第一粒扣与胸围线齐平，衣长线与第五粒扣齐平，中间四等分。

（2）前领为贴领翻驳头领，驳头与翻领沿 V 领领口线翻折，领自制图时注意和带领座翻驳领进行区别。

（3）右腰侧上下两个口袋，上面小口袋在腰围线处，下面腰侧大袋在衣长线以上 3cm。

（4）采用经验值制图，袖窿深取 25. 5cm，后领宽取 8. 1cm，前领宽取 8. 5cm。

十、青果领双排扣男背心

（一）款式图、效果图

青果领双排扣男背心款式图及效果图如图 6-32 所示。

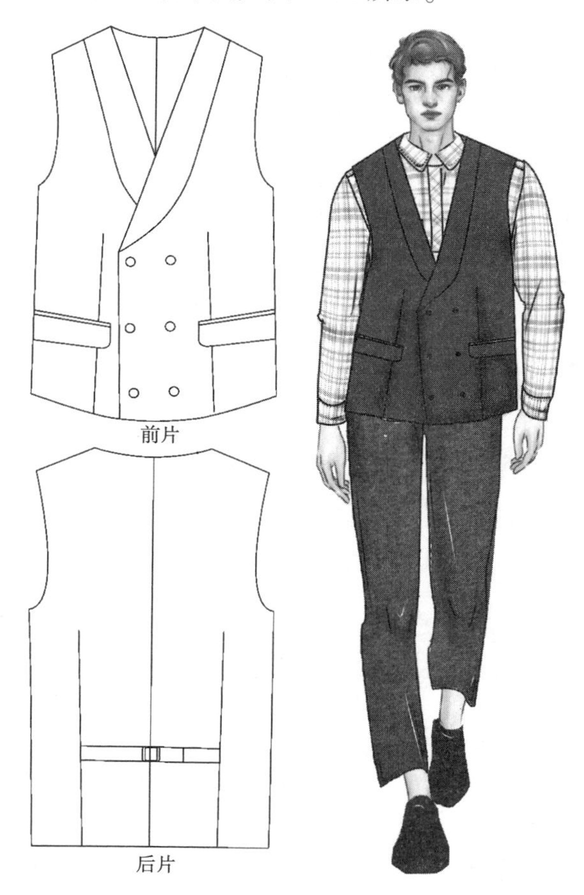

图 6-32　青果领双排扣男背心款式图及效果图

（二）款式描述

本款为合体型，三开身，双排扣，领子为青果领，腰部左右两侧各有一个双嵌线带袋盖的侧口袋，直底摆，后衣身采用里绸，腰带襻为方头，嵌入两腰侧缝之间，由金属钳扣固定。

（三）尺寸规格设计

尺寸规格见表 6-22。

表 6-22　尺寸规格表　　单位：cm

号型	后衣长（L）	胸围（B）	肩宽（S）	后腰节长（BWL）
170/88A	58	96	34	43

（四）面辅料的选配

面辅料的选配见表 6-23。

表 6-23　面辅料的选配表

类型	材质	使用部位
面料	精纺羊毛	衣身前片、挂面、贴袋、嵌线
里料	醋酯纤维	前片侧片、口袋布、后衣身
衬料	有纺衬	前衣身
	薄有纺衬	挂面、嵌线
纽扣	树脂	搭门
钳扣	金属	腰襻

（五）结构图

青果领双排扣男背心结构如图 6-33 所示。

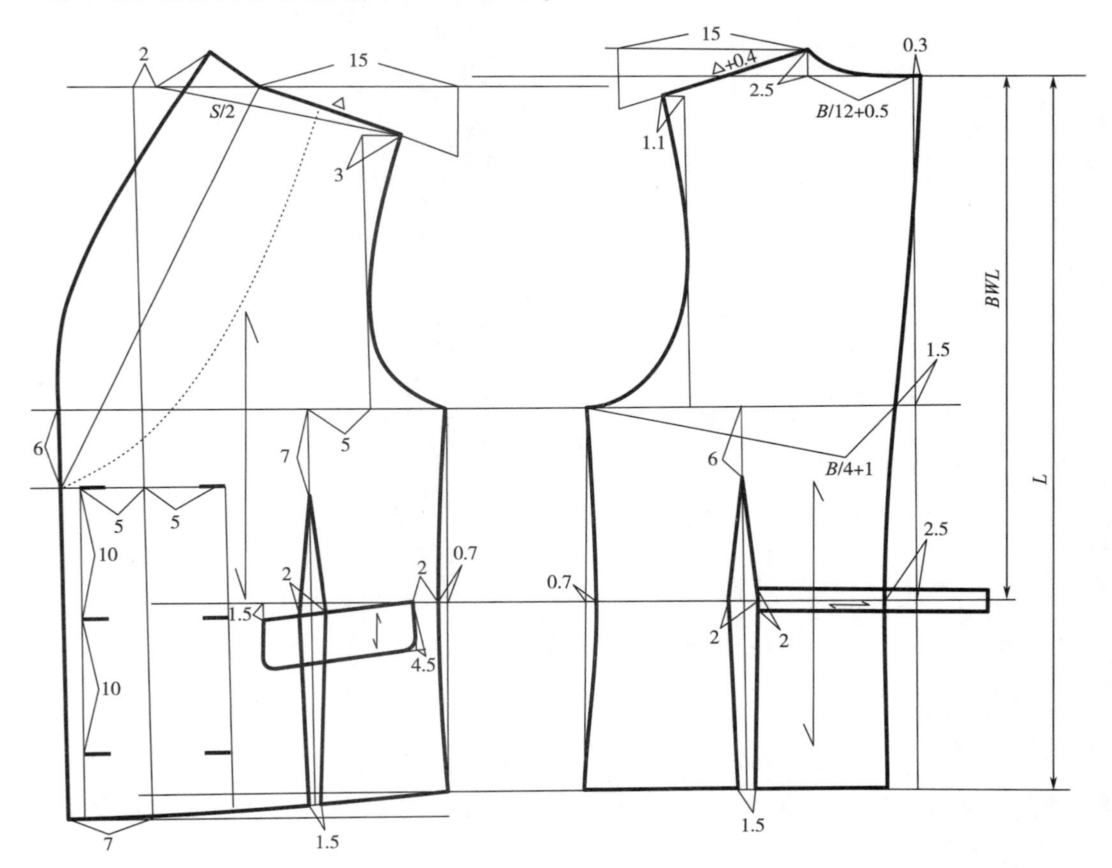

图 6-33　青果领双排扣男背心结构图

（六）结构设计要点

（1）此款为双排扣，双排扣的门襟宽为 7cm，同一列的两粒扣间距为 10cm，第一粒扣自胸围线向下取 6cm。

（2）青果领无领座，仅采用贴领形式的青果领造型，绘制领型时注意与带领座青果领制图进行区别。

（3）后衣身采用（$B/4$）+1 定后背宽，（$B/4$）−1 定前胸宽。

十一、简装版燕尾服背心

（一）款式图、效果图

简装版燕尾服背心款式图及效果图如图 6-34 所示。

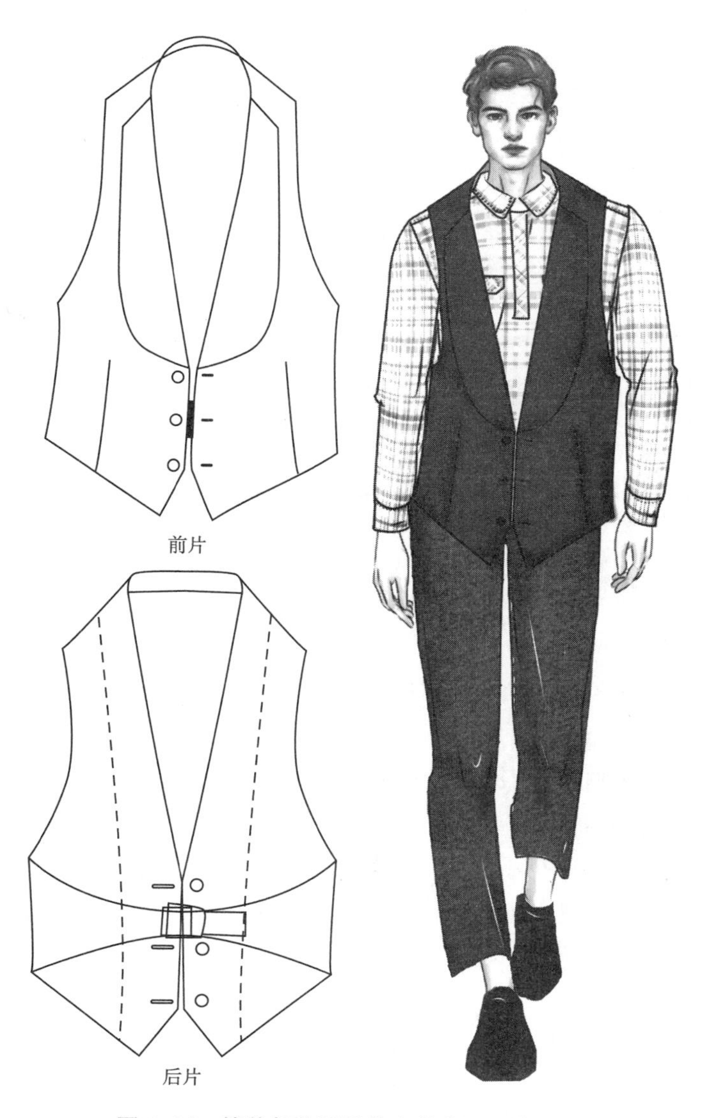

图 6-34 简装版燕尾服背心款式图及效果图

（二）款式描述

本款为简装版燕尾服男背心，三开身，单排三粒扣戗驳领，后领台与前衣身相连，深V领领深至腰围线上方，腰部两侧收腰省，后衣身自腰侧缝采用里绸，后中由钳扣固定。

（三）尺寸规格设计

尺寸规格见表6-24。

表6-24　尺寸规格表　　单位：cm

号型	后衣长（*L*）	胸围（*B*）	领围（*N*）	后腰节长（*BWL*）	后领宽	后腰带襻宽
170/88A	50	96	40	41.5	3	3.5

（四）面辅料的选配

面辅料的选配见表6-25。

表6-25　面辅料的选配表

类型	材质	使用部位
面料	精纺羊毛	衣身前片、挂面
里料	醋酯纤维	前片侧片、后衣身
衬料	有纺衬	前衣身
	薄有纺衬	挂面
纽扣	树脂	搭门
钳扣	金属	腰襻

（五）结构图

简装版燕尾服背心结构如图6-35所示。

（六）结构设计要点

（1）此款为单排三粒扣，领深开深至腰围线上4cm，最后一粒扣在衣长线上。

（2）前中撇门量为1.5cm，前领宽取（*N*/5）+1。

（3）后胸围取（*B*/4）+1，前胸围（*B*/4）−1。

（4）青果领最宽处取4.5cm。

（5）前腰省取1.5cm，前后腰侧缝吸腰量为1.4cm。

（6）袖窿深在25cm基础上下落7cm。

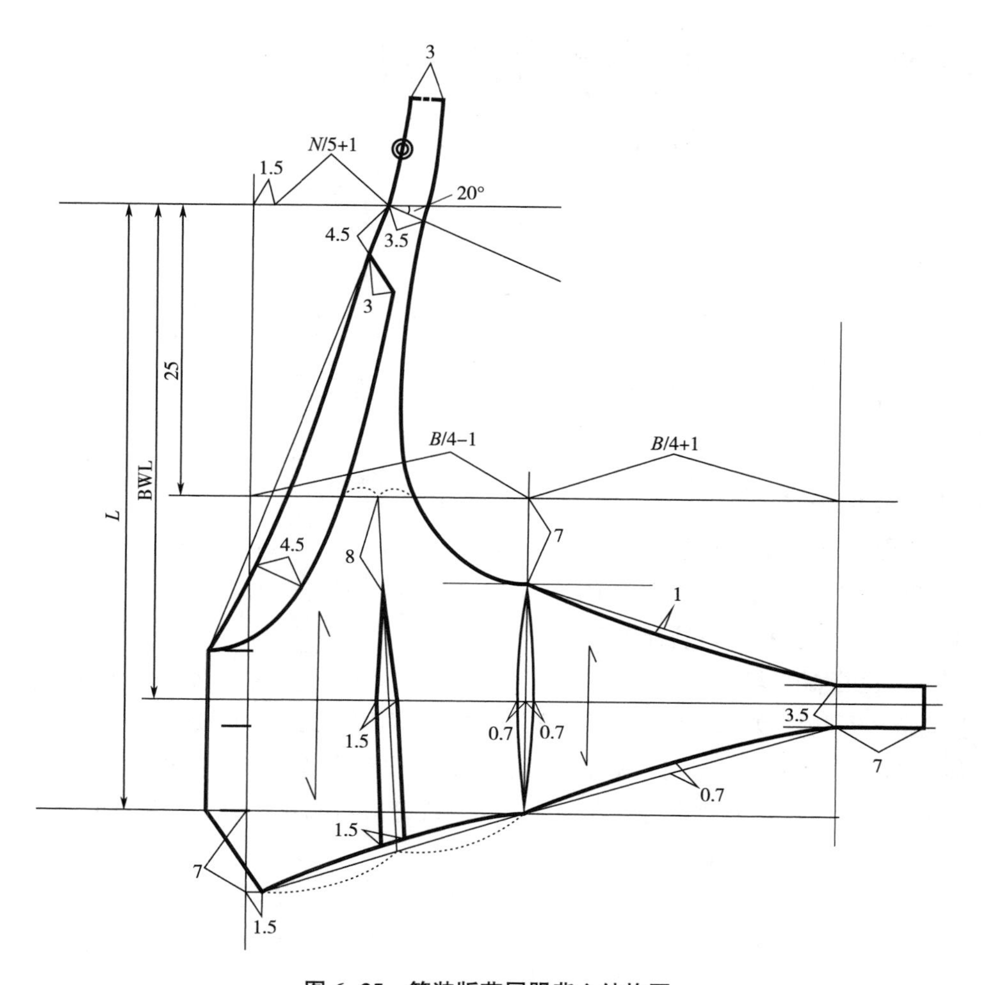

图 6-35　简装版燕尾服背心结构图

第七章　男裤子结构设计

第一节　男裤子概述

一、男裤子的分类

（一）按男裤子的着衣场合

按照 TPO 规则可划分为西裤和休闲裤，款式设计是以此作为基本分类展开的（图 7-1），其在设计、板型、工艺和面料选择上有所不同。

1. 西裤　适合在职场、宴会等正式场合，款式设计保守固定，款式变化有限，板型细腻、工艺复杂、面料精致；多是在口袋、裤脚、腰头和面料等细节上做微妙变化。

2. 休闲裤　适合居家、休闲等非正式场合，款式设计灵活、板型粗犷、工艺简练、面料朴实。款式设计时应以功能性作为基本出发点，围绕廓形与元素之间功能关系的协调展开。

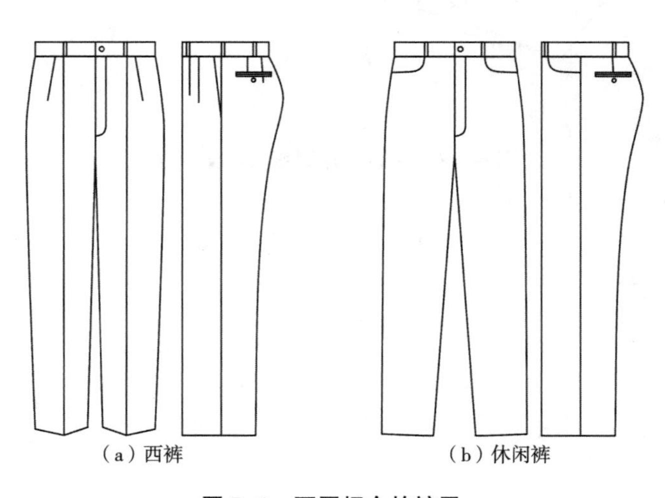

（a）西裤　　（b）休闲裤

图 7-1　不同场合的裤子

（二）按男裤子的外部廓型（图 7-2）

1. H 型（筒型裤）　男裤中最为常见的廓形，它的各部位围度和宽度放松适中，整体呈直身造型，形态自然、简洁。

2. Y 型（锥形裤）　强调臀部时，相应收紧裤口并提高裤摆位置，在廓形上形呈上大下小的锥形裤，在结构上往往采用腰部打褶及高腰等处理方法。

3. A 型（喇叭裤）　收紧臀部造型时，相应加宽裤口而使裤摆下降，呈现上小下大的喇叭型裤，在结构上多采用臀部无褶和低腰设计。

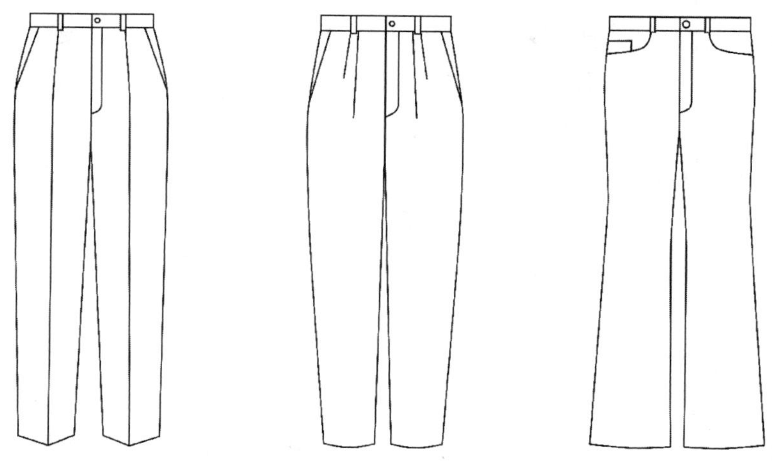

图 7-2 裤子外部廓形

（三）按男裤子长度

短裤：裤长在膝盖以上。

中裤：裤长达到膝盖到脚踝之间。

长裤：裤长达到脚踝及以下。

二、男裤子的面辅料

服装材料是指构成服装的一切材料，可分为服装面料和服装辅料。

（一）男裤子的面料

根据不同季节和穿用目的分别选用不同类型的面料进行裤装设计。从季节来分，春夏裤料多采用薄型织物，如凡立丁、凉爽呢、卡其、中平布、亚麻布以及丝织品等，而秋冬季则多选全毛或毛涤混纺织物、纯化纤织物、全棉织物等。通常裤子面料有以下几种。

1. 棉　棉主要组成物质是纤维素。棉纤维的强度高、耐热性较好，对染料具有良好的亲和力，色谱齐全，缺点是经过水洗和穿着后易起皱、变形。

2. 麻　纤维长，吸湿和散热是麻中最优，夏季穿着凉爽透气。质地轻、强力大，穿着舒适、凉爽，且它缩水小、不易变形，不易褪色、易洗快干。

3. 天丝　取材天然纤维素，绿色环保，吸湿性、透气性优异，手感特别顺滑，垂坠性较好。

4. 毛呢　毛呢质地厚实丰满，具备定的保暖性和挺括性，传递给身体最舒适的温暖。

5. 涤纶　合成纤维织物中耐热性最好的面料，具有热塑性，褶裥持久，但涤纶抗熔性较差，遇着烟灰、火星等易形成孔洞。

6. 针织布　质地柔软、吸湿透气、排汗保暖，具有优良的弹性与延伸性，穿着舒适，贴身合体，无拘禁感。

（二）男裤子的辅料

1. 里料　裤子设计中里料使用较少，在选择里料时，要求其性能、颜色、质量、价格等与面料统一，缩水率、耐热性、耐洗涤性、强度、厚度、重量等特性应与面料相匹配；在不影响裤子整体效果的情况下，里料与面料的档次应相匹配。

2. 衬料　裤子上需粘衬的部位有裤腰头、裤脚折边、兜盖、袋口、腰带等部位，加固裤子的局部平挺、抗皱、宽厚、强度、不易变形和可加工性。

3. 其他辅料　在裤子上使用较多的拉链，材质、型号、颜色和数量等要根据裤子的设计而选择，通常使用长 10~20cm 的拉链。纽扣的种类、材料、形状尺寸、颜色等要根据裤子的设计选择，一般金属纽扣用在牛仔裤中，树脂扣用在西裤、休闲裤。绳带、橡筋等，装于腰头或裤子两侧缝处，有时作为服饰品用来装饰裤装。

三、男裤子的造型变化

休闲裤款适用于非正式场合，设计时以功能性作为基本出发点，根据廓型可划分为 H 型、Y 型和 A 型三大类，H 型属于中性结构，元素运用灵活多变，涵盖面最广。对 H 型基本款式裤子进行元素拆解分析，可拆解的元素越多，设计空间就越大。

在进行款式系列设计时，可先对其构成要素与基本廓型做出整体规划，以廓形为先导，从设计元素单一变化到多元变化同时推进，寻求设计可能性。下面以 H 型休闲裤子为例演示设计过程（图 7-3）。

1. 腰位　分为绱腰、连腰和高腰、中腰、低腰的基本变化，也可使用松紧腰。

2. 门襟　可改变形状，如直角、方角、尖角，根据需要可长可短、可明可暗。

3. 省道　后片可以将省合并加横向分割，形成育克造型，这是休闲裤款式变化中的一个重要设计元素。

4. 口袋　基本变化是直插袋、斜插袋和横插袋，还可以设计贴口袋、立体口袋等，视功能需求而定。

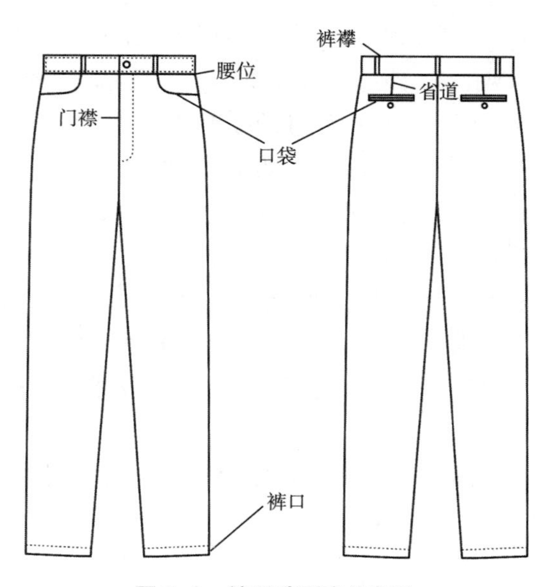

图 7-3　裤子造型变化部位

5. 裤襻　腰部可以加调节襻或与腰带组合的设计。

6. 裤口　有无翻脚、有翻脚、收口、扩口的变化，收口款式可以使用拉链、衩式等元素。

四、男裤子的规格制定

男西裤的规格制定依据男子的身高 h、净腰围 W^*、净臀围 H^*，按照线性回归关系公式，并加入适当的放松量进行计算获得。依据国家标准，男性中间体号型 170/74A，对应的人体尺寸：身高 $h=170$cm，净腰围 $W^*=74$cm，净臀围 $H^*=90$cm，以中间号型 170/74A 为例，男裤子控制部位规格计算公式：

（一）长度方向控制部位尺寸

1. 裤长 TL　裤长 TL 与人体身高 h 相关，根据成衣长短调整。

计算公式：

$$裤长\ TL=\begin{cases}0.3h-a\ （短裤）（a\ 为常数，视款式而定）\\0.3h+a\sim0.6h-b\ （中裤）（a、b\ 视款式而定）\\0.6h+（0\sim2）\ cm\ （长裤）\end{cases}$$

2. 立裆 BR　男士裤子在实际穿着时腰带一般位于人体腰围线以下，因此裤子立裆尺寸可以参照人体股上长加上一定的裆底松量，结合款式腰位变化而设计。

计算公式（参考）：立裆 $BR=0.1TL+0.1H+（8\sim10）$ cm 或

立裆 $BR=0.25H+（3\sim5）$ cm

（二）维度方向控制部位尺寸

围度设计主要是腰围、臀围、裤口设计，都是在净尺寸上加松量。腰围尺寸比较固定，臀围和裤口尺寸随着造型不同，尺寸也会不同。

1. 腰围 W　在人体净腰围基础上加放人体运动所需最少松量。

计算公式：腰围 $W=W^*+（0\sim2）$ cm。

2. 臀围 H　在人体净臀围基础上加放一定松量。

贴体型服装：臀围 $H=H^*+（0\sim6）$ cm。

较贴体型服装：臀围 $H=H^*+（6\sim12）$ cm。

较宽松型服装：臀围 $H=H^*+（12\sim18）$ cm。

宽松型服装：臀围 $H=H^*+18$cm（以上）。

3. 裤口 SB　在人体踝围基础上加放一定松量，并结合款式变化进行设计。

计算公式：裤口 $SB=0.4H\pm b$（b 为常数，视款式而定）。

（三）基础男裤子成衣规格设置（表 7-1）

表 7-1　基础男裤子成衣尺寸规格表　　单位：cm

控制部位	165/72A	170/74A	175/76A	档差
裤长（TL）	99	102	105	3
立裆（BR）	25.25	26	26.75	0.75

续表

控制部位	165/72A	170/74A	175/76A	档差
腰围（W）	74	76	78	2
臀围（H）	98.4	100	101.6	1.6
裤口（SB）	41	42	43	1

第二节　基础男裤子结构设计详解

一、基础男裤子的款式及尺寸规格

（一）款式图和效果图

基础男裤子款式图及效果图如图 7-4 所示。

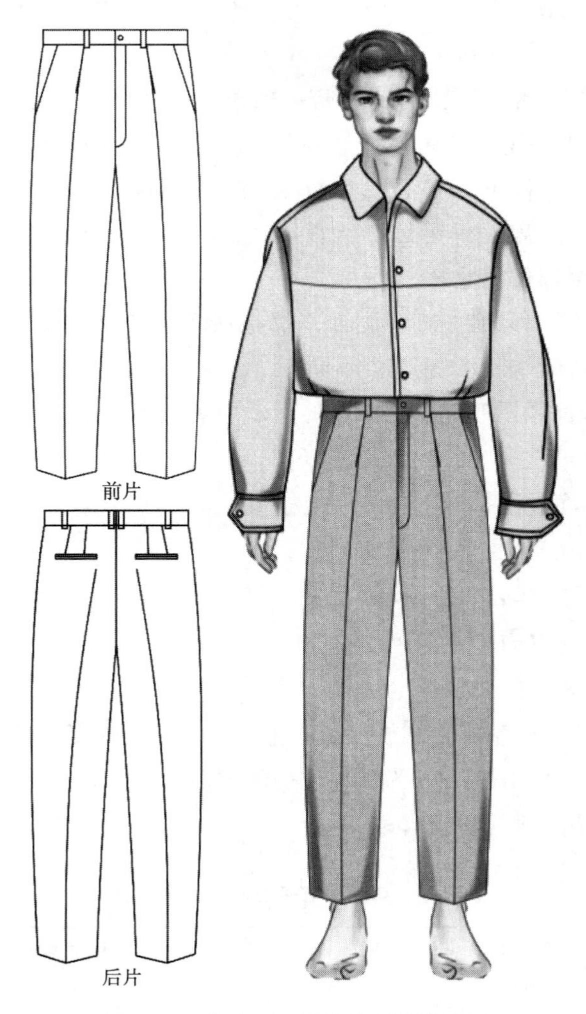

图 7-4　基础男裤子款式图及效果图

（二）款式描述

本款为 H 型单褶双省西裤，主要由两个前片、两个后片和腰头组成，裤子前中有门襟、里襟，门襟内车缝一拉链，左右前片各有一个活褶，两侧各有一个斜插袋；左右后片各有两个省道和一个双嵌线挖袋；腰头上有 6 根裤襻。

（三）尺寸规格

以中间体 170/74A 号型规格为标准的参考尺寸，基础裤尺寸规格见表 7-2。

表 7-2 基础裤尺寸规格表

单位：cm

号型	裤长（*TL*）	腰围（*W*）	臀围（*H*）	立裆（*BR*）	裤口（*SB*）
170/74A	102	76	100	26	42

二、基础男裤子的结构制图

（一）男裤子原型法结构设计原理

制作裤子基本纸样，使用 170/74A 号型规格，将最常用的 H 型单褶西裤作为标准款式，并以此为基本纸样展开裤子纸样系列设计。

1. 裤长 $TL=0.6h=102$（cm）。

2. 腰围 $W=W^*+2=76$（cm），前、后腰围取 $W/4$。

3. 臀围 $H=H^*+10=100$（cm），前、后臀围取 $H/4$。

4. 立裆 $BR=0.25H+1=26$（cm）。

5. 裤口 $SB=0.4H+2=42$（cm），前裤口 =SB/2-1cm，后裤口 =SB/2+1cm。

（二）基础男裤子结构设计步骤

1. 绘制基础线 作水平腰围基础线，根据立裆长、裤长分别作横裆线、裤口线，由横裆线上提 $H^*/12$ 作水平线为臀围线，并将臀围线到横裆线距离记作◇；二等分横裆线到裤口线距离，由等分点上提 5cm 作水平线为中裆线；取前臀围 $H/4$cm，后臀围 $H/4$cm，取 2◇/3 为前裆宽，在此基础上追加 1◇/2 为后裆宽。在横裆线上将侧缝到臀围宽线的距离四等分，将中点靠左的一份再三等分，在靠近中点的三分之一点引垂直线，该线为前、后挺缝线（图 7-5）。

2. 裤子前片

（1）前中线与裆弯线。将前中辅助线与臀围辅助线的交点和前裆宽止点连线，从裆弯夹角处作垂直于该线段的垂直线并三等分，将靠外三分之一等分点作为前裆弯参考点，用圆顺曲线画出前裆弯。此线向上，与腰围辅助线收腰 0.7cm 点连接作为前中线。

（2）前腰线和褶裥。前侧缝辅助线撇进 1.5cm 并上翘 0.5cm 作为侧腰点，连接前腰点，画顺前腰围线，取前腰围 $W/4$cm，其余臀腰差量作为褶裥量，褶裥长在臀长二分之一处。

（3）前内缝线和侧缝线。以前挺缝线为中心，分别在裤口线上取前裤口宽为 SB/2-1cm，中裆宽在裤口宽基础上两边各加 1cm，臀围辅助线与前侧缝辅助线交点为侧缝线切点。画顺前内缝线和侧缝线。

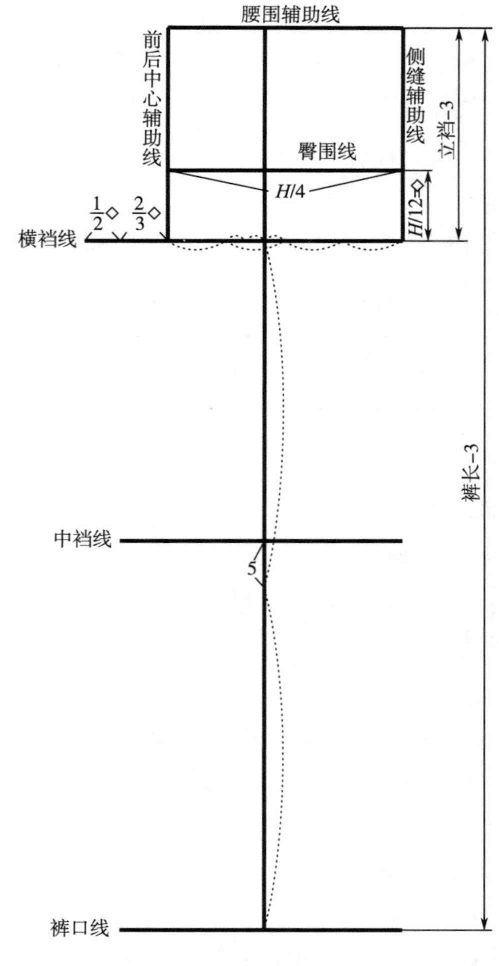

图 7-5　基础男裤子基础线

3. 裤子后片

（1）后中线和裆弯线。从横档线与后中辅助线交点向左移 1cm，此点向上连接后中辅助线和挺缝线间距的中点并上翘，上翘量 3cm 得到后腰点。此线与臀围线的交点是后裆弯起点，靠近裆弯夹角的三分之一等分点和后裆弯宽下落 1cm 的点，用圆顺曲线连接完成后裆弯。

（2）后腰线和省道。后侧缝辅助线撇进 1cm 并上翘 0.5cm 作为侧腰点，连接后腰点，画顺后腰围线，取后腰围 $W/4$cm，其余臀腰差量作为省道量。后袋距离腰线 7cm，距离侧缝 3.5cm，袋口长 14cm，宽 0.8cm；省道位置根据后袋位置确定，靠近侧缝的省道稍小，靠近后中的省道稍大。

（3）后内缝线和侧缝线。为了取得前片和后片臀部肥度的一致，后裆弯起点和前裆弯起点间的距离，在后片臀围线上补齐；后宽口宽取 $SB/2+1$cm，中裆宽在裤口宽基础上两边各加 1cm。画顺后内缝线和侧缝线。

4. 零部件

（1）腰头：腰头宽 3cm，长为 76cm，在右侧加上 3cm 搭门量。

（2）门襟、里襟：左前片为门襟，右前片为里襟，门襟是沿着裤片前中形状设计，宽3cm，长为臀围线之下2cm，约18cm。里襟宽6cm，长18cm，中间需折叠。

（3）嵌线条、垫袋布：在口袋尺寸基础上设计，此处取长17cm，宽6cm。

5. 画顺各样片外轮廓线　并标注布纹线、样片名称、主要部位尺寸、对位记号等样片标注内容（图7-6）。

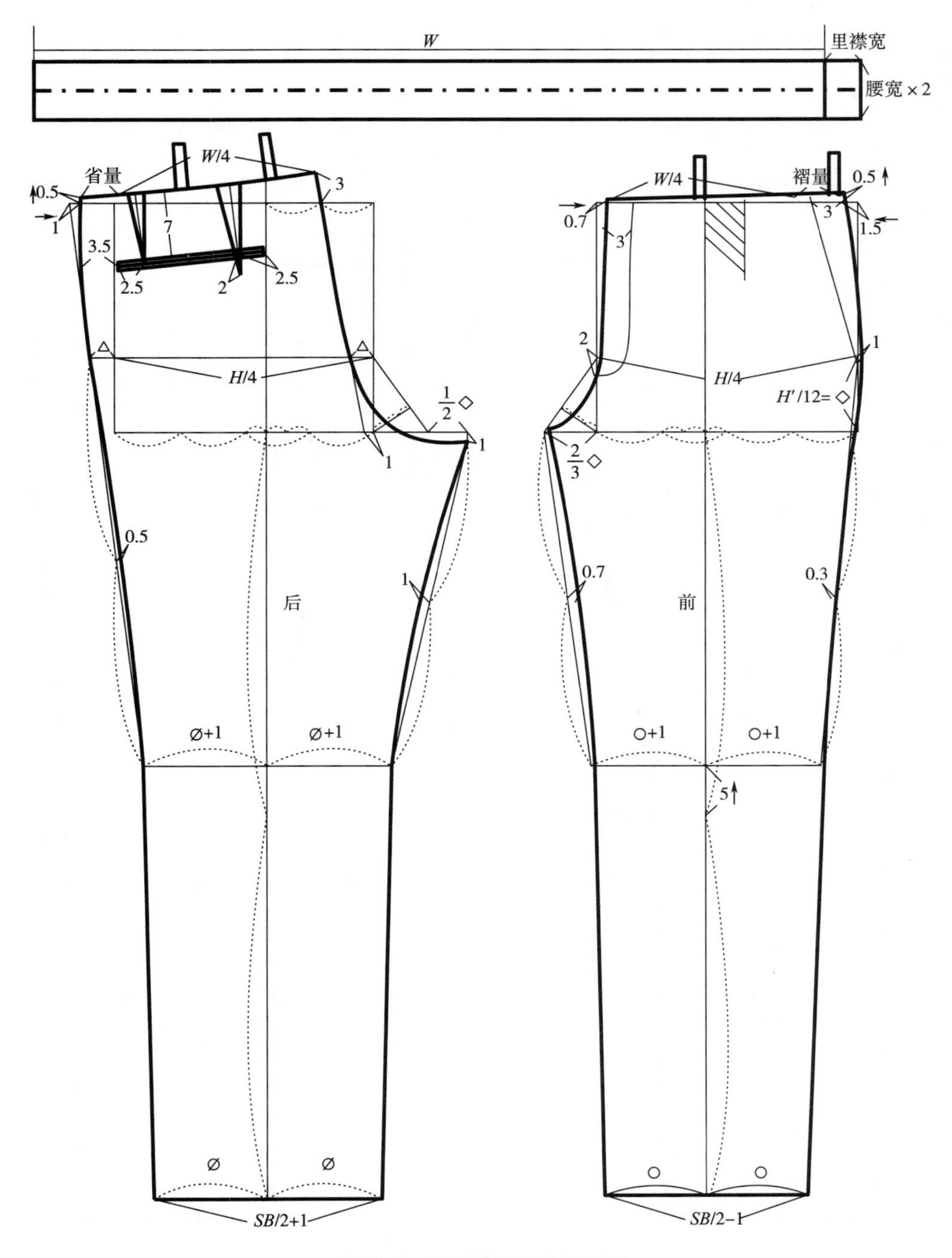

图7-6　基础男裤子比例制图

第三节　基础男裤子工业样板

一、基础男裤子工业样板绘制

（一）面料样板的放缝

基础男裤子面料样板的放缝如图 7-7 所示。

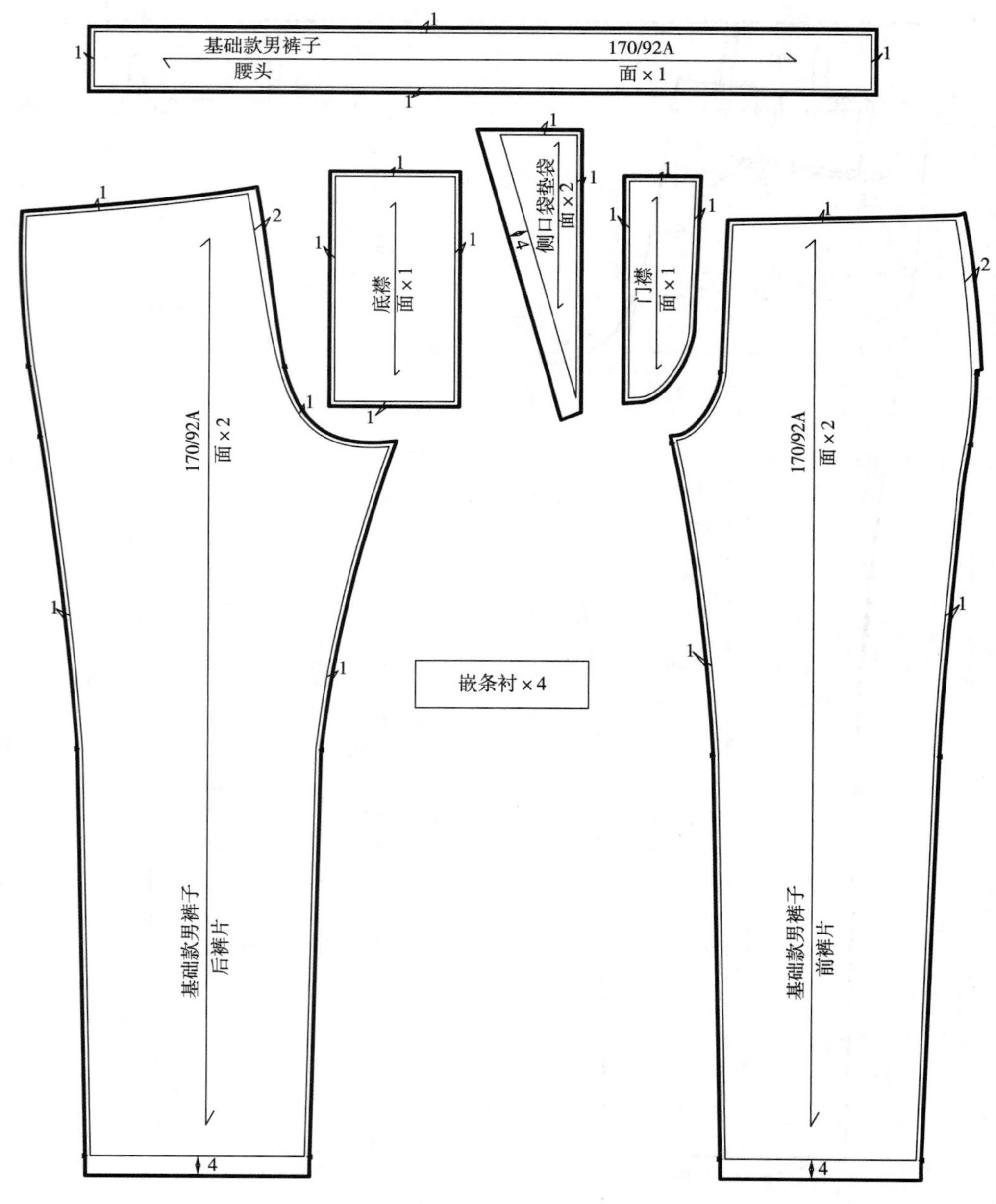

图 7-7　基础男裤子面料样板的放缝

（二）衬料样板的放缝（图 7-8）

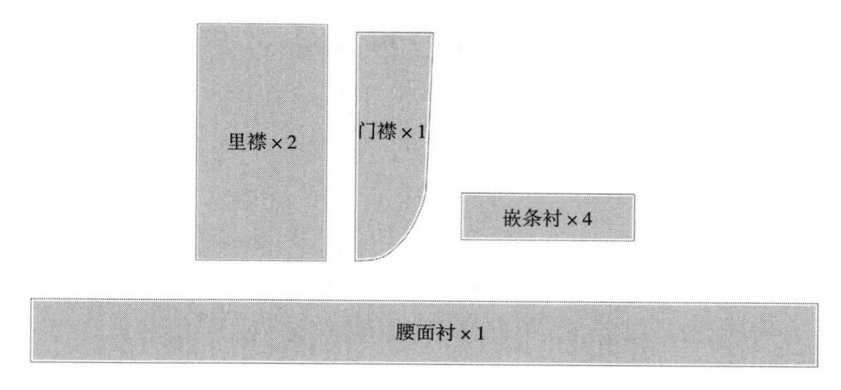

图 7-8　衬料样板的放缝

二、基础男裤子工业排板

基础男裤子工业排板图如图 7-9 所示。

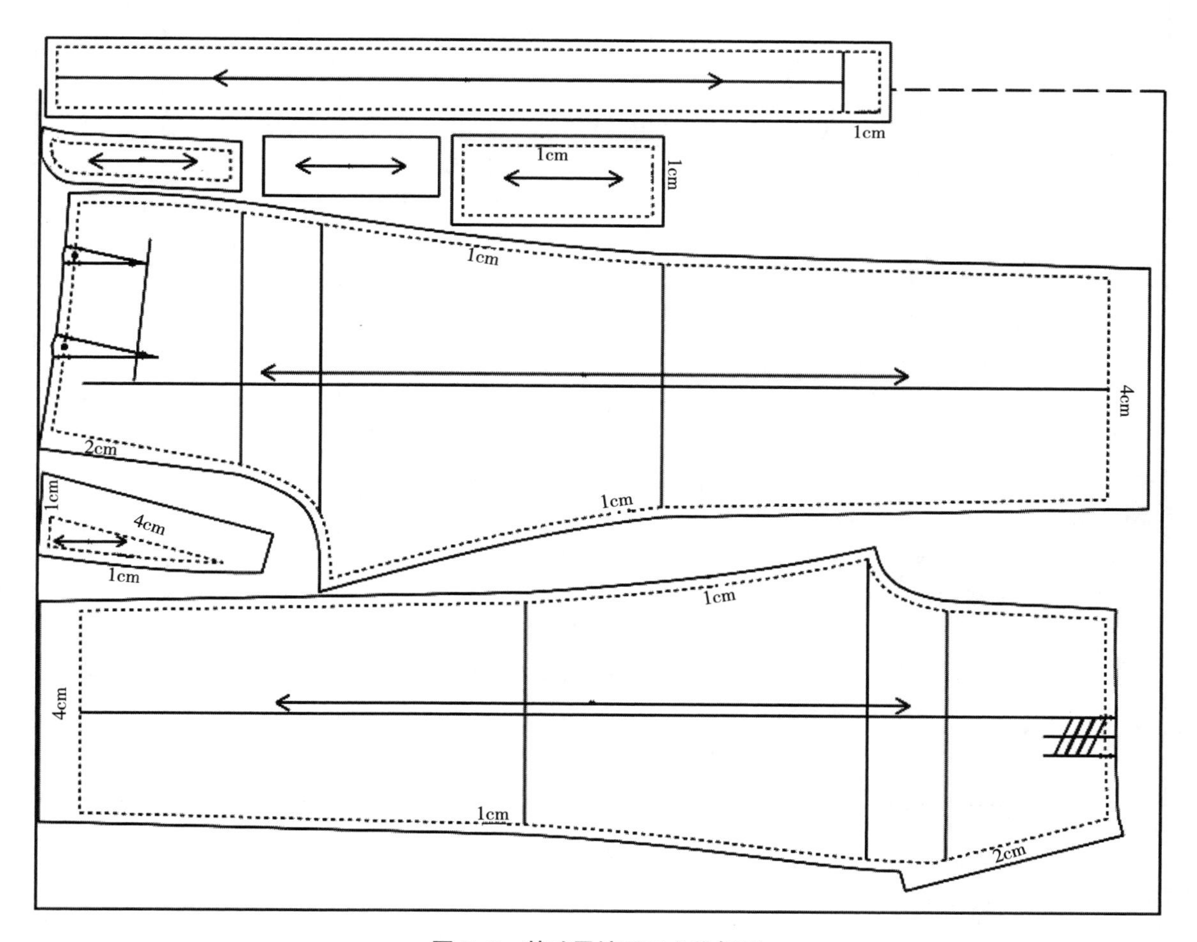

图 7-9　基础男裤子工业排板图

第四节　基础男裤子工艺要求

一、面式结构图

面式结构见表 7-3。

表 7-3　面式结构

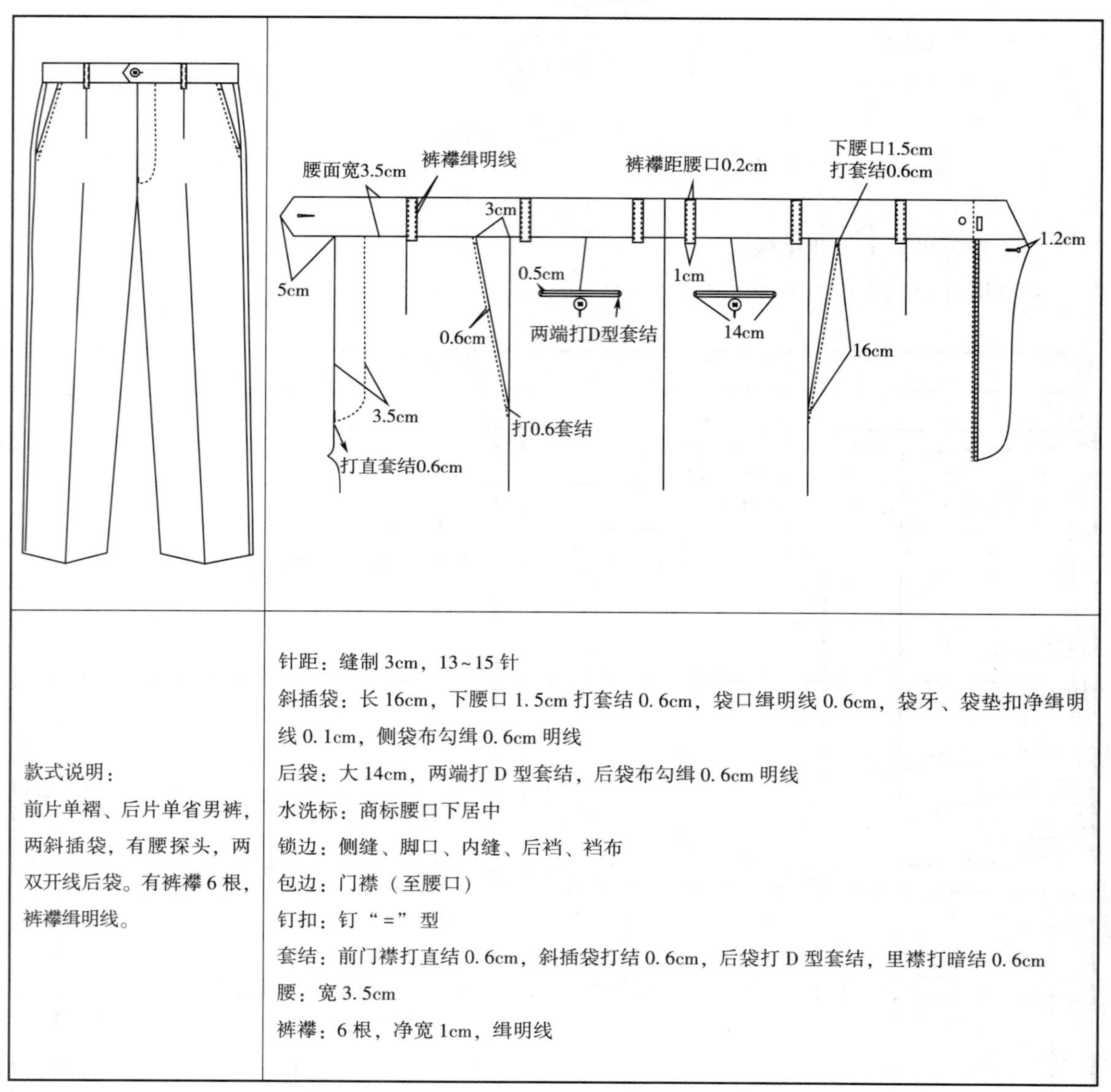

款式说明	工艺要求
款式说明： 前片单褶、后片单省男裤，两斜插袋，有腰探头，两双开线后袋。有裤襻 6 根，裤襻缉明线。	针距：缝制 3cm，13～15 针 斜插袋：长 16cm，下腰口 1. 5cm 打套结 0. 6cm，袋口缉明线 0. 6cm，袋牙、袋垫扣净缉明线 0. 1cm，侧袋布勾缉 0. 6cm 明线 后袋：大 14cm，两端打 D 型套结，后袋布勾缉 0. 6cm 明线 水洗标：商标腰口下居中 锁边：侧缝、脚口、内缝、后裆、裆布 包边：门襟（至腰口） 钉扣：钉“=”型 套结：前门襟打直结 0. 6cm，斜插袋打结 0. 6cm，后袋打 D 型套结，里襟打暗结 0. 6cm 腰：宽 3. 5cm 裤襻：6 根，净宽 1cm，缉明线

二、里式结构图

里式结构如图 7-10 所示。

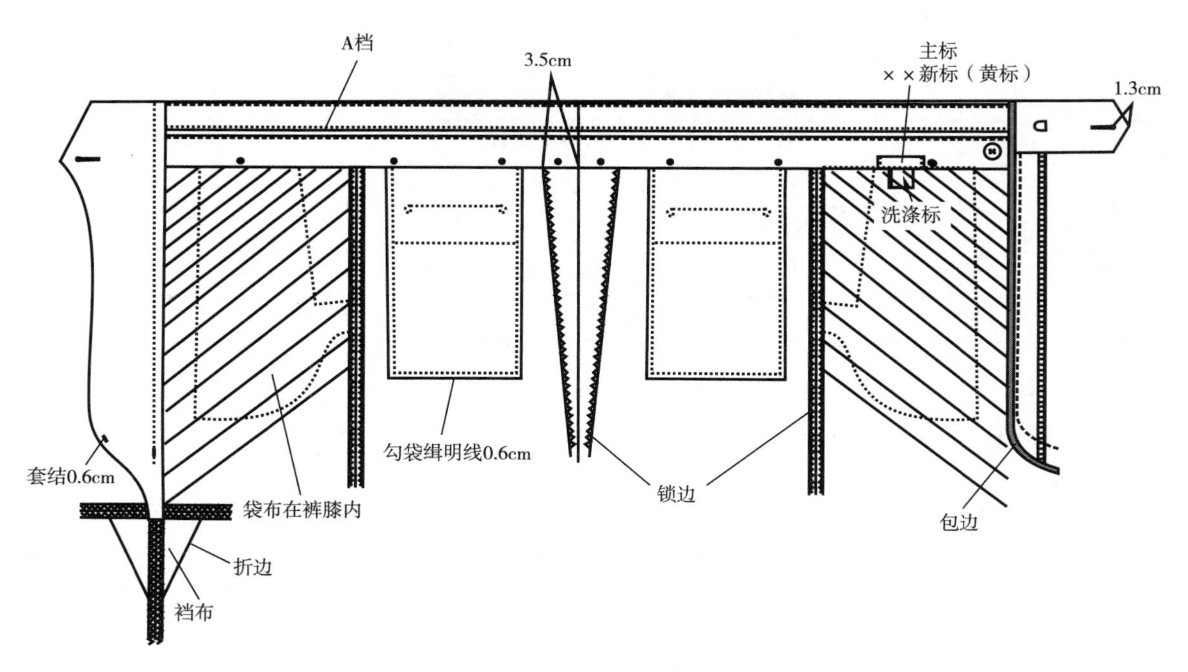

图 7-10　里式结构图

三、粘衬示意图

腰面为树脂衬，其他为无纺衬。粘衬示意图如图 7-11 所示。

四、尺寸测量示意图

基础裤子尺寸测量示意图如图 7-12 所示。测量部位见表 7-4。

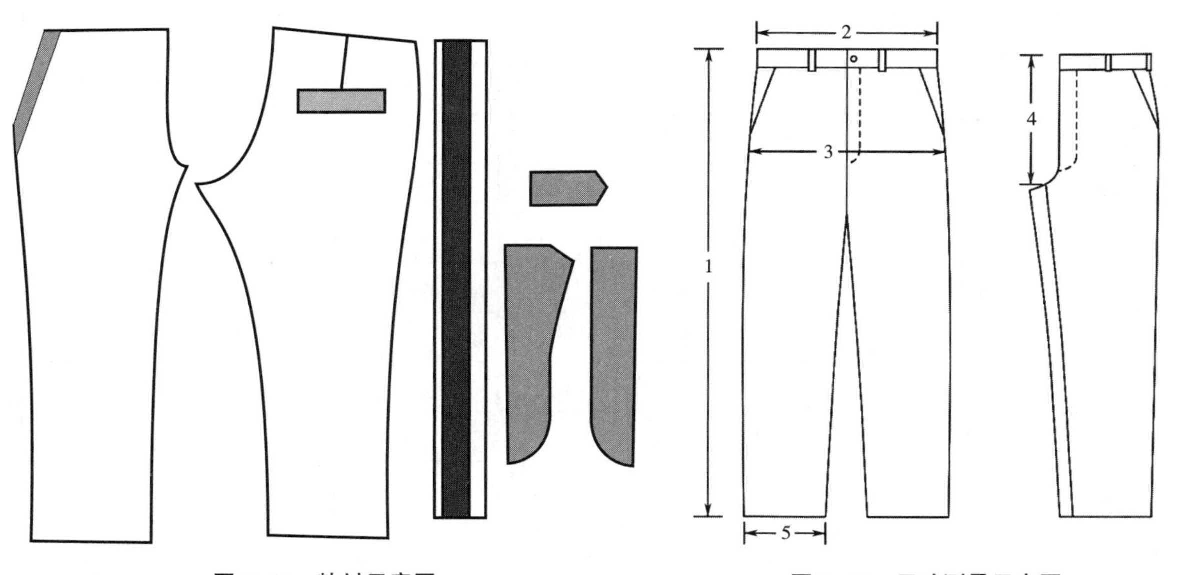

图 7-11　粘衬示意图　　　　图 7-12　尺寸测量示意图

表 7-4 基础裤子尺寸测量部位

序号	部位	测量方法	极限误差允许范围/cm
1	裤长	由腰上口沿侧缝摊平垂直测量至裤口	±1.5
2	腰围	扣上裤钩（纽扣），沿腰宽中间横量（周围计算）	±1.0
3	臀围	由侧缝袋下口处，前后分别横量（周围计算）	±2.0
4	直裆	由腰上口沿前中缝，放平整垂直测量至前龙门	±0.5
5	裤口	裤脚管摊平横量	±0.3

五、面辅料

面辅料见表 7-5。

表 7-5 面辅料一览表

面料				辅料			
序号	部位名称	裁片数量	说明	序号	部位名称	裁片数量	说明
1	前片	2		1	门襟衬	1	无纺衬
2	后片	2		2	里襟衬	1	无纺衬
3	门襟	1		3	侧袋口衬	2	无纺衬
4	里襟	1		4	后袋口衬	2	无纺衬
5	侧袋垫布	2		5	腰探头衬	1	无纺衬
6	后袋嵌线	2					
7	后袋垫布	2					
8	后袋开线	2		净板			
9	腰面毛样	2		序号	部位名称	裁片数量	说明
10	探头毛样	1		1	腰净样	2	
11	串带			2	侧袋定位	1	
里料				3	后袋定位	1	
序号	部位名称	裁片数量	说明	4	腰探头净样	1	
1	裤膝绸	2					
袋布							
序号	部位名称	裁片数量	说明				
1	后袋布	2					
2	里襟布	1					
3	侧袋布	2					

第五节　男裤子结构设计实例

一、连腰无褶育克休闲裤

（一）款式图、效果图

连腰无褶育克休闲裤款式图及效果图如图 7-13 所示。

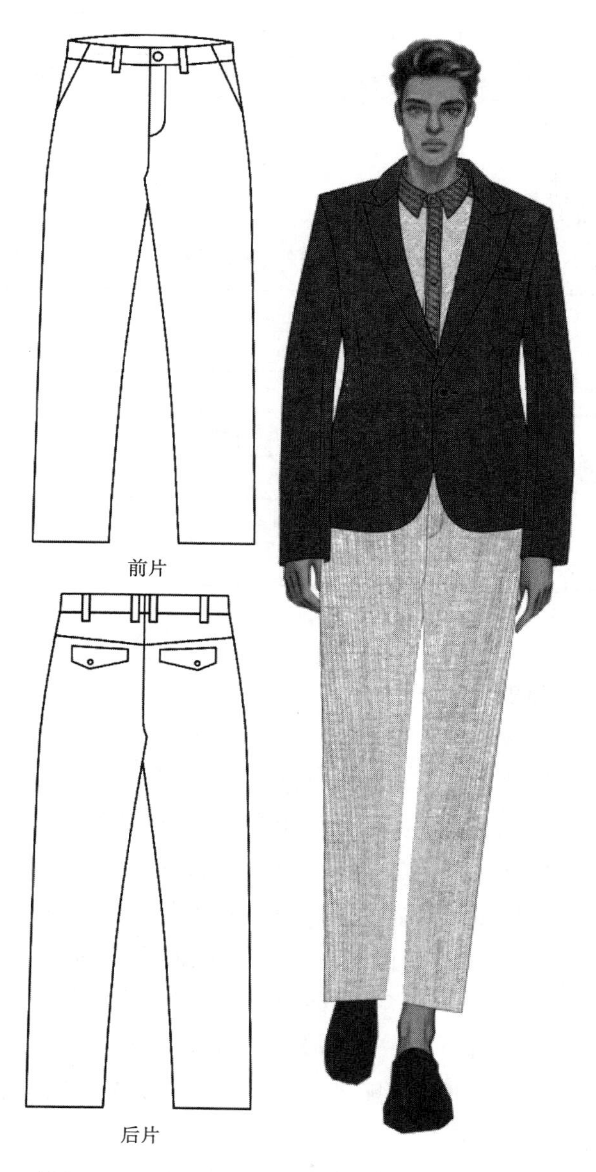

图 7-13　连腰无褶育克休闲裤款式图及效果图

（二）款式描述

本款为连腰长裤，偏贴体，主要由前片、后片、育克组成，无褶无省；腰头部分与裤身连体；裤子前中有门襟、里襟，门襟内车缝一拉链，前片左右各有一个斜插袋；后片有育克分割，左右各有一个带袋盖单嵌线挖袋；腰头上有 6 根裤襻。

（三）尺寸规格设计

尺寸规格见表 7-6。

表 7-6　尺寸规格表　　单位：cm

号型	裤长（*TL*）	腰围（*W*）	臀围（*H*）	立裆（*BR*）	裤口（*SB*）
170/74A	102	76	96	26	42

（四）面辅料的选配

面辅料的选配见表 7-7。

表 7-7　面辅料的选配表

类型	品种	使用部位
面料	全棉布	大身
里料	无	无
辅料	涤棉布	口袋布
	无纺衬	腰头、垫袋布
	树脂扣	腰头
	金属拉链	门襟

（五）结构图

连腰无褶育克休闲裤结构如图 7-14 所示。

（六）结构设计要点

1. 绘制基础线　根据尺寸表数据及制图公式，确定腰围线、臀围线、横裆线、中裆线、裤口线、挺缝线、前裆宽、后裆宽等基础线。制图步骤参见基础款裤子。

2. 裤子前片　前腰围取 $W/4+1$（20cm），前臀围取 $H/4-1$（23cm）；前裆弯线、前中线制图步骤参见基础款裤子；前片无褶裥，臀腰差量可通过前中和侧缝消除，前中撇进 1cm，侧缝撇进 2cm 并上翘 0.5cm，画顺腰围线，平行腰线向上 3cm 确定连腰宽；前裤口宽取 $SB/2-1$cm（20cm），中裆宽比裤口宽多 2cm，画顺前内缝线和侧缝线。

3. 裤子后片　后腰围取 $W/4-1$cm（18cm），后臀围取 $H/4+1$（25cm）；二等分后中辅助线和挺缝线之间距离，由等分点再向内撇进 1.5cm，并上翘 3cm 确定后中线；侧缝撇进 2cm 并上翘 0.5cm 作为侧腰点，画顺后腰围线，测量其长度，与后腰围（18cm）的差值量作为省道量（约 2.5cm），平行腰线向上 3cm 确定连腰宽，延伸省道宽至腰线；根据款式特点画育克分割线；在臀围线上补齐臀围宽；后裤口宽取 $SB/2+1$cm（22cm），中裆宽比裤口宽多 2cm，画顺后内缝线和侧缝线。

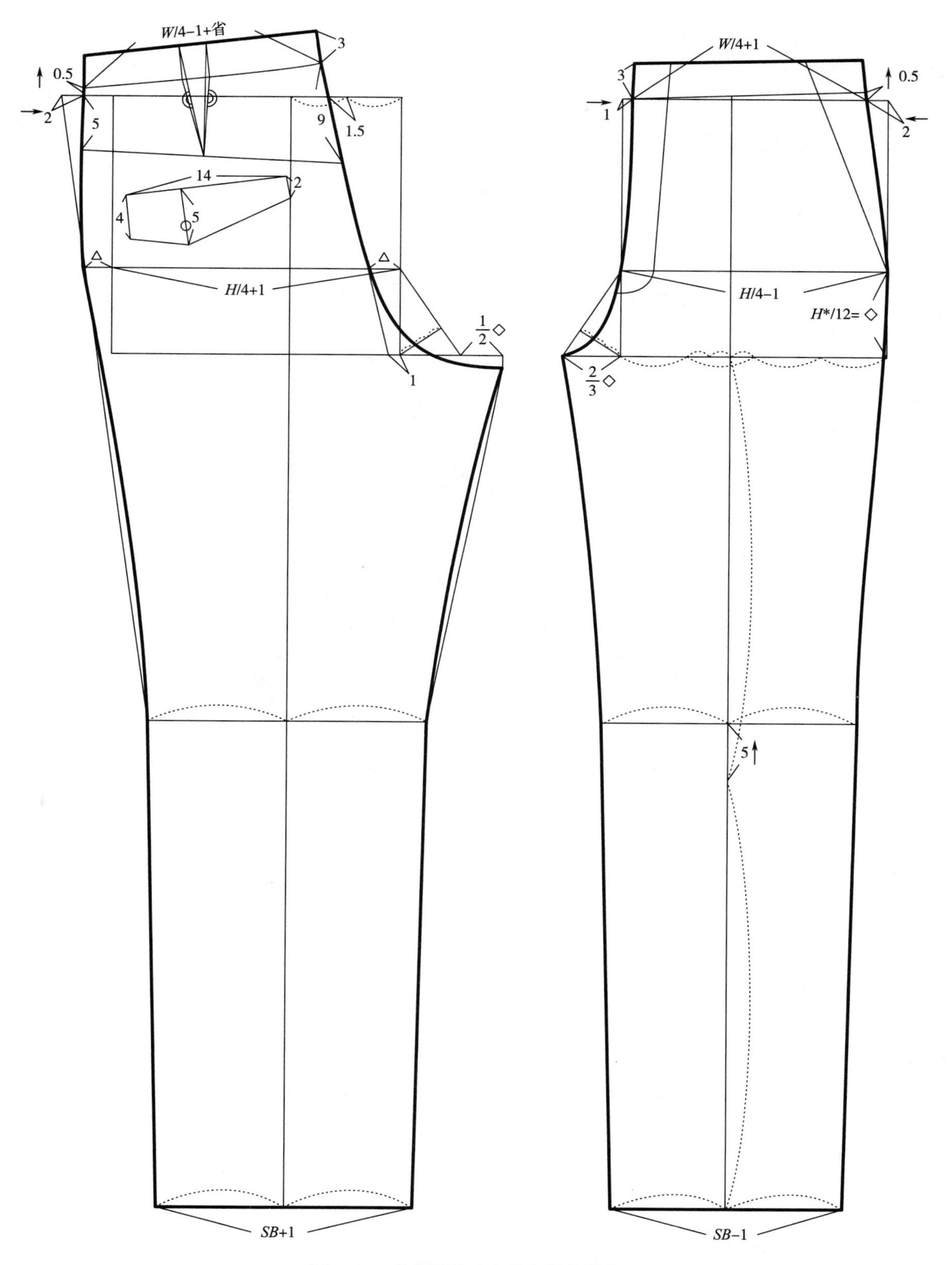

图 7-14　连腰无褶育克休闲裤结构图

4. 零部件　左前片为门襟，右前片为里襟，门襟宽 3cm，长 21cm；里襟宽 6cm，长 21cm，中间需折叠；复制育克分割线以上部分，合并省道，形成后育克片；根据口袋尺寸画垫袋布。

二、中腰无褶单省休闲裤

（一）款式图、效果图

中腰无褶单省休闲裤款式图及效果图如图 7-15 所示。

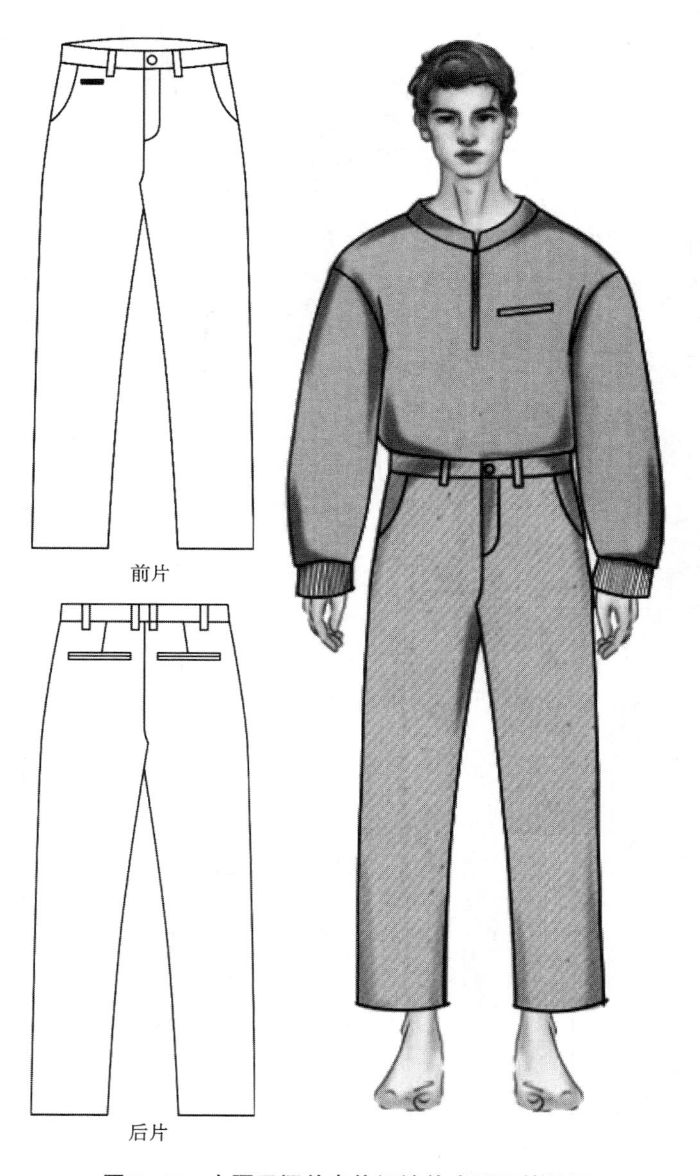

图 7-15　中腰无褶单省休闲裤款式图及效果图

（二）款式描述

本款为中腰长裤，偏贴体，主要由前片、后片、腰头组成；前身无褶裥，前中有门襟、里襟，门襟内车缝一拉链；前片左右各有一个J形斜插袋，右袋上方设计一个币袋；后身单省，左右各一个双嵌线挖袋；腰头有6根裤襻。

（三）尺寸规格设计

尺寸规格见表7-8。

表7-8 尺寸规格表

单位：cm

号型	裤长（*TL*）	腰围（*W*）	臀围（*H*）	立裆（*BR*）	裤口（*SB*）
170/74A	102	76	96	26	42

（四）面辅料的选配

面辅料的选配见表7-9。

表7-9 面辅料的选配表

类型	品种	使用部位
面料	全棉布	大身
里料	无	无
辅料	涤棉布	口袋布
	无纺衬	腰头、垫袋布
	树脂扣	腰头
	金属拉链	门襟

（五）结构图

中腰无褶单省休闲裤结构如图7-16所示。

（六）结构设计要点

1. 绘制基础线　根据尺寸表数据及制图公式，确定腰围线、臀围线、横裆线、中裆线、裤口线、挺缝线、前裆宽、后裆宽等基础线。

2. 裤子前片　前腰围取 $W/4+1$（20cm），前臀围取 $H/4-1$（23cm）；前片无褶裥，臀腰差量可通过前中和侧缝消除，前中撇进1cm，侧缝撇进2cm并上翘0.5cm，画顺腰围线；前裤口宽取SB/2−1cm（20cm），中裆宽比裤口宽多2cm，画顺前内缝线和侧缝线。

3. 裤子后片　后腰围取 $W/4-1$（18cm），后臀围取 $H/4+1$（25cm）；二等分后中辅助线和挺缝线之间距离，由等分点再向内撇进1.5cm，并上翘3cm确定后中线；侧缝撇进2cm并上翘0.5cm作为侧腰点，画顺后腰围线，测量其长度，与后腰围（18cm）的差值量作为省道量（约2.5cm）；后袋距离腰线7cm，距离侧缝3.5cm，袋口长14cm，宽0.8cm；根据款式特点画育克分割线；后裤口宽取SB/2+1cm（22cm），中裆宽比裤口宽多2cm，画顺后内缝线和侧缝线。

4. 零部件　腰头宽3cm，长为 W（76cm），在右侧加上3cm搭门量；左前片为门襟，右前片为里襟，门襟宽3cm，长21cm；里襟宽6cm，长21cm；中间需折叠；根据口袋尺寸画垫袋布。

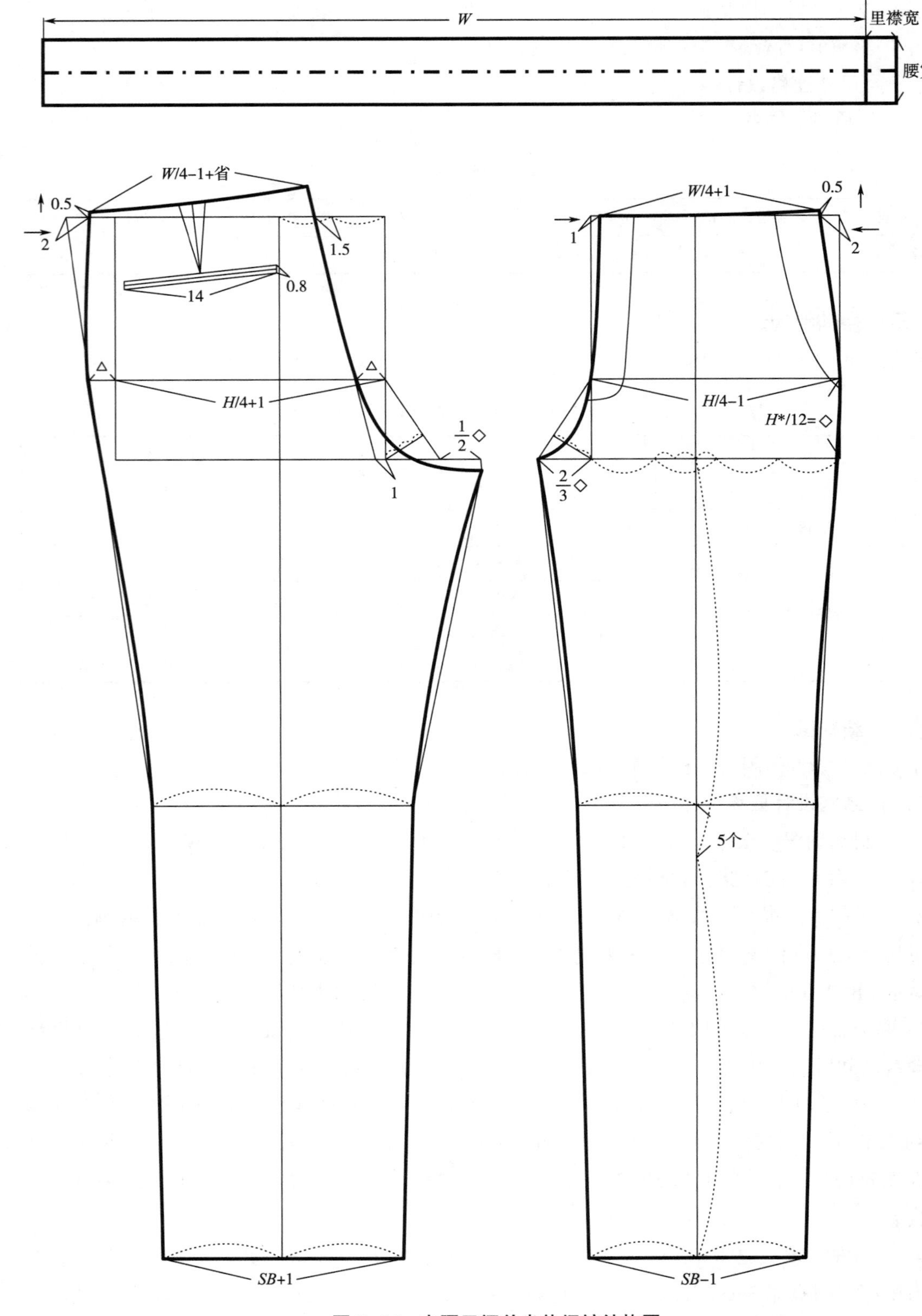

图 7-16　中腰无褶单省休闲裤结构图

三、低腰五袋标准牛仔裤

（一）款式图、效果图

低腰五袋标准牛仔裤款式图及效果图如图 7-17 所示。

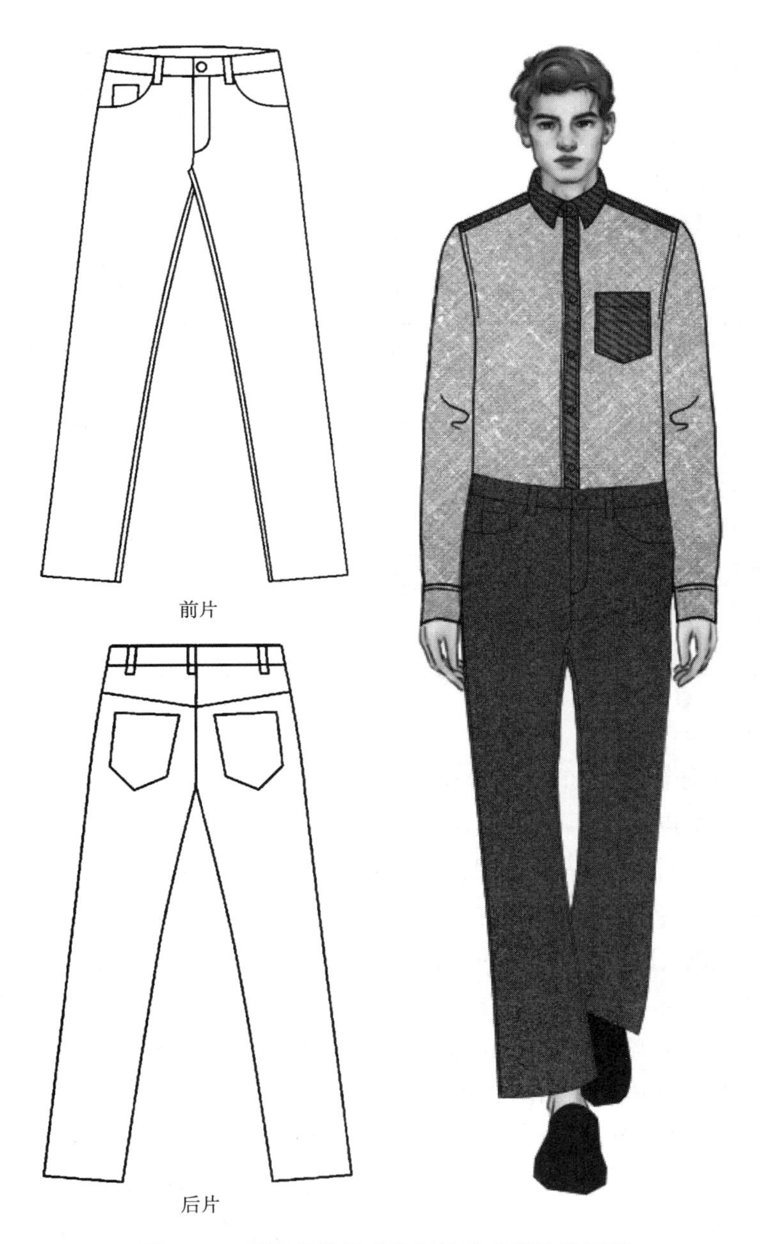

图 7-17　低腰五袋标准牛仔裤款式图及效果图

（二）款式描述

本款为低腰牛仔裤，偏贴体，主要由前片、后片、腰头组成，无褶无省；裤子前中有门襟、里襟，门襟内车缝一拉链，前片左右各有一个平插袋，右插袋里设计有一个币袋；后片有育克分割，左右各有一个贴袋；腰头上有 6 根裤襻。

（三）尺寸规格设计

尺寸规格见表 7–10。

表 7–10　尺寸规格表　　单位：cm

号型	裤长（*TL*）	腰围（*W*）	臀围（*H*）	立裆（*BR*）	裤口（*SB*）
170/74A	99	76	96	23	38

（四）面辅料的选配

面辅料的选配见表 7–11。

表 7–11　面辅料的选配表

类型	品种	使用部位
面料	牛仔布	大身
里料	无	无
辅料	涤棉布	口袋布
	无纺衬	腰头、垫袋布
	工字扣	腰头
	金属拉链	门襟

（五）结构图

低腰五袋标准牛仔裤结构如图 7–18 所示。

（六）结构设计要点

1. 绘制基础线　根据尺寸表及制图公式，确定腰围线、臀围线、横裆线、中裆线、裤口线、挺缝线、前裆宽、后裆宽等基础线。

2. 裤子前片　前腰围取 $W/4$（19cm），前臀围取 $H/4-1$（23cm）；前中撇进 1cm，侧缝撇进 1.5cm 并上翘 0.5cm，画顺腰围线，测量其长度，与前腰围（19cm）的差值量，放在平插袋分割线处消除；平行腰线向下 3cm 确定低腰量；前裤口宽取 SB/2–1cm（18cm），中裆宽比裤口宽多 2cm，画顺前内缝线和侧缝线。

3. 裤子后片　后腰围取 $W/4$（19cm），后臀围取 $H/4+1$（25cm）；二等分后中辅助线和挺缝线之间距离，由等分点再向内撇进 1cm，并上翘 3cm 确定后中线；侧缝撇进 1.5cm 并上翘 0.5cm 作为侧腰点，画顺后腰围线，测量其长度，与后腰围（19cm）的差值量作为省道量（约 3.5cm），分作两个省道；平行腰线向下 3cm 确定低腰宽；根据款式特点画育克分割线；后裤口宽取 $SB/2+1$cm（20cm），中裆宽比裤口宽多 2cm，画顺后内缝线和侧缝线。

4. 零部件　腰头宽 3cm，长为 W（76cm），在右侧加上 3cm 搭门量；左前片为门襟，右前片为里襟，门襟宽 3cm，长 15cm；里襟宽 6cm，长 15cm，中间需折叠；复制育克分割线以上部分，小省道在侧缝和后中直接消除，大省道合并，形成后育克片。根据口袋尺寸画出垫袋布。

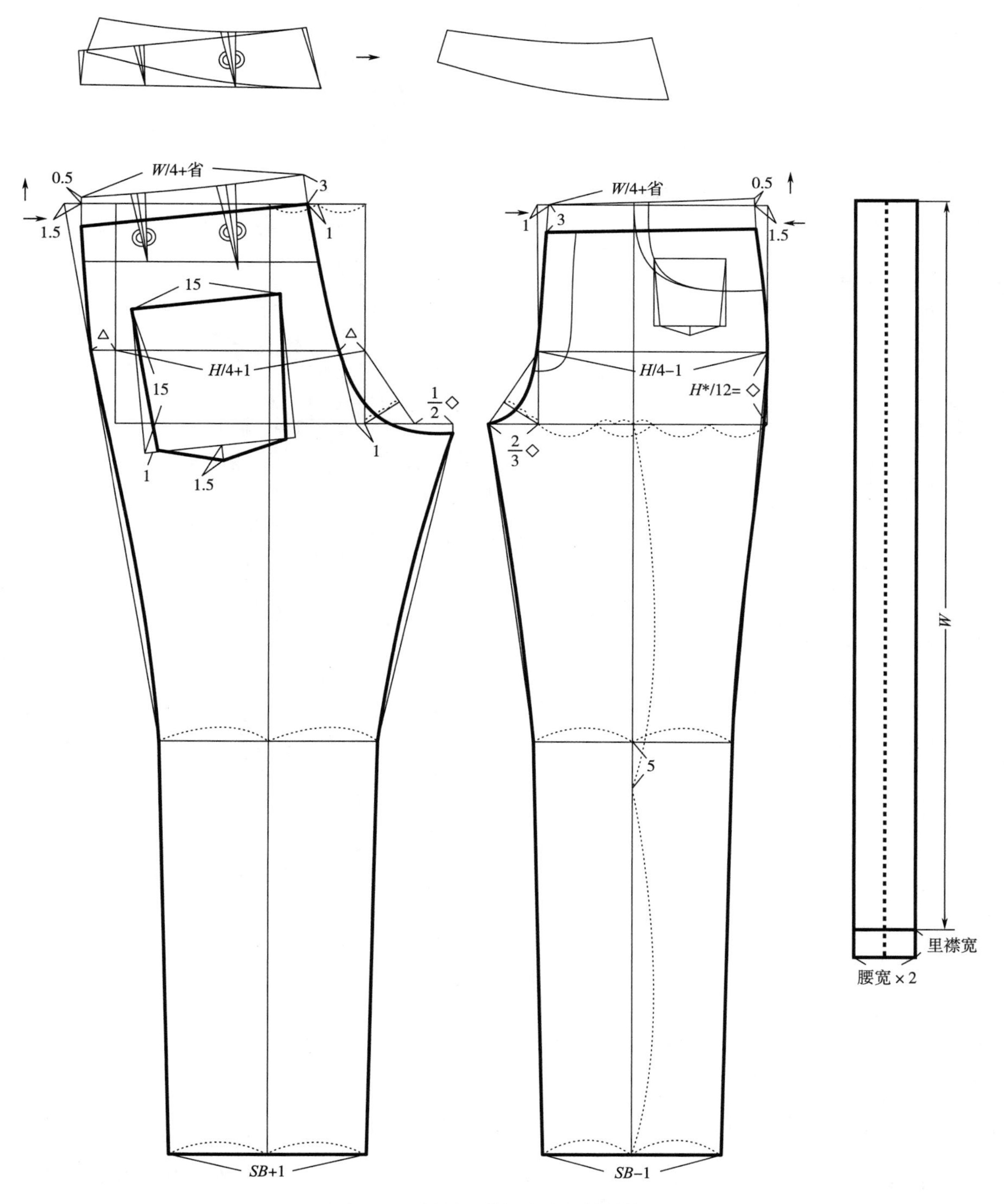

图 7-18　低腰五袋标准牛仔裤结构图

四、低腰双嵌线插袋单省牛仔裤

（一）款式图、效果图

低腰双嵌线插袋单省牛仔裤款式图及效果图如图 7-19 所示。

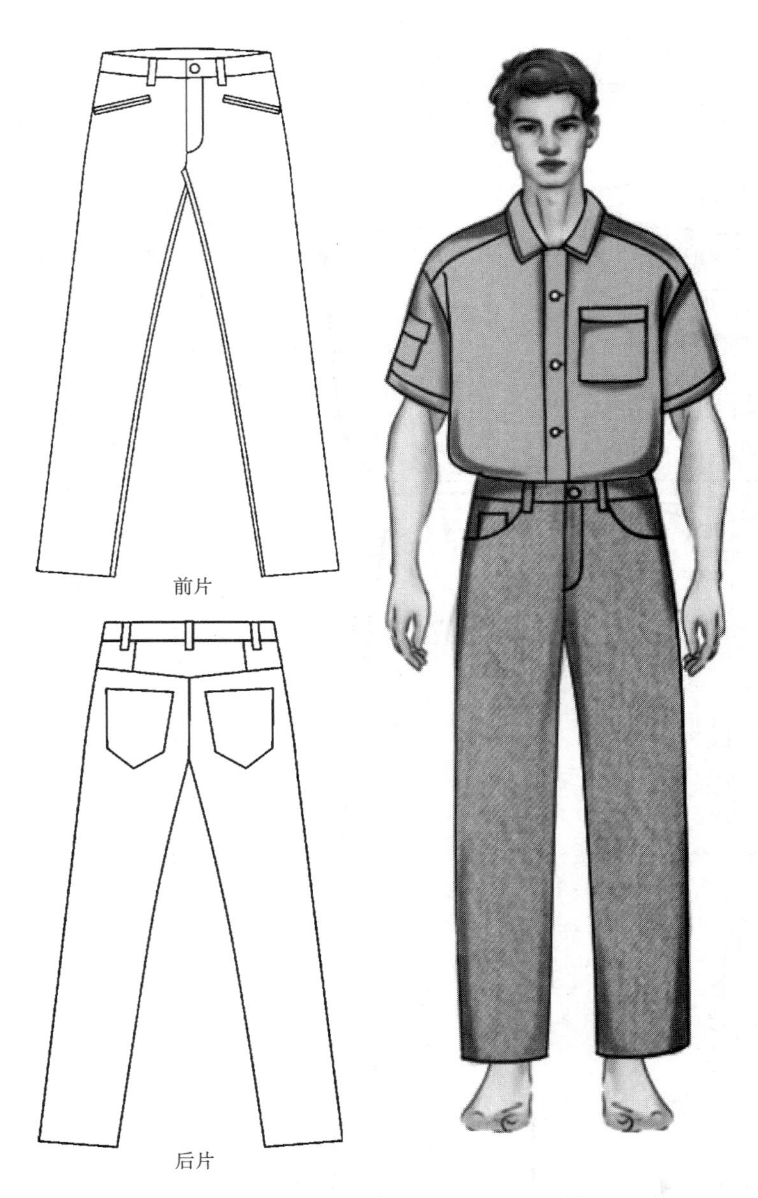

图 7-19 低腰双嵌线插袋单省牛仔裤款式图及效果图

（二）款式描述

本款为低腰牛仔裤，偏贴体，主要由前片、后片、腰头组成；裤子前中有门襟、里襟，门襟内车缝一拉链，前片左右各有一个双嵌线插袋；后片设有育克且左右连裁，育克上设置有省道；左右各有一个贴袋；腰头上有 6 根裤襻。

（三）尺寸规格设计

尺寸规格见表 7-12。

表 7-12 尺寸规格表

单位：cm

号型	裤长（*TL*）	腰围（*W*）	臀围（*H*）	立裆（*BR*）	裤口（*SB*）
170/74A	99	76	96	23	38

（四）面辅料的选配

面辅料的选配见表 7-13。

表 7-13 面辅料的选配表

类型	品种	使用部位
面料	牛仔布	大身
里料	无	无
辅料	涤棉布	口袋布
	无纺衬	腰头、垫袋布
	工字扣	腰头
	金属拉链	门襟

（五）结构图

低腰双嵌线插袋单省牛仔裤结构如图 7-20 所示。

（六）结构设计要点

1. 绘制基础线　根据尺寸表及制图公式，确定腰围线、臀围线、横裆线、中裆线、裤口线、挺缝线、前裆宽、后裆宽等基础线。

2. 裤子前片　前腰围取 *W*/4（19cm），前臀围取 *H*/4-1（23cm）；前中撇进 1cm，侧缝撇进 1.5cm 并上翘 0.5cm，画顺腰围线，测量其长度，与前腰围（19cm）的差值量，作为省道设置，并将省道合并转移到前插袋口；平行腰线向下 3cm 确定低腰量；前裤口宽取 *SB*/2-1cm（18cm），中裆宽比裤口宽多 2cm，画顺前内缝线和侧缝线。

3. 裤子后片　后腰围取 *W*/4cm（19cm），后臀围取 *H*/4+1cm（25cm）；二等分后中辅助线和挺缝线之间距离，由等分点再向内撇进 1cm，并上翘 3cm 确定后中线；侧缝撇进 1.5cm 并上翘 0.5cm 作为侧腰点，画顺后腰围线，测量其长度，与后腰围（19cm）的差值量作为省道量（约 3.5cm），分作两个省道；平行腰线向下 3cm 确定低腰宽；根据款式特点画育克分割线；后裤口宽取 *SB*/2+1cm（20cm），中裆宽比裤口宽多 2cm，画顺后内缝线和侧缝线。

4. 零部件　腰头宽 3cm，长为 76cm，在右侧加上 3cm 搭门量；左前片为门襟，右前片为里襟，门襟宽 3cm，长 15cm；里襟宽 6cm，长 15cm，中间需折叠；复制育克分割线以上部分，小省道保留大省道合并，作对称形成完整后育克片。根据口袋尺寸画出垫袋布。

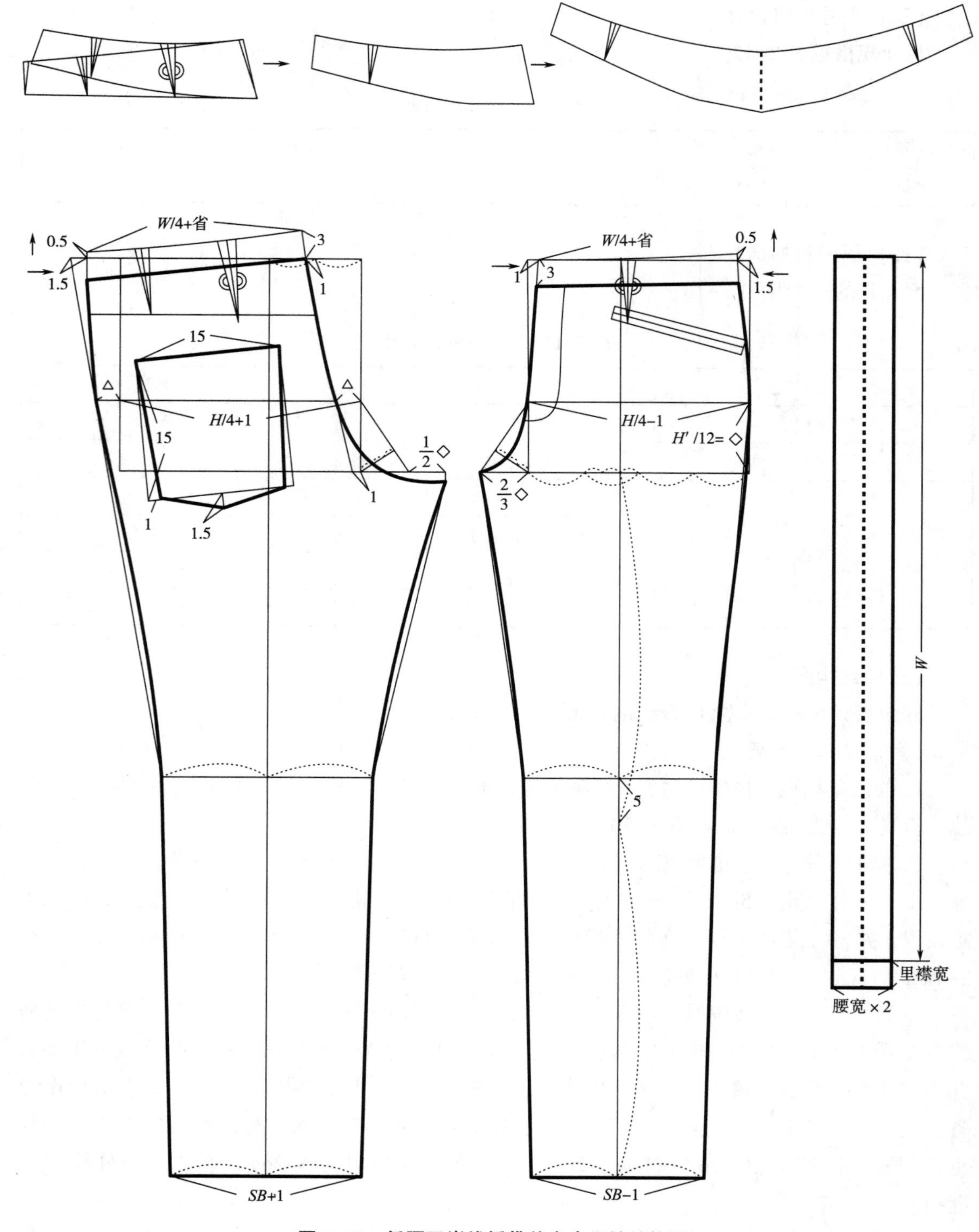

图 7-20　低腰双嵌线插袋单省牛仔裤结构图

五、罗纹腰窄裤腿运动裤

（一）款式图、效果图

罗纹腰窄裤腿运动裤款式图及效果图如图 7-21 所示。

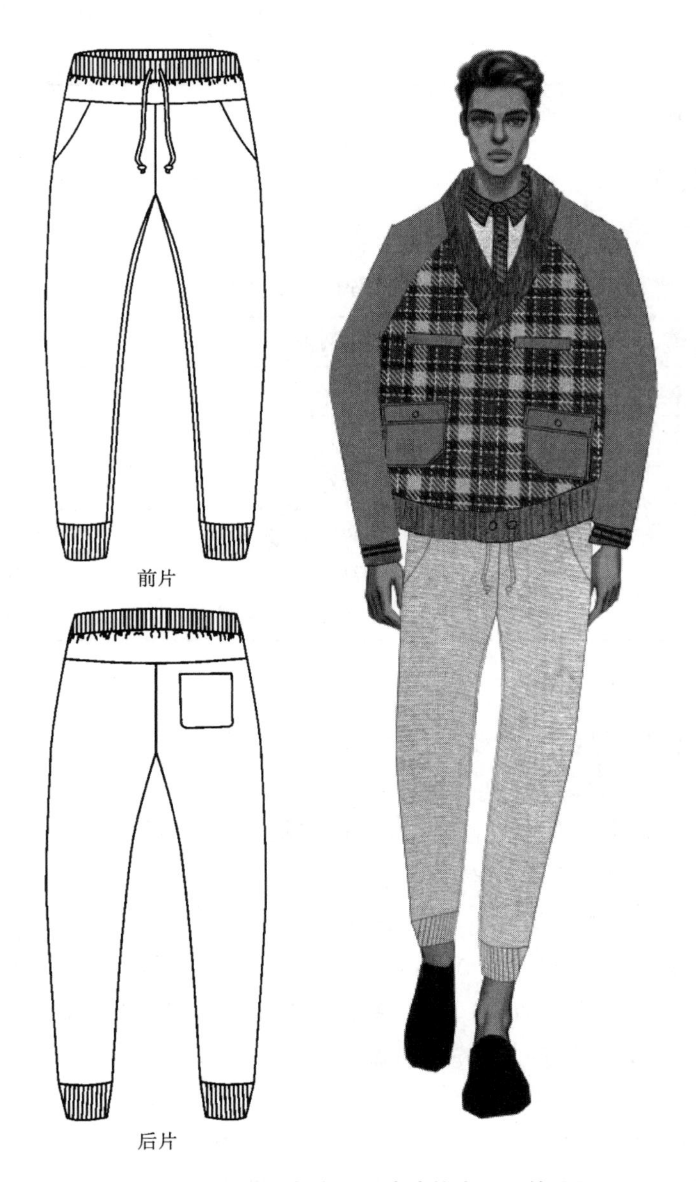

图 7-21　罗纹腰窄裤腿运动裤款式图及效果图

（二）款式描述

本款为运动风格长裤，较宽松，主要由前片、后片、腰头组成；腰头绱罗纹，内穿抽绳；裤子前中无门襟，前片设有育克且左右连裁，左右各有一个斜插袋；后片设有育克且左右连裁，右后片设有一个贴袋；脚口绱罗纹。

（三）尺寸规格设计

尺寸规格见表 7-14。

表 7-14　尺寸规格表

单位：cm

号型	裤长（TL）	腰围（W）	臀围（H）	立裆（BR）	裤口（SB）
170/74A	98	72	104	28	32

注　此处腰围为罗纹腰松弛状态下的测量值。

（四）面辅料的选配

面辅料的选配见表 7-15。

表 7-15　面辅料的选配表

类型	品种	使用部位
面料	针织布	大身
里料	无	无
辅料	涤棉布	口袋布
	无纺衬	垫袋布
	罗纹布	腰头
	涤棉	腰头穿绳

（五）结构图

罗纹腰窄裤腿运动裤结构图如图 7-22 所示。

（六）结构设计要点

1. 绘制基础线　根据尺寸表及比例公式，确定腰围线、臀围线、横裆线、中裆线、裤口线、挺缝线、前裆宽、后裆宽等基础线。

2. 裤子前片　前腰围取 $W/4+1$cm（19cm），前臀围取 $H/4+1$cm（27cm）；前中撇进 0.7cm，侧缝撇进 1.5cm，并上翘 0.5cm，画顺腰围线并测量其长度，此量与前腰围（19cm）的差值作为缩缝量；根据款式特点画前育克分割线；前裤口宽取 $SB/2-1$cm（15cm），画顺前内缝线和侧缝线，并调整弧线使中裆宽以挺缝线为对称轴左右相等（此款中裆宽约 22cm）。

3. 裤子后片　后腰围取 $W/4-1$（17cm），后臀围取 $H/4-1$（25cm）；二等分后中辅助线和挺缝线之间距离，由等分点上翘 3cm 确定后中线；后侧缝撇进 1cm 并上翘 0.5cm，画顺后腰围线并测量其长度，与后腰围（17cm）的差值作为缩缝量；根据款式特点画育克分割线；在臀围线上补齐臀围宽；后裤口宽取 $SB/2+1$cm（17cm），画顺后内缝线和侧缝线，并调整弧线使中裆宽以挺缝线为对称轴左右相等（此款中裆宽约 24cm）。

4. 零部件　复制前、后育克分割线以上部分作对称，形成完整育克片。平行裤口线向上 7cm 画罗纹裤口宽。画罗纹腰带，长 72cm，宽 6cm。根据口袋尺寸画垫袋布。

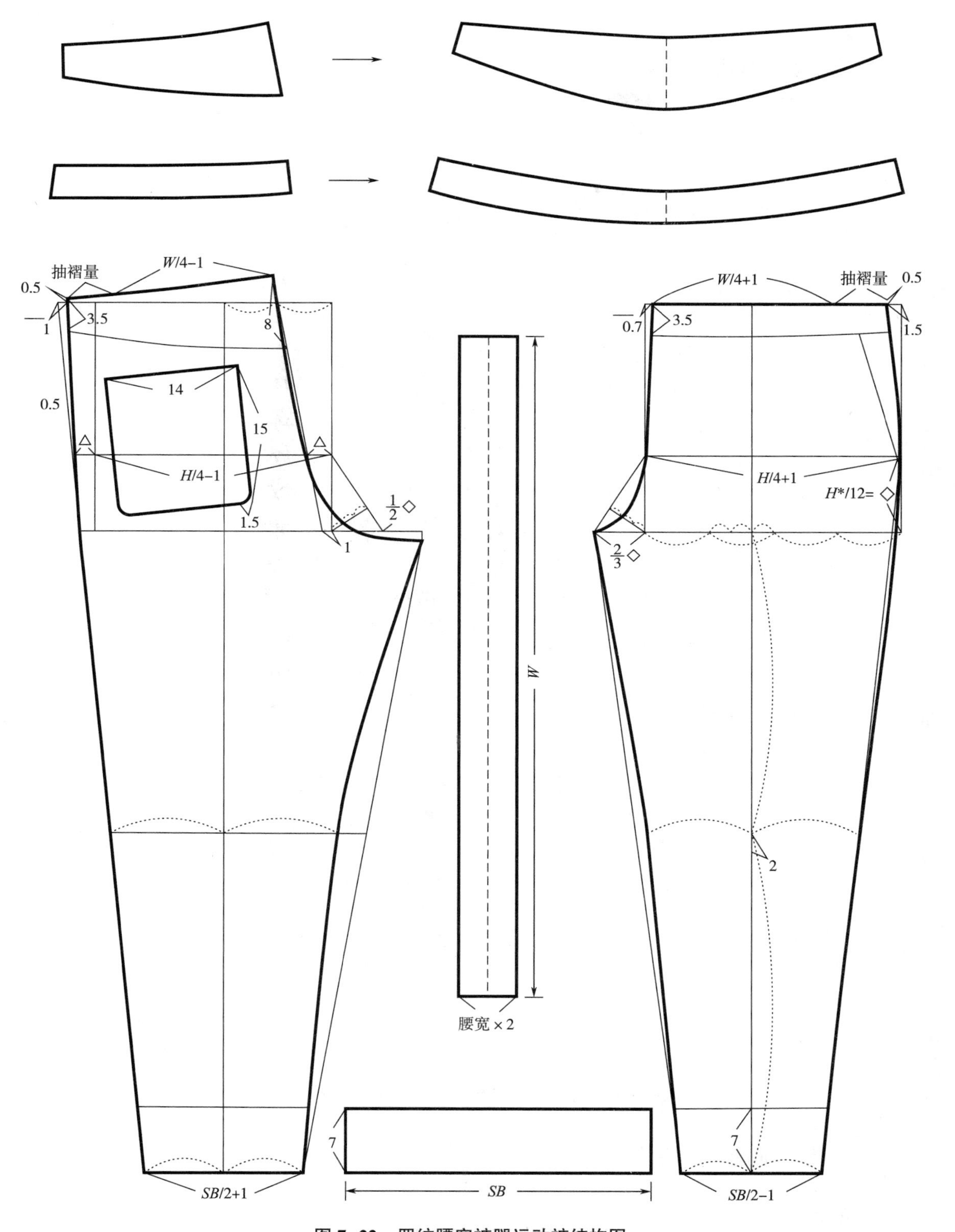

图 7−22　罗纹腰窄裤腿运动裤结构图

六、松紧腰拉链腿运动裤

（一）款式图、效果图

松紧腰拉链腿运动裤款式图及效果图如图 7-23 所示。

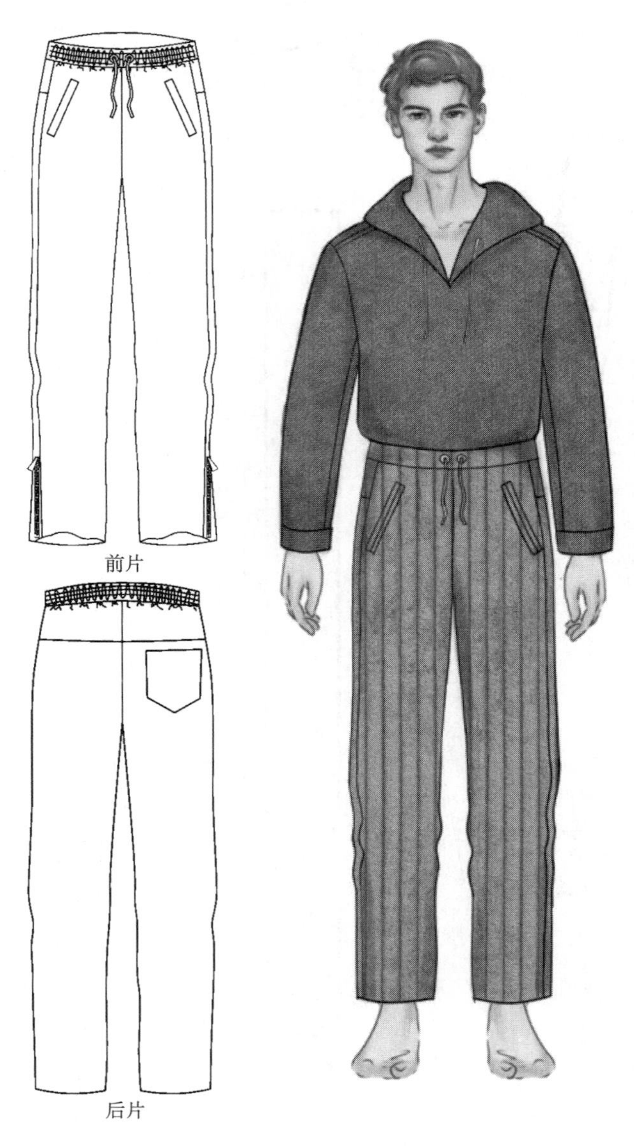

图 7-23　松紧腰拉链腿运动裤款式图及效果图

（二）款式描述

本款为运动风格长裤，较宽松，主要由前片、后片、腰头组成；腰头绱松紧带，内穿抽绳；裤子前中无门襟，左右各设一个单嵌线斜挖袋；后片设置有育克，右后片设有一个贴袋；裤口装有拉链调节开合。

（三）尺寸规格设计

尺寸规格见表 7-16。

表 7-16　尺寸规格表

单位：cm

号型	裤长（*TL*）	腰围（*W*）	臀围（*H*）	立裆（*BR*）	裤口（*SB*）
170/74A	102	72	104	28	36

（四）面辅料的选配

面辅料的选配见表 7-17。

表 7-17　面辅料的选配表

类型	品种	使用部位
面料	弹力机织布	大身
里料	无	无
辅料	涤棉布	口袋布
	无纺衬	嵌条、垫袋布
	松紧带	腰头
	涤棉	腰头穿绳

（五）结构图

松紧腰拉链腿运动裤结构如图 7-24 所示。

（六）结构设计要点

1. 绘制基础线　根据尺寸表及比例公式，确定腰围线、臀围线、横裆线、中裆线、裤口线、挺缝线、前裆宽、后裆宽等基础线。

2. 裤子前片　前腰围取 $W/4+1$cm（19cm），前臀围取 $H/4+1$cm（27cm）；前中撇进 0.7cm，侧缝撇进 1.5cm 并上翘 0.5，画顺腰围线并测量其长度，此量与前腰围（19cm）的差值作为缩缝量；前裤口宽取 $SB/2-1$cm（17cm），画顺前内缝线和侧缝线，并调整弧线使中裆宽以挺缝线为对称轴左右相等（此款中裆宽约 22cm）。

3. 裤子后片　后腰围取 $W/4-1$cm（17cm），后臀围取 $H/4-1$cm（25cm）；二等分后中辅助线和挺缝线之间的距离，由等分点上翘 3cm 确定后中线；后侧缝撇进 1cm 并上翘 0.5cm，画顺后腰围线并测量其长度，与后腰围（17cm）的差值作为缩缝量；根据款式特点画育克分割线；在臀围线上补齐臀围宽；后裤口宽取 $SB/2+1$cm（19cm），画顺后内缝线和侧缝线，并调整弧线使中裆宽以挺缝线为对称轴左右相等（此款中裆宽约 24cm）。

4. 零部件　画松紧腰带，长 72cm，宽 6cm。裤口线向上 15cm 画出拉链长度。

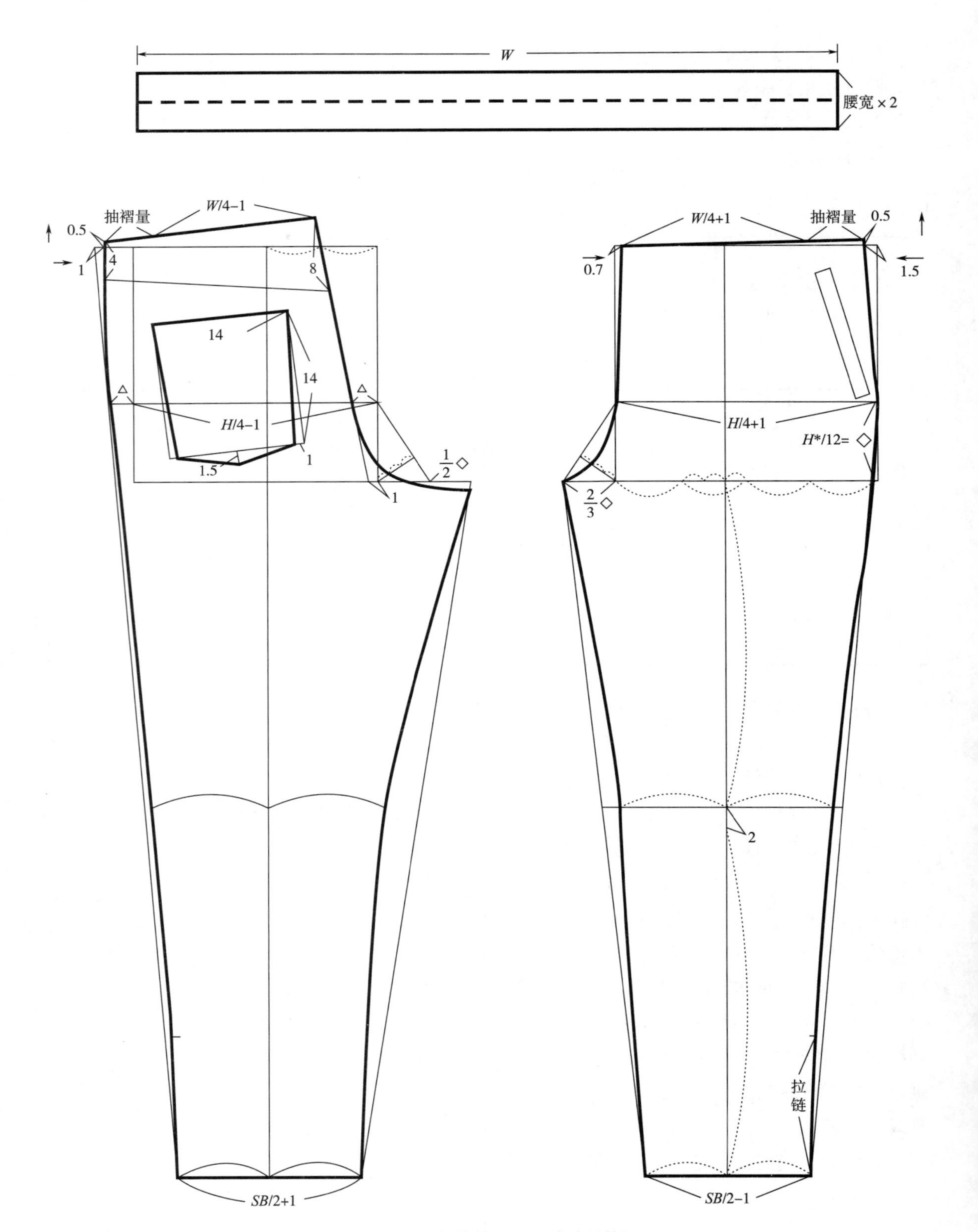

图 7-24 松紧腰拉链腿运动裤结构图

七、中腰后育克工装裤

（一）款式图、效果图

中腰后育克工装裤款式图及效果图如图 7-25 所示。

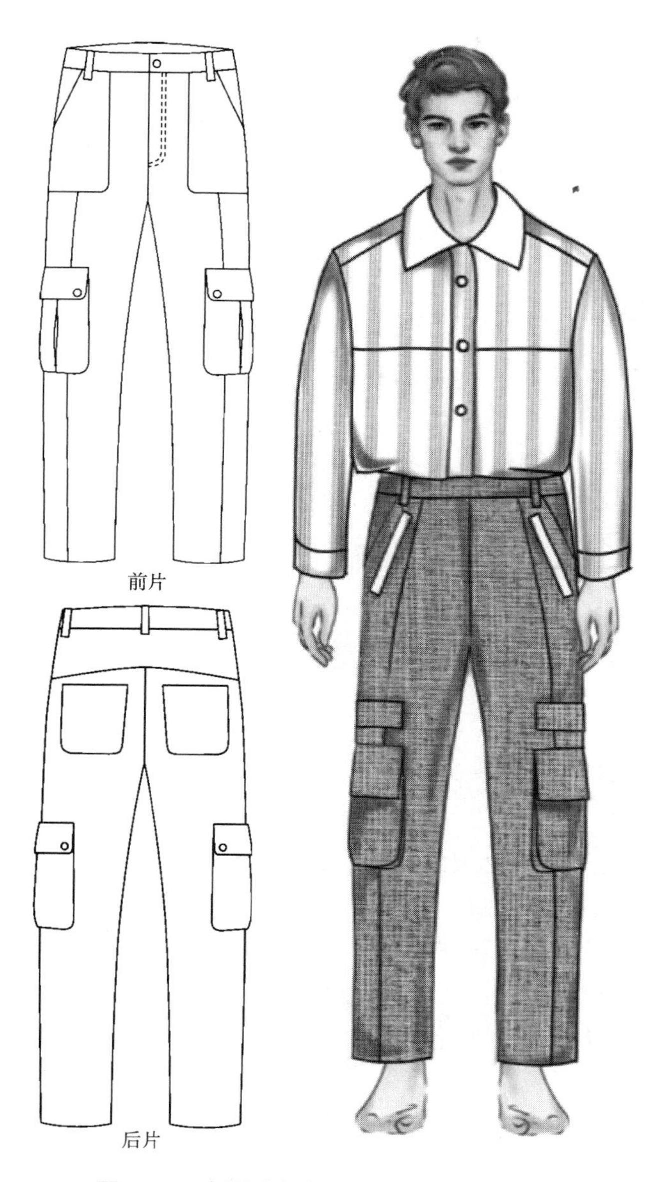

图 7-25　中腰后育克工装裤款式图及效果图

（二）款式描述

本款为工装风格长裤，偏贴体，主要由前片、后片、腰头、口袋等组成；裤子前中有门襟、里襟，门襟内车缝一拉链，前片设有纵向分割线，左右各有一个大尺寸贴袋；后片设有育克且连裁，育克下方左右各有一个贴袋；膝盖外侧左右各有一个带袋盖的风琴袋；腰头上有 6 根裤襻。

（三）尺寸规格设计

尺寸规格见表 7-18。

表 7-18　尺寸规格表　　单位：cm

号型	裤长（*TL*）	腰围（*W*）	臀围（*H*）	立裆（*BR*）	裤口（*SB*）
170/74A	102	76	102	26	44

（四）面辅料的选配

面辅料的选配见表 7-19。

表 7-19　面辅料的选配表

类型	品种	使用部位
面料	涤棉卡其布	大身
里料	无	无
辅料	涤棉布	口袋布
	无纺衬	腰头、袋盖布
	工字扣	腰头
	拉链	门襟

（五）结构图

中腰后育克工装裤结构如图 7-26 所示。

（六）结构设计要点

1. 绘制基础线　根据尺寸表及比例公式，确定腰围线、臀围线、横裆线、中裆线、裤口线、挺缝线、前裆宽、后裆宽等基础线。

2. 裤子前片　前腰围取 *W*/4+0.5（19.5cm），前臀围取 *H*/4-0.5（25cm）；臀腰差量的消除：前中撇进 1cm，侧缝撇进 2cm，剩余腰臀差量（约 2.5cm）在纵向分割线处消除；前裤口宽取 *SB*/2-1cm，中裆宽比裤口宽多 2cm，画顺前内缝线和侧缝线。根据款式特点画风琴袋。

3. 裤子后片　后腰围取 *W*/4-0.5（18.5cm），后臀围取 *H*/4+0.5（26cm）；二等分后中辅助线和挺缝线之间距离，由等分点再向内撇进 1.5cm，并上翘 3cm 确定后中线；后侧缝撇进 2cm 并上翘 0.5cm，画顺后腰围线，测量其长度，与后腰围（18.5cm）的差值作为省道量（约 2.5cm）；后裤口宽取 *SB*/2+1cm，中裆宽比裤口宽多 2cm，画顺后内缝线和侧缝线。根据款式特点画育克分割线、后贴袋。

4. 零部件　左前片为门襟，右前片为里襟，门襟宽 3cm，长 18cm；里襟宽 6cm，长 18cm，中间需折叠；复制育克，合并省道，作对称形成完整育克片；画出垫袋布。

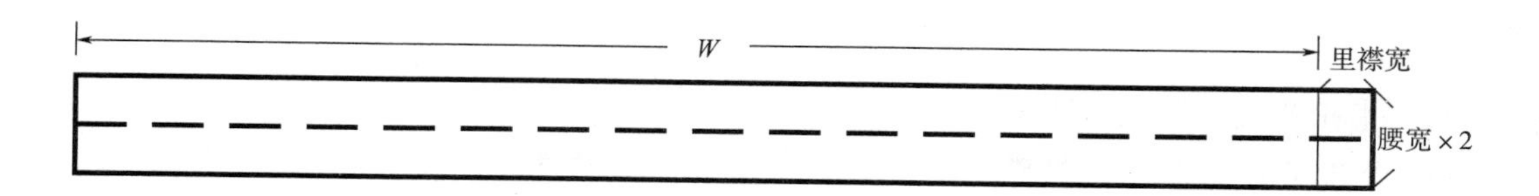

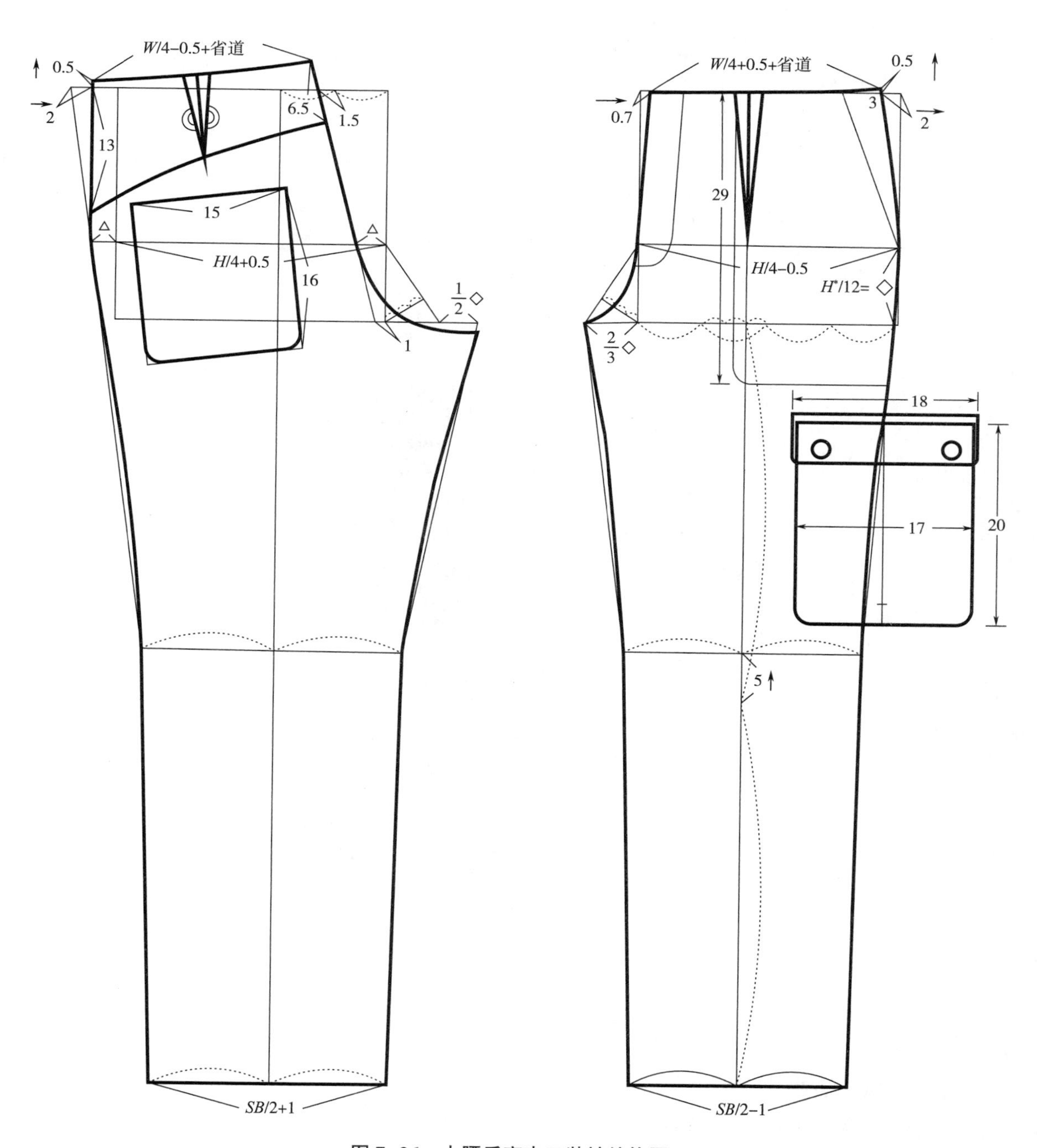

图 7-26　中腰后育克工装裤结构图

八、半松紧腰风琴袋工装裤

（一）款式图、效果图

半松紧腰风琴袋工装裤款式图及效果图如图 7-27 所示。

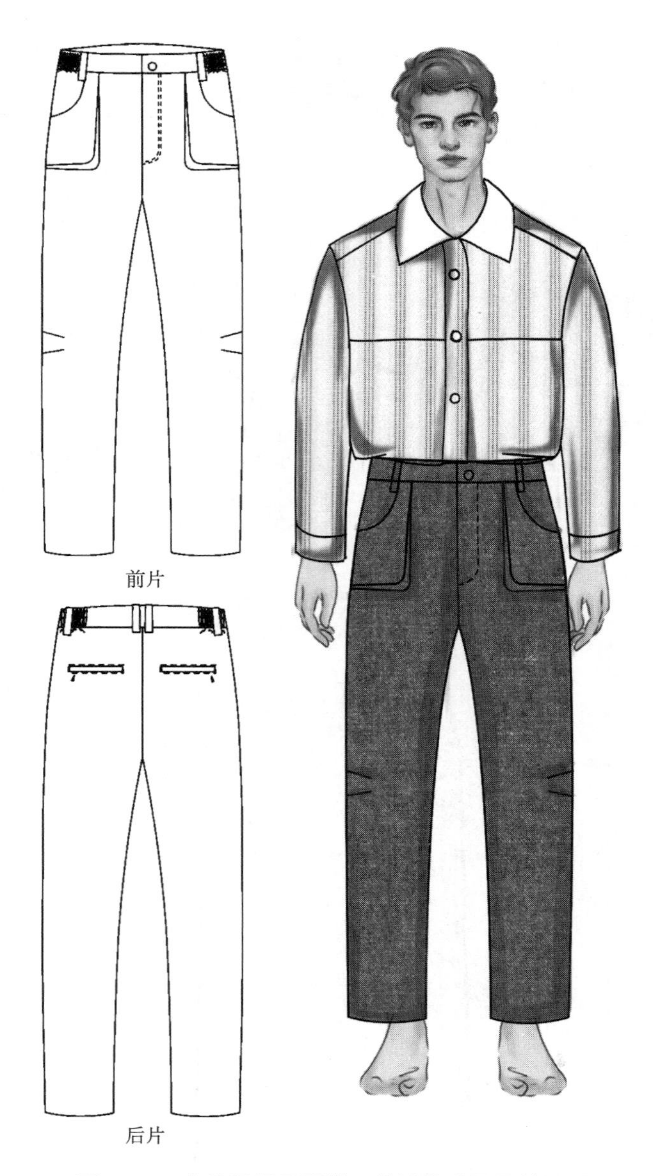

图 7-27 半松紧腰风琴袋工装裤款式图及效果图

（二）款式描述

本款为工装风格长裤，偏宽松，主要由前片、后片、腰头、口袋等组成；裤子前中有门襟、里襟，门襟内车缝一拉链，左右各有一个大尺寸风琴袋；膝盖外侧各设置两个省道以形成立体造型；后片左右各有一个单嵌线拉链袋；腰头上有 6 根裤襻。

（三）尺寸规格设计

尺寸规格见表 7-20。

表 7-20　尺寸规格表　　单位：cm

号型	裤长（*TL*）	腰围（*W*）	臀围（*H*）	立裆（*BR*）	裤口（*SB*）
170/74A	102	76	104	26	44

（四）面辅料的选配

面辅料的选配见表 7-21。

表 7-21　面辅料的选配表

类型	品种	使用部位
面料	涤棉卡其布	大身
里料	无	无
辅料	涤棉布	口袋布
	无纺衬	腰头
	工字扣	腰头
	松紧带	腰头
	拉链	门襟

（五）结构图

半松紧腰风琴袋工装裤结构图如图 7-28 所示。

（六）结构设计要点

1. 绘制基础线　根据尺寸表及比例公式，确定腰围线、臀围线、横裆线、中裆线、裤口线、挺缝线、前裆宽、后裆宽等基础线。

2. 裤子前片　前腰围取 *W*/4（19cm），前臀围取 *H*/4（26cm）；臀腰差量消除：前中撇进 0.7cm，侧缝撇进 1cm，剩余臀腰差量通过腰侧松紧带的缝缩消除（约 5cm）；前裤口宽取 *SB*/2-1cm，中裆宽比裤口宽多 2cm，画顺前内缝线和侧缝线。根据款式特点，在外侧缝中裆线附近设置省道线并剪切拉展 1.5cm 省道量。根据款式图效果画出风琴袋。

3. 裤子后片　后腰围取 *W*/4cm（19cm），后臀围取 *H*/4cm（26cm）；二等分后中辅助线和挺缝线之间距离，由等分点上翘 3cm 确定后中线；后侧缝撇进 0.5cm 并上翘 0.5cm，画顺后腰围线，测量其长度，与后腰围（19cm）的差值量作为腰侧松紧带缝缩量（约 5cm）；后裤口宽取 *SB*/2+1cm，中裆宽比裤口宽多 2cm，画顺后内缝线和侧缝线。根据款式图效果画出后袋。

4. 零部件　左前片为门襟，右前片为里襟，门襟宽 3cm，长 21cm；里襟宽 6cm，长 21cm，中间需折叠；画出腰带、垫袋布。

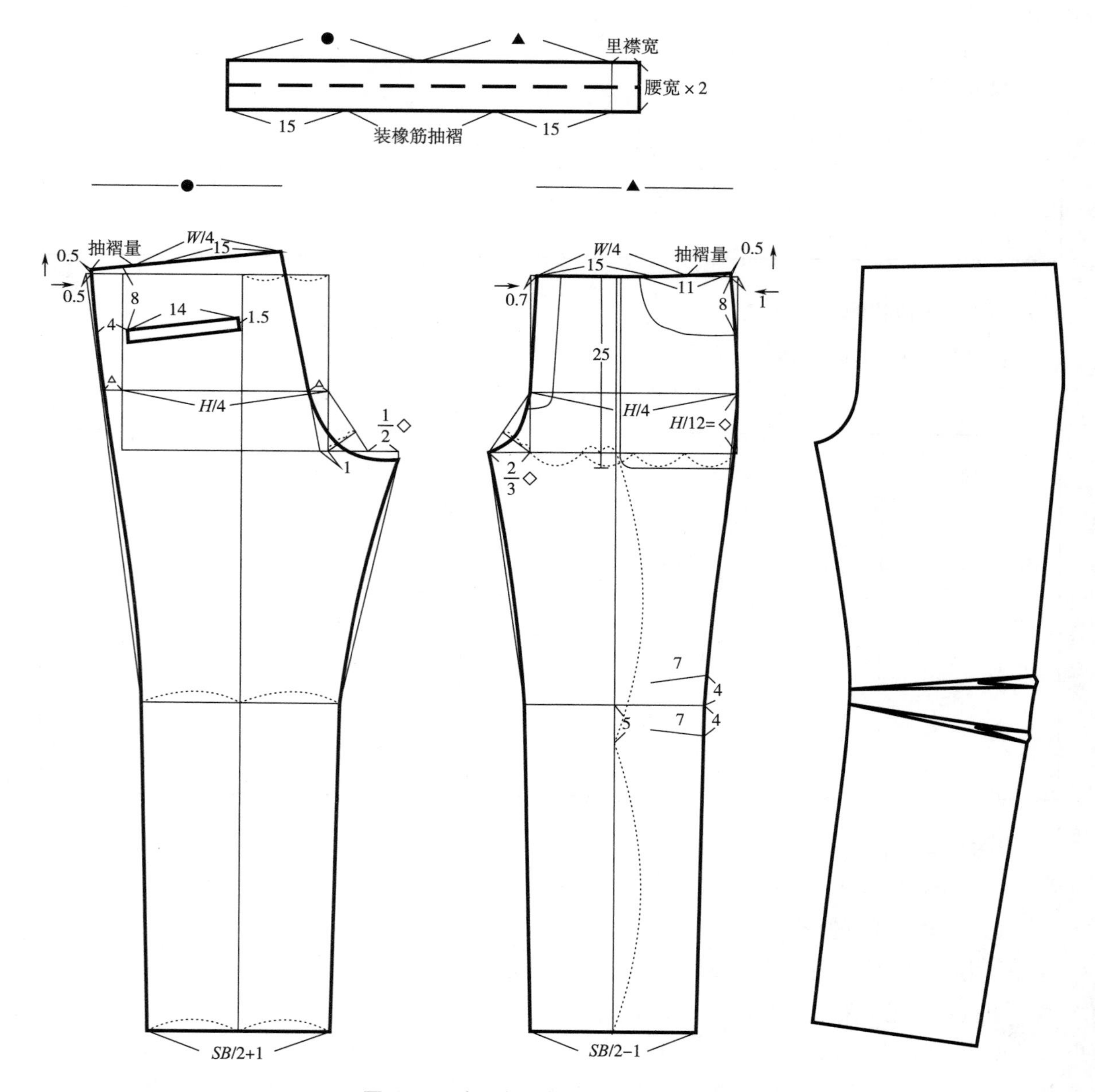

图 7-28　半松紧腰风琴袋工装裤结构图

九、中腰单省短裤

（一）款式图、效果图

中腰单省短裤款式图及效果图如图 7-29 所示。

（二）款式描述

本款为中腰短裤，偏贴体，主要由前片、后片、腰头等组成，单褶单省；裤子前中有门、里襟，门襟内车缝拉链，左右各有一个斜插袋；后片左右各有一个双嵌线插袋；腰头上有 6 根裤襻。

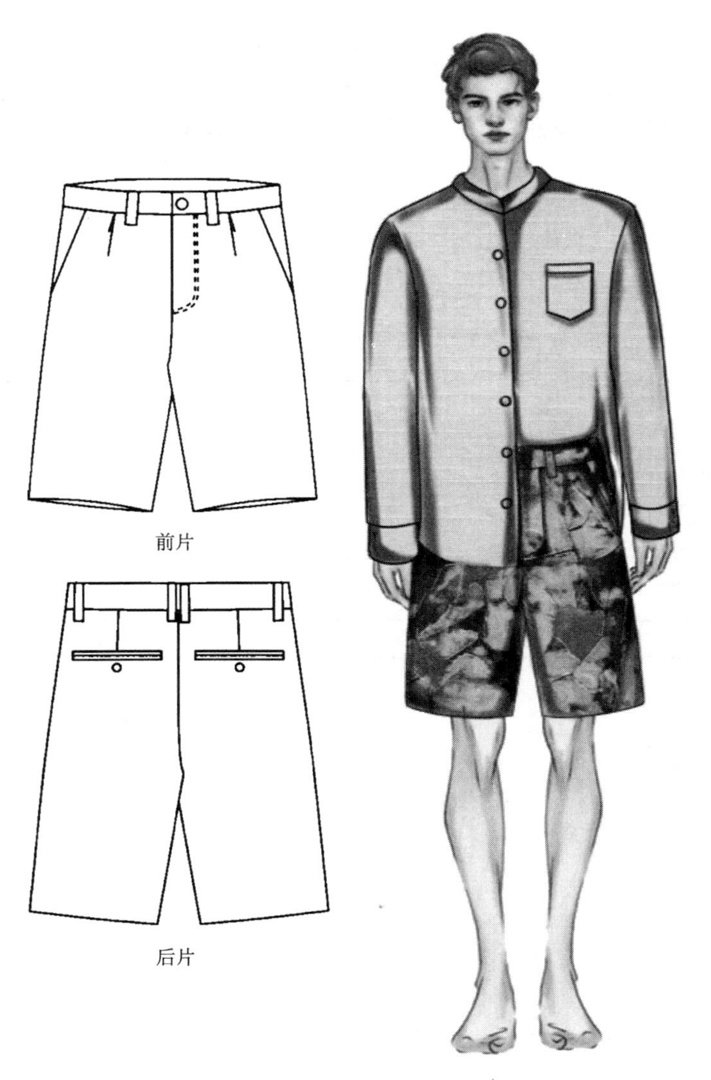

图 7-29　中腰单省短裤款式图及效果图

（三）尺寸规格设计

尺寸规格见表 7-22。

表 7-22　尺寸规格表　　单位：cm

号型	裤长（*TL*）	腰围（*W*）	臀围（*H*）	立裆（*BR*）	裤口（*SB*）
170/74A	53	76	100	26	52

（四）面辅料的选配

面辅料的选配见表 7-23。

表 7-23　面辅料的选配表

类型	品种	使用部位
面料	全棉布	大身
里料	无	无
辅料	涤棉布	口袋布
	无纺衬	腰头、垫袋布
	树脂扣	腰头
	金属拉链	门襟

（五）结构图

中腰单省短裤结构如图 7-30 所示。

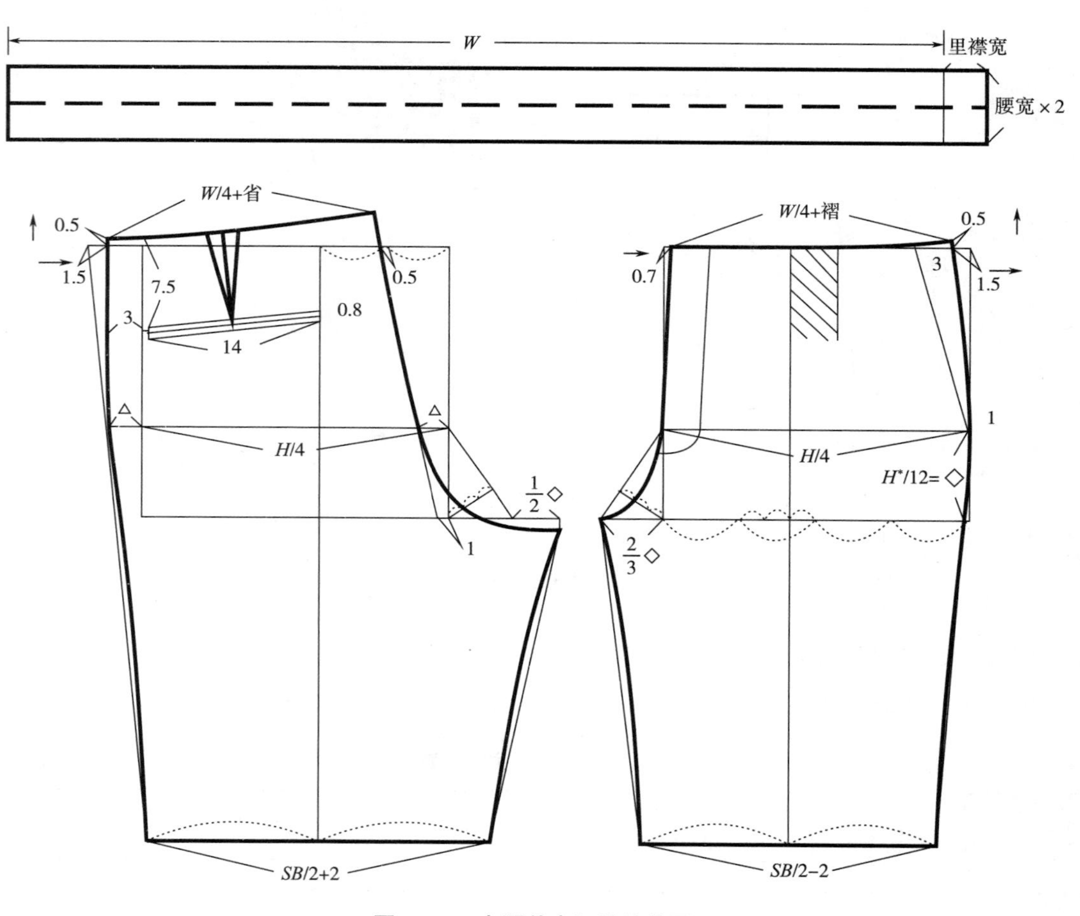

图 7-30　中腰单省短裤结构图

（六）结构设计要点

1. 绘制基础线　根据尺寸表及比例公式，确定腰围线、臀围线、横裆线、中裆线、裤口线、挺缝线、前裆宽、后裆宽等基础线。

2. 裤子前片　前腰围取 $W/4$cm（19cm），前臀围取 $H/4$cm（25cm）；臀腰差量的消除：前中撇进 0.7cm，侧缝撇进 1.5cm，剩余臀腰差作为褶裥量；前裤口宽取 $SB/2-2$cm（24cm），画顺前内缝线和侧缝线。

3. 裤子后片　后腰围取 $W/4$cm（19cm），后臀围取 $H/4$cm（25cm）；二等分后中辅助线和挺缝线之间的距离，由等分点再向内撇进 0.5cm，并上翘 3cm 确定后中线；后侧缝撇进 1.5cm 并上翘 0.5cm，画顺后腰围线，测量其长度，与后腰围（19cm）的差值量作为省道量（约 2.5cm）；在臀围线上补齐臀围宽；后裤口宽取 $SB/2+2$cm（28cm），画顺后内缝线和侧缝线。

4. 零部件　左前片为门襟，右前片为里襟，门襟宽 3cm，长 18cm；里襟宽 6cm，长 18cm，中间需折叠；画出腰带、垫袋布、口袋布。

十、连腰双省短裤

（一）款式图、效果图

连腰双省短裤款式图及效果图如图 7-31 所示。

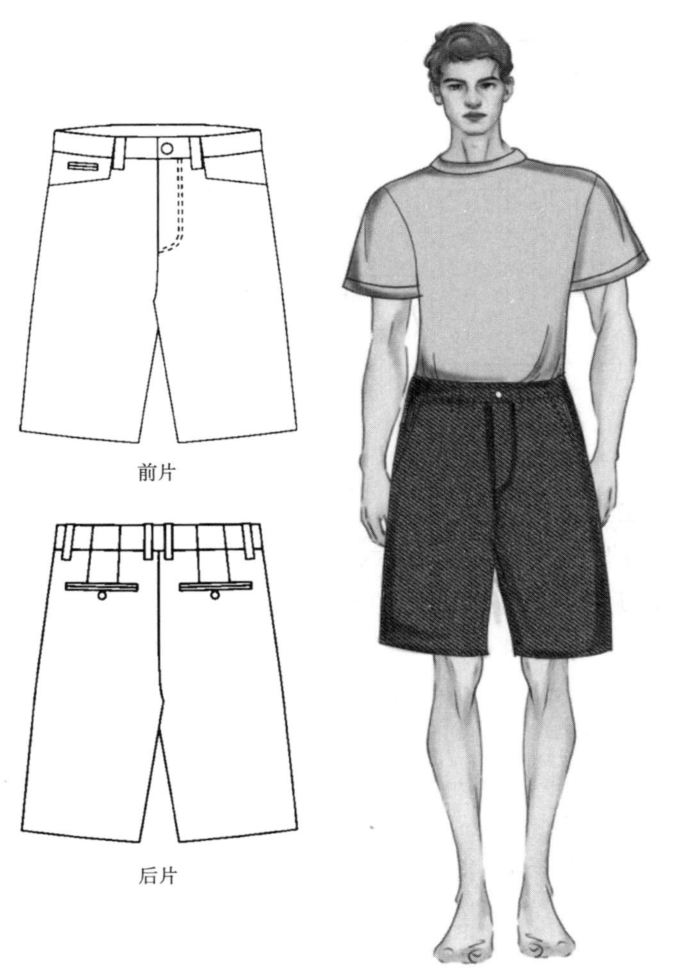

图 7-31　连腰双省短裤款式图及效果图

(二) 款式描述

本款为连腰短裤，偏贴体，主要由前片、后片组成；腰头部分与裤身连体，前腰无褶裥，后腰左右各设两个省道；裤子前中有门、里襟，门襟内车缝拉链，左右各有一个平插袋；后片左右各有一个双嵌线插袋；腰头上有 6 根裤襻。

(三) 尺寸规格设计

尺寸规格表见表 7-24。

表 7-24 尺寸规格表 单位：cm

号型	裤长（*TL*）	腰围（*W*）	臀围（*H*）	立裆（*BR*）	裤口（*SB*）
170/74A	53	76	100	26	52

(四) 面辅料的选配

面辅料的选配见表 7-25。

表 7-25 面辅料的选配表

类型	品种	使用部位
面料	全棉布	大身
里料	无	无
辅料	涤棉布	口袋布
	无纺衬	腰头、垫袋布
	树脂扣	腰头
	金属拉链	门襟

(五) 结构图

连腰双省短裤结构如图 7-32 所示。

(六) 结构设计要点

1. 绘制基础线　根据尺寸表及比例公式，确定腰围线、臀围线、横裆线、中裆线、裤口线、挺缝线、前裆宽、后裆宽等基础线。

2. 裤子前片　前腰围取 $W/4+1$cm（20cm），前臀围取 $H/4-1$cm（24cm）；臀腰差量消除：前中撇进 1cm，侧缝撇进 1.5cm，剩余臀腰差量作为省道（约 1.5cm），平行腰线向上 3cm 确定连腰宽，延伸省道宽至腰线；前裤口宽取 $SB/2-2$cm（24cm），画顺前内缝线和侧缝线。

3. 裤子后片　后腰围取 $W/4-1$cm（18cm），后臀围取 $H/4+1$cm（26cm）；二等分后中辅助线和挺缝线之间距离，由等分点再向内撇进 1.5cm，并上翘 3cm 确定后中线；后侧缝撇进 1.5cm 并上翘 0.5cm，画顺后腰围线，测量其长度，与后腰围（18cm）的差值量作为省道量（约 4cm），平行腰线向上 3cm 确定连腰宽，延伸省道宽至腰线；在臀围线上补齐臀围宽；后裤口宽取 $SB/2+2$cm（28cm），画顺后内缝线和侧缝线。

4. 零部件　左前片为门襟，右前片为里襟，门襟宽 3cm，长 21cm；里襟宽 6cm，长

21cm，中间需折叠；画垫袋布。

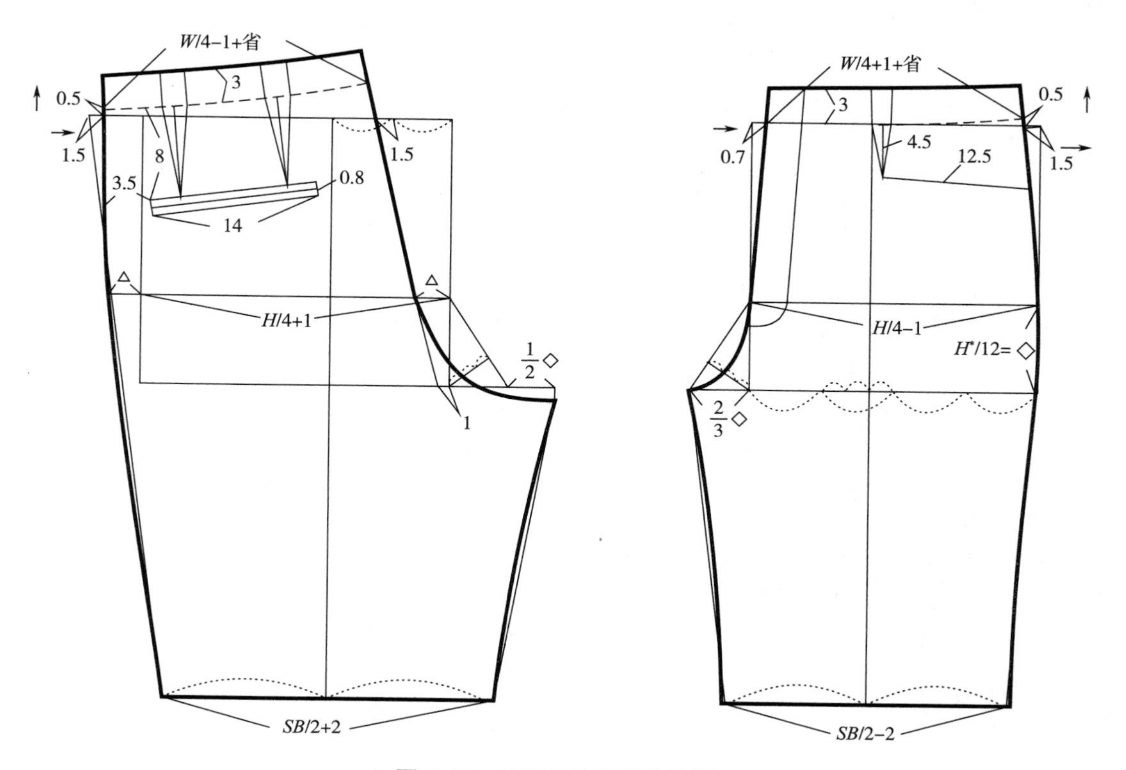

图 7-32　连腰双省短裤结构图

参考文献

[1] 张媛媛，董辉，杨雅莉．男西装工业技术手册［M］．北京：中国纺织出版社，2023.

[2] 严志凌．男装纸样基础［M］．南京：东南大学出版社，2015.

[3] 褚柯．男装设计与纸样制作［M］．北京：清华大学出版社，2012.

[4] 陈华．男装纸样及裁剪［M］．北京：机械工业出版社，2013.

[5] 吕清华．男士服装设计与纸样制作［M］．苏州：江苏科学技术出版社，2017.

[6] 关欢．男装立体结构设计［M］．北京：中国纺织出版社，2019.

[7] 刘爱萍．男装纸样设计与制作［M］．北京：中国纺织出版社，2018.

[8] 冯群．男装纸样精解［M］．北京：中国纺织出版社，2019.

[9] 刘瑞璞．男装纸样设计原理与应用［M］．北京：中国纺织出版社，2017.

[10] 张福良．成衣样板设计与制作［M］．北京：中国纺织出版社，2011.

[11] 刘瑞璞．男装纸样设计原理与应用训练教程［M］．北京：中国纺织出版社，2017.

[12] ALDRICH W. Metric pattern cutting for menswear［M］. America：Wiley，1994.

[13] KERSHAW G. Patternmaking for menswear［M］. Britain：Laurence King Publishing，2013.

[14] BLANKEN R. The complete guide to customising your clothes：techniques and tutorials［M］. America：David & Charles，2021.